河床组成勘测调查技术与实践

段光磊　王维国　周儒夫　彭玉明 等　编著

中国水利水电出版社
www.waterpub.com.cn
·北京·

内 容 提 要

本书主要介绍了关于河床组成勘测调查技术的相关内容，主要包括河流泥沙基本知识、河床组成勘测调查技术、质量控制及成果整编等；还介绍了河床组成勘测调查技术在生产实践中的运用，以及取得的成果，主要包括金沙江梯级开发河床组成勘测调查、三峡工程相关河段河床组成勘测调查、清江流域河床组成勘测调查以及其他典型流域工程河段实例。

本书可供从事水文泥沙观测工程技术人员、河流泥沙研究学者和大专院校相关专业师生阅读参考。

图书在版编目（CIP）数据

河床组成勘测调查技术与实践 / 段光磊等编著. --
北京 ： 中国水利水电出版社，2016.10
ISBN 978-7-5170-4829-9

Ⅰ．①河… Ⅱ．①段… Ⅲ．①河床－地质勘探 Ⅳ．
①P931.1

中国版本图书馆CIP数据核字(2016)第273181号

书　　　名	**河床组成勘测调查技术与实践** HECHUANG ZUCHENG KANCE DIAOCHA JISHU YU SHIJIAN
作　　　者	段光磊　　王维国　　周儒夫　　彭玉明　等　编著
出 版 发 行	中国水利水电出版社 （北京市海淀区玉渊潭南路 1 号 D 座　　100038） 网址：www.waterpub.com.cn E-mail：sales@waterpub.com.cn 电话：(010) 68367658（营销中心）
经　　　售	北京科水图书销售中心（零售） 电话：(010) 88383994、63202643、68545874 全国各地新华书店和相关出版物销售网点
排　　　版	中国水利水电出版社微机排版中心
印　　　刷	北京嘉恒彩色印刷有限责任公司
规　　　格	184mm×260mm　16 开本　20.5 印张　486 千字
版　　　次	2016 年 10 月第 1 版　2016 年 10 月第 1 次印刷
印　　　数	0001—3000 册
定　　　价	**65.00 元**

前　　言

水文泥沙观测成果是防洪减灾、科学研究、涉水工程规划设计和建设运行等必备的基础性资料。大量的数学模型、实体模型和涉水工程泥沙试验、河道整治、航道整治、大中型水利水电工程的规划设计和河道演变分析等均需要水文泥沙观测成果。河床组成勘测调查资料是水文泥沙成果的重要组成部分。在国内，虽然在绝大多数河流上建设了大量水文观测设施，开展了相应水文泥沙观测，并取得了丰富的资料，但由于受水文站观测项目或站网密度不够等因素限制，水文站区间来沙、河岸及河床深层物质组成资料往往很欠缺，需要通过河床组成勘测调查来取得，特别是水文泥沙资料处于空白的中小型河流。

目前，在国内外关于河床组成勘测调查技术及其应用的研究和讨论较少，还没有发布统一的标准。本书在编著者多年从事水文泥沙观测工作的基础上，对河床组成勘测调查关键技术进行了总结，结合长江水文特点介绍了河流泥沙基本知识、河床组成勘测调查规划设计与仪器设备、主要技术原理和方法，以及河床组成勘测调查技术在生产实践中的运用及取得的主要成果，具有较强的针对性和实用性。

本书共分8章。第1章为概述，主要介绍了河床组成勘测调查的目的及意义、内容、方法与手段、技术发展历程及主要成果等；第2章为基本知识，主要介绍了泥沙特性及分类、泥沙分析原理及方法等；第3章为河床组成勘测调查技术，主要包括策划、勘测调查准备、仪器设备使用和主要关键技术等；第4章为质量控制及成果整编，主要包括成果质量控制、资料整理与整编、报告编制等；第5章为金沙江梯级开发河床组成勘测调查，主要内容包括乌东德、白鹤滩、溪洛渡电站变动回水区和向家坝电站库区河床组成勘测调查工程实践和取得主要成果；第6章为三峡工程相关河段河床组成勘测调查，主要内容包括三峡工程库尾及上游河段、库区、坝区及坝下游河床组成勘测调查成果；第7章为清江流域河床组成勘测调查，包括综合取样对比实验研究；第8章为其他典型流域工程河段实例，主要包括汉江中下游河段、贵州毕节岩水利枢纽工程河床组成勘测调查、安庆市下浒山水库推移质调查等实践和主要成果。

本书第 1 章由许弟兵、王维国撰写；第 2 章由彭玉明、王维国撰写；第 3 章由王维国、周儒夫、晏黎明撰写；第 4 章由周儒夫、许弟兵、晏黎明撰写；第 5 章由王维国、彭玉明撰写；第 6 章由段光磊、张晓红撰写；第 7 章由段光磊、张晓红、许弟兵撰写；第 8 章由周儒夫、王维国、彭玉明撰写。全书由段光磊统稿，王维国、周儒夫校核。

本书编写得到了周凤琴、张美德、汤运南高级工程师的指导，本书的出版得到了长江水利委员会水文局荆江水文水资源勘测局的大力支持，在此表示衷心感谢和崇高敬意。本书的编辑出版工作由周儒夫负责，王豫鄂参加了本书部分图表和文字工作。

本书有不足和谬误之处，敬请读者批评指正！

作者

2016 年 6 月

目　　录

前言

第1章　概述 ……………………………………………………………… 1

　1.1　勘测调查目的及意义 ………………………………………………… 1

　1.2　勘测调查内容 ………………………………………………………… 3

　1.3　勘测调查方法与手段 ………………………………………………… 4

　　1.3.1　地质钻探 ………………………………………………………… 5

　　1.3.2　坑测 ……………………………………………………………… 5

　　1.3.3　横断面床沙取样 ………………………………………………… 5

　　1.3.4　颗粒级配分析 …………………………………………………… 5

　1.4　勘测调查技术发展历程 ……………………………………………… 6

　1.5　主要研究成果 ………………………………………………………… 8

　参考文献 ………………………………………………………………… 10

第2章　基本知识 ……………………………………………………… 11

　2.1　泥沙的特性及分类 ………………………………………………… 11

　　2.1.1　泥沙的特性 …………………………………………………… 11

　　2.1.2　泥沙的分类 …………………………………………………… 14

　2.2　河流泥沙沉积规律 ………………………………………………… 16

　　2.2.1　泥沙的沉降 …………………………………………………… 16

　　2.2.2　泥沙的搬运与沉积 …………………………………………… 19

　2.3　河床地貌与河床组成 ……………………………………………… 21

　　2.3.1　河床地貌 ……………………………………………………… 21

　　2.3.2　几种典型的河流形态特征 …………………………………… 24

　　2.3.3　河床组成 ……………………………………………………… 31

　2.4　河流泥沙分析方法 ………………………………………………… 32

　　2.4.1　泥沙颗粒分析 ………………………………………………… 32

　　2.4.2　容重分析 ……………………………………………………… 46

　　2.4.3　泥沙岩性鉴定及分析 ………………………………………… 47

　参考文献 ………………………………………………………………… 49

第3章　河床组成勘测调查技术 …………………………………… 50

　3.1　勘测调查策划 ……………………………………………………… 50

　　3.1.1　观测规划设计 ………………………………………………… 50

3.1.2 野外勘测调查准备 ……………………………………………………… 50

3.2 河床组成勘测技术 …………………………………………………………… 51

3.2.1 地质钻探法 ………………………………………………………………… 51

3.2.2 洲滩坑测法 ………………………………………………………………… 54

3.2.3 照相法 ……………………………………………………………………… 55

3.2.4 床沙器测法 ………………………………………………………………… 57

3.2.5 容重测验 …………………………………………………………………… 64

3.3 河床组成调查技术 …………………………………………………………… 73

3.3.1 调查的目的 ………………………………………………………………… 73

3.3.2 调查的技术和手段 ………………………………………………………… 73

3.3.3 人类活动对区间来沙的影响调查 ………………………………………… 74

3.4 推移质输移量调查与估算 …………………………………………………… 74

3.4.1 调查目的、时机和内容 …………………………………………………… 74

3.4.2 卵石颗粒形态分析 ………………………………………………………… 75

3.4.3 卵石推移质输移量估算 …………………………………………………… 75

3.4.4 重庆河段卵石推移质输移量估算实例 …………………………………… 77

参考文献 ……………………………………………………………………………… 81

第4章 质量控制及成果整编 ……………………………………………………… 82

4.1 质量控制 ……………………………………………………………………… 82

4.1.1 技术路线与工艺流程 ……………………………………………………… 82

4.1.2 组织与管理 ………………………………………………………………… 83

4.1.3 质量保证措施 ……………………………………………………………… 84

4.2 资料整理与整编 ……………………………………………………………… 85

4.2.1 外业资料记载、整理和检查 ……………………………………………… 85

4.2.2 内业资料的整理 …………………………………………………………… 86

4.2.3 内业资料的计算 …………………………………………………………… 86

4.2.4 成果清单 …………………………………………………………………… 89

4.2.5 整理资料的检查与资料整编 ……………………………………………… 89

4.2.6 资料整编 …………………………………………………………………… 92

4.3 报告编制 ……………………………………………………………………… 92

4.4 检查验收 ……………………………………………………………………… 93

参考文献 ……………………………………………………………………………… 93

第5章 金沙江梯级开发河床组成勘测调查 ……………………………………… 94

5.1 流域及工程概况 ……………………………………………………………… 94

5.1.1 自然地理 …………………………………………………………………… 94

5.1.2 河流水系 …………………………………………………………………… 94

5.1.3 水文气象 …………………………………………………………………… 96

　　　5.1.4　工程概况 ·· 98
　5.2　乌东德水库变动回水区河床组成勘测调查 ······························· 100
　　　5.2.1　项目的目的及实施情况 ··· 100
　　　5.2.2　坑测法勘测成果 ··· 100
　　　5.2.3　河床组成调查成果 ·· 109
　5.3　白鹤滩水库变动回水区河床组成勘测调查 ······························· 116
　　　5.3.1　项目的目的及实施情况 ··· 116
　　　5.3.2　坑测法勘测成果分析 ··· 116
　　　5.3.3　河床组成调查成果 ·· 122
　5.4　溪洛渡水库变动回水区河床组成勘测调查 ······························· 127
　　　5.4.1　项目的目的及实施情况 ··· 127
　　　5.4.2　钻探法勘测成果 ··· 127
　　　5.4.3　坑测法勘测成果分析 ··· 132
　　　5.4.4　河床组成调查成果 ·· 137
　　　5.4.5　河段特点 ··· 143
　5.5　向家坝水库变动回水区河床组成勘测调查 ······························· 144
　　　5.5.1　项目的目的及实施情况 ··· 144
　　　5.5.2　钻探法勘测成果 ··· 144
　　　5.5.3　坑测法勘测成果 ··· 148
　　　5.5.4　河床组成调查成果 ·· 155
　5.6　向家坝水库坝下游河床组成勘测调查 ···································· 161
　　　5.6.1　钻探法勘测成果 ··· 162
　　　5.6.2　坑测法勘测成果 ··· 165
　　　5.6.3　调查成果 ··· 170
　5.7　本章小结 ··· 174
　　　5.7.1　来水来沙 ··· 174
　　　5.7.2　河道基本特征 ·· 174
　　　5.7.3　河床组成特点 ·· 174

参考文献 ·· 175

第6章　三峡工程相关河段河床组成勘测调查 ······························· 176
　6.1　三峡工程库尾及上游河段河床组成勘测调查 ··························· 176
　　　6.1.1　长江宜宾—重庆河段河床组成勘测调查 ································· 176
　　　6.1.2　朱沱—重庆河段河床组成勘测调查 ·· 183
　6.2　三峡工程库区河床组成勘测调查 ··· 194
　　　6.2.1　三峡库区重庆至丰都段河床组成 ·· 194
　　　6.2.2　三峡库区奉节—三斗坪河段床沙勘测 ····································· 204
　6.3　三峡工程坝址基坑河段河床组成勘测综合研究 ······················· 209

　　6.3.1　概述 ·· 209

　　6.3.2　河段概况 ·· 210

　　6.3.3　坝址基坑河床组成勘测 ·································· 212

　　6.3.4　导流明渠基坑河床组成勘测 ························· 225

　6.4　坝下游宜昌—湖口河床组成勘测调查 ··················· 230

　　6.4.1　概述 ·· 230

　　6.4.2　地质地貌特征 ·· 234

　　6.4.3　宜昌—城陵矶河段洲滩深层组成特征 ············ 235

　　6.4.4　浅层剖面仪河床组成水下探测试验 ··············· 253

　参考文献 ·· 257

第7章　清江流域河床组成勘测调查 ·································· 258

　7.1　流域概况 ·· 259

　7.2　清江河床物质组成分布 ······································ 263

　　7.2.1　河床物质组成 ·· 263

　　7.2.2　洲滩分布特征 ·· 263

　　7.2.3　床沙颗粒级配组成分布特征 ·························· 265

　7.3　沿程洲滩床沙粒径组成分布特征 ························ 265

　7.4　床沙粒径沿深度组成分布特征 ··························· 267

　　7.4.1　中值粒径 D_{50} 沿深度的变化 ······················· 267

　　7.4.2　最大粒径 D_{max} 沿深度分布频率 ··················· 267

　　7.4.3　卵砾洲滩活动层沙泥含量分布 ····················· 267

　7.5　水库塌岸崩坡调查 ·· 269

　7.6　清江推移质泥沙来源及主要支流汇入量比例估算 ··· 270

　　7.6.1　清江推移质泥沙来源分析 ····························· 270

　　7.6.2　支流卵石推移质汇入清江干流比例 ··············· 270

　7.7　综合取样对比试验 ·· 272

　　7.7.1　洲滩取样方法试验 ··· 272

　　7.7.2　打印法和挖斗法水下综合取样试验 ··············· 277

　　7.7.3　长江浅水滩打印法，挖斗及人工挖样试验 ······ 277

第8章　其他典型流域工程河段实例 ·································· 280

　8.1　汉江中下游河段河床组成勘测调查 ····················· 280

　　8.1.1　概述 ·· 280

　　8.1.2　坝下游坑测法勘测成果 ·································· 284

　　8.1.3　河床组成调查成果 ··· 291

　8.2　贵州毕节夹岩水利枢纽工程 ······························ 298

　　8.2.1　工程介绍 ··· 298

　　8.2.2　七星关水文站悬移质级配分析 ····················· 298

　　8.2.3　夹岩水利枢纽工程河床组成勘测调查 ························· 300

　　8.2.4　结论和建议 ······················· 303

　8.3　安徽下浒山水库推移质调查 ························· 304

　　8.3.1　工程及自然概况 ······················· 304

　　8.3.2　推移质泥沙 ······················· 305

附录 ························· 311

　附录一　分析筛检查和校正 ························· 311

　附录二　报告编写格式 ························· 314

第1章 概　　述

1.1　勘测调查目的及意义

河流是水流与河床交互作用的产物。河水作用于河床，使河床发生变化；河床亦作用于水流，影响水流结构。二者构成一个矛盾的统一体，相互依存，相互影响，相互制约，永远处于变化和发展的过程中。河床的地形、地貌、地质条件、结构组成，既决定约束和改变水流作用的强弱，某种程度上又是水流对河床作用结果的展现。在水流与河床的相互作用下，河流形成平面形态及断面形态的多样性，形成复杂多样的河流地貌。山区河床形态复杂，受地质构造、基岩的控制，常呈阶梯状，多跌水河瀑布，多由岩槛、石滩、壶穴、深槽等地貌组成。平原区冲积物组成的河床，洲滩与深槽交替分布，在水流的运动作用下位置缓慢向下游移动，引起凸岸淤积、凹岸崩塌，出现弯曲蜿蜒型、分汊型河床。在水流与河床交互作用的过程中，泥沙运动起着纽带作用，由于河流的来沙量与水流挟沙力不相适应，水流多处于输沙不平衡状态，河床将发生相应的冲淤变化。泥沙在水流作用下以推移质、悬移质等方式搬运，在河床坡降减小、流速减慢、流量减小、泥沙增多、人工筑坝拦水等情况下发生沉积，沉积的过程伴随泥沙的分选及水流与河床的相互作用，水中挟带的泥沙与本地床沙的相互混合与交换，导致河床形态改变，河势调整变化，同时产生了河床组成的千差万别。河床的结构组成蕴涵了泥沙的来源及其搬运、沉积规律等信息，亦是影响河床演变趋势的重要因素，有时甚至是决定性因素。

水文泥沙观测成果是河道治理、保护、开发、利用必备的基础性资料。河流上的水文站网是收集水文泥沙基本资料的场所。在国内，绝大多数河流上建设了大量水文站开展水文泥沙观测，并取得了丰富的资料。但由于水文站一般仅监测测验断面的水位、流量、悬移质泥沙、推移质泥沙、床沙等水沙要素，河段乃至面上的资料缺乏；受水文站观测项目限制或站网密度不够等因素限制，收集到的资料还难以完全满足使用需求。随着中小河流站网陆续建成运行，水文资料缺乏的问题可以得到一定缓解，但泥沙基本资料仍显不足，仍需补充开展河床组成勘测调查工作。在开展全流域性的侵蚀产沙勘测调查基础上，将河床组成勘测调查与推移质测验相结合，可研究泥沙输移与堆积变化，借以扩展并订正泥沙成果，从而深刻认识和掌握河流泥沙运动规律、特征、机理及其演变趋势。河道观测通过地形测量、固定断面测量、典型河段观测等方式，收集到了河道沿程形态变化资料，但水文站区间来沙、河岸及河床深层物质组成资料往往欠缺，需要通过河床组成勘测调查来取得，特别是泥沙资料匮乏的中小型河流。河道演变分析研究需要开展河道观测及水文泥沙原型观测，河床组成勘测调查资料是水文泥沙成果的重要组成部分。为了全面准确地掌握勘测区域的河床组成情况，必须进行河床组成调查，以便从宏观上把握勘测河段的河床组成情况。

新中国成立后，国家十分重视水土保持工作，通过封山育林、退耕还林、移民搬迁等措施，有效控制了水土流失，在一定程度上减少了河流来沙。随着经济社会的发展，修路、开矿、采砂、整治航道、修建水利水电工程等人类活动对河流的影响日益加剧。修路、开矿等活动增加区间来沙，采砂直接改变河床条件，航道整治直接改变水流条件，拦河工程改变天然河流的状态，其中拦河筑坝、修建水库对河流泥沙的影响最大、也最为直接。在人类活动的影响下，流域产沙、泥沙输移、堆积规律被改变，这些影响与改变，有些是有利的，有些是不利的，需要开展勘测与调查，进行研究与论证，指导实践，扬长避短。为实现防洪、发电、灌溉、航运等功能而在河流上修建的水库群，改变了河流的自然状态，泥沙在水库内淤积，清水下泄冲刷坝下游河道。在大中型水库规划设计阶段，需要开展水库泥沙淤积计算，准确掌握入库泥沙来源、数量和组成是关键问题之一；水电工程下游河床冲淤模拟计算和工程前后河道演变分析等均需要水文泥沙观测成果，建库前需开展原型勘测，为水库调度、水库泥沙问题研究提供依据。在实测泥沙资料缺乏或不足的情况下，需对相关河段的洲滩床沙进行取样分析，获取本河段推移质泥沙的级配成果，并通过调查本河段的水力、泥沙因子、地形资料等数据，采用公式估算工程河段推移质输沙量。为分析预测库区河道泥沙冲淤，河床演变趋势，需收集水库库区及变动回水区在蓄水前天然状态下的河床组成的本底资料，完整准确地取得库区河床可动层一定深度内的河床组成物质样品及其颗粒级配、岩性以及基岩出露分布范围等原型成果，研究库区河床冲淤演变规律、河床细化过程与规律以及常年回水区泥沙淤积过程；为了准确掌握水库蓄水前坝址河床组成情况，研究施工期及水库蓄水运用期的泥沙输移、堆积规律，需开展大坝基坑、导流明渠等部位的河床组成勘测研究；为分析预测坝下游河道泥沙冲刷、淤积及其河床演变趋势，需收集坝下游天然水流状态下河床组成的本底资料，全面准确地取得河床平面范围内可动层一定深度的物质组成分布及其相应的颗粒级配等原型成果。水电工程营运后，由于工程拦截大量泥沙，坝下游将处于冲刷阶段，河床下切的过程和深度的数学模型计算需要掌握河床在一定深度的床沙颗粒级配变化，在河床演变分析中，河床泥沙组成是重要的边界条件。对梯级开发，特别是大型水电开发（如三峡工程），往往需要正确估算上级水库下游因河道下切可能供应和恢复的沙量，需收集本级库尾到上级坝下河道河床边界组成资料。另外，在河道采砂，论证可采区的范围、深度和可采量等，均需要掌握河床组成情况。

河流泥沙按粒径大小可分为泥、沙、石三类，往往由单矿物如石英、长石、云母等主要造岩矿物组成；较细颗粒多由抗风化能力较强的石英等矿物或难溶的碳酸盐矿物组成，更细的黏粒基本是次生矿物及腐殖质组成。岩性主要为岩浆岩、变质岩、沉积岩等类别，按运动方式可分为床沙、推移质和悬移质，推移质按照颗粒大小又分为沙质推移质和卵石推移质。开展河床组成勘测调查，就是要根据工作需求，利用泥沙测验分析仪器、地质勘探仪器设备、野外调查技术装备及现代科技手段，通过勘测、调查、分析、研究等方式，全面掌握调查河段的河道地形地貌、河床边界条件及沿程分布状况、泥沙堆积规律、人类活动影响等基本情况，勘测分析泥沙类别、级配、岩性及沿河床三个维度的分布变化，以及随时间的变化，估算推移质输沙量，描述与评价河床的组成现状，分析研究河床历史演变，研究探索工程前后河流泥沙规律的变化，预测河床演变趋势，编制勘测调查报告供科研分析机构、河道治理部门、工程建设单位使用，为河道治理、保护、开发、利用，为河流的生态修复、人与自然的和谐相处提供实测依据与基础支撑。随着经济社会发展和水文行业进步，勘测调查工作面临着一系列新的要求。四个全面战略布局、五大发展理念，以及"节水优先、空间均衡、系统治理、两手发力"的新时期治水思路，要求河道开发与保护协同发展。新常态将河流生态环境摆在压倒性位置，对河势河床的关注将提升到新的高度。随着新思路、新理念的推进，河流监测指标体系也将更加明确，对河流水文泥沙资料的需求也将更加具体，河床组成勘测调查技术手段、工作深度和广度将面临新的挑战。

1.2 勘测调查内容

天然河道的河床组成十分复杂，由于来水来沙条件不同，不同河段的河势情况各异，因此，河床组成千差万别。即使是同一个洲滩，其床沙在平面上的分布也是极不均匀的。人类活动的影响使河床组成进一步复杂化。为了全面准确地掌握勘测区域的河床组成情况，必须进行河床组成调查，以便从宏观上把握勘测河段的河床组成情况。河床组成勘测调查的工作内容主要包括勘测调查策划、河床组成勘测与调查、床沙观测、推移质输沙量调查与估算、资料整理与整编、成果报告编制等内容。

（1）勘测调查策划的内容包括观测规划设计及野外勘测调查准备。观测规划设计的主要内容包括明确目标任务、制订观测方案、布置观测测次，勘测调查准备包括现场踏勘、资料收集、方案设计评审、物质准备、教育培训等工作。

（2）河床组成调查的内容主要包括河段上游及区间来沙变化调查、地质地貌调查及取样、洲滩调查及取样、人类活动对区间来沙的影响调查。河床组成勘测的内容主要包括勘测取样（含剖面探测）、颗粒级配分析、容重测验及泥沙岩性鉴定等。按取样位置不同，又可分陆上和水下河床组成勘测。陆上河床组成勘测是在勘测河段内，将最高洪水位以下、枯水位以上的边滩、江心洲、江心滩作为主要勘测对象进行的河床组成勘测，一般采用人工挖坑和钻探。水下河床组成勘测是在勘测河段内，利用水文测船、床沙探测仪器等进行的水下床沙勘测。

（3）河流泥沙的起动流速、沉降速度、休止角、运动概率等表征其运动特性的物理量与泥沙的粒径级配、形状、大小、类型、容重密切相关。床沙测验的基本目的在于持续了解、掌握河流河床边界组成分布特征及其演变规律，具体内容有：测量河床边界组成与分布；分析组成物质的粒径、级配、密度及有机物含量；鉴定卵砾石床沙的岩性、磨圆度，并测量其形态（扁度）等。

（4）推移质调查的目的在于了解推移的来源、去路和推移量。推移质调查主要包含推移质特性调查、推移质洲滩调查及人类活动影响调查。一般选在枯水季节（河流的洲、滩均露出水面）开展，调查的洲滩在沿程分布上尽可能均匀。推移质特性调查主要包括推移质颗粒级配组成、岩性组成、颗粒形态特征等。推移质洲滩调查主要包括推移质洲滩的分布及特征、洲滩演变和洲滩上卵石运动情况。根据卵石推移质来源调查资料，将调查河段

3

的卵石特性（主要是岩性）的调查成果与调查河段上游流域地质地貌（含水系）图结合进行分析，可以定性地确定卵石特性有明显差异（岩性、级配、形态、磨光度等）的补给区，估算支流卵石推移量占比。利用调查区内测站的推移质测验资料，推算干支流其他部位推移量。根据勘测调查河段的钻孔资料，可按经验公式估算推移量。调查河段有水文测站的，测有断面、流速等资料，可结合洲滩取样泥沙分析成果，采用经验公式估算卵石推移质输沙量，本方法也适用于沙推移质输沙量估算。河道采砂、疏浚卵石推移量估算，可依据相关资料估算，或现场估计卵石推移宽和淤积物卵石的含量。

（5）资料整理与整编包含外业资料记载、整理和检查，内业资料的整理、计算、统计分析，成果调制、合理性检查，资料整编等内容。

（6）成果报告编制主要有河床组成勘测调查技术总结、地质报告、干容重测验技术总结等。技术报告是勘察工作的最终成果，应根据委托方及有关标准要求编写。

1.3　勘测调查方法与手段

河床组成勘测调查与水道地形测量、固定断面测量（含床沙取样分析）、水流条件观测、悬移质泥沙测验、洲滩汊道观测、险工护岸监测、崩岸监测巡查、采砂巡察等河道基本观测任务一样，是河道原型观测工作的重要组成部分之一，主要为弥补河道基本观测沿时空分布上所测资料不足。在自然条件或人类活动影响下，在河势发生较大变化时或在潜在变化发生之前，及时开展河床组成勘测调查或采取必要的勘测调查措施，是为河床演变分析搜集类比资料所采取的必要补充手段。河床组成勘测调查的核心工作内容包括野外调查、勘测取样、床沙测验、现场测定、实验室样品分析、计算及成果调制等。

河床组成调查的手段主要有收集资料、询访调查、拍照取证、勘测取样等。对干流及沿程各分汇流河道口门各 1～3km，调查了解河床边界物质组成分布，描述沿程基岩、洲滩，并尽可能地给出其面积及占河段长度比例的定量估计。调查了解水文站的泥沙来源、组成变化，估算上游及区间支流卵砾石推移质来量比例及变化。借鉴考古手段，调查了解河道历史变迁。

河床组成勘测方面，勘测取样（含剖面探测）、颗粒级配分析、容重测验分析、泥沙岩性鉴定均有一套比较成熟和完善的方法。在勘测取样的布置上，主要有试坑法和面上取样的面块法、断面法、网格法，网格法又可分为定网格法、线格法、步格法。在勘测取样方法上，陆上多采用人工试坑和钻探方法，水下多采用器测法、照相法、断面法、混合法进行床沙测验，有时也采用水下钻探、浅层剖面仪探测等方法。推移质测验方法主要有器测法、坑测法、沙波法。砂、卵石颗粒级配测定多采用尺量法、筛分析法、粒径计法等方法，粉沙等细颗粒级配测定有吸管法、消光法、离心沉降法、激光粒度仪法等方法。干容重按测验方法概括起来可分为坑测法、器测法、现场直接测定法三类，样品采集可采用水下底质取样与洲滩坑测相结合，然后于室内分析处理。泥沙岩性鉴定可采用肉眼法、室内磨片法，炭化木、古钱币、陶片等特殊样的断代分析，还可获取古河床的相关信息。C_{14} 鉴定、岩矿分析鉴定主要在现场实施，不易辨别时，则以锤击破石或化学试剂判别之，少数难辨卵石样品则送地质科研院所切片定论。通过岩性的定量关系，解线性方程组，可以

4

初步估算干支流的推移量占比。

以下主要介绍河床组成勘测的取样及级配分析的几种常用方法。

1.3.1 地质钻探

在洲滩、弯道两岸，干支流分汇流出入口，重点汉道等位置布设钻孔。钻孔深度一般钻至河床深泓线以下 1～3m（对山区河流而言），或钻至卵石层顶板（对中下游沙质河床而言）。按规定分层采取土样，进行颗粒分析和必要的物理实验，绘制粒径级配曲线图、柱状剖面图、孔位平面图及钻孔位置、高程等成果表。

1.3.2 坑测

1. 分层取样

（1）面层。采用撒粉法或染色法确定表层样品，并逐一揭起沾有粉色的卵砾、砂、泥样品，作一单元层。

（2）次表层。挖取表层以下最大颗粒中径厚度的泥沙作为第二单元层，一般厚度为 0.2m 左右。

（3）深层。次表层以下为深层，可视竖向组成变化，有明显分层时，按实际分层厚度取样分析；没有明显分层时，按 0.2～0.5m，0.5～1.0m，1.0～1.5m，1.0～2.0m 等不同厚度分层，作多个单元层。浅坑取样深度为 0.5m，标准坑取样深度为 1.0m，特深坑取样深度为 2.0m。

2. 散点法取样

一般采用坑测法的表层、次表层的取样分析法。在断面垂线取样时，在代表性部位挖取一个小坑，取出小坑内全部床沙样进行颗分，其数量视样品级配宽度范围定，一般采集样品 30～100kg。

3. 样品分析与收集

按分层取样分析：沙土层取颗粒分析样于室内分析，砂卵石样在现场进行筛分析，并求出岩性和各粒径百分比。保留具代表性的部分样品。

1.3.3 横断面床沙取样

选取具有代表性河段，布设固定断面进行河床质采样，分析近岸底质及沿程泥沙颗粒级配组成情况。

1.3.4 颗粒级配分析

泥沙颗粒级配分析即测定泥沙样品的沙粒粒径和各粒径组的沙重占样品总沙重的百分数，并绘制粒径级配曲线的过程。方法包括直接测量法（尺量法、容积法、筛析法）、沉降法（清水沉降法、混匀沉降法、离心沉降法）、消光法、激光法（激光粒度仪）几类，除现场直接测定外，室内分析需先进行试样保存、沙样分离、分样、有机质处理、物理分散处理、反絮凝处理、分析用水准备等试样制备工作。级配分析的主要原理及方法如下：

（1）尺量法。对样品中大的卵石颗粒，直接用尺量算依大小排列各组的平均粒径及其质量的方法。

（2）称重法。对样品粒径大的泥沙颗粒，依大小排列称其最大颗粒及各组的颗粒质量，按等容粒径确定颗粒粒径的方法。

（3）筛分析法。用一组具有各种孔径的筛进行泥沙颗粒分析的方法。

（4）粒径计法。使泥沙在粒径计管内清水中静水沉降，利用不同粒径沉速不同的原理，分别测定不同时刻接沙杯中泥沙质量占水样总干沙质量百分数，来推求泥沙颗粒级配的方法。

（5）吸管法。使沙样作混匀连续沉降，连续测定某一深度处固定容积悬液内干沙质量的变化，来推求泥沙颗粒级配的方法。

（6）消光法。利用泥沙颗粒对光的吸收、散射等消光作用，连续测定泥沙浑液沉降过程中不同时间的光密度，计算浑液的含沙密度，来推求泥沙颗粒级配的方法。

（7）比重计法（密度计法）。沙样混匀连续在静水沉降过程中，用比重计测定其不同时刻的浑液密度变化，来推求泥沙颗粒级配的方法。

（8）离心沉降法。利用泥沙颗粒在离心场中沉降所受作用力的原理，结合消光法测定各时刻光密度变化曲线，来推求泥沙颗粒的相对含量及颗粒级配的方法。

（9）激光法。利用激光散射测量颗粒级配的方法。

1.4 勘测调查技术发展历程

河床组成勘测调查技术工作主要以水文学、地质学、河流动力学基础理论为支撑，并在多年的实践运用中逐步发展完善，成为当今水文泥沙观测技术领域内的一隅。基础理论方面，学者们对泥沙的几何特性、重力特性、分类、沉积规律进行了孜孜不倦的研究。实践技术方面，专业工作者们坚持创新发展，在采样仪器、技术方法、质量控制、规程标准等的各方面均取得了长足的进步。从 20 世纪 50 年代至 70 年代，国家及行业先后颁布并实施了水文测验技术规范等 3 个水文测验标准，但涉及床沙测验内容很少。自 20 世纪 70 年代起，随着三门峡、葛洲坝、三峡等大型水利枢纽的陆续兴建，为满足水利工程设计、论证及建设需要，对泥沙测验技术与方法进行了深入研究，并在采样器研制及改进方面做了系列工作。从 1986 年起，在全国泥沙测验技术研究工作组的推动下，特别是 1988 年《河流推移质及床沙测验规程》（SL 43—1992）编写组成立后，对于仪器研制与改进、取样方法、河床组成调查等方面进行了系列实验性研究，床沙测验技术取得了较大突破。2010 年，长江水利委员会（以下简称长江委）水文局在 SL 43—1992 的基础上，吸收了多年来河床组成勘测的新经验、新方法和新技术，编制了《河床组成勘测技术指南》，系统规定了洲滩床沙勘测、水下床沙观测、河床组成勘测调查、泥沙岩性鉴定、容重观测的内容、方法及要求，明确规定了河床组成勘测资料整理与整编的基本要求。2013 年，长江委水文局在国内水文行业内率先通过 ISO 9001 质量管理体系认证，河床组成勘测调查技术工作进一步向规范化、科学化方向迈进。

以下重点介绍床沙采样器研制、床沙取样方法及资料整理整编方面的进展。

1. 床沙采样器的研制与改进

20 世纪 60 年代以来，长江委水文局、黄河水利委员会（以下简称黄委）水文局在采样器的研制、试验与改进，以及国外仪器引进和完善方面做了大量工作。长江委新厂水文站 1974 年开展了锥式采样器性能试验；长江委宜昌水文站 1974 年开展了锥式、挖斗式、犁式、打印器等仪器试验，并在 1978 年引进美国 BMH54 仪器，进行改进后使 60mm 以下的床沙取样取得进展。1982 年，黄委三门峡水文实验总站对横管式、蚌式、钳式、直管打击式仪器做过比测试验，对挖斗式采样器进行了改进，扩大了容量，并试制了沉筒式采样器和打印器，同时根据试验资料，提出了锥式采样器不再使用的报告。2014 年，长江水利委员会水文局荆江水文水资源勘测局（以下简称长江委水文局荆江局）研制的 JJ-CY02 型双门挖斗式采样器，采用触发双门挖斗式设计，较好地克服了水流扰动作用，具备准确获取 150mm 及以下卵石沙样的能力。除了进行采样器本身的研制外，一些专业机构还开展了水文测船及测验绞车的改进研究，床沙取样的技术更加完善、可靠。

通过研制和试验，床沙采样器能采集沙、砾、卵石，并有配套采样器在深水和浅水都能取到 200mm 以下粒径样品，床沙采样器的系列化、规范化初具规模。采样设备的研制发展主要过程参见表 1-1。

表 1-1　　　　　　　　　　床沙采样器改进与研制进展情况

仪器名称	研制及改进单位	研制时间	适用河床	适用范围	备　注
锥式	长江委水文局	20 世纪 60 年代	沙质软底	流速≤3.0m/s	
横管式	黄委水文局	20 世纪 60 年代	沙质软底	水深≤6.0m	
蚌式	长江委及黄委水文局	20 世纪 70 年代	沙质硬底		
钳式	黄委水文局	20 世纪 70 年代	沙质硬底		
横管式	黄委水文局	20 世纪 70 年代	沙质软底	流速≤2.5m/s 水深≤3.0m	
犁式	长江委水文局	1976 年	200mm 以下卵石	流速≤3.0m/s	
挖斗式 宜 100 型	长江委水文局	1976 年	沙质及 50mm 以下卵石	流速≤3.0m/s	由 BMH54 用弹簧拉动改为悬索拉轴转动
挖斗式 宜 108 型	长江委水文局	1989 年	沙砾石	流速≤3.0m/s	由宜 100 型轴转动改为悬索直接牵动，容量扩大一倍
滚筒式	长江委水文局	1989 年	150mm 以下卵石	流速≤2.5m/s 水深<1.5m	
打印器	长江委水文局	1989 年	200mm 以下卵石	流速≤3.5m/s	荆江河床实验站改进
挖斗多仓型	长江委水文局	1991 年	60mm 以下卵石	流速≤3.5m/s	用悬索带动齿轮，三舱连动三次
双门式挖斗采样器 JJ-02 型	长江委水文局	2014 年	150mm 以下卵石	流速≤3.5m/s	自动触发设计

2. 床沙测验方法进展

（1）测次分布。床沙测验方面，将沙与卵石分别对待，并把测站分为三类，既满足重点工程的需要，也可在大范围内收集必要的基本水文泥沙资料；对测次分布的具体要求，则通过大量实验研究与分析得出。

（2）沙质床沙测次分布主要有以下要求：

1）一类站：能控制床沙颗粒级配的变化过程，汛期一次洪水过程观测 2～4 次，枯季每月测一次；受水利工程或其他因素影响严重的测站，需要适当增加测次。

2）二类站：每年观测 5～7 次，测次主要布置在洪水期。

3）三类站：设站时取样 1 次，发现河床组成明显变化时，再取样一次。

（3）卵石床沙测次分布主要有以下要求：

1）一类站：每年洪水期观测 3～5 次，在汛末卵石停止推移时测一次，枯季在边滩用试坑法和网格法同时取样一次，在收集到大、中、小洪水年的代表性资料后，可停测。

2）二类站：设站第一年在枯水边滩用试坑法取样一次，以后每年汛期用网格法取样 1 次，在收集到大、中、小洪水年的代表性资料后，可停测。

3）三类站：设站第一年在枯水边滩用试坑法取样 1 次。

4）各类站在停测期间发现河床组成有明显变化时，及时恢复测验。

（4）床沙取样方法。对于床沙取样方法，总结了水下取样、洲滩取样、综合探测法以及河段调查等取样方法。

（5）资料整理。在床沙资料的计算、整理方面已经有一套完善、系统的方法及技术要求；在成果质量检查方面，提出了两大步骤、四个档次的具体方法，第一步为测验成果检查，分现场检查、单站检查、单次综合检查三个档次，第二步是对整编成果检查，以成果的系统性、合理性为检查重点。

1.5 主要研究成果

长江委水文局荆江局的水文工作者，通过多年生产实践与研究，在河床组成勘测调查领域开展了大量工作，在床沙仪器研制改进、测验方法、分析计算、资料整理以及实际工程应用等方面取得了丰硕成果。

（1）规范、规程类主要代表性成果。参与编写了 SL 43—1992，主要参与编写了《河床组成勘测技术指南》《长江河道观测技术规定》。

（2）试验类代表性成果。主要有卵石床沙试坑法取样试验报告、照相法床沙取样试验、荆 108 型挖斗式采样器改装试制及取样试验、荆 280 型床沙打印器试制及取样试验、JJ-CY02 型双门挖斗式采样器研制等。

（3）测验方法及分析研究成果。在床沙的测验方法方面，已经形成了一套比较系统、完整的测验技术，如水下取样、洲滩取样及综合探测法。在河床浅层组成探测方面，运用浅层剖面仪进行试验研究，已经取得阶段性成果。分析研究方面，《长江三峡工程水文泥沙观测与研究》等专著中包含了河床组成勘测调查内容。

（4）工程项目类代表性成果。主要有清江流域河床组成勘测调查、重庆河段床沙组成勘测调查、长江三峡水利枢纽下游城陵矶至湖口河段河床组成勘探与普查、长江三峡水库库区河床组成勘探与调查、长江三峡工程库尾及上游河段河床组成勘测调查、汉江中下游河床组成勘测调查、贵州毕节夹岩水利枢纽工程河床组成勘测调查、乌东德、白鹤滩、溪洛渡、向家坝水库变动回水区河床组成勘测调查、长江宜昌至城陵矶河床组成勘测调查、长江上游宜宾至重庆河段河床组成勘测调查、乌江与长江汇合口河段河床组成勘测调查、云南怒江岩桑树水库河床组成勘测调查等。

1991—1994 年开展的清江泥沙勘测调查分析，是在清江开发公司积极支持下进行的一次兼具工程实用价值和技术研究价值的任务，采取多种勘测调查手段，大力收集流域水沙资料。首先开展了全流域性的侵蚀产沙勘测调查，获得了清江流域侵蚀产沙数量与重点产沙区分布区域范围，分析了地质、地貌、气候、植被、农垦、经济开发等自然、人为因素对侵蚀产沙的影响；继而开拓性地运用勘测性水文测验新方法，测到了隔河岩、水布垭两枢纽干流入库卵砾石推移质输移量成果与渔峡口悬移质泥沙输移量，并开展了不同方法的精度比较分析；大规模应用精密岩性分析法获得了恩施—巴山峡河段主要产沙的 11 条大支流卵砾石推移质泥沙入汇干流百分比成果；通过前后三次全程的和多次局部短程的河床组成勘测调查，终于获得了全流域完整的河床组成分布资料；同时广泛收集了流域内与泥沙相关的气象、地理、地质、地貌、测绘、灾害与农林等多学科、多方面资料。使流域基本泥沙资料得到较大的补充，弥补了清江空白。1998 年，在前几年工作的基础上，由武汉大学牵头，长江委水文局参与，开展清江泥沙规律研究工作。工作的重点仍然是针对流域泥沙资料缺少的状况，继续深入开展勘测调查与理论分析，进一步摸清流域侵蚀产沙现状、泥沙输移与堆积变化，扩展并订正泥沙成果，从而深刻认识和掌握清江泥沙运动规律、特征、机理及其演变趋势。

1997 年以来，依托金沙江梯级开发河床组成勘测调查、三峡工程河段河床组成勘测调查、宜昌—城陵矶河段河床组成勘探调查等项目，长江委水文局取得了长江干流重点河段的大量实测成果，丰富了长江干流河床组成资料的宝库。1997 年末至 1998 年汛前进行了三峡库尾上游屏山至重庆河段河床组成地质钻探和勘测调查。1997—1999 年开展了长江三峡水利枢纽大江基坑河床组成勘测研究；另于 2003 年 1 月至 2003 年 10 月开展了长江三峡工程导流明渠基坑河床组成取样分析。2002 年末至 2003 年汛前实施长江三峡库区重庆至丰都段河床组成勘探与调查项目。2002 年汛末至 2003 年汛前实施了长江宜昌—城陵矶河段长约 400km 河段河床组成勘测调查项目。2003 年开展朱沱至重庆河段河床组成勘测调查。2008 年 2—3 月，完成金沙江溪洛渡水库变动回水区、向家坝水库变动回水区及坝下游河床组成勘测调查任务。2013 年 10 月至 2014 年 1 月，完成金沙江乌东德水库变动回水区、白鹤滩水库变动回水区河床组成勘测调查任务。这些项目取得的成果，不仅满足了工程规划、设计、建设及运行调度的需求，在河床组成勘测技术研究领域的贡献也十分重大。

近年来，又有一些新的手段在实践中得到运用。2003 年 4 月，长江委水文局荆江局联合中国科学院声学所采用其研制的底质探测声呐和浅层剖面声呐设备在荆江河段观音矶、荆州长江大桥区域和清江隔河岩库区开展了水下河床组成探测实验。2014 年，长江干流枝城水文站在推移质测验时，利用水下电视同步探测临底悬沙的分界情况、河床表面泥沙分布及运动状态情况，探测推移带的边界。长江干流荆江河段当前正在开展的不平衡输沙观测试验，将试验河段的固定断面及断面床沙监测，干容重测验，河段进出口断面的床沙、推移质、悬移质全沙测验及临底悬沙测验相结合，获取的资料具有较高的理论研究价值。随着综合国力不断增强，在基础研究方面投入的增加，以及科学技术发展新成果在水文泥沙观测领域的应用，泥沙勘测研究工作也出现新的生机，河床组成勘测调查技术将持续取得新的发展成就。

参考文献

[1] 钱宁，万兆惠．泥沙运动力学［M］．北京：科学出版社，1991．

[2] 中华人民共和国水利部．SL 43—1992 河流推移质泥沙及床沙测验规程［S］．北京：水利电力出版社，1994．

[3] 中华人民共和国水利部．GB/T 50095—2014 水文基本术语和符号标准［S］．北京：中国计划出版社，2014．

第 2 章 基 本 知 识

2.1 泥沙的特性及分类

2.1.1 泥沙的特性

2.1.1.1 泥沙的几何特性

泥沙的几何特性是指泥沙的形状、大小等。泥沙颗粒的形状及大小常用泥沙的几种代表粒径表示，泥沙颗粒的大小组成常用泥沙颗粒级配曲线表示。

1. 泥沙的粒径

泥沙粒径的表示方法有等容粒径、筛径、标准沉降粒径、沉降粒径等。

（1）等容粒径指体积与泥沙颗粒相等的球体的直径，表达式为

$$D = \left(\frac{6V}{\pi}\right)^{\frac{1}{3}} \qquad (2-1)$$

式中：D 为粒径，mm。

（2）筛径指颗粒恰能通过正方形筛孔的边长，作为近似，筛径可视为等容粒径。

（3）标准沉降粒径指与泥沙颗粒有同样容重，在水温 24℃ 的静止的蒸馏水中，不受边界影响，与单颗粒泥沙有相等沉速的球体直径。

（4）沉降粒径指在同一流体中，相同条件下，与颗粒沉速相同的球体直径。

2. 泥沙颗粒级配曲线

泥沙颗粒级配曲线有半对数级配曲线，还有频率曲线、累积频率曲线、微分粒配曲线等。

（1）河流泥沙由大小不等的非均匀沙组成，泥沙粒径组成变幅很大，考虑单颗泥沙的性质并无意义，必须考虑分级的平均值。通过颗粒分析，可以得出沙样中各粒径级的重量及小于某粒径的总重量，横坐标用对数坐标表示泥沙粒径，纵坐标为小于某粒径的沙重百分数（%），绘制半对数级配曲线见图 2－1。

泥沙颗粒级配曲线直观反映了泥沙颗粒的大小及泥沙的均匀程度，从级配曲线图上看，Ⅰ曲线代表粒径较小的泥沙，且颗粒粒径较均匀，Ⅱ曲线代表泥沙颗粒较粗且泥沙相对不均匀。从级配曲线上，可以查出泥沙的特征粒径如 D_5、D_{10}、D_{50} 等。

（2）频率曲线。以泥沙颗粒粒径为横坐标，以分级泥沙颗粒所占数目、体积或重量的百分数为纵坐标，作成柱状图。

（3）累积频率曲线。以泥沙颗粒粒径为横坐标，把各级泥沙颗粒所占百分数逐级累积作为纵坐标。

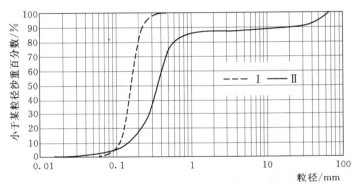

图 2-1 半对数级配曲线图

（4）微分粒配曲线。泥沙粒径为横坐标，把每一级泥沙颗粒百分比除以上下限粒径值之差为纵坐标。

3. 表征泥沙组成的特征值

（1）算术平均粒径 D_{pj}，用以下关系式表示为

$$D_{pj} = \frac{\sum\limits_{i=1}^{n} \Delta p_i D_i}{100} \quad (2-2)$$

其中

$$D_i = \frac{D_{max} + D_{min}}{2}$$

式中：D_{pj} 为平均粒径；D_i 为第 i 组泥沙的代表粒径，将泥沙粒径分成若干组，取每组上下限粒径分别为 D_{max}、D_{min}；Δp_i 为 D_i 组泥沙所占重量百分比。

（2）几何平均粒径 D_g，表达式为

$$ln D_g = \sum_{i=1}^{n} \Delta p_i ln D_i$$

或

$$D_g = \exp\left\{ \sum_{i=1}^{n} \Delta p_i ln D_i \right\} \quad (2-3)$$

当颗粒对数值接近高斯正态分布时，几何平均粒径 D_g 表达式为

$$ln D_g = \frac{1}{2}(ln D_{15.9} + ln D_{84.1})$$

或

$$D_g = \sqrt{D_{15.9} D_{84.1}} \quad (2-4)$$

（3）中值粒径 D_{50}，在颗粒级配曲线上，$\sum \Delta p$ 为 50% 的粒径称中值粒径，如果泥沙颗粒级配曲线在半对数坐标上呈正态分布，泥沙中值粒径就等于几何平均粒径。

2.1.1.2 泥沙的重力性质

1. 泥沙的容重

泥沙的容重是指泥沙实有重量与实有体积的比值，泥沙在水中的运动状态既与泥沙的容重有关，又与水的容重有关，常用相对值有效容重系数，其表达式为

$$\beta = \frac{\gamma_s - \gamma}{\gamma} \quad (2-5)$$

式中：γ_s 为泥沙容重；γ 为水的容重。

2. 泥沙的干容重

泥沙烘干后的重量与原沙样体积的比值称泥沙的干容重,容重 γ_s、干容重 γ_s' 与孔隙率 e 之间的关系表示为

$$\gamma_s' = \gamma_s(1-e) \tag{2-6}$$

(1)泥沙干容重与泥沙粒径的关系。根据已有资料,淤积泥沙干容重(干密度)与粒径相互间的关系见图 2-2,从图 2-2 可以看出,泥沙的中值粒径愈细,其干容重就愈小,变化幅度就愈大,泥沙粒径较大,其干容重则大,变化幅度相对较小。

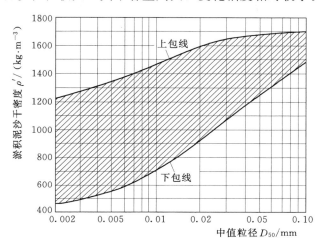

图 2-2 淤积泥沙干密度与中值粒径关系图

(2)淤积物厚度与对干容重的影响。根据官厅水库资料(图 2-3),淤积深度愈深,其干容重愈大,变化幅度愈小,淤积深度愈浅,干容重愈小,变化幅度愈大。

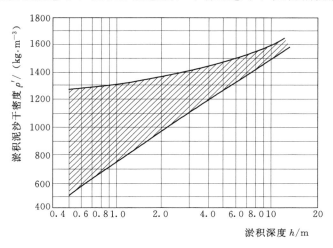

图 2-3 淤积物干密度与淤积厚度关系图

(3)淤积历时与对干容重的影响。干容重随着历时的增加会趋向一个稳定值,较粗颗粒泥沙($D>0.1\text{mm}$),其干容重容易趋向稳定,初始干容重与最终干容重比较接近,较小颗

粒泥沙（$D<0.05$mm）趋向稳定值的时间相对较长，初始干容重与最终干容重相差甚远。

泥沙干容重的计算，利用公式

$$\gamma'_s = \begin{cases} 0.525\left(\dfrac{D}{D+4\delta}\right)^3 \gamma_s & (D<1\text{mm}) \\ \left(0.7-0.175e^{-0.095\frac{D-D_0}{D_0}}\right)\gamma_s & (D\geqslant1\text{mm}) \end{cases} \qquad (2-7)$$

式中：δ 为薄膜水厚度，4×10^{-4}mm；D_0 为参考粒径，1mm。

3. 泥沙的水下休止角

泥沙在静水中，由于泥沙颗粒之间的阻力作用，在静止时自成一定的坡度，坡面与水平面所成的角度 θ 称为泥沙的水下休止角，其正切值为泥沙的水下摩擦系数。

根据天津大学试验成果，泥沙水下休止角与泥沙粒径有关（图2-4），关系表达式为

$$\theta = 32.5 + 1.27D \qquad (2-8)$$

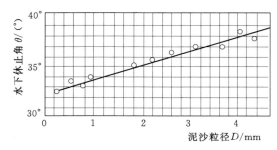

图 2-4　泥沙水下休止角与泥沙粒径的关系图

式中：θ 为水下休止角，(°)；D 为泥沙粒径，mm。

试验表明，泥沙水下休止角不仅与泥沙粒径有关，还与泥沙级配及形状有关，不同类型的沙粒水下休止角存在较大差异。各种形状的抛石休止角与 D_{50} 存在一定关系（图2-5），可以用于边坡稳定防护。

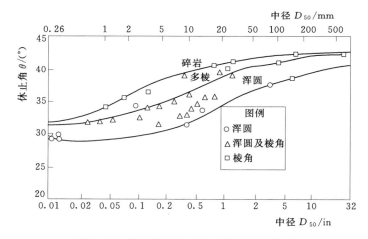

图 2-5　抛石的休止角与中值粒径的关系

注：1in＝25.4mm。

2.1.2　泥沙的分类

河流泥沙从不同的研究角度出发有不同的分类方法，如按照泥沙粒径的大小、泥沙的矿物组成、泥沙的运动方式等。

1. 按泥沙粒径大小分类

河流泥沙的粒径范围变幅很大，山洪能挟待直径达数米的巨大块石，而平原河流则往

往只能挟带极细的泥沙，粗细泥沙粒径相差上万倍。按照我国《土工试验规程》（JTG E40—2007）将泥沙进行分类，其方式见图2-6，按照《河流泥沙颗粒分析规程》（SL 42—2010），其分类方式见表2-1。不论按照那种方式，河流泥沙又可以分为泥、沙、石三大类，其中黏粒、粉沙属泥类，沙粒属沙类，砾石、卵石、漂石属石类。

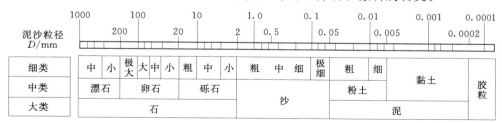

图2-6　泥沙分类图

表2-1   河 流 泥 沙 分 类

泥沙分类	黏粒	粉粒	沙粒	砾石	卵石	漂石
粒径/mm	<0.004	0.004～0.062	0.062～2.0	2.0～16.0	16.0～250.0	>250.0

2. 按泥沙矿物组成分类

不同粒径级的土粒具有不同的矿物组成，其相互关系见表2-2。大颗粒泥沙通常带有

表2-2   泥沙粒径分级与矿物成分的关系

最常见的矿物			漂石、卵石、碎石、块石、角砾	沙砾组	粉粒组	黏粒组/mm		
						粗	中	细
			>2	2～0.05	0.05～0.005	0.005～0.001	0.001～0.0001	<0.0001
原生矿质	母岩碎屑（多矿质结构）							
	单矿质颗粒	石英						
		长石						
		云母						
次生矿质	次生二氧化硅（SiO₂）							
	黏土矿质	高岭土						
		水云母						
		蒙脱石						
	倍半氧化物 [Al₂O₃ Fe₂O₃]							
	难溶盐 [CaCO₃ MgCO₃]							
	腐殖质							

注　1. ——表示虽有存在，但含量甚微。
　　2. ▨▨▨表示含量较多。
　　3. ◁▷表示含有一定数量。
　　4. 空白栏表示不可能有该矿物存在。

15

母岩中原有的多矿物结构；沙粒与岩石中原生矿物颗粒尺度相近，往往由单矿物如石英、长石、云母等主要造岩矿物组成；较细颗粒多由抗风化能力较强的石英等矿物或难溶的碳酸盐矿物组成，更细的黏粒基本是次生矿物及腐殖质组成。

3. 按泥沙的运动方式分类

天然河流中的泥沙，按其运动方式可以分为运动和静止两类，组成河床静止不运动的泥沙称为床沙，运动的泥沙又分为推移质和悬移质两类。

推移质是指沿河床附近滚动、滑动或跳跃的泥沙，推移质的运动特点是走走停停，时快时慢，运动速度远慢于水流，颗粒越大，停留时间约长。推移质按照颗粒大小又分为沙质推移质和卵石推移质。推移质的运动状态取决于水流条件。

悬移质是指随水流漂浮前进的泥沙，这种泥沙的运动，有赖于水流中的紊动涡旋所挟持，在整个水体空间里自由运动，时而上升，时而下降，其运动状态具有随机性，运动速度与水流基本相同。

不同粒径的泥沙所形成的土壤具有不同的力学性质。如大于 2mm 以上的土粒形成的土壤无毛细力，颗粒间不相连结；2～0.05mm 的土粒之间具有毛细力，但无黏结性；0.05～0.005mm 的土粒含水时具有黏结性；小于 0.005mm 的土粒间不仅含水时具有黏结性，失水后黏结力反而增强。这种黏结性对泥沙的运动起着重要作用，泥沙在水流中的输移方式及沉降规律等，都与泥沙粒径有着密切关系。

不同的粒径级的土粒具有不同的物理化学性质，如泥沙的比重、容重、颗粒形态、颗粒表面吸附水膜对泥沙运动的影响等均与泥沙粒径大小直接有关。

2.2 河流泥沙沉积规律

2.2.1 泥沙的沉降

泥沙在静止的清水中等速下沉时的速度称为泥沙的沉降速度，即沉速。泥沙颗粒越大，沉速越大。泥沙在静水中的沉降时的运动状态与沙粒雷诺数有关，表达式为

$$Re_D = \frac{\omega D}{\nu} \tag{2-9}$$

式中：Re_D 为沙粒雷诺数；ω 为泥沙沉速；D 为泥沙粒径；ν 为水的运动黏滞系数。

当雷诺数很小时，泥沙基本上沿垂线下沉，泥沙附近的水体基本不发生紊乱现象，泥沙运动状态属于滞性状态；当雷诺数较大时，泥沙颗粒不沿垂线下沉，而是以极大的紊动状态下沉，附近的水体产生强烈的扰动或者涡动，这时泥沙的运动状态属于紊动状态。泥沙颗粒的沉降速度首先从球体颗粒的沉降，然后导出泥沙的沉速。

2.2.1.1 球体及泥沙沉速

斯托克斯利用黏滞性流体运动方程为基础，忽略因水流质点的加速度引起的惯性项，从理论上推导出了滞流区（$Re_D < 0.5$）的球体沉速公式为

$$\omega = \frac{gD^2}{18\nu} \left(\frac{\gamma_s - \gamma}{\gamma} \right) \tag{2-10}$$

式中：γ_s、γ 分别为沙粒及液体的容重；g 为重力加速度。

縈流区（$Re_D > 1000$）计算公式为

$$\omega = 1.72 \sqrt{gd\left(\frac{\gamma_s - \gamma}{\gamma}\right)} \qquad (2-11)$$

过渡区（$0.5 < Re_D < 1000$）计算公式为

$$\frac{C_D}{Re_D} = \frac{4g\gamma}{3\omega^3}\left(\frac{\gamma_s - \gamma}{\gamma}\right) \qquad (2-12)$$

C_D 为阻力系数，给定球体直径 D、容重 γ_s 及水温 T 后，可以求出 $C_D Re_D^2$，利用 C_D—Re_D（图 2-7），绘制 $C_D Re_D^2$—Re_D（图 2-8）关系曲线，C_D—Re_D^2 查出 Re_D 值，然后可以计算得到球体的沉速。

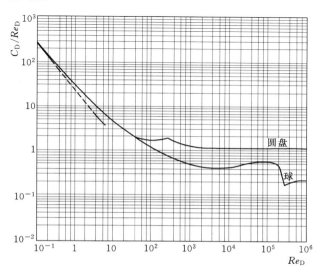

图 2-7 C_D—Re_D 关系曲线

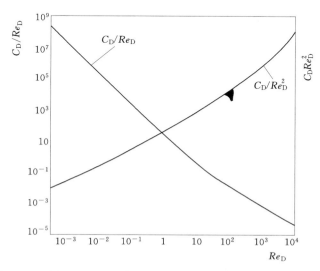

图 2-8 $C_D Re_D^2$ 及 C_D / Re_D 与 Re_D 关系曲线

张瑞瑾教授对沉速公式进行改正，得到适合与滞流区、紊流区及过渡区的综合计算公式为

$$\omega=\sqrt{\left(13.95\frac{\nu}{D}\right)^2+1.09gD\left(\frac{\gamma_s-\gamma}{\gamma}\right)}-13.95\frac{\nu}{D} \qquad (2-13)$$

2.2.1.2　影响沉速的主要因素

1. 颗粒形状对沉速的影响

泥沙颗粒不是规则的球体，而是由各种形状组成。麦克诺恩对各种规则几何体在静水中沉降过程所受的阻力进行研究，并得出滞流区阻力计算公式为

$$F=K(3\pi\rho\nu D\omega) \qquad (2-14)$$

修正系数 K 与几何形态系数具有相关关系，见图 2-9。考虑形状影响沉速公式可表示为

$$\omega=1.72\left(\frac{c}{\sqrt{ab}}\right)^{\frac{2}{3}}\sqrt{gD\left(\frac{\gamma_s-\gamma}{\gamma}\right)} \qquad (2-15)$$

式中：a、b、c 为几何体互相垂直的三轴长度，$\dfrac{c}{\sqrt{ab}}$ 为形态系数，对于同一几何平均直径 D，泥沙形状越扁平，$\dfrac{c}{\sqrt{ab}}$ 越小，阻力系数越大，沉速越小。

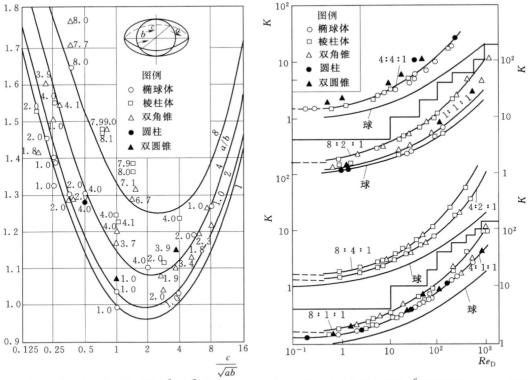

（a）修正系数 K 与几何形态系数 $\dfrac{c}{\sqrt{ab}}$ 及 $\dfrac{a}{b}$ 关系　　（b）修正系数 K 与几何形态系数 $\dfrac{c}{\sqrt{ab}}$ 及轴长比 $a:b:c$ 关系

图 2-9　修正系数 K 与几何体形态系数 $c/\sqrt{ab}$ 的关系图

18

2. 絮凝对沉速的影响

细颗粒泥沙由于表面积大，颗粒与颗粒之间彼此连结在一起形成絮团状态，其沉速远远大于单颗泥沙的沉速，当絮凝作用达到一定程度后，泥沙下沉速度就急剧减小。

3. 含沙量对沉速的影响

当多颗泥沙分散在水体中沉降时，由于相互干扰，沉速小于单颗泥沙沉降速度，麦克诺恩等得出均匀沙含沙量对沉速影响的理论关系曲线（图 2-10）。低浓度及高浓度含沙量对沉速的影响关系又存在差异。

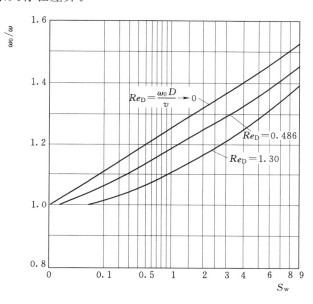

图 2-10　含沙量对沉速的影响（均匀石英沙）
S_w—含沙量（重量百分比）；ω—沉速；
ω_0—清水中沉速；Re_D—沙粒雷诺数

非均匀沙由于泥沙颗粒大小不一，细颗粒泥沙沉速由于受到粗颗粒泥沙的沉降影响而发生改变，当泥沙发生絮凝时，絮凝团将会以不断加快的速度下沉，运动过程属于非恒定运动，水平断面泥沙的平均沉速将是时间的函数。

2.2.2　泥沙的搬运与沉积

2.2.2.1　泥沙的搬运

河流挟带泥沙及溶解质，推移河床沙砾向下游运动，称为搬运作用，泥沙的运动主要是推移及悬移。

1. 推移

不能悬浮的大颗粒泥沙集中在河底，以滑动、滚动或低跳的方式移动，称为推移，水流中单颗泥沙的重量与启动流速的六次方成正比，当流速增加一倍时，推移搬运的重量将增加 64 倍，因此，山区河流可以搬运巨大的块石，而平原河流只能挟带较小的砂砾。大多数河流中，推移质只占搬运物质的 7％～10％，当河床底部推移质数量达到一定量时，

19

就会出现呈波状起伏的沙波体，大部分推移质以沙波的形式向前推移，由此可以利用沙波运动的速度及形态计算推移质输沙率。

2. 悬移

粒径较小的泥沙，在水流中呈悬浮状态搬运称悬移，这部分泥沙称为悬移质。泥沙能悬浮在水中主要受紊流水质点垂直脉动流速的影响，当水流条件改变时，推移质与悬移质可以相互转化。

2.2.2.2 泥沙的沉积

当水流搬运力减弱时，搬运物不能全部被水流带走，其中较大较重的泥沙先沉降于河底。

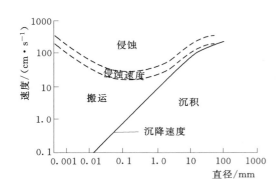

图 2-11 侵蚀、搬运、沉积与流速的关系

造成河流发生沉积作用的主要因素有：河床坡降减小，流速减慢，流量减小，泥沙增多，人工筑坝拦水等。

泥沙的沉积物具有较好的分选性，对于一条河流，从上游至下游，沉积物颗粒由粗变细。对于不同类型河流，山区型河流沉积物比平原河流的沉积物要粗，在河流沉积物的垂直分布上，呈现下部颗粒较粗，上部颗粒较细的特征。

河床的侵蚀、沉积及搬运具有一定的相关关系，一般上游陡峻的河床以侵蚀为主，下游平坦宽阔的平原河流以沉积为主，三者之间的关系见图 2-11。

河流沉积物按照特征可以分为：坡积物、洪积物、泥石流沉积物、冰积物和湖积物等类型。

1. 坡积物

坡积物主要包含受风化剥蚀产沙后残留原地或搬运距离不远的堆积，由地表径流的水力搬运在缓坡地段的堆积，以及在大坡度地段产生重力侵蚀的滑坡或崩塌。坡积物往往在山地丘陵平缓地段形成片状及带状堆积体，而在坡度较陡的山麓地带则易形成坡积锥和坡积裙。

2. 洪积物

暂性洪流流出山口以后，由于断面突然变宽，坡度急剧减小，水流发生分散，流速降低，所挟带的大量固体物质在沟口外沉积下来，这种暂时性洪流堆积的松散物质称为洪积物。其形状呈扇形或锥形，又称洪积扇或洪积锥，相邻沟谷形成的洪积扇或洪积锥相连形成洪积裙，洪积裙不断地重叠堆积发展可形成山前洪积平原。洪积物的组成物质，从沟谷口至堆积边缘呈一定的变化规律，山口附近以粗粒物质为主，由大量的块石、巨砾夹砂组成，分选性不好，磨圆度差，层理不清晰，有时具有交错层或透镜体。在洪积扇边缘的物质颗粒较细，主要为亚砂土、亚黏土及黏土，有时夹砂砾透镜体，具有不规则的交替斜层理及下粗上细的递变层理，分选性较好。洪积物厚度有明显的规律变化，在山口厚度大，向扇体边缘逐渐变薄。

3. 泥石流沉积物

泥石流是指含大量泥、砂、石块等固体物质和水的特殊洪流。泥石流冲出峡谷，在沟口，动能骤减，形成大片堆积。泥石流堆积物成分复杂、颗粒大小悬殊，无分选，层理不明显。大石块多悬浮于堆积体的顶部，两侧或前缘，砾石表面常有粗糙的无定向的斑状或纺锤状擦痕。堆积体常含有泥球或泥包砾，其形态呈垄岗状或舌状。

4. 冰积物

冰积物是指由冰川地质作用形成的堆积物，又分为冰碛物、冰水沉积物和冰湖沉积物。

（1）冰碛物是冰川挟带的物质由于冰川融化而直接堆积起来，其特点是无分选，不具层理，粒度不均匀，往往有漂石、砾石、砂和黏土等混杂在一起。

（2）冰水沉积物是冰川的融水所堆积的物质，由于经过一段水流的搬运，冰水沉积物有一定分选和磨圆，具有明显的层理。

（3）冰湖沉积物是在冰川前缘洼地由于冰川融水注入湖泊而形成的堆积，主要为纹泥，其成分由粉细砂及黏土组成，深浅颜色相间，粗细交替，层理细薄明显。

5. 湖积物

在湖泊地质作用下，堆积于湖盆内的沉积物称为湖积物，湖积物分为淡水湖和盐水湖沉积物。淡水湖沉积物与河流水流泥沙运动具有关联性。

在大陆潮湿地区，入湖河流多，水量大，湖泊多有出口，含盐量较少，形成淡水湖。淡水湖以碎屑沉积为主，也有化学盐类和生物沉积。淡水湖沉积物一般有湖岸向湖心粒度逐渐由粗变细，分带性十分明显。

2.3 河床地貌与河床组成

2.3.1 河床地貌

2.3.1.1 河床剖面形态

1. 河床横剖面形态

陆地表面集水，并经常有水流动的线状洼地称为河流。流水自河源至河口切割而成的负地貌，终年有水或间歇性水流顺坡降向下流动的弯曲长槽称为河谷，根据河谷的基本形态（图2-12），又分为谷坡与谷底，谷底一般比较平坦，其宽度就是两侧谷麓之间的距离，谷底可分出河床与河漫滩两部分，谷底部分河水经常流动的地方称为河床。

2. 河床纵剖面形态

河床纵剖面形态的定义为：河流从源头到河口，沿着主流线河床底部每一点的连线（图2-13）。河床纵剖面形态有凹形、凹凸形及不规则三种，河流上游较陡，下游平缓。当山区河流流入平原在山口形成冲积扇时，形成凹凸形河床纵剖面；复杂的河床纵剖面具有不规则的外形，在纵剖面上有许多阶梯称裂点，每一个裂点都是每一个地方性的侵蚀基准面，两个裂点之间河床的纵剖面常成凹形，整个河流纵剖面为凸凹相间的不规则形态。

河流按性质进行分类，不同的研究者有各自的分类看法。戴维斯根据河流地貌发育历

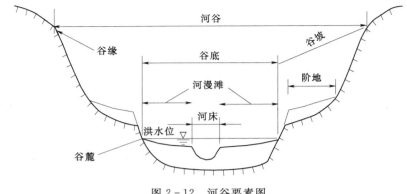

图 2-12 河谷要素图

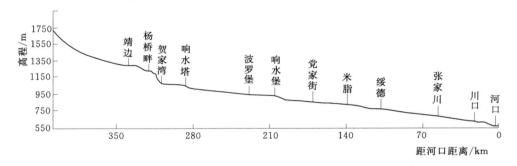

图 2-13 无定河河床纵剖面形态

史与构造的关系,将河流分为顺成河、次成河、再顺向河、逆向河、偶向河。钱宁编写的《河床演变学》,按照河流平面形态进行分类,将河流分为弯曲、顺直、游荡、分汊等四类。河床依据河流类型的划分具有不同的特性,不同河型河床的组成存在差异。

2.3.1.2 河床地貌

从河流地貌形态来看,可以分为山区与平原河流,与此相对应,河床可以分为山区河床和平原区河床。山区河流与平原河流在地貌形态、河床组成等方面存在较大差异。河床由于受侧向侵蚀作用而弯曲,经常改变河道位置,所以河床底部冲积物复杂多变。一般来说山区河流河床底部大多为坚硬岩石或大颗粒岩石、卵石以及由于侧面侵蚀带来的大量的细小颗粒。平原区河流的河床一般是由河流自身堆积的细颗粒物质组成。

1. 山区

山区河床形态复杂,横断面形态窄深,呈 V 形,平面受地质构造、岩性的控制,纵剖面比降大,常呈阶梯状,多跌水河瀑布,多由岩槛、石滩、壶穴、深槽等地貌组成。

(1) 岩槛。由坚硬岩石横亘于河床底部形成。水下岩槛常构成航道中的险滩地段,当岩槛的高度大于水深时就会形成瀑布。

(2) 石滩。山区河流底床上堆积很多巨大岩块所构成,巨大岩块来源于谷坡的崩塌、滑坡或河谷两侧支沟的冲出锥堆积物,在水流的长期作用下较容易移动、变形、消失。

(3) 壶穴。形成于坚硬岩石构成的河床地段。由于河床漩涡携带砂砾石,磨蚀河床底部岩石,形成深陷的凹坑。

（4）深槽。形成于岩石中的深槽主要由于构造因素，在河床的断层破裂带、裂隙密集带，较弱岩层或囊状风化带等抗冲能力较弱部位，由于冲刷的不均一性而形成深槽。

2. 平原

平原河流流经地势平坦、土质疏松的平原地区。与山区河流不同，平原河流的形成过程主要表现为水流的堆积作用。在这一作用下，河谷形成深厚的冲积层，河口淤积成广阔的三角洲。平原区冲积物组成的河床，浅滩与深槽交替分布（图 2-14），浅滩、心滩、江心洲和沙埂形成河床浅水区，浅滩之间形成河槽，由于水流的运动，浅滩与深槽的位置缓慢向下游移动，边滩移动时，引起凸岸淤积、凹岸崩塌，出现弯曲蜿蜒型、汊河型河床（图 2-15）。

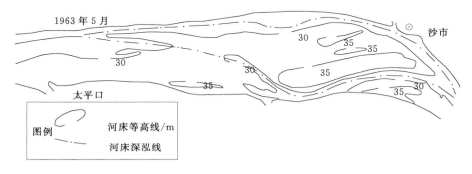

图 2-14　沙市河弯浅滩与深槽分布图

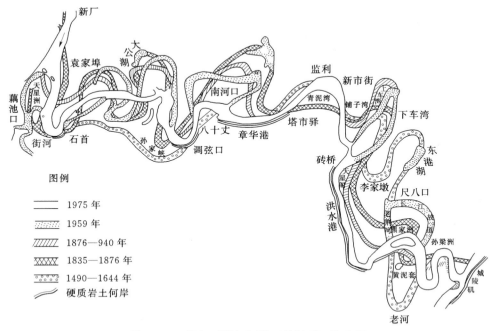

图 2-15　长江下荆江河段（蜿蜒型）演变图

根据河床的演变规律及其平面形态，可将冲积性河流的河床划分为顺直微弯型、弯曲蜿蜒型、分汊型及游荡型等四种类型。

23

（1）顺直微弯型河床。河床总体呈顺直形态，是中、小型河流常见的河床。在平水期河床内深槽、浅滩交替出现，两岸的边滩犬牙交错。洪水季节水流充满河床，边滩、浅滩全在水下，河水顺直奔流，并推动着水下边滩、浅滩缓缓下移。洪水过后，边滩出水，水流归槽，仍在河床内的弯曲水道中流动。如长江上荆江河段为顺直微弯河型。

（2）弯曲蜿蜒型河床。河床的平面形态呈弯曲状态，是平原地区常见的河床。河流在河床中流动受地球自转偏向力的影响或受较坚硬地层的阻挡，使水流向一岸，一岸受到冲刷侵蚀，而相对一岸出现堆积，同时产生横向环流，造成河底横剖面的不对称形态。河床在平面上呈现弯曲状态，这种弯曲有时是连续的曲流，在河床纵剖面上呈深槽、浅滩相间分布。曲流形成后，总是在凹岸侵蚀，凸岸堆积，使侧蚀加强，弯曲下移、加大，结果使其河床上、下邻段越来越靠近，形成曲流颈。在特大洪水来到时，河水就可能冲出弯道，截弯取直，使原来的转弯河道被废弃，形成牛轭湖。长江下游荆江段、汉江下游等都是有名的弯曲型河床。

（3）分汊型河床。河床展宽后，出现心滩或江心洲，使河床中水流分成两股或几股，形成分汊河道。由心滩分开的汊河，仅在枯水季节存在，当洪水季节，心滩被淹没，汊河也就不存在了。而江心洲分开的汊河一般比较稳定。如长江中游城陵矶以下河段中经常出现江心洲分隔的汊河，见图 2-16。

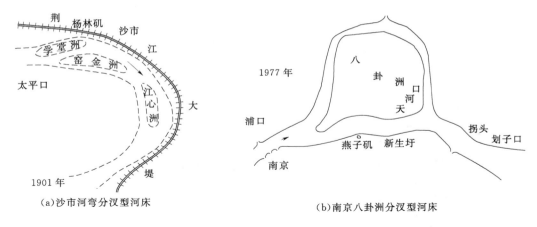

（a）沙市河弯分汊型河床　　　　　　　　（b）南京八卦洲分汊型河床

图 2-16　分汊型河床

（4）游荡型河床。这类河床往往出现在大河下游地段，地势平坦，河床很宽，水流较浅，心滩较多，水流散乱，河道变化无常。洪水季节，河水冲刷和破坏了原来的心滩和边滩，洪水过后，多数老滩已不存在，形成很多新的心滩和边滩，许多汊河重新出现，有时主流和汊河很难分辨。我国黄河下游近入海口段是典型的游荡型河床，见图 2-17。

2.3.2　几种典型的河流形态特征

在本节中主要介绍几种典型的河流形态特征。

2.3.2.1　阶地

河流阶地是超出洪水位，有台面和陡坎的呈阶梯状分布于河谷两侧谷坡上的地貌。一般河谷常有一级或多级阶地，阶地的级数是由下而上按顺序分级的，把高于河漫滩的最低

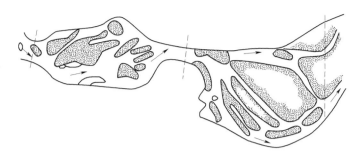

图 2-17　黄河花园口游荡型河段

一级阶地称为一级阶地，较高的一级为二级阶地，依此类推。每一级阶地包含：阶地面、阶地斜坡、阶地前缘、阶地后缘和阶地地麓等。

1. 河流阶地的成因

阶地的形成必须在原先宽广的谷底上，河流下切侵蚀的条件下才能形成。引起河流垂直侵蚀加强的原因主要有地壳运动和气候变化两因素。地壳运动主要是指升降运动，当地壳相对稳定或下降时，河流已侧向侵蚀为主，塑造河漫滩，堆积冲积层；当地壳上升，侵蚀基准面相对下降，河流垂直侵蚀作用加强，下切河漫滩，成形阶地陡坎。地壳构造运动形成的阶地是较普遍的。长期气候的变化也可以形成阶地，如冰凌期，海洋中水量减少，造成全球海面下降，在河流下游发生下切侵蚀作用而形成阶地；气候的变迁表现为干湿冷暖交替，长期干旱气候条件转为潮湿多雨，河流水量增加，侵蚀作用加强，河床切入早期的冲积层而形成阶地。其他一些因素如河流袭夺，河流冲溃天然河堤等也可能形成阶地。

2. 河流阶地的类型

根据阶地的结构和形态特征可划分为：侵蚀阶地、基座阶地、堆积阶地、上叠阶地、内叠阶地、嵌入阶地、埋藏阶地等（图 2-18）。

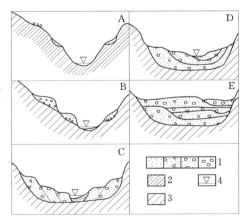

图 2-18　黄土高原侵蚀阶地阶地类型
A—基座阶地；B—上叠阶地；C—内叠阶地；D—嵌入阶地；E—埋藏阶地
1—砂砾石；2—风化岩石；3—黏土；4—水位

3. 研究阶地的意义

可以根据阶地的延续情况、沿河的变化等来分析河流及水系的变迁，从而获得一个地区的古地理状况；可以根据阶地的变化，分析构造运动和气候变迁的历史过程；同时研究阶地具有实际价值，河流冲积层中往往含有丰富的矿藏，地下水等，阶地是交通、城镇等集中分布和经济发达的地区。

2.3.2.2 冲积扇

1. 溪口滩

山区河流沿程有不少的溪沟汇入，在溪沟的沟口一般有发育的冲积扇，伸入干流的部分成为溪口滩，有时影响航运。由于山区河流的河宽较窄，冲积扇的形成常会挤压流路，产生滩险。金沙江河谷两侧的冲沟和支流常交错排列成沟口相对，且大多垂直入江，当两岸冲积扇交错分布时，往往迫使金沙江绕扇而过，逐渐形成河湾（图 2-19）。

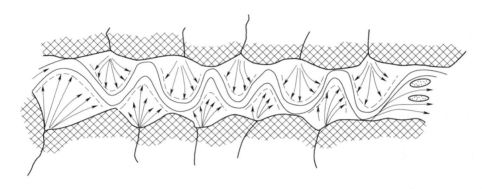

图 2-19　丽江巨甸至白粉墙间金沙江平面图

2. 干旱地区冲积锥

干旱地区的间歇性河流径流量较小，所携带的固体物质较少，出山口后形成的冲积锥范围较小，如图 2-20。常见的冲积锥有两种形式：第一种是出山口后泥沙立即散开停

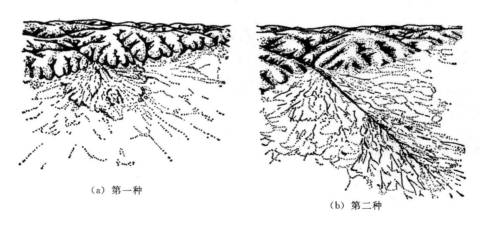

（a）第一种　　　　　　　　　　　（b）第二种

图 2-20　干旱地区的冲积锥地貌

积，形成冲积锥，见图2-20（a）；第二种是水流在原有的冲积扇上切割出一个深槽，水和泥沙沿着深槽下泄，在原有冲积锥的下部出槽漫滩，形成一个新的冲积锥，见图2-20（b）。

3. 湿润地区冲积锥

湿润地区的河流雨量充沛，径流量大，所携带的泥沙量较大，出山口后所形成的冲积锥（图2-21），不但规模要比干旱地区的冲积锥大得多，而且河床演变的性质也有所不同。

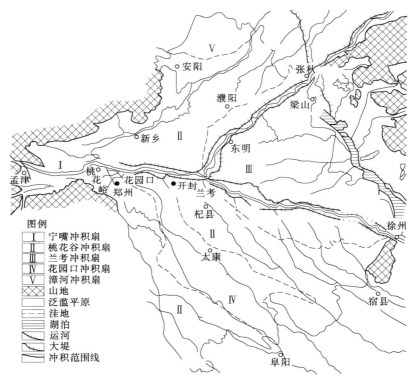

图2-21 黄河下游冲积扇

2.3.2.3 成型淤积体

1. 卵石堆积微地形

山区河流卵石在运动中会形成各种淤积体。有时在山区河流特殊成型淤积体而形成弯道的微地形（图2-22），沿着主流线出现一系列规则的横向卵石洲，漫滩水流带向滩地的卵石则形成片状堆积，自滩地退回主槽的水流在滩缘形成冲刷槽，并在局部有卵石洲。

2. 冲积河流成型淤积体

冲积河流成型淤积体主要是指河床表面形成起伏不平的沙波。沙波发展过程（图2-23）。沙波类型见图2-24。最小尺寸称为沙纹，中等称为沙垄，大型的称为沙洲，各种形状见图2-25。

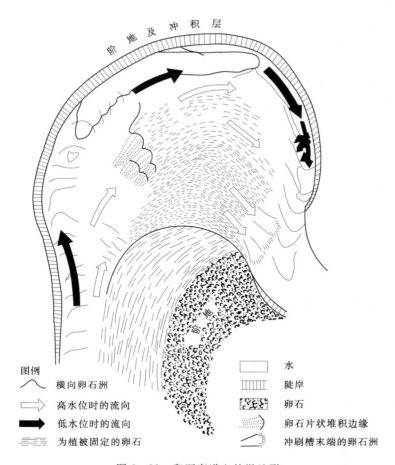

图 2-22　卵石弯道上的微地形

图例

横向卵石洲

高水位时的流向

低水位时的流向

为植被固定的卵石

水

陡岸

卵石

卵石片状堆积边缘

冲刷槽末端的卵石洲

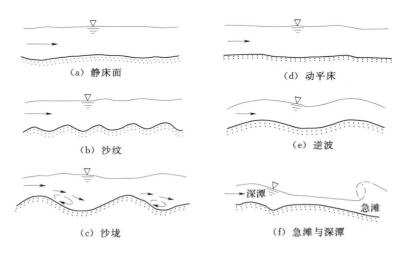

（a）静床面

（b）沙纹

（c）沙垅

（d）动平床

（e）逆波

（f）急滩与深潭

图 2-23　沙波发展过程示意图

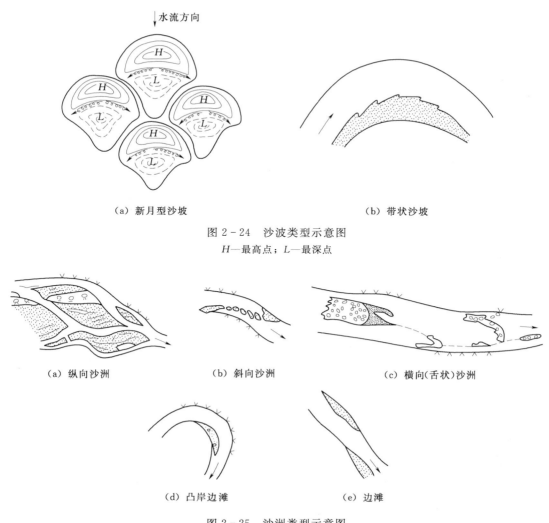

（a）新月型沙坡　　　　　　　　　　　　（b）带状沙坡

图 2 - 24　沙波类型示意图

H—最高点；*L*—最深点

（a）纵向沙洲　　　　　　　（b）斜向沙洲　　　　　　　（c）横向(舌状)沙洲

（d）凸岸边滩　　　　　　　　　　（e）边滩

图 2 - 25　沙洲类型示意图

2.3.2.4　河漫滩

紧邻河床两侧的一部分河谷谷底，顺着河流方向延伸的、狭长的、平坦的或略有起伏的地带，高出河流平水位之上，到洪水季节河水泛滥时又能被淹没，这部分地貌称为河漫滩，又称洪水河床。河漫滩的宽度是河床宽度的几倍或几十倍，极其宽广的河漫滩称为冲积平原，图 2 - 26 分别为美国密西西比河及泰国湄公河支流南缪河河漫滩平面图。

河漫滩是在河流侧向侵蚀和河床迁移过程中形成的。由于河流的侧向侵蚀，使谷坡不断后退，谷底开始展宽，在河湾的凸岸处形成雏形滨河床浅滩。随着侧向侵蚀作用的不断进行，凹岸继续后退，凸岸处雏形浅滩不断加宽，以致在河流平水期大片出露，这时雏形河漫滩已发展成为雏形河漫滩，但河谷仍然较窄，洪水期水位上升快，水流速度大，在谷底只能形成粗粒物质的堆积，而悬移质泥沙被水流带往下游，以后谷底逐渐加宽，在洪水期河漫滩水深较浅，水流速度降低，在粗粒物质组成的河漫滩上就堆积细小颗粒的悬移

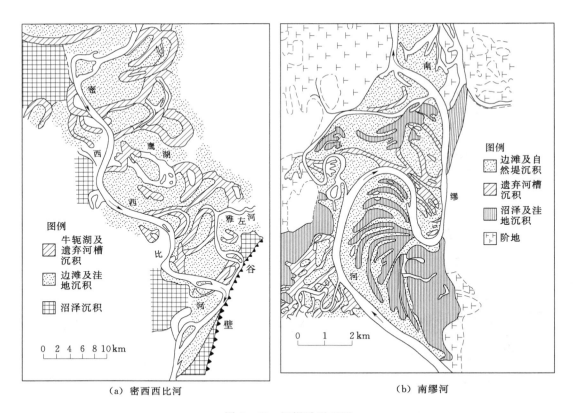

图例
牛轭湖及
遗弃河槽
沉积
边滩及洼
地沉积
沼泽沉积

0 2 4 6 8 10km

（a）密西西比河

图例
边滩及自
然堤沉积
遗弃河槽
沉积
沼泽及洼
地沉积
阶地

0 1 2km

（b）南缪河

图 2-26 河漫滩平面图

质，逐渐发展为河漫滩。

河漫滩分为三大类：雏形河漫滩、平坦河漫滩、凸形河漫滩。

雏形河漫滩实际上是由河床相沉积物所组成，其形态特征主要决定于在河流迁移过程中所形成的微地形，按照形态特征又分为：弓形河漫滩（图 2-27）、堰堤式河漫滩、平行鬃岗式河漫滩。

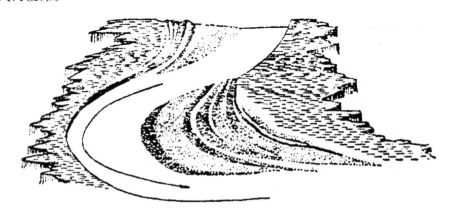

图 2-27 漫滩平面图

在雏形河漫滩表面上，增加了河漫滩相冲积层后，进一步缓和了地形的起伏，逐步形成平坦的或微波起伏的河漫滩地形，悬移质填充鬃岗间的洼地，使得地形更加平坦，这种河流地貌称为平坦河漫滩。

凸形河漫滩发育存在着天然堤的堰堤式河漫滩及汊河型河床形成的复杂雏形河漫滩，河漫滩上具有凹凸不平的形态，具有突起的天然堤及河漫滩洼地。

2.3.3 河床组成

2.3.3.1 山区河床组成

山区河流，其冲积物完全由河床相组成，没有牛轭湖相沉积，河漫滩冲积物发育也很差。在平水期，河床冲积物为砾石、卵石及粗砂。在洪水期，水流能量大，剧烈侵蚀河谷谷底，同时带来巨大的卵石、砂砾石及混浊物质，这些物质混杂堆积，形成迭瓦状构造。由于河床坡降大，砂及黏土等细颗粒物质几乎不可能在河床底部的表面沉积下来，在洪峰过后，洪水开始退落时，在巨大的砾石中，混浊水流中的泥沙以填充的方式沉积下来，河床组成中没有成层的砂、黏土层，山区河床冲积物以巨砾和卵石为主。山区河流冲积物的横向分布取决于流速大小，流速越大，冲积物的粒径与粒径的变幅也愈大，主流区卵石粒径较大，粒径比较均匀，近主流区卵石粒径小，粒径不均匀程度高，近岸区则有卵石砂砾组成。

2.3.3.2 平原河床组成

1. 河床沉积物

平原河床沉积物是在曲流的发展中，与河流侵蚀作用同时形成的主要的沉积作用发生在洪水期的深水区。冲积物在深水区的沉积规律主要与单项环流的水流动态特征有关系。在河床的凹岸及水流的主流线带，水流横向环流的下降部分侵蚀作用较强，仅有一些从凹岸冲蚀崩塌及河床冲蚀破坏的坚硬岩块及巨砾堆积在河床的深槽底部，细颗粒物质在这里不能停留下来。从主流往凸岸方向，底流转为上升水流，在上升过程中动能逐渐减小，搬运能力减弱，堆积作用逐渐加强。河床堆积物主要分为主流线堆积和滨河床堆积。

（1）近主流堆积位于河床剖面中较陡部分，主流线附近，河床堆积处于不稳定状态，洪水期原来堆积物可能被侵蚀掉，只有新的堆积加迭于其上时才能保存下来，近主流的堆积比主流线的堆积复杂，堆积的卵石、粗砂、细砂等相互交错，形成不规则交错层。

（2）滨河床堆积位于河床比较稳定的地带，平水期露出水面部分构成浅滩地形，并组成滨河床沙坝。堆积物的特点为砂质沉积物，层理很规则，由于水下沙波发育，常形成斜层理及交错层理。

2. 河漫滩沉积物

河漫滩形成后，只有洪水期才在河漫滩上堆积沉积物，由于河漫滩上的水很浅并且水流缓慢，只能堆积细砂、亚砂土、亚黏土、黏土等细颗粒物覆盖在粗粒的砂、砾河床冲积物之上，形成特殊的二元结构（图 2-28），河床冲积物与河漫滩冲积物是同时形成的两个冲积物的相。

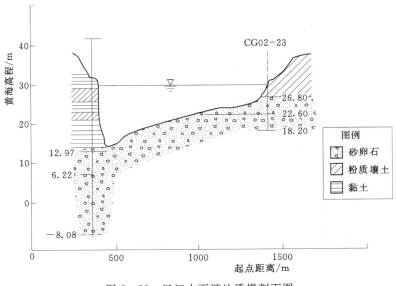

图 2-28 汉江中下游地质横剖面图

2.4 河流泥沙分析方法

2.4.1 泥沙颗粒分析

泥沙颗粒的分析包括：测定样品的颗粒大小、测量样品中不同粒径组的沙量（用质量占沙样总质量的百分数表达）。

2.4.1.1 泥沙颗粒测量方法

泥沙颗粒分析有野外现场分析及室内分析，取样现场分析（$D>2mm$）可采用筛析法、尺量法。室内分析（$D<2mm$）可采用筛析法、粒径计法、吸管法、消光法、离心沉降法、激光粒度仪法。颗粒分析方法按照粒径的测量方法进行分类。

1. 直接量测法

（1）尺量法。用卡尺或直尺在野外现场直接量测泥沙样品的尺寸，适用于测量粒径大于 100mm 的大颗粒。

（2）容积法。将颗粒放入水中，根据它排开水的体积，计算颗粒的等容粒径。

（3）筛析法。适用于分析粒径为 0.1~100mm 的砂、砾石和卵石样品。

2. 沉降法

（1）清水沉降法。适应于粒径为 0.05~2.0mm 沙量较少时的泥沙颗粒分析，主要有粒径计、沉沙计和累计沉降管等。

（2）混匀沉降法。适用于粒径为 0.002~0.05mm（或 0.1mm）的泥沙颗粒分析，这类方法主要有吸管法、比重计法、底漏管法、消光法等。

（3）离心沉降法。适应于粒径小于 0.005mm 的胶粒分析。

3. 激光粒度仪

适用于快速泥沙颗粒分析。各分析方法的适用粒径范围及沙量要求见表 2-3。

分析方法		测得粒径类型	粒径范围 /mm	沙量或浓度范围		盛样条件
				沙量 /g	质量比浓度 /%	
量测法	尺量法	三轴平均粒径	>64.0	—	—	—
	筛分法	筛分粒径	2.0～64.0	—	—	圆孔粗筛，框径 200mm/400mm
			0.062～2.0	1.0～2.0		编织筛，框径 90mm/120mm
				3.0～5.0		编织筛，框径 120mm/200mm
沉降法	粒径计法	清水沉降粒径	0.062～2.0	0.05～5.0		管内径 40mm，管长 1300mm
			0.062～1.0	0.01～2.0		管内径 25mm，管长 1050mm
	吸管法	混匀沉降粒径	0.002～0.062		0.05～2.0	圆筒 1000mL/600mL
	消光法	混匀沉降粒径	0.002～0.062		0.05～0.5	—
	离心沉降法	混匀沉降粒径	0.002～0.062		0.05～5.0	直管式
			<0.031		0.05～1.0	圆盘式
激光法		衍射投影球体直径	2×10^{-5} ～2.0	—	—	烧杯或专用器皿

泥沙颗粒分析方法种类较多，适用时根据具体情况而定。对于大于 100mm 的颗粒，一般采用直接测量法；沙量较多的粗砂、砾石和卵石样品可采用筛析法；沙量较少，粒径在 0.05～2.0mm 范围内的粗、中、细砂，可采用清水沉降法做分析；对于粒径小于 0.05mm 的细砂样品，则视沙量的多少和设备条件分别选用比重计、吸管、底漏管和消光法等；含胶粒较多的极细泥沙样品，则可采用离心沉降法或激光粒度仪法。对于粒径分布范围较大的天然河流泥沙，需要运用几种方法结合进行分析。

4. Mastersizer 3000 激光粒度仪

该分析方法基于激光光散射技术表征颗粒样品粒径分布，通过测量在不同角度的散射光光强，代入合适的散射模型，通过反演运算，其对应散射光分布与实测的散射光分布最接近，即可得到样品颗粒的粒径分布结果。基于仪器的设计原理，体积分布结果能反应 Mastersizer 3000 对样品的敏感性，所以通常使用体积分布结果。同时，在假设颗粒为实心球体的前提下，也可通过数学运算推导出长度分布，表面积分布及数量分布结果。

粒径测试范围为 0.01～3500μm。目前该方法正处于比测试验过程中。

2.4.1.2　泥沙粒径和级配的表达

1. 泥沙粒径的表示方法和相互关系

天然粒径具有不规则形状，同一颗粒运用不同的颗粒分析方法测定，会得出不同的结果。粒径就有不同的表达方法。

（1）三轴平均粒径。泥沙在相互垂直的长、中、短三轴上长度的平均值，尺量法所得的结果常用这种粒径表达。

（2）等容粒径。与泥沙颗粒同一体积的球体直径，容积法所得的结果常用的粒径表达。

（3）投影粒径。系圆的直径，此圆在颗粒具有最大稳定度的平面上，正好包围它的投影图像。

（4）筛析粒径。筛析法所得的粒径，其值等于颗粒恰能通过的正方形筛孔的边长。

（5）沉降粒径。在同一沉降液中，在同一温度条件下与某给定颗粒具有同一比重和同一沉速的球体直径。

对于粒径范围很宽的泥沙样品，常需要采用几种不同的分析方法，颗粒级配常出现不连续现象，为使几种颗粒分析方法所得的级配曲线保持连续光滑，国际标准提出了沉降粒径、筛析粒径和投影粒径之间的近似关系为

$$D_{sd} = 0.94 D_{sa} = 0.67 D_{pd} \tag{2-16}$$

式中：D_{sd} 为沉降粒径；D_{sa} 为筛析粒径；D_{sp} 为投影粒径。

2. 泥沙粒径分级方法

河流泥沙颗粒级配采用 Φ 分级法划分，也可采用其他分级法划分。Φ 分级法基本的粒径分级为：0.002mm、0.004mm、0.008mm、0.016mm、0.032mm、0.063mm、0.125mm、0.25mm、0.5mm、1.0mm、2.0mm、4.0mm、8.0mm、16.0mm、32.0mm、64.0mm、128mm、250mm、500mm、1000mm。

当采用以上粒径级不足以控制级配曲线形式时，可由 Φ 组距中插补粒径级。计算平均粒径的组距分为：0.001～0.002mm、0.002～0.004mm、0.004～0.008mm、0.008～0.016mm、0.016～0.031mm、0.031～0.045mm、0.045～0.062mm、0.062～0.088mm、0.088～0.125mm、0.125～0.25mm、0.25～0.35mm、0.35～0.50mm、0.50～0.70mm、0.70～1.0mm、1.0～1.5mm、1.5～2.0mm、2.0～4.0mm、4.0～8.0mm、8.0～12.0mm、12.0～16.0mm、16.0～24.0mm、24.0～32.0mm、32.0～48.0mm、48.0～64.0mm、64.0～90.0mm、90.0～128mm、128～250mm、250～350mm、350～500mm、500～700mm、700～1000mm。

根据野外实际勘测的泥沙颗粒分级情况，大于 2mm 的泥沙计算平均粒径的组距分为：5～10mm、10～25mm、25～50mm、50～75mm、75～100mm、100～150mm、150～200mm、大于 200mm。

3. 颗粒分析的上下限

颗粒分析的上限点，累计沙重百分数应在 95% 以上，当达不到 95% 以上时，应加密粒径级。级配曲线上端端点，以最大粒径或分析粒径的上一粒径级处为 100%。

悬移质分析的下限点，分析至 0.004mm，当查不出 D_{50} 时，应分析至 0.002mm。推移质和床沙分析的下限点的累积沙重百分数应在 10% 以下。

4. 泥沙颗粒级配表达方法

泥沙颗粒级配可用频率曲线和累积频率曲线表达。

（1）频率曲线。按各粒径组的含量（%）用柱状图表示。

（2）累积频率曲线：按相应于各粒径的累积沙重百分数（小于某粒径的累积沙重百分数）表示。曲线绘制方法，按所采用的坐标分为半对数图、对数—概率格图。

1）半对数图：横坐标表示粒径，用对数格，纵坐标表示小于某粒径的沙重百分数

（％），用一般方格表示，见图 2 - 29。

2）对数—概率格图：横坐标为粒径，用对数表示，纵坐标用概率格，表示小于某粒径沙重百分数，见图 2 - 30。

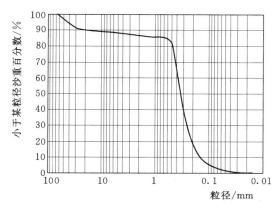

图 2 - 29　泥沙颗粒级配曲线（半对数格）

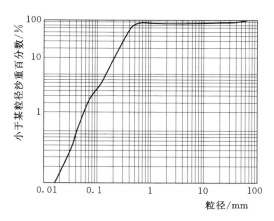

图 2 - 30　泥沙颗粒级配曲线（对数—概率格）

3）方格图：用于 Φ 分级法。

2.4.1.3　试样制备

野外采集到的沙样，根据分析方法的要求分别进行处理，并制备成符合颗粒分析要求的试样。

1．试样保存

试样一般应即时进行分析，不宜保存过久，当不能及时分析时，应将试样进行妥善保存。对于由沙组成的床沙或沉积物样品，其中含一定数量的黏土，应在湿润的状态下保存，防止沙样因干燥而发生胶结。如果湿样需要保存较长时间，则应加入防腐剂做防腐处理，如需要保存干沙样，应采取冰冻干燥法进行处理。对于悬移质沙样，含有较多的粉沙和黏土，应在避光低温的条件下保存，防止有机物生长。

2．沙样分离

含有黏土、粉沙河砂粒的泥沙，需要运用筛析法、清水沉降法或浑匀沉降法等多种方法结合分析。需要运用孔径 0.07mm（或 0.062mm）的洗筛将沙样中的粗、细成分加以分离，也可将沙样注入盛清水的沉降管中用沉降法分离，沙样中如有杂草、贝壳等杂质应当除掉。

3．分样

（1）细泥沙（$D<0.05mm$）。含量较多的水样分沙方法，对于沙量较多，需要进行分沙处理的细泥沙含量较多的水样，可使用两分式分沙器（图 2 - 31）或旋转式分沙器（图 2 - 32）进行分沙。用两分式分沙器分沙时，应先将水样摇匀，然后将水样小股地、均匀往返地注入分沙槽内。用旋转式分沙器分沙时，转速应均匀，被分水样要适中并搅拌均匀后再注入分沙器漏斗中，注入的速度要均匀一致。如样品中不含大于 0.05mm 的泥沙，可采用在量筒内充分搅拌均匀后用吸管吸样分沙。

（2）床沙样品的分样方法。床沙样品数量较多需要分样时，根据沙样的干、湿情况分别采用下列方法。

1）干沙分样：将沙样堆放于光滑洁净的平板上，拌和均匀后堆成圆锥形，通过圆锥体顶点，用刀子将沙样分成四等分，取其相对的两分混合，此法称为四分法。

2）湿沙分样：在盛样容器内选择两三处，用薄壁管插入容器直至底部，取出管内沙样混合。

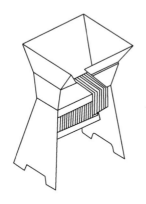 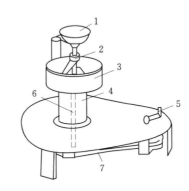

图 2-31　两分式分沙器　　　　　图 2-32　旋转式分沙器

1—漏斗；2—偏心管嘴；3—分隔漏斗；4—支承
圆筒；5—摇把；6—中心轴；7—转动轴

4．有机质处理

当沙样中有机质含量大于 1% 时，应除去有机质。其基本方法和步骤如下：

（1）样品沉淀后，吸出上层清水，加入 30～40mL 纯水并搅拌均匀。

（2）根据沙洋重量，按每 1g 干沙沙样加入 5mL 6% 双氧水溶液，充分搅拌后，放置 5～10min，然后试样移至电炉或酒精灯上，不时地进行搅拌。

（3）待气泡和响声消失后，必要时也可再加入一些双氧水，重复步骤（2），直至气泡与响声完全消失。

（4）将温度调高，煮沸样品 2min 左右，除去二氧化碳和余氧。

5．物理分散处理

用机械分散方法，使湿润沙样中相互黏结的颗糙进行分散，常用有研磨法、搅拌法、振荡法、冲击法、超声波法等方法。

（1）研磨法。用橡皮杆将湿润沙样研磨成黏糊状。

（2）搅拌法。在一根金属杆的上端，连接小型电动机，下端装两叶片。将此杆插入试样中，接上电源，借叶片的高速旋转作用，可在 10min 内使试样得到分散。

（3）振荡法。将盛有悬液的容器置于振荡机上振动。有效的振荡方法是在容量 500mL 的玻璃瓶中，装入 250mL 左右的试样，盖紧瓶塞，横卧在往复式的振动机上，使瓶中试样来回自行撞击，这种振荡方法可使失水胶结的试样在半小时内得到分散。

（4）冲击法。在一根金属杆的下端装一有机玻璃圆盘（直径略小于沉降筒内径），盘面钻若干个 2mm 小孔，使用时，握住金属杆上端，在盛试样的沉降筒内以每分钟往返 30 次速度上下往返搅拌 1min，每次向下时，要强烈触及筒底。用吸管法分析时，用这种方法搅拌，可得到良好的分散效果。

（5）超声波法。将频率 100Hz 的高频电流加在两个极板上，极板之间有一石英片，电极通电后，石英片会发生同频的机械振荡，这些高频波经油和容器传入盛样试管，可使黏结的沙样得到分散。

6. 反絮凝处理

主要针对粒径小于 0.062mm 的泥沙样品，用沉降法进行分析，需要进行絮凝处理。

（1）反凝剂选择。反凝剂的选择应根据泥沙颗粒表面电化学性质而定，其选择有以下要求：

1）当可溶盐的 pH 值等于或大于 7 时，选用六偏磷酸钠，当 pH 值大于 7 时，选用氢氧化钠。

2）反凝剂用量，为试样可溶盐的 1.5～2.0 倍，无实测资料时，可每克沙加 2mL。当反凝剂用量的体积大于试样体积的 2% 时，应减少试样的沙重和重新估算反凝剂的用量。

（2）反凝剂的配置和贮存。

1）配制 $C\left[\frac{1}{6}(NaPO_3)_6\right]=0.5mol/L$ 标准溶液。称 51g 六偏磷酸钠溶于水中，搅拌至完全溶解，再加纯水稀释至 1000mL，贮存在磨口玻璃瓶中，使用期不超过 3 个月。

2）配制 $C(NaOH)=0.5mol/L$ 标准溶液。迅速称取 20g 氢氧化钠，加纯水搅拌溶解，冷却后，再加纯水稀释至 1000mL，贮存于带皮塞的玻璃瓶中，使用有效期不超过 3 个月。

使用时，先倒出适量的反凝剂于玻璃杯中，从杯中吸取需要量，剩余的舍弃。不得用吸管由试剂瓶内直接吸取。

（3）絮凝处理步骤有以下过程：

1）用 1mm 孔径洗筛除去样品中的杂质。

2）用 0.062mm 孔径洗筛将试样分成两部分。筛上部分不作反凝处理，筛下部分如沙量过多，应进行分样。

3）将试样移入沉降分析筒内，加纯水至有效容积 2/3 处，用搅拌器强烈搅拌 2～3min，搅拌速度每分钟往返不少于 30 次。

4）按上述要求，选用和加入反凝剂，再搅拌 2min，加纯水至规定刻度，静置 1.5h 后，即可进行分析。

7. 分析用水

为了使泥沙颗粒分析处于标准条件下进行，使不同河流或同一河流不同时期的颗粒分析成果能互相比较，颗粒分析用水要使用蒸馏水或用离子交换树脂制取的无盐水，分析用水应经过检验符合以下要求：

（1）Cl^-：分别取 10～20mL 水样，装入两个小试管中，将数滴 1% 的硝酸银滴入任一试管中，不出白色，其透明度与未加试剂的另一试管相同。

（2）总硬度：取 10mL 水样，先加入 1mL 氨缓冲溶液，然后再加入 1 滴铬黑 T 指示剂，水样呈纯蓝色，而不显紫红色。

（3）pH 值：5～7。

（4）SO_4^{-2}：取 10mL 水样放入小试管内，加入 0.5N 氯化钡溶液 3mL，加热后不发生浑浊现象。

为了比较天然泥沙用无盐水分析和用天然河水分析的颗粒分析成果，部分国家还规定每年要进行一定数量的对比分析。凡用天然水进行分析时，室内的各项沙样处理均用天然水进行。

2.4.1.4 砂、卵石颗粒级配测定

砂、卵石颗粒级配的测定运用的主要方法有尺量法、筛分析法、粒径计法等方法。

1. 尺量法

（1）使用尺量法的主要设备的要求如下：

1）分离筛，孔径 32mm，外框直径 400mm。

2）游标卡尺，分度值 0.1mm。

3）台秤或杆秤，分度值 10g，药物天平分度值 1g。

（2）分析步骤与技术要求如下：

1）将全部样用 32mm 孔径筛分离，筛下部分，视沙量多少按不同方法进行处理。①床沙样品粒径大于 16mm 的颗粒占总重的 90％以上时，可在现场用 16mm 孔径筛进行分离。筛上部分全部用于分析，筛下颗粒称其重量后直接参加颗粒级配计算。②床沙样品中粒径大于 16mm 的颗粒少于 90％，且砾石、砂粒的重量超过 3kg 时，用 16mm 孔筛将全部样品进行分离，筛上全部作为分析试样。筛下部分，在现场称其湿沙重，用四分法取 1～3kg 装入塑料袋，防止水分损失，带入室内进行分析。

2）筛上卵石颗粒，依粒径大小次序排列后，分成若干自由组，其中最大粒径列为第一组。

3）每组挑选最大一颗或两颗用游标卡尺量其二轴，求出几何平均粒径。当整个样品卵石数量少于 15 颗时，应逐颗测量。各组最大颗粒的粒径为

$$D_i = \sqrt[3]{abc} \qquad (2-17)$$

式中：D_i 为颗粒长轴方向的长度，mm；a、b、c 分别为卵石的长、宽、厚，mm。

4）分别称量各组沙重。

（3）实测颗粒级配计算如下：

1）小于某粒径沙重百分数计算公式为

$$P_i = \frac{W_{sui} + W_{sL}}{W_{su} + W_{sL}} \times 100\% \qquad (2-18)$$

式中：P_i 为全样小于某粒径沙重百分数，％；W_{sui} 为卵石部分小于某粒径的累积沙重，g；W_{su} 为筛上颗粒的干沙重，g；W_{sL} 为筛下颗粒的干沙重，g。

2）根据实测粒径和累积沙重百分数点绘颗粒级配曲线，从图上摘录规定粒径级及相应的累积沙重百分数。

2. 筛分析法

（1）筛析机理。沙样过筛率与过筛时间的关系曲线有急变、过渡和缓变三段。急变段

沙样过筛时间快，关系线坡度大，在几率纸上呈直线，在过渡区，沙样过筛速率逐渐减弱。关系线呈曲线，至缓变段，因过筛时间已经很长，能过筛而仍留在筛上的沙样，其粒径与筛网孔径相当接近，就沙样过筛很慢，曲线坡度平缓。要使所有粒径小于筛孔的沙样全部过筛，筛析时间必须极长。试验表明，沙样的筛析级配是一个不确定的数值，它随振筛时间、振筛方法、使用套筛的级数、沙样数量和干湿程度、筛网的制作材料、筛孔的均匀程度等多种因素有关。任一条件发生变化，都将给筛析成果带来影响。如要获得一个可供比较的颗粒级配成果，必须使用标准的分析筛，限定使用条件，并严格执行操作规程。

（2）筛析仪器与要求。分析筛主要有大型圆孔筛、普通筛、小型筛、洗筛、微孔筛、烘箱等设备。其要求如下：

1）分析筛：筛孔为 φ 标准孔径系列尺寸。圆孔粗筛，在径为 4mm 以上各级，筛框尺寸有 400mm 和 200mm 两种。方孔编织筛，孔径为 0.062～2mm 各级，筛框尺寸有 200mm 和 120mm 两种。筛框均为硬质不变形的金属材料。网布为耐腐蚀、耐磨损和高强度铜丝编织。筛框无受压变形，框网焊接牢固，光滑无缝隙。编织筛的经纬线互相垂直、无扭曲、无断丝、触感无凹陷。

方孔编织筛，使用前或使用 1～3 年后，应用投影放大仪或高倍显微镜检测一次。当检测孔径与标号尺寸的偏差符合标准控制指标时方可使用。检测方法及容许偏差按附录规定执行。

2）振筛机：旋转敲击形式，附有定时控制器，运行时差为每 15min 不超过 15s。

3）其他设备：分度值 10mg 和 1mg 的天平各一台；电热干燥箱、超声波清洗机、游标卡尺、软质毛刷、平口铲刀等。

（3）筛分析步骤如下：

1）对粒径大于 2mm 的颗粒：将圆孔粗筛，依孔径 32.0mm、16.0mm、8.0mm、4.0mm 筛组装成套；将试样置于套筛最上层，逐级手摇过筛，直至筛下无颗粒下落为止；当样品沙重过多时，可分几次过筛，同一组的颗粒，可合并称重计算。

2）对粒径小于 2mm 的颗粒：用外框 200mm 或 120mm 的方孔编织筛。依孔径 2.00mm、1.00mm、0.5mm、0.25mm、0.180mm、0.125mm、0.090mm、0.062mm 筛和底盘组装成套；将试样倒在套筛最上层，用软质毛刷抚平，加上顶盖；移入振筛机座上，套紧压盖板，启动振筛机，定时振筛 15min。

3）逐级称量沙重：从最上一级筛盘中挑出最大颗粒，用游标卡尺量其三轴并称其重量，列为第一粒径组；分别称各级筛盘中的沙重，小于某粒径的沙重，为该筛孔以下各级沙重之和，由小到大，逐级累计，直至最大粒径。

4）当累计总沙重与备样沙重之差超过 1% 时，应重新备样分析。

（4）筛分析颗粒级配计算。

1）粒径 2mm 以上部分的小于某粒径沙重百分数按照式（2-18）进行计算。

2）粒径 2mm 以下部分的小于某粒径沙重百分数，无分样情况时为

$$P_i = \frac{W_{sLi}}{W_{su} + W_{sL}} \times 100\%$$ （2-19）

有分样情况时为

$$P_i = \frac{W_{sLVi}}{W_{sLV}} \times 100\% \qquad (2-20)$$

式中：W_{sLVi} 为筛下小于某粒径的沙重，g；W_{sLV} 为筛下用于分析的分样沙重，g。

3）当分析筛孔径与规定粒径级不完全一致时，转换成规定的粒径级及相应的沙重百分数。

3. 粒径计法

（1）粒径计法的主要仪器设备。粒径计法的主要仪器设备有粒径计管、注样器、洗筛、天平、温度表、接沙杯、电热干燥箱等。

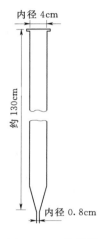

图 2-33　注样器
纵剖面图

1）粒径计管。根据适用粒径范围和沙重不同，可分别选用不同规格，粒径计管见图 2-33。管长 1300mm，内径 40mm，沉降距离 1250mm，最大粒径观读沉距 1000mm；管长 1050mm，内径 25mm，沉降距离 1000mm，最大粒径观读沉距 800mm 两种。粒径计管下端 80~100mm 处，开始逐渐收缩至管底口内径 8mm，管内壁光滑，管身顺直，中部弯曲矢距小于 2mm。

粒径计管标记，应用钢尺测量，油漆刻划。沉降始线，由管的下口向上量至 1250mm 和 1000mm 水面线，在始线以上 5mm 处。最大粒径终止线，在始线以下 1000mm 和 800mm 处。

粒径计管应垂直安装在稳固的分析架上。分析架位置适中，光线明亮，避免热源影响和阳光直射，管高和两管间距以便于注样操作为宜。

2）注样器。注样器由带柄玻璃短管与皮塞组成，见图 2-34。管长 45mm，外径为 34mm 或 22mm，柄长 20~30mm。注样器盖为一圆薄片，直径略大于注样器外径，并用细线与管柄连接。

（2）分析试样制备。

1）试样经过大于 1mm 孔径洗筛除去杂质后，再经 0.062mm 孔径筛水洗过筛将其分离为两部分，筛上部分用本法分析。

2）当沙重超过本法规定范围时，可用两只或多只注样器盛装，分别分析，同粒径级的沙重可以合并。

3）将试样移入注样器，注入纯水至有效容积 4/5 处。

（3）分析步骤。分析步骤如下：

1）将粒径计管下端管口套上皮嘴，管内注入纯水至水面线。

2）为每只粒径计管配备 5~6 个接沙杯，并注满纯水。

3）观测管内水温，准备操作时间表和计时钟表。

4）将注样器加上盖片，手握注样器，拇指按住盖片，摇匀试样，在预定分析前 10s 将注样器倒立，松开拇指，将试样移入粒径计管内，按预定分析开始时间，迅速准时接触水面，同时开动秒表，旋紧皮塞，观读和记录最大粒径到达终线的时间。

5）当管口旋紧皮塞后，立即拔掉下管口皮嘴，放上第一个接沙杯。当第一组粒径沉降历时终了时，迅速将杯移开，同时换上第二个接沙杯，如此交替，直至最后一级。

6）将管内余样放入尾样杯，澄清后，将沉积泥沙移入小于 0.062mm 粒径级杯内。

7）各接沙杯澄清后，小心倾出上层清水，移入电热干燥箱，在 100～105℃ 条件下烘至无明显水迹后，再继续烘干 1h，切断电源。

8）待干燥箱内温度降至 60～80℃ 后，将接沙杯移入干燥器内，加盖冷却至室温，逐个称重，并用下式计算各粒径组沙重。

$$W_{si} = W_{sib} - W_b \qquad (2-21)$$

式中：W_{si} 为某粒径组沙重，g；W_{sib} 为某粒径组沙、杯共重，g；W_b 为某杯空杯重，g。

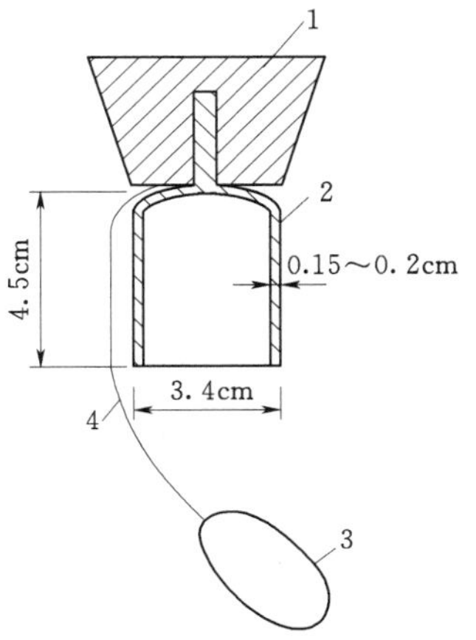

（4）颗粒级配计算。

1）小于某粒径沙重百分数可比照式（2-18）进行计算。

2）粒径计分析成果，受群体沉降和扩散影响，应根据标样对实验分析确定的方法进行校正，校正后的颗粒级配，转换成规定的粒径级及相应的沙重百分数。

图 2-34　粒径计管示意图
1—橡皮塞；2—玻璃管；
3—盖子；4—线绳

2.4.1.5　粉砂、黏性颗粒级配测定

粉砂、黏性颗粒级配测定有吸管法、消光法、离心沉降法等方法。

1. 吸管法

（1）工作原理。吸管法又称土壤颗粒分析法，是用于小于 0.05mm 细泥沙颗粒分析的最可靠的常规分析方法，如 0.05～0.1mm 之间的泥沙含量不多时，也可延长至 0.1mm。

假定沙样中有粗、中、细三种颗粒，并均匀分布于沉降筒各处。这时如从任何位置吸取某一容积 V_0 的悬液，并测定其沙量 W_s，则悬液的总沙量 W_{s0} 为 $W_{s0} = \dfrac{W_s}{V_0} V$（$V$ 指悬液总容积）。

设在开始沉降后至 t_1 时刻，粗粒已全部通过 h 深度的 AA' 平面，这时 AA' 平面以上将不再有粗粒存在。在 t_1 时刻，虽有一部分中、细沙粒通过 AA' 平面，但该断面以上会有相同数量的同样大小的颗粒不断补充，故该处的中、细沙粒的含沙量保持不变。此时如正在 AA' 处吸取薄层水样，假定吸得的容积为 V_1、沙重为 W_{s1}，则全部悬液中的中、细沙粒总量 W_s 为 $W_s = \dfrac{W_{s1}}{V_1} V$。设中、细颗粒沙量在总沙量中所占的百分数为 P_1（小于粗粒径的沙量百分数），则有 $P_1 = \dfrac{W_{s1}}{W_{s0}} \times 100\% = \dfrac{W_{s1} V_0}{W_s V_1} \times 100\%$，如 $V_0 = V_1$，则有 $P_1 = \dfrac{W_{s1}}{W_s} \times 100\%$。同理，可以求得小于其他粒径的沙量百分数，最后可得沙样的级配曲线。

（2）主要仪器设备。

1）吸管：吸管装置有手持式和机械式两种，吸样容积为 20mL 或 25mL 的玻璃质大肚形直管，底部封闭，进水口开在近底四周的侧壁上，孔眼 4 个，孔径为 1.0～1.5mm。

吸管吸样深度刻划，应加"吸管放入沉降筒内引起的水面上升距离"校正值，吸管的标称容积应经校核，当误差超过0.1mL时，吸样容积应加"改正值"或修正容积刻划。

2）吸样装置吸样设备有手持式和机械式两种。

①手持式吸样装置由吸管、洗耳球和橡皮软管三部分组成，其型式见图2-35。吸样前，用手压扁洗耳球，因软管内有一直径比管径略大的钢球（或玻璃球），可以截断球和移液管的空气通道。当用手捏钢珠而挤压橡皮管时，即形成一小缝，使移液管与洗耳球间的空气通道流通，借洗耳球恢复原形所形成的负压便能吸取水样。

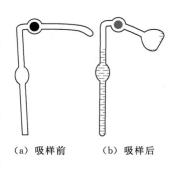

(a) 吸样前　　(b) 吸样后

图 2-35　手持式吸样装置

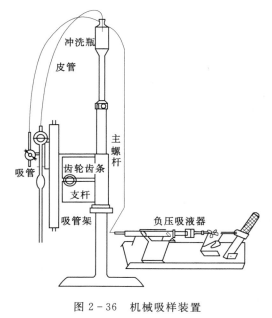

图 2-36　机械吸样装置

②机械吸样装置有多种型式，最常用的是机械分析架和真空瓶吸样装置。机械分析架见图2-36，由升降架、吸管、简易负压吸液器和冲洗瓶等组成。吸管可绕主螺杆旋转，并可上下升降和前后微动。管上有两个活塞开关，分别用橡皮管连接于冲洗瓶和负压吸液器。负压吸液器系利用30mL的注射器制成，简便适用。

真空瓶吸样装置见图2-37，由真空瓶负压抽吸器、吸管升降架和吸管冲洗器等几个部分组成。其负压装置系一密封的真空瓶，真空度约为20265Pa，为吸样提供动力。吸管装在吸管架上，既可垂直移动又可左右移动，便于同时分析几个样品。吸管上带有三通开关，用以控制吸样、泄样和洗管等项动作。

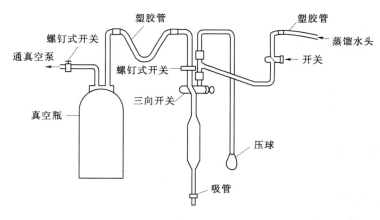

图 2-37　真空瓶吸样装置

③其他设备：量筒（容积为 600mL 或 1000mL），洗筛，搅拌器，盛沙杯，天平或电子秤，干燥器，温度计，比重瓶等。

（3）分析步骤。

1）沙样制备：按吸管法的沙样粒径和沙量要求制备，试样应进行反凝处理，反凝试剂应在沙样浓缩后加入，加入前应将沙样摇散，然后加入试剂，随后再充分搅拌，使试剂能与沙样充分作用，静置一段时间后再进行颗粒分析。

2）将沙样摇匀，倒入量筒中，加无盐水至规定刻度后，测定浑液温度，然后用搅拌器强烈搅动 10s，再在量筒内上下搅动 1min（往返各 30 次），每次向下时均应较强烈地触及筒底，向上时，不能提出水面，以免浑液掺气。

3）取出搅拌器，将吸管垂直地于量筒中央插入到 20cm 深度处，吸样 25mL 注于盛沙杯中，用以测定总浓度。

4）再将搅拌器放入量筒内，搅拌 1min，取出搅拌器，立即开动秒表计时。

5）根据悬液温度，位径分组和沉降距离，采用规定的沉速公式，可计算制定吸样时间表。等到各位径组的泥沙颗粒沉降至规定深度处之前约 15s 时，慢慢将吸管垂直地自量筒中央插入至预定深度，准备吸样。吸样开始时间，应按操作时间表中规定的正点时间提前。提前的时间，应为吸样历时的一半。

6）吸到规定容积时，立即取出移液管放出吸液，并冲洗吸管，将水样烘干、称重。如经试验，精度符合要求时，也要采用置换法称重。

（4）颗粒级配计算。

1）粒径大于 0.062mm 筛上部分，小于某粒径沙重百分数可比照式（2-18）进行计算。

2）粒径小于 0.062mm 筛下部分，小于某粒径沙重百分数计算公式为

$$P_i = \frac{W_{sLi} - a}{W_{sLj} - a} C \times 100\% \qquad (2-22)$$

式中：W_{sLi} 为筛下部分小于某粒径的吸样沙重，g；W_{sLj} 为筛下部分试样搅拌均匀时的吸样沙重，g；a 为吸样体积内分散剂重，g；C 为某粒径组沙重与各组总沙重的比值。

当吸样容积多于或少于预定容积时，应乘以容积改正系数。

2. 消光法

消光法适用于粒径 0.005～0.05mm（不作消光系数改正）或 0.002mm（作消光系数改正）及浓度为 0.05%～0.1% 的泥沙颗粒分析，有的仪器在将沙样分为小于 0.05mm 及 0.05～0.25mm 两类后分别分析，可将分析范围适当扩大。

（1）基本原理。光线通过有泥沙的浑液时，光线强度将被削弱，削弱的光强与泥沙的浓度成正比，通过测定光强的变化，可以得出泥沙浓度的变化，进而确定泥沙级配。光强与泥沙悬液浓度之间的关系表示为

$$I = I_0 e^{-KSL/D} \qquad (2-23)$$

式中：I_0、I 分别为通过蒸馏水和泥沙悬液后的光强；e 为自然对数的底；K 为消光系数；S 为透光层的含沙量；D 为泥沙粒径；L 为光线透过液层的厚度。

将关系式变为自然对数形式，则有

$$\ln \frac{I_0}{I} = \ln I_0 - \ln I = \frac{KSL}{D} \qquad (2-24)$$

当 K、L 为常数时，透过浑液的光强变化是悬液平均粒径和含沙量的函数。实际工作中，并不直接测定透射光强，而是将透射光经过光电转换元件接收后，转换成为电量（电流或电压），由仪表显示记录。应用消光仪进行颗粒分析时，仪器将一个光源分为两个光路，同时分别透过容积尺寸相同的蒸馏水和泥沙混匀悬液，按适宜的移动速度自下而上地扫描。起初，沉降盒内泥沙刚开始沉降，两光路的光强读数的对数差最大。此后，由大到小的各种泥沙颗粒先后降到射光层底边以下，仪器的读数逐渐减小。记录笔随光线的扫描过程在记录纸上记下一条曲线。消光系数 K 实际上是随粒径而变化，研究表明，可以运用散射消光原理从理论上导出 K 随粒径而变化的规律，采用黄河、长江的泥沙样品，分选为若干组不同粒径的沙样，测定其消光系数，完全验证了上述规律。这样，在应用消光法分析时，只需对较细的粒径组采用消光系数改正，即可满足分析要求，使分析下限达到 0.002mm。

（2）主要仪器。

1）光电颗粒分析仪专为河流泥沙分析而研制的仪器有 GDY-1 型和 NSY-1 型两种。①GDY-I 型仪器：由光源电路、光学系统、沉降盒及传动系统、光电接收和记录显示等部分组成，沉降盒的沉降距离为 10cm，分析泥沙的粒径范围为 0.005～0.05mm。②NSY-I 型仪器：沉降盒的高度为 30cm，在沉降盒的底部装设孔口，在分析细颗粒部分时，可令悬液自孔口徐徐排出以降低液面，缩短分析历时，分析范围 0.005～0.05mm，如将沙样大于和小于 0.05mm 两部分，分别放入沉降盒沉降并记录其光密度变化，用微处理机综合计算沙样级配，则分析范围可扩大为 0.002～0.25mm。

2）其他仪器：自动记录仪、稳压器、量筒、搅拌棒、温度计、分沙器、洗筛和秒表等。

（3）沙样制备。按消光法分析的泥沙粒径范围和沙重要求制备沙样，其方法如下：

1）用分样器分取符合要求的沙重。

2）用置换法测定试样沙重。

3）将已知沙重的试样过 0.062mm 孔径的洗筛，筛上部分用其他方法测定颗粒级配，筛下部分接入 500mL 量筒中。

4）将量筒内试样加入适量的反凝剂，并加纯水 300～500mL，充分搅拌分散，静置 1.5h 后作消光法分析。

（4）消光法操作步骤如下：

1）开机预热。

2）调试仪器：记录仪指针零点检查，走纸速度和扫描方式选择，沉降距离检查及仪器说明书要求的有关内容。

3）充分搅拌量筒中制备好的样品，停止搅拌的同时，随即用吸管吸取适量试样注入沉沙盒内，加纯水至满刻度线并测记水温。

4）搅拌沉降盒内试样使其均匀，停止搅拌的同时沉降计时开始。

5）在沉降过程中，根据选择的沉降扫描方式对试样进行扫描。

6）根据选用的仪器情况，事先输入或在分析结束后填写记录曲线速度、样品来源、取样日期、分析日期和试样水温等。

7）颗粒级配计算。

①筛上部分可比照式（2-18）进行计算。

②筛下部分小于某粒径沙重百分数计算为

$$P_i = \frac{\sum\limits_{j=1}^{i} \dfrac{D_j}{K_j} u_j}{\sum\limits_{j=1}^{n} \dfrac{D_j}{K_j} u_j} C \times 100\%$$

（2-25）

式中：P_i 为小于某粒径沙重百分数，%；D_j 为某粒径组上、下限粒径的算术平均值，mm；u_j 为某粒径组上、下限粒径相对应的光密度的差值；C 某粒径组沙重与各组总沙重之比值；K_j 为消光系数，当分析下限点为 0.004mm 时，消光系数可作常数处理。

3. 离心沉降法

（1）仪器设备。

1）离心沉降颗粒分析仪：有清水沉降的阴盘式和浑匀沉降的直管式两种。根据层流区雷诺数的范围和泥沙样品情况，结合仪器特点，应对试样浓度的选用、沉降介质的配制、仪器转速的选定等与吸管法进行对比试验，具体确定该仪器的适宜浓度、沉降介质和仪器转速等适用技术条件。

2）其他设备：量筒、吸管、搅拌器、天平、洗筛、温度计等。

（2）沙样制备。

1）直管式离心沉降颗粒分析仪的试样制备，运用消光法沙样制备方法。

2）圆盘式离心沉降颗粒分析仪的试样制备包括：①按吸管法制备试样和进行分级吸液操作；②当吸管法分析至 0.031mm 或 0.004mm 时，再用吸管吸取小于 0.031mm 或 0.004mm 的试样，供作离心沉降分析。

（3）离心沉降分析的操作步骤如下：

1）开机预热。

2）对仪器进行检查调试。

3）输入专用程序。

4）输入测试粒径的分级数、预置各粒径级。

5）输入试样名称、取样地点、取样日期、分析日期、试样密度、沉降介质密度和黏度等。

6）选择分析方式。

7）圆盘式离心仪，从制备好的样品中吸取适量试样进行测试；直管式离心仪，可直接将消光法或吸管法分析的试样进行离心沉降分析。

8）测试完毕，计算机输出各种数据和沙重分布图表等打印结果。

（4）颗粒级配计算。

1）浑匀沉降分析的颗粒级配按式（2-25）计算。

2）清水沉降分析的颗粒级配计算为

$$P_i = \frac{\sum\limits_{j=1}^{i} \overline{\rho_j}\ \overline{\omega_j} \Delta t_j}{\sum\limits_{j=1}^{n} \overline{\rho_j}\ \overline{\omega_j} \Delta t_j} C \times 100\% \qquad (2-26)$$

式中：P_i 为小于某粒径沙重百分数，%；$\overline{\rho_j}$ 为时距 Δt_j 内的泥沙平均浓度；$\overline{\omega_j}$ 为时距 Δt_j 内的泥沙平均沉速；C 为某组沙重与各组总沙重之比值。

3）同一样品的不同粒径级分别由不同方法测完时，应根据各颗分方法的分级沙重与总沙重的关系，将分段测定的颗粒级配合成为统一的小于某粒径沙重百分数。

2.4.2 容重分析

前面已经定义泥沙的容重是指泥沙实有重量与实有体积的比值，泥沙烘干后的重量与原沙样体积的比值称泥沙的干容重。长河段干容重观测目的是了解及研究干容重的沿程、横向变化，典型河段干容重观测目的是为了了解及研究干容重沿厚度与横向的变化。干容重的变化与淤积物的密实及厚度关系较大，河道水库地形测量计算冲淤量为体积，需要换算成重量与区间输沙平衡法结果进行比较。

2.4.2.1 干容重测验方法

按淤积物类型可分成原状淤积物取样，非原状淤积物取样，模拟试验三类。按测验方法概括起来可分为坑测法、器测法、现场直接测定法三类。

2.4.2.2 干容重计算方法

（1）断面表层平均干容重采用河宽加权。水边有垂线时，采用左右水边的河宽，水边无垂线时采用有取样垂线间的实际代表河宽，但当距水边最近的垂线能代表水边的情况时，仍应以水边计算河宽，即

$$r'_D = \{ \sum [(r'_{mi} + r'_{m(i+1)})/2] \Delta b_{i(i+1)} \} / \sum \Delta b_{i(i+1)} \qquad (2-27)$$

式中：r'_D 为断面表层干容重；r'_{mi}、$r'_{m(i+1)}$ 为相邻两垂线表层干容重。

（2）表层组成物质基本相同的河段，河段表层平均干容重 r'_L 采用断面表层平均干容重 r'_D 与河长加权计算。计算公式为

$$r'_L = \{ \sum [(r'_{Dj} + r'_{D(j+1)})/2] \Delta L_{j(j+1)} \} / \sum \Delta L_{j(j+1)} \qquad (2-28)$$

式中：$\Delta L_{j(j+1)}$ 为两个断面间的间距；r'_{Dj}、$r'_{D(j+1)}$ 为上、下断面表层干容重。

（3）整体性淤积河段，采用多线多测点布置垂线观测时，按以下要求计算：

1）垂线平均干容重 r'_{m-i} 计算（近似公式）为

$$r'_{m-i} = \sum k_\eta r'_{\eta-i} \qquad (2-29)$$

式中：$r'_{\eta-i}$ 为第 i 条垂线床面下第 η 个取样点的干容重；k_η 为第 η 个取样点的干容重权重。

2）断面概化垂线分层平均干容重 $r'_{D\eta}$ 计算为

$$r'_{D\eta} = \sum k_{Ai} r'_{\eta-i} \qquad (2-30)$$

式中：k_{Ai} 为第 i 条垂线的淤积面积权重，其中靠岸边第一条垂线为 $k_{A1} = (\Delta A_{12}/2)/A$，靠岸边最后一条垂线 $k_{AN} = (\Delta A_{(N-1)N}/2)/A$，其他为 $k_{Ai} = [(\Delta A_{i(i-1)} + \Delta A_{(i+1)i})/2]/A$；$\Delta A_{(i+1)i}$ 为两条垂线间的面积；A 为全部垂线间的淤积体总面积。

3）断面平均干容重 r'_{DD} 计算为

$$r'_{DD} = \sum k_\eta r'_{D\eta} \qquad (2-31)$$

4）物质组成基本相同的河段平均干容重 r'_{LD}，采用断面平均干容重 r'_{DD} 以断面间淤积体积加权计算为

$$r'_{LD} = \sum k_{Vj} r'_{DDj} \qquad (2-32)$$

式中：k_{Vj} 为第 j 个断面的积体积权重，其中靠下端第一断面 $k_{V1} = (\Delta V_{12}/2)/V$，靠上端最后一个断面 $k_{VN} = (\Delta V_{(N-1)N}/2)/V$，其他为 $k_{Vj} = [(\Delta V_{j(j-1)} + \Delta V_{(j+1)j})/2]/V$；$\Delta V_{(j+1)j}$ 为两个断面间的体积；r'_{DDj} 为第 j 断面干容重。

2.4.3 泥沙岩性鉴定及分析

2.4.3.1 泥沙岩性

由于勘测调查的主要工程位于长江流域，并且资料成果比较丰富，在此以长江流域观测的成果为例进行分析。

1. 长江流域岩类

长江流域面积广大，地层发育齐全，自晚太古界以来，元古界、古生界、中生界至新生界的第四系地层均有出露，并有岩浆岩广泛分布。

（1）岩浆岩类。有块状侵入岩组的花岗岩、正长岩、闪长岩和花岗斑岩；块状喷出岩组的玄武岩、安山岩、英安岩、流纹岩、流纹斑岩和似层状火山碎屑岩组的凝灰集块岩、火山角砾岩、火山凝灰岩、凝灰岩、凝灰质砂砾岩、凝灰质页岩等。

（2）变质岩类。有块状变质岩组的大理岩、石英岩、片麻岩和混合岩；片状变质岩组的石英片岩、角闪片岩、云母片岩、绿泥石片岩和千枚岩和层状变质岩组的变质砂岩、硅质板岩、粉砂质板岩和泥质板岩等。

（3）沉积岩类。由层状碎屑和层状碳酸盐两个岩组组成。碎屑岩组中的砂质岩有石英砂岩、铁质与硅质砂岩、砂砾岩、长石砂岩和泥、粉质砂岩等；地层中碎屑岩组中的泥质岩有砂质页岩、硅质页岩和泥岩（黏土岩）及炭质页岩等。

2. 长江流域沿干支流岩类

长江流域虽然各种岩类丰富，但沿干支流出现的岩类较为有限，就常见的岩石有如下特征：

（1）岩浆岩。常见的岩浆岩如下：

1）玄武岩。岩浆岩中一种分布最广的基性喷出岩。一般为黑色的细粒致密状岩石，往往具有气孔构造和杏仁状构造，六方柱形的柱状节理非常发育。具斑状结构，斑晶为橄榄石、斜长石、辉石。野外还常见有具黑褐色，棕褐色等，所含斑晶多少和大小均不一，少时仅具星点状或无，大时呈鸡屎堆或菊花状。

2）花岗岩。是岩浆岩中分布最广的深成酸性岩，也称花岗石，俗称麻石。特点是含 SiO_2 最高，主要由石英、长石和少量暗色矿物组成。颜色较浅，以灰白色和肉红色最为常见，具等粒结构和块状构造。按次要矿物成分的不同可分为黑云母花岗岩、角闪石花岗岩、闪云斜长花岗岩等。灰白色时常具一定的风化，强度不高，易碎裂解体。

3）流纹岩。岩浆岩的一种，成分相当于花岗岩的喷出岩，常呈灰红色、紫色、灰绿色等。具斑状结构，斑晶为石英和碱性长石，基质一般是致密的隐晶质或玻璃质，一般具流纹结构，性质坚硬致密，野外一般卵石粒径不大，色彩艳丽。

4）火山碎屑岩。岩浆岩的一种，火山喷发的碎屑经过堆积而成的岩石，多半成层，所以具有火成岩和正常沉积岩双重特征。火山碎屑的大小悬殊，都具棱角，按其大小可以分为火山集块岩、火山角砾岩、火山凝灰岩等三类。该岩类颜色一般较暗，胶结程度不稳定，有的含有气泡。

岩浆岩其他的种类还有斑岩、花岗斑岩、闪长岩、安山岩、凝灰岩等。

（2）其他类型。其他常见岩石如下：

1）石英岩。区域变质岩之一，由砂岩或化学硅质岩重结晶而成。主要矿物为石英，一般为浅色或白色，质密坚硬，但其颗粒常结成致密块状，肉眼不易区分。卵石表面光滑，黄褐色、或灰白色。硬度大，磨圆度较高。

2）板岩。区域变质中变质最浅的岩石。由页岩或凝灰岩变质而成。颗粒极细，颜色多为灰绿、暗红或黑，表面光滑，劈理极发育，故可剥离成坚硬的薄板。该种岩石多呈块状，一般运移不远，多为近源物质，极少成卵石状。

3）千枚岩。区域变质浅变质带的变质岩之一，由黏土岩或火山凝灰岩等变质而成。主要特征是能被剥离成叶片状的薄片，表面呈显著的丝绢光泽。该种岩性一般质软易碎。不能形成卵石。变质岩类另还有大理岩、片麻岩、角闪片岩、云母片岩、绿泥石片岩等，较为少见。

4）石灰岩。俗称青石，一种在海、湖盆地中生成的灰色或灰白色沉积岩。主要由方解石成分的微粒组成。岩石常有其他混入物如白云石、黏土矿物和石英等，依所含混入物的不同可分为白云质石灰岩、黏土质石灰岩和硅质石灰岩。类似的还有泥灰岩，当含动植物化石的还有竹叶状石灰岩、耳状石灰岩等。为白色、灰白色和灰黑色，呈致密块状，遇盐酸起泡。用小刀刻划有痕迹。

5）砂岩。颗粒直径为 0.1～2mm 经胶结而成的碎屑岩分布很广，碎屑成分中有石英、长石、云母、黏土矿物、岩石碎屑和重矿物等。按成分可分为石英砂岩、长石砂岩、硬砂岩和凝灰砂岩等。其中石英砂岩一般为黄褐色、灰白色，质硬，卵石表面光滑；当石英颗粒含量较少时，卵石表面多较粗糙，颜色为黄褐色、棕褐色、褐色灰绿色等。当碎屑颗粒较细时为粉砂岩，在野外如遇不能辨别的岩石同样应分类记载，样品带回实验室分析定名、验证或修正野外定名。

2.4.3.2 卵石的几何形态及磨圆度分析

1. 卵石的形态分类

实测单颗卵石的 a（长）、b（宽）、c（厚）三径，根据其比例分为圆球体、扁圆体、椭球体和长扁圆体等四类，判别式如下：

（1）当 $\frac{b}{a} > \frac{2}{3}$ 时：$\frac{c}{b} > \frac{2}{3}$ 为圆球体，$\frac{c}{b} < \frac{2}{3}$ 为扁圆体。

（2）当 $\frac{b}{a} < \frac{2}{3}$ 时：$\frac{c}{b} > \frac{2}{3}$ 为椭球体，$\frac{c}{b} < \frac{2}{3}$ 为长扁圆体。

2. 卵石的球度

卵石的球度即卵石的形状接近球体的程度。球度系数用公式求得，φ值愈接近于1，球度系数愈大，反映形状愈圆。

$$\varphi = \sqrt[3]{\frac{bc}{a^2}} \qquad\qquad (2-33)$$

式中：a、b、c分别为卵石长、宽、厚三径；φ为球度系数。

3. 卵石的磨圆度

河床卵石在推移过程中，不断磨蚀而圆化，但由于受母岩的岩性、硬度、风化程度、河床坡降、糙率和搬运的距离远近等诸多因素影响产生差异，按卵石完全未磨蚀至全磨圆共划分为棱角状、次棱角状、次圆状、圆状和浑圆状等五级，并分别定为0、1、2、3、4级代入公式计算求得平均磨圆度p，即

$$p = \frac{0 \times n_0 + 1 \times n_1 + 2 \times n_2 + 3 \times n_3 + 4 \times n_4}{4 \times N} \times 100\% \qquad\qquad (2-34)$$

式中：n_0、n_1、n_2、n_3、n_4等为相应磨圆级别的卵石个数；N为卵石总的个数。

参考文献

[1] 周凤琴，唐从胜. 长江泥沙来源与堆积规律研究 [M]. 武汉：长江出版社，2008.
[2] 钱宁，张仁，等. 河床演变学 [M]. 北京：科学出版社，1987.
[3] 中国水利学会泥沙专业委员会. 泥沙手册 [M]. 北京：中国环境科学出版社，1992.
[4] 钱宁，张仁，周志德. 河床演变学 [M]. 北京：科学出版社，1987.
[5] 张瑞瑾，谢鉴衡，王明甫，等. 河流泥沙动力学 [M]. 北京：水利电力出版社，1989.
[6] 钱宁，万兆惠. 泥沙运动力学 [M]. 北京：科学出版社，1991.

第3章 河床组成勘测调查技术

3.1 勘测调查策划

3.1.1 观测规划设计

河床组成勘测调查规划是制定流域或重点工程河段河床组成勘测长期观测计划，即依据河流自身的特性、国家水资源开发、河道整治规划、泥沙基础理论研究等需要，提出系统而完整的收集河流床沙资料长远规划。

河床组成勘测调查规划的主要内容是观测对象、观测项目、观测巡次等。

观测测次布置应符合下列要求：

（1）一般情况下，平原河流根据河流特性3～5年观测一次；山区河流5～8年观测一次。

（2）兴建大型水利工程对河道演变产生明显影响时，需及时进行河道勘测调查，且工期长的大型工程，应根据施工过程安排测次。

（3）对河道演变剧烈的重点河段或多沙河流，宜每年进行。

（4）当河道发生崩岸或局部河段河势变化剧烈时，需及时进行河道勘测调查。

具体的实施时间，一般安排在枯季进行，此期间水位比较平稳，河床相对稳定，易于了解边滩、潜洲、碛坝、岸线崩塌等变化。

3.1.2 野外勘测调查准备

勘测调查准备包括现场踏勘、资料收集、方案设计、物质准备、教育培训等工作。

1. 踏勘与收集资料

根据项目要求收集相关资料，必要时需赴现场查勘，了解河段地质地貌，河床组成概况及交通条件等。拟定观测计划，内容包括人力资源、器材配备、实施方案以及相关的质量保证，安全措施等。通过现场踏勘，达到以下目的：

（1）了解测区内自然地理条件，包括气象、水文、地质等因素对实施的影响。

（2）了解测区内的交通现状、当地风俗、生活住宿条件等。

（3）掌握当地租地费用、人工工资及附加费用等情况。

（4）收集测区内已有的成果和资料，如已有控制成果、地形图等，并认真分析和充分利用。

（5）取样点位布置。

2. 技术方案设计

技术方案是实施勘测工作的指导性文件，包括勘测目的、测区概况、工作内容、技术要求、人力资源、设备配置及所需主要技术资料、进度要求、安全生产及提交成果等。在收集资料和现场踏勘的基础上，结合任务书，进行技术方案设计。技术设计方案既要充分理解本项勘测任务的目的和要求，又要满足勘测调查精度和质量，同时要考虑生产成本和工效，从中选择技术和经济指标最佳方案。

3. 资源准备

河床组成勘测调查是一项繁重而细致的技术工作，测前必须做好仪器设备准备。主要测量仪器检校、设备维护、业务培训、车辆、船只等交通运输设备的检查与检修等。各种准备工作（包括技术人员、仪器设备、技术方案审批、已有资料收集和分析）完成后，方可开始外业勘测调查工作。

3.2　河床组成勘测技术

河床组成勘测的内容分为床沙颗粒级配测验、容重测验、泥沙岩性鉴定和河床组成勘测调查等四类。按取样手段不同，又可分为陆上和水下河床组成勘测。

陆上河床组成勘测是指在勘测河段内，将最高洪水位以下、枯水位以上的边滩、江心洲、江心滩作为主要勘测对象，进行河床组成勘测。一般取样手段为人工挖坑和钻探。

水下河床组成勘测是指在勘测河段内，利用水文测船、床沙探测仪器，进行水下床沙勘测。常用仪器有挖斗式采样器、打印器、犁式采样器以及水下钻探。

3.2.1　地质钻探法

钻探法是采用钻孔取芯，沿垂向系统取样进行河床组成勘测分析的方法。通常分为陆上钻探法和水下钻探法。

3.2.1.1　野外作业取样要求

1. 钻孔布置

根据钻探目的，钻孔数量应以能控制沿河段流程、沿河床横向深层组成的分布为度。一般布置勘探网时，孔位尽可能沿横断面线分布，要求能跨越河床的摆动带。对一个洲滩而言，按洲滩大小以及分布地段的重要性，可按单孔或多孔布置。多孔可分为网格法，纵、横剖面法等布置钻孔，建立纵横剖面。

（1）剖面法。一般按洲滩纵向布设建立纵剖面。

（2）单孔法。仅布一孔，为取得代表性，一般应布在洲滩中段偏上游并靠主流一侧为宜。

2. 钻孔定位

（1）钻孔平面坐标采用北京系统，用 GPS 单点定位，精度要求到米即可。

（2）钻孔孔口高程可采用 GPS、全站仪、水准仪测量，满足五等水准精度即可。

（3）在长江干流河段，也可据附近河床水位反推求得（河床水位可利用上游、下游水位站观测资料，再根据其水位比降和距离推得）。

3. 钻孔深度

对沙质河床，孔深要求钻至河床深泓以下 3~5m；对砂卵石河床，孔深要求钻至河床深泓以下 1~2m。在计划孔深范围内，若遇基岩，取样后可终孔。

4. 钻探取样要求

（1）孔径要求。为取得具有代表性的床沙样品，一般黏性土和沙土层内的钻孔孔径不小于 110mm，终孔孔径不得小于 75mm。砂卵石（碎石土）内的钻孔孔径不小于 130mm，终孔孔径不得小于 89mm。

（2）钻探方法。根据土层的岩性及孔深进行选择，在回转钻进中，上部黏性土可采用螺旋钻进或管钻，沙层采用冲击贯入或管钻。卵石层采用管钻，可选用硬质合金钻头、金刚石钻头或钢粒钻进。钻进过程中，为保证正常钻进和取样，必须根据地层条件，合理选择泥浆、水压或套管等护壁处理。

（3）取样方法。黏性土取样可以使用口径为 110mm 管钻或 75mm 的取样器；沙土取样可以使用标准贯入器和口径 75mm 以上管钻取样。碎石土（砂卵石）用口径 130mm 管钻取样，取样钻头可采用合金钢丝钻头。

（4）单回次进尺控制。为满足土壤分层和沿垂直深度内的床沙取芯，一般黏性土层控制在 1.0~1.5m 内。沙土、砂卵石等控制在 1.0~2.0m 范围内。

5. 岩芯采取率要求

（1）一般黏土或粉质黏土岩芯采取率不低于 80%。

（2）一般粉土（粉质壤土）岩芯采取率不低于 75%。

（3）一般沙层岩芯采取率不低于 65%。

（4）砂卵石（碎石土）层岩芯采取率不低于 50%。

（5）黏土、粉土、细沙等复杂土层岩芯采取率不低于 70%。

6. 封孔要求

凡钻孔靠近堤防时，为保证堤防安全，需采用干黏土泥球回填钻孔。

3.2.1.2 野外作业样品分析

土样采集按原始结构是否破坏可分为扰动样、原状土样，一般床沙取样多采扰动样，按一般钻进工艺采取即可。当需测容重时应取原状样，对于一般软土的原状样采集用取样器压取和锤击取样，取样过程中应尽量减少对土样的扰动。

一般黏性土和沙土等细粒床沙样送室内分析，卵砾石等粗粒床沙样的筛分和岩矿鉴定以野外现场分析为主。

（1）黏性土层土样。一般按分层取样进行，当土层厚度小于 1.00m 时，取样一个，当土层厚度大于 1.0m 时，按每 2.0m/个的密度采取；取样重量不少于 200g。

（2）沙土。单层厚度小于 2.0m 按一层取样；厚度超过 2.0m 时，应按 2.0m/个的密度分层取样，每个样取样重量不小于 1.0kg。

（3）砂卵石（碎石土）样。原则为分层取样，取样数量尽可能以多为佳，一般卵砾石颗粒数不少于 100 粒。取样方法，为减少对原始级配的影响，钻进时要保证泥浆的浓度，取样时应采取停水干钻等技术措施，应尽可能取得原始级配，并分层现场进行卵砾石级配分析（筛分析）；对 $D<2.0mm$ 床沙样品送室内分析。

对粗颗粒 D 大于 5mm 的卵砾石应在现场逐颗进行岩性鉴定，其样品应是分层、分粒径组，按岩性类别进行称重统计。对 D 小于 5mm 的细颗粒按比例选取一部分带回室内镜下鉴定。对于难以辨认的物质送有关单位作磨片鉴定等。

（4）基岩样一般仅作现场鉴定描述后，取部分保留样，填写标签后用塑袋封存备查。

（5）特殊样。在钻孔中如有古树、古陶片、特殊的卵砾石或土层等发现时应进行收集并填写标签后封存，作进一步研究或长期保存。对于送外分析的样品，应及时送相关部门鉴定分析。

（6）野外鉴定与分析。对于粗颗粒 D 大于 5mm 的床沙分析，一般在现场进行，分析项目如下：

1）级配分析。样品清洗风干后，进行现场筛分，采用分级进行，对于粒径 D 大于 2mm 卵砾石进行分组称重，计算起级配组成。粒径 D 小于 2mm 的沙土按一定比例抽样送室内分析。

2）岩性分析。按筛分后的分级床沙进行鉴定、称重，以求得各粒径组不同岩性所占百分数，当取样较少时便不再分级，统一鉴定求得各层的分类百分含量，对于肉眼难于鉴定样品，取样送室内鉴定。对于 5mm 以下的砾石、砂和黏性土送室内鉴定，其中，粒径 $5\sim2.0mm$ 者可用肉眼鉴定，2.0mm 以下床沙送室内镜鉴，对于黏性土须进行室内矿物鉴定。对于砂，还可采用重矿分析。

3）室内分析样的标识。样品应在标签上注明孔号、位置、取样深度、样品名称、用途、取样日期等。

4）土样送分析室前应对样品进行清点核对，填写送样清单。对于原状样在运送过程中要防止震动，交样时，样品和清单一并提交实验室，验收签字，清单一式两份，各自保存备查。

3.2.1.3 野外原始记录

主要填写钻孔过程中的工序流程，钻孔岩芯的岩性鉴定和分层地质描述。

（1）钻孔班报表记录。要求文字详细，数字准确，字迹清晰。现场详细记录钻孔和取样中的操作流程，从中可以反映操作是否按技术设计的要求进行操作，每回次所用钻探方式、选用的钻具，钻杆总长度，上余长度，钻探总进尺，取样位置，样品编号、取样器类型等都必须详细记录，并且对钻进过程中的孔内以及机械运行过程中的异常情况应予记录，以核对和备查。

（2）地质描述。钻孔班报表是钻探成果的原始资料，因此要求详细准确，记录包含土的定名、分层深度、岩性描述包括土的名称、颜色、土的结构、构造、包含物、天然状态、软硬程度、黏性和颗粒粗细、层理情况等，地质员必须跟班，随时掌握钻探过程中土层的变化，以便指导钻探操作人员即时更换钻具、取样等，及时记录钻探过程中地层的微细变化。

（3）调查资料。对钻探沿线或附近干支流的特殊地质现象进行调查、收集有关资料、拍照和采集典型样品等。

3.2.2 洲滩坑测法

坑测法：指在河床洲滩上开挖探坑，分层取样分析，以测定床沙颗粒级配的方法。坑测法也称试坑法。

床沙颗粒级配分析方法可采用筛析法、粒径计法、吸管法、消光法、离心沉降法、激光粒度仪法。

3.2.2.1 试坑法施测洲滩床沙颗粒级配

1. 工作流程

试坑法施测洲滩床沙颗粒级配的工作流程是选点、分层取样分析、定位、成果计算。

（1）选点应通过现场查勘，选取具有代表性部位。

1）取样洲滩选择。经长期实践总结为"选新不选老，择大不择小"的原则，以期取得代表性高的演变过程样品。

2）取样点位（试坑）布设。一般应按照某一洲滩的床沙组成分布变化布置，通常在洲滩的上、中、下、左、中、右等部位安排5～7点；但组成单一的洲滩，或人力有限的条件下，可减至上、中、下3点；如只需大体了解洲滩组成时，可在洲滩迎水面洲脊上，自枯水边至洲顶3/5～4/5的位置布1点，作活动层分层取样，也具一定代表性。

（2）分层取样分析的要求。在沙质洲滩上取样时，可用钻管式采样器，或人工挖掘直径0.2～0.3m的垂直圆坑，采集不同深度的样品。

（3）在卵石洲滩上取样，一般要求采用试坑法。其技术要求如下：

1）试坑点位应选在不受人为破坏和无特殊堆积形态处。

2）试坑法采样时，要求使用栏隔方框模，以达到操作标准化。

3）试坑平面尺寸应符合表3-1的规定。

表3-1   试坑平面尺寸及分层深度

D_{max}/mm	平面尺寸/m	分层深度/m	总深度/m
<50	0.5×0.5	0.1～0.2	0.5
50～300	1.0×1.0	0.2～0.5	1.0
>300	1.0×1.0 或 1.5×1.5	0.3～0.5	1.0～2.0

坑的分层可分为表层、次表层、深层。表层为面块法取样；次表层以一个最大粒径为厚度；深层可分一至多层，层数和厚度视实际组成分布与需要确定，垂向级配分布不均时，分层厚度取下限。

表层、次表层的平均粒配一般可代表深层粒配，且深层粒配沿深度变化不大，故可广泛采取表层和次表层样品作为散点成果，以弥补试坑法在平面上代表性的不足。

在水文测站测流断面线通过的洲滩上布坑时，坑位应尽量与高水期的推移质、悬移质泥沙测验垂线重合。

2. 卵石洲滩上表层样品采集

卵石洲滩上表层样品的采集，可用网格法、面块法、横断面法等，并应符合下列规定：

（1）网格法的分块大小及各块间的距离应大于床沙最大颗粒的直径，取样方法可按下列两种方法执行。

1）用定网格法取样时，可将每个网格为 100mm×100mm、框面积为 1000mm×1000mm 的金属网格紧贴在床面上，采取每个网格交点下的单个颗粒，合成一个样品。

2）用直格法取样时，应先在河段内顺水流方向的卵石洲滩上等间距平行布设 3～5 条直线，每条直线的长度宜大于河宽。在每条直线的等距处取样，一条直线所采取的颗粒合成一个样品。

（2）用面块法取样时，应在河滩上框定一块正方形床面，其正方形边长应为表层最大颗粒中径的 8 倍，并将表面层涂满涂料，然后将涂有标记的颗粒取出，合成一个样品。

（3）用横断面法取样时，应在取样断面上拉一横线，拾取沿线下面的全部颗粒合成一个样品。

（4）一个表层样品，不应少于 100 颗。

河床组成复杂区床沙样品的采集，可分部分或分垂线，分别采用规定的取样方法取样，综合测定床沙的级配组成。

3.2.2.2 洲滩床沙颗粒级配分析及沙样处理

（1）分层取样分析。以试坑法为例，每个取样层都作为独立的样本，进行颗粒级配分析。

（2）分析方法。现场筛分析适用于 2～150mm 的颗粒。分析粒径级按 2mm、5mm、10mm、25mm、50mm、75mm、100mm、150mm、200mm、250mm、300mm 划分。各粒径组的样品分别称重并记录。现场尺量法的分析应遵守下列规定：

1）样品中大于 150mm 的颗粒采用尺量。

2）大于 150mm 的沙样颗粒数少于 5 颗时，应逐个测量 a、b、c 三径、称重；多于 5 颗时，只对最大的三颗测量三径、称重，其余逐个量测中径，分组称重。

细沙样（$D<2mm$）处理：应在现场装入容器，样品重量应大于 100g，并标识河段名、坑号、取样深度、日期，送室内分析。个别细沙样含泥较重，可将 D 小于 5mm 的沙样送室内分析，但样品重量应增加（不少于 2kg）。

（3）床沙样品应先称总重，再称分组重，各组的重量之和与总重的差，不得大于 3%。

3.2.3 照相法

3.2.3.1 照相法原理

照相法即在勘测调查时不采取野外取样，通过照相保存卵石洲滩表面图像，在室内量读床面泥沙颗粒粒径从而获取河床表面泥沙粒径组成的较简易的调查方法。

3.2.3.2 照相方式的选择

照相方式的选择一般采用两种方式。

（1）固定法。相机搁置在人字梯顶端，镜头离滩面为 2m（铅垂距离），要求相机底片与拍照床面平行。

（2）手持法。人持相机立在拍照面旁边，相机内底片与拍照床面为一不定倾斜角。根据长江委水文局荆江局1989年在清江鄢家沱搬鱼嘴站断面河床试验，不同拍照方法分组粒径比较见表3-2。照片变形比较结果见表3-3。由于在数据处理时，做了比尺和变形改正，故手持和固定相机两种方法所得结果很难分辨出精确度。从表3-3结果看，固定相机变形差小，且较稳定。

表3-2　　　　　　　　　　　不同拍照方法所得分组粒配比较

取样方法	粒径级配百分数/%					
	10mm 以下	10～20mm	20～40mm	40～60mm	60～80mm	80～100mm
固定相机拍照	3.7	15.2	48.6	24.4	6.60	1.5
手持相机拍照		14.8	45.3	34.4	5.5	
面层人工挖样	1.2	4.6	29.7	52.3	9.6	2.6

表3-3　　　　　　　　　　　照相法相片变形统计表

线　别	40～60mm		60～80mm		80～100mm		混合法		
							固定	手持	
	固定	手持	固定	手持	固定	手持		1	2
上线	110.8	112.2	95.3	119.5	114.8	106.4	115.5	79.3	78.5
中线	111.8	113.2	94.3	118.0	115.5	107.6	117.0	81.8	80.6
下线	113.2	114.1	94.2	115.8	116.3	110.8	118.1	84.6	83.6
上下线差	2.4	1.9	1.1	3.7	1.5	4.4	2.6	5.3	5.1
左线	78.3	78.5	79.3	75.0	83.0	78.9	76.5	73.1	75.7
中线	79.1	76.4	82.2	78.2	83.0	77.4	77.5	72.5	76.4
右线	79.1	72.3	83.8	81.3	83.0	78.3	77.7	73.3	76.8
左右线差	0.8	6.2	4.5	6.3	0	0.4	1.2	0.2	1.1

3.2.3.3　照相法的野外操作步骤及注意事项

拍照前应作好的准备工作。其中应准备的工具有：一个作照相比尺网用的1m×1m金属框架（架的每边以细线分成10cm×10cm的小格），框边长度差、网格分制差，应严格检查，最大误差，应在2mm以内。2.5m长的人字轻金属梯（或木梯）一个，梯的顶部应挖有放相机的小洞。中精度照相机一部、长尺一具，及为揭面取标准样的其他有关工具。

拍照的步骤如下：

（1）选定有代表性的滩面，放置网格，摆上照片编号字板，架正人字梯标准高度（相机距滩面2m）。

（2）持平和调准相机对准网格屏住呼吸，方能搬按钮。

（3）每个面块上，应连拍两张照片，以作备用。

（4）拍完后应立即测量最大颗粒尺径（a、b、c三轴）。

（5）当场填记记载表，不使错乱。

（6）将梯移开，揭取表面层，分析粒径为比较标准。

根据试验经验，拍照时应注意：拍照应由熟悉照相技能又有实际经验的人担任；镜面要平行床面，离地面高度要基本准确。

3.2.3.4 数据处理方法

可采用读图仪和投影放大影进行量读粒径分析。也可采用人工逐个量测的方法进行相片的粒径分析。照片法是面上取样，按面积计算的一种卵石取样方法。在图上量取面积的方法一般有三种：一种最值取 b 轴，以 b 代粒径 D，用圆面积公式计算；第二种是最值取 a、b 两轴并以 a、b 之积作代表面积；第三种是用量积仪直接量读颗粒面积。为分析研究三者之间的关系和精度，三种方法均作了一定的对比。

量读步骤如下：

（1）先用三棱尺量测照片上下网格长和左右网格长度的各自平均值，然后再取两者的平均值作为照片量测尺寸，量测至 0.1mm。其次求网格实际长与量测长之比值，即为长度换算系数。

（2）当量测 b 轴时，量测尺寸乘换算系数后，即为实际粒径。

（3）当用求积仪量颗粒面积时，求积仪上的面积读数乘上换算系数的平方值，即为实有面积。室内试验时两种方法并用。

当以 ab 两轴之积作代表面积时，由于 $a>b$，故所得面积偏大。其改正系数可以通过实际量测资料统计求出。若因照片过小，量测精度难以满足要求，可用打印描绘的卵石图片作为照片卵石的模拟图片。从描绘卵石图片上量算出 ab 的面积（简称计算面积）与求积仪实量面积（简称实量面积），点绘两种面积的关系曲线。

照相法作为表层床沙级配的观测方法，其最大优点是方便快捷，采样点多。随着无人机技术和计算机图像识别技术的发展，具有广阔的应用前景。照相法还可用于水下表层床沙级配的观测。

3.2.4 床沙器测法

3.2.4.1 概述

床沙器测法指使用专用仪器获取床沙成果的勘测方法。床沙器测法一般用于水下床沙勘测。床沙器测法常用仪器有挖斗式采样器、犁式采样器、锥式采样器、打印器等。

各种采样器的性能、规格与适用范围见表 3-4。

表 3-4　　　　　　　　　　床沙采样器性能及适用范围表

| 序号 | 类型 | 采样器名称 | 样品重/g | 河床组成 | 适用范围 | | | 操作方式 |
					水深/m	流速/(m·s⁻¹)	粒径/mm	
1	淤泥质	转轴式	约200	淤泥	不作限制	<0.8	<0.25	测船上用绞车悬吊或手持
2	淤泥质	挖斗式（锤击小型）	约500	淤泥、细砂	不作限制	<1.5	<1.0	测船上绞车悬吊
3	砂砾质	拖斗式	约1000	软底沙质	不作限制	<1.5	<2.0	测船上用牵引索加重球
4	砂砾质	横管式	约300	软底沙质	<3.0	<2.5	<2.0	测船上手持悬杆

序号	类型	采样器名称	样品重/g	河床组成	适用范围			操作方式
					水深/m	流速/(m·s⁻¹)	粒径/mm	
5	砂砾质	锥式	约300	软底沙质	不作限制	<3.0	<2.0	测船上用绞车悬吊
6	砂砾质	钳式	约200	硬底沙质	不作限制	<3.0	<2.0	测船上用绞车悬吊
7	砂砾质	挖斗式（触脚中型）	约1000	硬底、砂夹砾	不作限制	<3.0	<40	测船上用绞车悬吊
8	砂砾质、卵石夹砂	挖斗式（锤击中型）	约2500	软、硬底	不作限制	<3.0	<50	测船上用绞车悬吊
9	卵石夹砂	挖斗式（锤击重型）	3000～5000	硬底、卵砾夹砂	不作限制	<3.0	<70	测船上用绞车悬吊
10	卵石	沉筒式	100000	硬底、中小卵石、基本不夹砂	<1.0	<1.0	<150	小船上或涉水手工操作
11	坚硬岩、黏土、大卵石	打印器	无	基岩、黏土、大卵石、漂石	不作限制	<3.5	<300	测船上用绞车悬吊

水下床沙观测应按断面法布设，其成果通常与固定断面观测成果配套。

对于长河段固定断面床沙观测，宜间隔一个断面进行床沙取样，对于宽阔河段，宜加密床沙观测断面。

固定断面床沙观测垂线布设原则：若河宽在1000m以内，每断面取样5点，且主泓必布一线；若河宽超过1000m，每断面取样5～10点；遇分汊河道应在主、支汊各取3点；露出的边滩、江心洲视其宽度应增加取样，取样垂线不少于3点。

为了资料的连续性和便于分析研究，取样断面与前测次取样断面的床沙取样垂线位置一致。

取样垂线平面定位采取DGPS或全站仪定位，按1：10000地形散点精度执行。

1. 水下器测法取样要求

各类器测法取样的样品重量应符合表3-5的规定，当一次取样达不到样品重量的要求时，应重复取样1～3次（沙质样品不超过2次）。

表3-5　　　　　　　　　器测法取样的样品重量

沙样粒配组成情况	样品重量/g
不含大于2mm的颗粒	50～100
粒径大于2mm的样品重小于样品总重的10%	100～200
粒径大于2mm的样品重占样品总重的10%～30%	200～2000
粒径大于2mm的样品重大于样品总重的30%以上	2000～20000
含有大于100mm的颗粒	>20000

各类取样仪器取样时挖掘河床的深度要求沙质河床为0.05m。卵砾质河床要求取到表层、次表层两层厚度之和的深度，但因设备所限，至少应达到表层最大颗粒中径的深度，

以保证采集到完整的表层原型样品。取样前应全面检查采样器，保证采样器内无泥沙和杂物。测船应准确定位在所测断面垂线上，采样器入水后，应尽可能不扰动河底泥沙。现场整理取样断面的垂线编号及起点距。

2．分析方法

沙质沙样应在现场装入容器，并记录编号，及时送分析室分析。

粒径大于 5mm 的砾、卵石样品，颗粒分析宜风干后在现场进行。粒径小于 5mm 的样品，其重量大于总重的 10％时，送室内分析；小于 10％时，只称重量，参加级配计算。

床沙样品应先称总重，再称分组重，各组的重量之和与总重的差，不得大于 3％。

现场分析的沙样中，除有典型标志意义的样品保留外，其他样品均不保存；室内分析的沙样，保存至当年资料整编完成即可。

（1）现场尺量法的分析应遵守下列规定：

1）样品中大于 100mm 的颗粒采用尺量。

2）大于 100mm 的沙样颗粒数少于 15 颗时，应逐个测量三径、称重；多于 15 颗时，只逐个量测中径，分组称重。

（2）现场筛分析应遵守下列规定：

1）筛分析适用于 5～100mm 的颗粒。分析粒径级按 5mm、10mm、25mm、50mm、75mm、100mm 六级划分。

2）当分组筛的孔径不能控制级配曲线变化时，应加密粒径级。

3.2.4.2　挖斗式采样器

以 AWC 系列挖斗式采样器为例，说明其原理及使用方法。

AWC 挖斗式采样器分 AWC－1、AWC－2，见图 3－1。挖斗装在铅鱼体内，仪器放至床面后，弹簧拉力拉动挖斗旋转取样，施测时将沙样倒入有刻度的容器中，摇动密实，去掉表层以上的水分，然后称重量积、颗分。AWC 系列挖斗式取样器可用于挖取 0.3m 厚表层的水下粗沙和小卵石的非原状干容重取样主要用于水库库尾和变动回水区。

（a）AWC－1 型挖斗式采样器　　　　　　（b）AWC－2 型挖斗式采样器

图 3－1　AWC 挖斗式采样器

1. AWC-1型采样器特性

AWC-1型采样器用于干容重测验主要存在问题：不能采集粗颗粒样品；采样器容量偏小；仪器重量偏轻；样品有冲失现象。

2. AWC-2型采样器的特性及改进

针对 AWC-1 型采样器存在的问题，从以下几方面进行改进：

（1）加大口门宽度，将原口门宽 120mm 改为 250mm，以增大挖掘面尺度，提高采集大颗粒干容重样品的能力。

（2）增大采样仓容积，提高采集的数量，将有效取样体积由 3kg 增加到 10kg。

（3）将采样器自重由 120kg 增加到 250kg（仪器自重的增加，不但使采样器能顺利下放到河底进行取样；同时由于仪器较重，采样时更能紧贴床面，使之挖斗在运动时不致因重量轻而出现被顶离床面的可能）。

（4）改变口门形状，将平口改为齿状，增加挖掘力度和厚度。改进后的采样器定名为 AWC-2 型。

3. AWC-2型采样器改进后的仪器结构

整个仪器主要由加重系统和取样系统组成。加重系统由鱼状钢质器壳注铅组成；取样系统设在铅鱼中部，铅鱼腹内为挖斗仓和储样仓，挖斗仓后为触杆，触杆连接着腹腔内与顶部的一套牵引取样的联动装置。改进后采样器结构示意图见图 3-2。

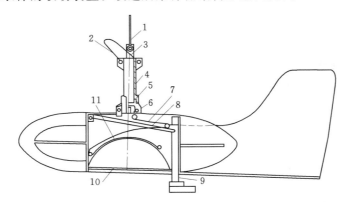

图 3-2　AWC-2型采样器结构示意图

1—吊绳；2—吊环绳；3—悬杆；4—套筒；5—卡圈；6—卡爪；7—挖斗绳；
8—顶架；9—触杆；10—盖板；11—挖斗

4. AWC-2型采样器工作原理

AWC-2型采样器是利用触杆的触脚接触河床后，带动联动装置，使悬索牵引挖斗，在采样器自重力反作用下而挖取干容重样品，过程见图 3-3。

测验时，首先将采样器上提悬置于挂钩上，放松悬索将挖斗旋转至挖斗仓内，此时的挖斗外弧上的契口与触杆连接臂的契口契合，挖斗受控同时将悬杆下按，使卡爪卡住悬杆，上提悬索至承载采样器的挂钩脱离，然后下放采样器。当采样器下到河底后，触脚触及河床，使触杆上升，顶架顶推卡圈上移，直至脱开爪卡，见图 3-3（a）。当悬索上提时，悬杆带动连接的钢丝索，使挖斗旋转切入河床挖取床沙，当挖斗旋转180°时，挖斗被封盖，悬杆正好上升至套筒顶端而被卡住。同时，挖取的床沙也被密封在挖斗仓和储样仓内，见图3-3（b）。仪器提出水面后，先将吊耳上的钢丝环挂在绞关的挂钩上，然后放松吊索，使挂钩承受采样器的全部重力，再转动挖斗转轴取出沙样。最后将悬杆下按还原，并使卡爪卡住悬杆，供下次取样。

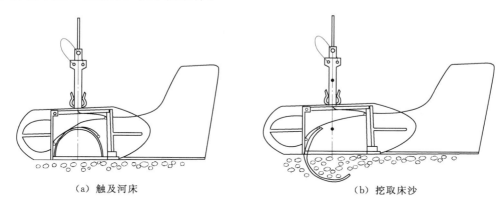

（a）触及河床   （b）挖取床沙

图3-3 AWC-2型采样器操作过程图

须注意的是，在仪器下水前，应调整采样器至水平状态；仪器下放过程中，速度要适中，保持仪器平稳落地，以免仪器撞击河床，造成仪器被撞坏或深陷河床；仪器挖样时（开始上提阶段），速度应尽量缓慢，以防挖斗一滑而过，挖不到样品。

3.2.4.3 犁式采样器

犁式采样器适用于卵石夹沙河床，由于滤水网的孔径为10mm，所以此方法所取得的床沙级配实际不含10mm以下的细颗粒。

图3-4为犁式床沙采样器，它与网式推移质采样器形状相似，口门前沿有一排尖锐锯齿，器身两侧各有一个向外支出的弧形脚，器后有两高脚，使器身向前倾斜成10°，采样器重心位于前部，这种结构有利于刮取河床卵石。其他犁式采样器见图3-5。

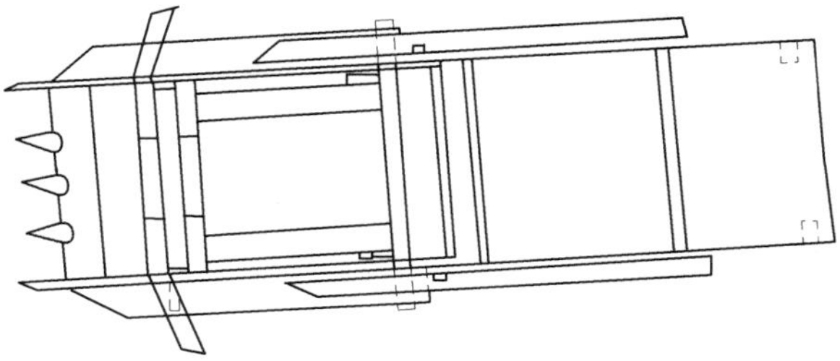

图3-4 犁式床沙采样器

3.2.4.4 锥式采样器

锥式采样器适用于小砾石夹沙河床、沙质河床，由于存在漏沙问题，细沙部分所取样品偏粗，在生产实践中已逐步被挖斗式采样器所取代。锥式采样器结构示意图见图3-6。

3.2.4.5 打印器

由基岩、坚硬黏土、含砾黏土、镶嵌严紧的卵石以及松散的峦石、漂石、块石、大卵石等组成河床，宜使用河床打印器探测。打印时，要求垂直急放重落，以取得好的打印效果。探测级配用的打印器底面积宜大，最小面积应为卵石床沙 D_{max} 面积的3倍。

1. 打印法原理

打印法为水下摄影的变形，是浑水照相难以解决情况下的代替法，通过打印后的卵

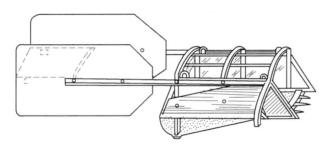

图 3-5　其他犁式采样器

石塑像，进行直接量测，描绘或拍照及室内的数据处理后，能获得卵石级配成果。打印器取样的原理，即是水下简易照相，它是利用仪器底部的塑泥平面，经重压河床床面的，打印出卵石、砾、沙等床沙塑形（经直接测量塑型粒径），而获取河床组成与床沙级配。

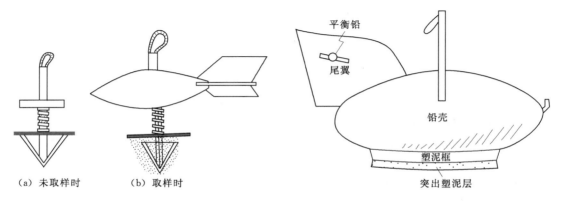

图 3-6　锥式采样器结构示意图　　　　　　图 3-7　打印器示意图

　　长江委水文局荆江局 20 世纪 80 年代研制的打印器型式见图 3-7，其规格是打印面 350mm×280mm，泥框高 70mm，总重 170kg。适应 80m 水深及 3.0m/s 流速下取样。

　　其中塑泥经反复试验，经长航科研部门优化后的红色橡胶泥。经室内各种级配组成与浅水打印试验，各种床沙组成均能打印出来大小卵石，塑像清晰。打印法效果图见图 3-8，打印描绘后的照片见图 3-9。

　　2. 操作步骤及注意事项

　　（1）打印前用煤油稀释塑泥，使塑泥的稠度适当，并保持塑形不变（橡胶泥干硬时，有一定伸缩性，会使打印初时获得的塑形离开床面后缩小）。

　　（2）装整好塑泥，首先要使塑泥突出框口适当厚度（5~15mm，颗粒大，突出多，以增加塑泥下陷深度），然后将塑泥面展平。

　　（3）仪器下水前将打印器底面调至水平。

　　（4）先测水深。仪器下放时，上中部先用中速，至近底时加至最快，使仪器重落，获取好的打印效果。

　　（5）仪器触底后，在仪器不拖动的情况下立即上提，防止塑像破坏。

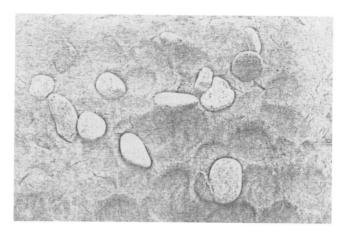

图 3-8　清江搬鱼嘴站断面卵石河床打印效果图

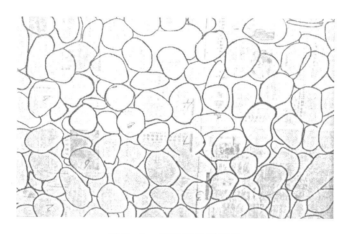

图 3-9　打印描绘后照片

（6）同一测线应视塑像情况重复取样2～4次。

3．样品处理

样品处理方法有三种：一种是用尺直接量测；二是拍照；三是描绘，其描绘步骤是打印后翻转仪器，用专用玻璃板压贴在打印后的塑泥面上，用墨笔描绘（注意：视线与描绘面相垂直）打印后塑形，并量测打印深度，标记于相应的塑形上。需要长久保存的样品，可用描图纸再描绘一次。

4．室内数据处理

在每张图纸上逐一量取塑像的长和宽（a 和 b）或面积。然后以 b 为依据，划分粒径级配组；依次统计各粒径组面积，并以之计算粒配，点绘级配曲线。

3.2.4.6　浅层剖面仪

浅层剖面仪为一种新型声遥感探测系统，利用高强的发射功率与超低的工作频率在水下信号衰减极小的特点，声波入射河底地层浅层带，获取浅地层的地理信息，揭示河床底部浅地层的物质结构、特征。

浅层剖面声呐具有较高输出功率，它最大可输出平均功率1000W，相当于一般测深仪输出功率的5～10倍，为穿透河底浅地层提供能量保证。仪器运用了程序控制软件，丰富了窗口显示界面，便于操作员实时监视系统的数据采集与状态控制。

美国、日本早在20世纪50年代后期就开始使用海底浅地层剖面仪测量海底地层的分布，能穿透淤泥，但不能穿透卵石、砾石，一般穿透深度达30～50m。美国于20世纪60年代在密西西比河下游，成功地使用声呐声波发射器（Sonar Pinger），寻找埋在淤泥沙下4～5ft❶的水下护岸混凝土沉排的位置。我国在20世纪70年代开始，先后成功地试制出浅地层剖面仪，其中有中国科学院海洋研究所的BDP-1型海底浅地层剖面仪、长江流域规划办公室CK-1型水声勘探仪，这两种仪器性能良好。

20世纪90年代，国外声遥感技术已在开发与发展阶段，如美国劳雷公司SIS-1000浅地层剖面仪，Data Sonics公司生产的CAP-6000单通道浅地层剖面仪，它们均采用了DSP匹配滤波信号处理技术，Chirp技术和调制解调技术，并配有地层测量分析、多次回波抑制、床底信噪比指示、床底信号衰减监视等多种软件控制，已用于军事领域和海洋地质探测研究之中。

河底浅层剖面声呐，即利用换能器向水下发射声波脉冲信号，当声脉冲抵达河底时，一部分能量被河底表面界面反射至换能器，得到一个较强的回波信号，一部分能量透射河底表层向地层传播，地层内由于固体物质的散射与吸收，透射的能量被损耗与衰减，其中部分能量反向散射回换能器，这部分能量的大小包涵了地层厚度的信息。如何有效地提高这部分厚度信息的可信度，即探测河底地层介质的厚度，并真实地反映在仪器记录上。必须克服声波能量在地层的散射与吸收，那么，必须增加发射声波的能量，即增大发射脉冲的宽度。同时，还需限制增加发射脉冲宽度给仪器带来的分辨率下降的不利因素，仪器采用了Chirp技术，即发射一个2～7kHz，Δf=5kHz的chirp脉冲，接收时进行匹配滤波，得到了一个脉宽约等于$1/\Delta f$的回波脉冲。仪器通过增大发射信号的带宽来提高地层探测分辨率，同时通过增大发射脉冲的宽度增加发射能量，提高了穿透地层的能力。美国ODom公司浅层剖面仪主机和探头见图3-10和图3-11。

图3-10　美国ODom公司Echotrac CV浅地层剖面仪主机

3.2.5　容重测验

干容重是河道、水库冲淤计算时重量与体积转换的重要参数。由于淤积物的多样性和

---

❶　1ft=0.3048m。

图 3 - 11　美国 ODom 公司 Echotrac CV 浅地层剖面仪 4kHz 超低频探头

复杂性，应根据淤积物的组成选择相应的观测仪器和方法。

3.2.5.1　沙质、砾、卵石河床淤积物干容重采样器选择

（1）要适应于河床淤积物的物理特性、水流特性、冲淤特性、河道特性等。

（2）能取到具有代表性、有效容积能满足干容重测验精度和同时能满足其他必要辅助项目测验要求的淤积物样品。

（3）量测器具要准确可靠，其精度应符合国家相关标准规定。

（4）结构合理牢固，操作维修简便。

（5）可供选择的仪器有：环刀、活塞式钻管、重力式钻管、AWC 挖斗式采样器、犁式采样器等，对露水洲滩直接采用坑测取样。

3.2.5.2　浮泥河床淤积物干容重采样器选择

（1）能取到天然状态下的淤积物样品。

（2）有效取样容积应满足干容重颗粒分析的要求。

（3）能获取不同淤积深度的淤积物样品。

（4）采样过程中，样品不被水流冲走或漏失。

（5）测取的淤积物体积要准确可靠。

（6）要适应于浮泥河床淤积物的物理特性、水流特性、冲淤特性、河道特性等。

（7）结构合理牢固，操作维修简便。

（8）可供选择的仪器有：滚轴式、转轴式、环刀、重力式钻管、旋杆式、活塞式、挖斗式采样器和同位素干容重测验仪等。

3.2.5.3　仪器的使用

水库淤积物干容重测验方法概括起来可分为坑测法、器测法、现场直接测定法三类。不同观测方法使用的仪器和方法不同。

1. 坑测法

此法适合推移质淤积较多的变动回水区和水库退水后裸露的河床或洲、滩地淤积物干容重测定。方法是在现场挖出大小适度的坑，将取出的样品盛装于铁桶内，分层夯实，然

后量积、称重、筛分。D 大于 10mm 的卵石不计含水率，分组称重，D 小于 10mm 的称重后抽样，送室内烘干称重，求出干湿比，并作粒径分析，将其换算成干沙重，与 D 大于 10mm 卵石合起来，计算干容重及其级配。

露水洲滩尽量选择有明显淤积并相对较高的部位，减小水渗漏带来的误差，坑测法还有一个特别需要注意的问题是体积的量取。

2. 器测法

器测法即采样仪器取到淤积物，然后进行量积、称重、筛分、室内分析，计算淤积物干容重及其级配的方法。目前国内外采样器主要有滚轴式、环刀、旋杆式、活塞式、重力式钻管、转轴式、挖斗式等多种采样器。其结构特点和使用范围见表 3-6。

表 3-6 目前主要使用的干容重采样器的结构特点和使用范围

名称	结构特点和取样方法	使用范围
滚轴式	由转轴、转轴体、销钉、把柄、吊绳等部分组成，取样时，将采样器插入淤泥中，然后拉动吊绳，关闭采样器，提出水面取样	适用采取淤积厚度 0.3～0.4m 内 0.3～1.0t/m³ 的干容重
环刀	由环刀、环刀盖、定向筒、击锤等部分组成，取样时，将环刀压入土中取样	用于出露于水面的淤积物取样
旋杆式	由样品容器、手柄、套管、翼板、顶盖和底板组成，旋转手柄即可将样品旋入容器	适用于水下软泥取样
活塞式钻管	由钻管、制动锤、制动杆等部件组成，当下放钻管，制动锤触及泥面时，制动杆抬起，使钻杆松开，于是钻管借重锤和自重作用插入泥内，然后提起钻管，管内样品借活塞所形成的真空吸力而不致漏失	可钻测 3～5m
重力式钻管	由钻管、尾舵和铅球等部件组成，当钻管取样后提出床面时，能自动倒转，使样品不致漏失	可钻测 0.3～1.5m
AZC 转轴式	分 AZC-1（旋转式）、AZC-2（插板式）型采样器，两种型号的采样器除采样盒的结构不同外，其他结构完全相同。施测时，将采样器下放至淤泥中，当采样器下插不动时，悬吊索拉力瞬间减小，控制爪在自重和弹簧拉力双重作用下被打开，上提悬吊索带动连接开关的钢丝索，拉动采样管底部的开关使其关闭（称之为触底自发开关），然后提出水面，由上往下依次逐个取样	适用于水下淤泥和细沙的取样，可连续取到多个分层样品，测取最大淤积物深度达 30m
AWC 挖斗式	分 AWC-1、AWC-2 两种，挖斗装在铅鱼体内，仪器放至床面后，借弹簧拉力拉动挖斗旋转取样，施测时将沙样倒入有刻度的容器中，摇动密实，去掉表层以上的水分，然后称重量积、颗分	可用于挖取 0.3m 厚表层的水下粗沙和小卵石的干容重样品，相当于非原状干容重取样，主要用于水库库尾和变动回水区

(1) 滚轴式采样器。该仪器是目前国内淤积物干容重取样较为广泛使用的仪器之一，见图 3-12。该仪器特点为：适应于流速小于 0.5m/s 任何水深的河流，能适合测取粒径小于 0.25mm 的软泥表层淤积物原状样品；体积小，重量轻，便于携带，在小木船上也可以施测。该仪器不能测取深层样品，也不能用于较硬的淤积物层。

该采样器使用方法为：在测船上用绞车悬吊或手持，取样前把销钉插入孔内，手提绳索，将采样器插入淤泥中，使淤泥进入采样器内。稍松动绳索，销钉在铅锤重量的作用下从孔内脱出，拉动转轴销钉，关闭采样器，所取淤泥即在转轴孔内，提出水面后下拉转轴

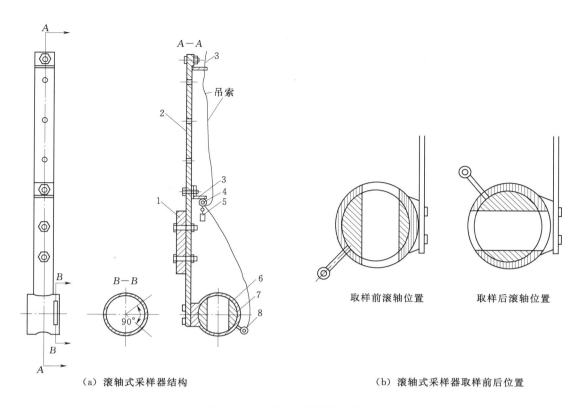

（a）滚轴式采样器结构　　　　　　　　（b）滚轴式采样器取样前后位置

图 3-12　滚轴式采样器示意图
1—铅块；2—采样器把体；3—绳索支撑铁；4—挂钩；5—铅锤；
6—采样器滚轴体；7—采样器滚轴；8—销钉

销钉，转轴开启，倒出淤泥，取样完毕。如果孔内淤泥不呈密实状，洗净孔内泥沙后，可重新取样，直至满足要求为止。

（2）环刀采样器。环刀采样器是淤积物干容重取样常用的一种方法。环刀采样器种类较多，但可分为两大类。一类是用于露出水面以上且含水量小的滩地淤积物；另一类是用于水下淤积物的取样。

1）露出水面滩地淤积物干容重环刀采样仪器，以型号—07.53.SC（产地：荷兰）为例，见图 3-13。该仪器配有不同直径（主要有 53mm，60mm，84mm）的环刀；采样最大深度为 2m；连接方式为卡销连接；圆环固定器为开放式。

其主要特点是利用环刀锋利的切割头，从地表钻入土壤，获得完美的环刀取样的效果，环刀固定器上下都已经留有空隙，可保证所取得的样品原状性，并能在地表取得两米以内不同深度的土壤样品，取样完毕后仅仅有一个 6cm 的孔洞存在；采样圆环更换简便，圆环固定器不太受尘土的影响，钻孔时阻力很小。不足之处：采样圆环底部的样本体积不能超过标准尺寸，在很软的土壤中或地下水位以下，样品很可能会从圆环中掉落，如果过载或者夹钳不当，圆环可能掉落。由于采样圆环没有保护，所以可能损坏。

利用带导向筒的锤击头进行取样，用扣环将采样圆环扣到锤击头上而形成导向筒，导向筒能保证采样符合严格的直线，用吸能锤和导向筒把采样器击入土中采样，圆环可直接

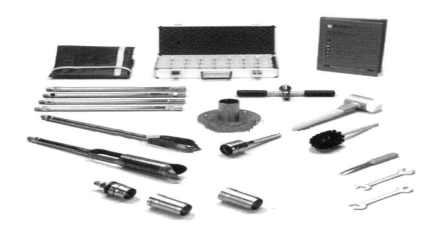

图 3-13　型号—07.53.SC 环刀采样器

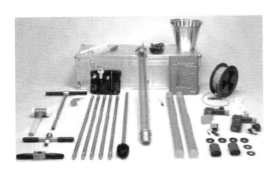

图 3-14　Beeker 型号—04.23.SA
沉积物原状采样器

挖出或用弯抹刀刮出来。

2）水下淤积物干容重环刀采样仪器，以 Beeker 型沉积物原状采样器（底泥采样器，型号—04.23.SA）为例，见图 3-14。

该仪器适用水深为标准系统适用于最大 5m 的水深，使用额外的扩展连接杆，可在某些项目上达到更大深度。采样深度为 1m（少许增加附件可以达到 1.5m），样品直径 57mm；采样管尺寸为 $\phi 63 \times 57mm$，长度 100cm，透明 PVC 材质，可观察沉积物分层状况。

主要特点有：Beeker 型沉积物采样器采用人力在水面上方操作即可；所采集样品为河流、湖泊、浅海柱状的原状沉积物（底泥），样品置于透明 PVC 管中，分层状况一目了然，密封性能良好，不会丢失，且能保持样品的原始剖面结构和密度；充分的直径空间可减少样品的交叉分散；采样器轻便，简单易用，采集效率高；小型压力泵和大型的软管连接器的使用，使系统具有最大的灵活性和广泛应用性；可以用于各种不同类型的沉积物，从非常松软无黏性到非固化的沙地，均与土壤的层次无关。

在采样前，将一个坚硬的切割头安装在采样管底部，使切割头和垫圈用带子紧密连接，采样管被它们夹紧。这种构造可以用在不同长度的采样管上（最大 1.5m），一个橡胶隔膜装在切割头里，可以在一定压力下膨胀并完全关闭切割头，并能保证采样器提起时样品完好保存；通过使用扩展连接杆和顶部的锤击头，可以将采样器插入到底泥中；通过使用活塞，采样器可以避免对样品产生压缩的问题，采样前，将活塞装在切割头里，当切割头位于沉积物上时，活塞通过绳子保持在一个固定高度（例如将绳子固定在船的栏杆上），当采样管下降时，活塞保持静止状态，采样管被推入沉积物中，环绕着活塞，由于摩擦的作用而产生的压缩被部分真空产生反作用抵消，采样管被密封以后，通过使用额外的水—

气动排放和分离系统，样品可以再细分成 10cm 长度的小段样品。

（3）旋杆式采样器。旋杆式采样器由样品容器、手柄、套管、翼板、顶盖和底板组成，见图 3-15。旋转手柄即可将样品旋入容器。该仪器适用在水浅低流速的水下测取软泥，采用手工旋转的方式取样。

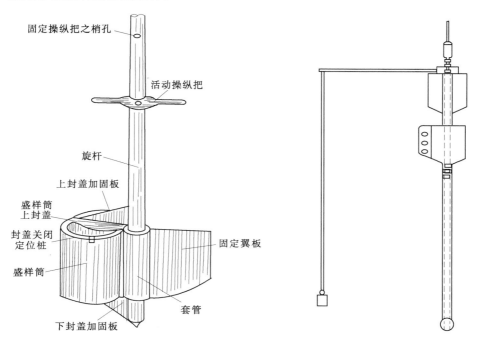

图 3-15　旋杆式采样器示意图　　　　图 3-16　活塞钻管式采样器结构示意图

（4）活塞钻管式采样器。活塞式钻管采样器，由钻管、制动锤、制动杆等部件组成，见图 3-16 所示。当下放钻管，制动锤触及泥面时，制动杆抬起，使钻杆松开，于是钻管借重锤和自重作用插入泥内，然后提起钻管，管内样品借活塞所形成的真空吸力而不致漏失。

该仪器可用于水下软泥中钻测 3～5m 深的淤积物样品。活塞式钻管采样器主要存在以下问题：一是钻取一条垂线只能获得一个沙样，不能测取干容重的垂向梯度变化；二是钻取厚度有限，仅 3～5m；三是由于钻管长度是固定的，不能随泥沙淤积厚薄而变。

（5）重力式钻管采样器。由钻管、尾舵和铅球等部件组成，当钻管取样后提出床面时，能自动倒转，使样品不致漏失。该仪器可用于水下软泥中钻测 0.3～1.5m 深的淤积物样品。

（6）AZC 转轴式采样器。AZC-1［旋转式，图 3-17（a）］和 AZC-2［插板式，图 3-17（b）］两种型号的采样器，除采样盒的结构不同外，其他结构完全相同（图 3-18 所示）。该仪器适用于水下淤泥和细沙的取样，可连续取到多个分层样品，测取最大淤积物深度达 30m。

1）设计原因。①为达到深层取样的目的，将采样器设计成插管式。②为能准确地测出干容重垂向梯度变化，将采样盒按装在插管上，这样一次取样即可测取不同淤积深度的

（a）AZC-1 旋转式　　　　　　　　　（b）AZC-2 插板式

图 3-17　AZC 采样器实物图

多个样品。③针对库区泥沙淤积厚薄不均的特点，将插管设计成可随时装卸的形式。采样时根据泥沙淤积厚度的不同，可灵活添减插管。④库区淤积物常常较稀，由于现场测船晃动，淤积物样品量积比较困难，为保证样品量积准确，将采样盒容积固定。⑤为尽量减少采样器对河床扰动的影响，将插管进口设置在配重物底部以下 0.2～0.3m 处。⑥考虑到采样器插入淤泥中，若采用锤击方式关闭采样器，由于淤泥对铅锤的阻力作用，常常存在采样器不能关闭的现象，为增加开关的可靠性，将开关设计成采样器触底自发方式。⑦由于采样器是以自重在淤泥中下插，故自重不能过轻；同时考虑到库区流速相对不大，为方便操作，采样器也不能设计过重。

2）操作方法。

a．AZC-1 型采样操作方法。首先根据估算的淤积物的厚度，选取不同长度的插管与采样盒串接在一起（长度以淤泥不冒出采样器上口为限），逐个打开采样盒，用对位稍固定，并使开关处于全开状态。仪器组装调节就绪以后，将悬索略松，按住控制爪使之与悬杆卡位契合，然后下放采样器，当采样器在淤泥中不动后，上提采样器至水面。抽出每个采样盒的定位销，将采样盒旋转 90°，洗去样盒的污物，再反向旋转 90°即可将沙样倒出。逐个取出采样盒倒出沙样，这样一条垂线不同淤积深度的样品就测取完成。

b．AZC-2 型采样操作方法。该采样器采样方式与 AZC-1 型基本相同。首先根据估算的淤积物的厚度，选取不同长度的采样管从下向上按装在靠板上。为防止采样盒插板开口处漏沙，在每个开口处用抱箍夹住。取样时，从上往下每打开一个抱箍，在开口处插入插板，然后倒出沙样并称重。

3）操作注意事项：①AZC-1 型和 AZC-2 型采样器仅用于淤泥干容重测量，不能用于卵石夹沙河床。②当淤积物较稀时，不推荐使用 AZC-2 型采样器。③为使采样管插入淤积物更深，施放时要有一定的速度，特别是当淤积物较厚时，速度较快效果更好。但

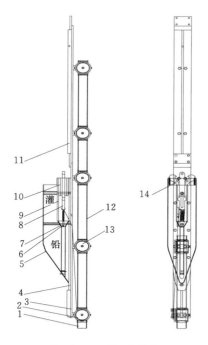

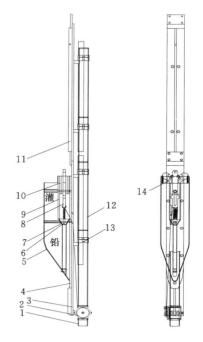

（a）AZC－1型（旋转式）

1—采样管嘴；2—开关盒；3—靠板；4—锥
形铅鱼底板；5—铅鱼外壳；6—弹簧下座；
7—仓底漏斗；8—悬吊板；9—仓隔板；
10—调位垫板；11—加长靠板；
12—转轴式采样管；13—采
样盒；14—控制爪

（b）AZC－2型（插板式）

1—采样管嘴；2—开关盒；3—靠板；4—锥形
铅鱼底板；5—铅鱼外壳；6—弹簧下座；
7—仓底漏斗；8—悬吊板；9—仓隔板；
10—调位垫板；11—加长靠板；
12—插板式采样管；13—活动
抱夹；14—控制爪

图 3－18　AZC 采样器结构图

当淤积物不厚，河底情况不明时，应首先试探，然后控制一定速度下放，避免速度过快将采样器进口触环。④当淤积物样品超过采样管的上段出口时，本次样品作废，待添加插管和取样盒后重测。⑤测量过程中要随时检查采样管底部的管口情况，若有变形要即时更换。

3. 现场直接测定法

现场直接测定法即采用现场测量仪直接测定干容重，测量仪主要为放射性同位素干容重测验仪。

（1）同位素干容重测验仪。同位素干容重测验仪是可现场直接测定淤积物干容重的一种仪器。该仪器的工作原理为：由放射源放出的 γ 射线，经水库淤积物散射后，到达碘化钠晶体，由光电倍增管将光信号转变为电信号并加以放大，再经前置放大器和电缆送到定标器进行甄别、计数，γ 射线的强度与淤积物干容重的半经验关系为

$$I = I_0 e^{-KD\gamma_s} \tag{3-1}$$

式中：I 为 γ 射线强度，次/s；I_0 为探头在清水中的 γ 射线强度，次/s；K 为参数；γ_s 为

淤积物干容重，t/m³。

根据室内试验所得到的 I/I_0 与 γ_s 的相关曲线，野外测量时，就可根据 I/I_0 的数值求得 γ_s。

同位素测验仪器优点是快速直接测定干容重，缺点是不能完成现场取样，分析颗粒级配，无法测定干容重的梯度变化，操作程序复杂，环境要求条件高，需要消耗大量的人力物力，而且工效不高，不适合作为常规性的干容重观测手段。同位素测验仪器设备有钻机式和轻便式两种。

1）钻机式。全套设备由探头、钻杆、定标器和提放钻杆的钻机等部分组成。使用前，根据室内率定，求出淤积物干容重与计数器的关系。使用时将装有放射源和计数管的探头装入钻探套管内，由钻机将钻管钻入淤泥内，即可直接测出干容重。钻机式测验仪体积庞大。

2）轻便式。

a. 仪器特点。仪器采用闪烁式探测器，性能优于老仪器采用的盖克计数器，放射源采用 ^{137}Cs 强度为 16mCi 的柱状固体源，γ 射线的能量 $E_\gamma = 0.66 Mev$，半衰期 $T_{1/2} = 30$ 年，晶体采用直径为 25mm、高 47mm 的碘化钠晶体，光电倍增管采用 GDB-28 型，放射源与碘化钠晶体中间为隔离铅柱，长度可以调节，由实验确定最佳数值，整个探测器安装在一个外套管中。为减少入泥后所受的阻力，外套管采用直径为 57mm，长 1345mm 的无缝钢管做成，前端带一尖锥。在外套管上面，可安装 9 节直径为 90mm、长 440mm 的实心钢柱，钢柱中心有一圆孔，信号电缆和悬吊的钢丝绳都从中心圆孔穿过，以

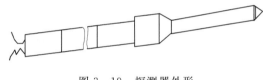

图 3-19　探测器外形

保持外表光洁，减小入泥后所受的阻力。利用钢柱重量，将探头压入泥中。钢柱安装的节数视工作需要和绞车负载能力而定，可任意选择，钢柱全部加上时，探头总长为 5.73m，总重为 200kg，见图 3-19。

b. 仪器使用。使用时，用悬绳悬吊探头，由安装在测船上的水文绞车提放，利用探头自重钻入泥层，直接测出淤积物干容重。据丹江口等水库实际使用，可测出淤积厚度 3.0～5.5m 的淤积物干容重变化。探测器的管长、质量与入泥深度和干容重的关系见表3-7。

表 3-7　　　　探测器管长、质量与淤积物干密度及入泥深度的关系

点号	1	2	3	4	5	6	7	8
管长/m	1.53	2.21	2.65	3.09	3.53	3.97	4.85	5.73
质量/kg	16.5	47.0	66.0	85.0	104.0	123.0	161.0	199.0
入泥深度/m	1.2	2.0	2.5	2.8	2.9	3.2	3.4	3.7
干容重/(t·m⁻³)	0.723	0.817	0.852	0.873	0.880	0.897	0.908	0.923

（2）仪器的检查和养护遵守下列规定：

1）使用前后应对采样仪器及附属设备进行全面检查。

2）平时应定期对仪器进行养护，需要更换的附属设备应及时更换。

3) 每次使用后必须把仪器洗净擦干，置于干燥处，能装箱的应及时、按要求装入箱内，不能装箱的，应平放于货架上，以免挤压变形。

3.3　河床组成调查技术

3.3.1　调查的目的

天然河道的河床组成十分复杂，不同的河段，由于来水来沙条件不同，河势情况各异，因此，河床组成千差万别。即使是同一个洲滩，其床沙在平面上的分布也是极不均匀的。为了全面准确地掌握勘测区域的河床组成情况，必须进行河床组成调查，以便从宏观上把握勘测河段的河床组成情况。

3.3.2　调查的技术和手段

1. 河段上游及区间来沙变化调查

（1）调查测区内及上游水文测站的悬移质、推移质泥沙年输沙量，悬移质、推移质、床沙的级配组成变化，应收集其相关水文资料。

（2）估算支流卵砾石推移质来量比例。在汇合口上游、下游的洲滩上分别布设探坑，采用岩性分析法，估算支流卵砾石推移质来量比例及其变化。要求将汇合口至上游 10～20km 的干、支流分别作为一个河段，在每个河段的 2 个以上的洲滩上布设探坑数量不少于 4 个；在汇合口至下游 20～30km 的河段布设探坑数量不少于 8 个，洲滩数量不少于4 个。

2. 地质地貌调查及取样

（1）河段自然环境。观察河谷地形、土壤植被，调查走访当地的水利、气象和修志部门，了解气候、水文、河流、水系变迁等。

（2）地质基础。若勘测河段内有大型水利枢纽、过江桥梁，应收集其相关地质资料。

（3）河谷地貌特征。河岸地貌类型（含谷坡）：结合地形图，对山体丘陵的高度、形态、阶地级数与高度进行描述。

（4）河床地形与组成。

1）河岸岸坡。描述岸坡形态，并评价河岸的抗冲性和稳定性（划分为稳定河岸、崩塌河岸、淤积河岸）。

2）岸坡组成。按岩性定性描述。

3）河岸及河滩基岩调查。要求给出基岩面积及所占河段比例。对局部河势、基岩的分布和微地貌进行照相、摄像。

4）地质灾害。了解滑坡、泥石流发生的时间、地点、规模、危害及成因。滑坡观测点调查，并应收集其相关资料。

（5）卵石胶结岩、古遗址和墓葬调查。调查卵石胶结岩、古遗址和墓葬分布的平面位置、高程、年代，了解河道历史变迁。使用手持 GPS 定位仪，在地形图上查高程。

3. 洲滩调查及取样

（1）洲滩调查。洲滩的类型可分为边滩、溪口滩、江心滩、江心洲。使用手持 GPS 测量洲滩的长、宽、高，描述洲滩的形态、表面特征，绘制洲滩的表层床沙组成分布示意图，描述各分区床沙的代表性粒径级。对局部河势、洲滩的全貌和微地貌进行照相、摄像。调查主要洲滩的堆积形成过程及近期演变特点，重点关注洲滩在现阶段是处于冲刷、淤积或平衡。了解人工采沙情况，记录采沙的方式（人工或机械）、规模、粒径级、年采沙量。

（2）洲滩取样。利用洲滩冲刷或崩坍形成的剖面，或人工采沙、淘金等挖掘的深坑巷道坎壁等，进行分层取样、量测各层厚度、用手持 GPS 单点定位，描述竖向组成变化规律，并分析形成原因。

3.3.3　人类活动对区间来沙的影响调查

人类活动对区间来沙的影响因素有修路、开矿、修建水电站、封山育林、开荒等。

修路指新修筑的公路和铁路，山区的路基建设需要劈山、挖洞，从而产生大量废弃的路渣。需要调查修路的时间、范围，估算进入干、支流的路渣数量。

开矿按矿物成分可分为铜、铁、锡、煤矿等，应调查开矿的时间、范围，估算每年进入干、支流的矿渣数量。

水电站调查包括修建的时间、坝址位置、装机容量、水库库容、运行调度方式等。

封山育林调查包括范围、实施时间、效果、管理机构等。

3.4　推移质输移量调查与估算

3.4.1　调查目的、时机和内容

推移质泥沙是河流总输沙量的重要组成部分，而推移质泥沙测验一直是泥沙测验工作的薄弱环节。为了及时地为河道、航道整治，水利工程的规划设计及河床演变的研究提供资料。勘测调查的目的在于了解推移的来源、去路和推移量。

推移质调查主要包含推移质特性调查、推移质洲滩调查及人类活动影响调查。一般选在枯水季节（河流的洲、滩均露出水面）开展，调查的洲滩在沿程分布上尽可能均匀。

（1）推移质特性调查主要包括推移质颗粒级配组成、岩性组成、颗粒形态特征等。一般有以下选择：

1）频率为 50％的洪水能淹没的洲滩。

2）大支流和推移质来量较多的小支流，溪沟汇口处（或下游附近）的洲滩。

3）干流上较大或变化较大的洲滩。调查取样点的选择，在确定调查的洲滩上，目测颗粒级配有代表性的位置作为取样点，一般在洲滩头部、中部、尾部各选一个取样点。

（2）推移质洲滩调查主要包括推移质洲滩的分布及特征、洲滩演变和洲滩上卵石运动情况。查清洲滩的数量、位置及大小，有条件的应在水道地形图上描述，无条件的应现场绘草图描述。描述的内容一般包含：

1）洲滩的平面位置，形态、大小及滩顶的最大高程。

2）洲滩覆盖物的组成（卵石、卵石夹砂、砂等）及其在洲滩上的分布。

3）洲滩上覆盖物的堆积特征，即卵石在洲滩上是成排堆积或不成排列堆积及其颗粒特征。

4）滩面上是否形成卵石波、沙波、波的特征及滩面植被情况等。推移质洲滩演变调查，主要是通过访问、查历史资料了解洲滩形成，发展，消失的年代及原因。

（3）人类活动引起洲滩变化的调查，主要查清以下情况：

1）洲滩上、下滩附近水工（河工）建筑物导致洲滩的发展或消失。

2）洲滩围垦造地情况。

3）在洲滩上开挖建筑材料的规模、数量以及开挖后次年的回淤情况。

3.4.2 卵石颗粒形态分析

测量每颗卵石的长（l）、宽（b）、高（h）及用量筒盛水，测量每颗卵石的体积。卵石形态采用平均直径 D_{cp}，当量直径 D_v，扁（圆）系数 λ 和表面磨光度描述，根据式（3-2）～式（3-4）计算和表 3-8 鉴别。

$$D_{cp} = \frac{1}{3}(l+b+h) \tag{3-2}$$

$$D_V = \left(\frac{6}{\lambda}V\right)^{\frac{1}{3}} = 1.24V^{\frac{1}{3}} \tag{3-3}$$

$$\lambda = \sqrt{\frac{lb}{h}} \tag{3-4}$$

式中：V 为卵石体积。

表 3-8 卵 石 磨 光 度 鉴 定 表

磨光度	表面棱角情况	磨光度	表面棱角情况
Ⅰ棱	棱角分布在全部表面	Ⅲ次圆	大部分表面磨光，小部分表面有棱角
Ⅱ次棱	大部分表面有棱角，小部分表面磨光	Ⅳ圆	无棱角，表面磨光

3.4.3 卵石推移质输移量估算

3.4.3.1 支流卵石推移量占比估算

卵石推移质来源调查，将调查河段的卵石特性（主要是岩性）的调查成果与调查河段上游流域地质，地貌（含水系）图，进行分析，可以定性的确定卵石特性有明显差异（岩性、级配、形态、磨光度等）的补给区。

卵石推移质来源数量的计算方法，以卵石推移质岩性调查成果为依据，可按式（3-5）～式（3-7）计算。

$$Q_i^{\text{下}} = Q_i^{\text{上}} + Q_i^{\text{支}} \tag{3-5}$$

$$Q_i^{\text{下}} P_{ij}^{\text{下}} = Q_i^{\text{上}} P_{ij}^{\text{上}} + Q_i^{\text{支}} P_{ij}^{\text{支}} \tag{3-6}$$

$$\lambda_i = \frac{Q_i^{\text{支}}}{Q_i^{\text{下}}} = \frac{P_{ij}^{\text{下}} - P_{ij}^{\text{上}}}{P_{ij}^{\text{支}} - P_{ij}^{\text{上}}} \tag{3-7}$$

式中：$Q_i^\text{支}$ 为某支流第 i 组粒径卵石推移量；$Q_i^\text{上}$、$Q_i^\text{下}$ 分别为支流汇入处干流上游、下游第 i 组粒径卵石推移量；$P_{ij}^\text{支}$、$P_{ij}^\text{上}$、$P_{ij}^\text{下}$ 分别为 $Q_i^\text{支}$、$Q_i^\text{上}$、$Q_i^\text{下}$ 中第 i 组粒径中第 j 种岩性卵石所占重量百分数；λ_i 为支流 i 组粒径卵石推移量占干流 i 组粒径石推移量的百分比。

将式（3-5）求和，得到支流卵石推移量占干流推移量的百分数，即

$$\lambda^\text{支} = \sum_{i=1}^{n} \lambda_i^\text{支} = \sum_{\substack{i=1\\j=1}}^{k,n} \frac{P_{ij}^\text{下} - P_{ij}^\text{上}}{P_{ij}^\text{支} - P_{ij}^\text{上}} \tag{3-8}$$

若调查河段较长，有多条支流入汇，可从下至上逐步计算。上述方法可计算出支流卵石失衡量的入汇百分数。如果要算出各支流区间卵石推移量，必须调查河段内任意支流或干流任意处的推移量，则其他支流或干流区间的推移量均可算出。

3.4.3.2 卵石推移量估算方法

（1）在调查河段范围内（包含支流），对有施测推移质的测站，在已知干流、支流汇入百分比的条件下，以该站的推移量推算干支流其他部位推移量。

（2）若河段内有一定数量的钻孔资料，可估算推移量为

$$V = \frac{AL}{N} K \tag{3-9}$$

式中：V 为年推移量，m^3；A 为河床卵石覆盖平均面积，m^2；L 为钻孔河段长，m；K 为覆盖层中泥沙含量，$\%$。

（3）河道采砂、疏浚卵石推移量估算，可依据相关资料估算，或现场估计卵石推移宽和淤积物卵石的含量。粗略估算卵石推移量为

$$V = \frac{V_i'}{B_i'} B \tag{3-10}$$

式中：V_i' 为采砂、疏浚量，m^3；B_i' 为开挖宽，m；B 为有效推移宽，m。

（4）调查河段有水文测站的，利用其测断面、流速等资料，并结合洲滩取样泥沙分析成果，可采用式（3-11）～式（3-13）估算推移质输沙量进行比较分析。这种方法也适用于沙推移质输沙量估算。

沙莫夫公式为

$$g_\text{b} = 0.95 d^{\frac{1}{2}} (U - U_\text{c}') \left(\frac{U}{U_\text{c}'}\right)^3 \left(\frac{d}{h}\right)^{\frac{1}{4}} \tag{3-11}$$

$$U_\text{c}' = \frac{1}{1.2} U_\text{c} = 3.83 d^{\frac{1}{3}} h^{\frac{1}{6}} \tag{3-12}$$

$$g_\text{b} = \partial D^{\frac{2}{3}} (U - U_\text{c}') \left(\frac{U}{U_\text{c}'}\right)^3 \left(\frac{d}{h}\right)^{\frac{1}{4}} \tag{3-13}$$

式中：U_c' 为止动流速，m/s；g_b 为推移质单宽输沙率；U_c 为泥沙运行速度为 0 时的水流平均流速，相当于起动流速；h 为水深；D 为泥沙粒径。

对于平均粒径小于 0.2mm 的泥沙，不能用上述公式计算推移质输沙率。资料范围：$D = 0.2 \sim 0.73\text{mm}$，$13 \sim 65\text{mm}$；$h = 1.02 \sim 3.94\text{m}$，$0.18 \sim 2.16\text{m}$；$U = 0.40 \sim 4.02\text{m/s}$，

0.80～2.95m/s。D 为非均匀沙中最粗一组的平均粒径，如这一组占总沙样的 40％～70％，则 ∂ 等于 3，如占 20％～40％，或 70％～80％，则 ∂ 等于 2.5，如占 10％～20％，或 80％～90％，则 ∂ 等于 1.5。

武汉水电学院（现武汉大学）研究公式为

$$g_b = 0.00124 \frac{\alpha \gamma' U^4}{g^{\frac{3}{2}} h^{\frac{1}{4}} d^{\frac{1}{4}}} \tag{3-14}$$

式中体积系数 α 约为 0.4～0.5。该公式所根据的资料，一部分来自实验室，一部分来自天然河流，计算结果的精度，得到武汉水利电力学院（现武汉大学）水槽试验结果初步验证。所根据的粒径范围较窄 0.039～2.16mm。

梅叶-彼德公式为

$$g_b = 8 \frac{\gamma_s}{\gamma_s - \gamma} \left(\frac{\gamma}{g}\right)^{-\frac{1}{2}} \left[\left(\frac{n'}{n_t}\right)^{\frac{3}{2}} \gamma h J - 0.047(\gamma_s - \gamma)d\right]^{\frac{3}{2}} \tag{3-15}$$

$$n_t = \frac{J^{\frac{1}{2}} R^{\frac{1}{2}}}{U} \tag{3-16}$$

$$n' = \frac{d_{90}^{\frac{1}{6}}}{26} \tag{3-17}$$

式中：n_t 为曼宁糙率系数；n' 为河床平整情况下的沙粒曼宁糙率系数；J 为河床比降；R 为半径；U 为断面平均流速；h 为水深。

3.4.4 重庆河段卵石推移质输移量估算实例

3.4.4.1 重庆河段卵石来源分析

重庆河段位于四川盆地东南部，含长江干流和支流嘉陵江河段，汇水面积达 666559km²。该河段源远流长，物质来源丰富，岩性组成中以石英岩和石英砂岩等为主，火成岩类占一定比例，另有石英、板岩等，而四川盆地内主要为侏罗系紫红色泥岩、粉砂岩、石英长石砂岩等，可见卵石的来源不在四川盆地，而在外围的上游地区。北部有大巴山及秦岭，西北及西部为邛崃、大小凉山，南有云贵高原，以及沿金沙江上游的山地。分布于四川盆地外围的主要构造体系，北有东西向摩天岭—米仑山构造体系，西北有灌县、宝兴属华夏系构造体系的龙门山隆起褶皱带和成都西南的川西褶皱带，另自宜宾、峨眉、康定、甘孜一线有西北向大构造带相隔、西南有南北向的川滇和川黔等构造带共同组成大的弧形构造带区；其西及西南段是火成岩和火山熔岩等的主要分布区域，地形上为崎岖山地，气候因素方面又多暴雨，因而成为长江上游的强度产砂区和烈度产砂区，一般产砂模数为 500～1000kg/km²·a。四川西南宜宾上游的金沙江下游及支流雅砻江和西部大渡河下游及青衣江、北部嘉陵江上游等广大地区为烈度产砂区，产砂模数达 1000kg/km²·a 以上。

川东北为川东鄂西丘陵区，地属川东"平行岭谷"，亦为暴雨中心的强度产砂区，由于四川盆地外围的构造带区提供了大量物源，通过重庆长江上游大小干支流和嘉陵江等输移向盆地汇聚，再通过长江向下游输移。重庆河段卵石岩性复杂（表 3-9）。

表 3-9   重庆河段河床质卵石岩性百分数统计表

河段名称	粒径分组/mm	普通砂岩	石英砂岩石英岩	酸性火成岩基性火成岩	火山岩	石英	板岩	燧石灰岩	硅质岩	变质岩	其他
长江九龙坡—朝天门①	>150	3.10	68.3	3.31	24.06	0.97	0	0	0.26	0	0
	150～100	0	59.33	22.21	16.10	1.40	0	0.19	0.49	0.28	0
	100～75	0	51.61	23.40	17.95	2.71	0	0.23	0.31	3.79	0
	75～50	0.33	39.61	40.24	13.87	2.59	0.05	0.04	0.08	3.19	0
	50～25	0.23	39.72	42.79	9.33	2.76	0	0.06	1.25	3.53	0.33
	25～10	0	50.71	26.99	4.96	2.90	0	0.19	0.30	4.46	9.49
嘉陵江磁器口—朝天门②	>150	3.50	96.50	0	0	0	0	0	0	0	0
	150～100	1.17	95.58	0	0	0.93	1.39	0.53	0	0	0.40
	100～75	0.34	93.72	0.40	0	2.35	1.01	1.60	0.05	0.03	0.50
	75～50	0.66	88.55	1.15	0	3.97	2.53	2.28	0.05	0.05	0.76
	50～25	0.79	77.08	1.63	0	12.06	3.53	2.31	0	0	2.60
	25～10	0.71	65.02	2.19	0	18.01	3.84	2.00	0	0.05	8.18
长江朝天门—唐家沱③	>150	14.29	56.48	7.30	15.61	6.01	0	0	0	0.31	0
	150～100	1.27	57.65	17.75	10.46	8.74	0	0.29	0	1.47	2.37
	100～75	1.29	56.98	23.80	9.45	6.04	0.14	0.30	0	1.25	0.75
	75～50	0.85	50.24	29.92	6.68	7.87	1.32	1.06	0.58	1.29	0.19
	50～25	0.73	51.08	26.41	4.99	10.66	0.49	1.16	1.44	2.09	0.95
	25～10	0.98	42.81	29.98	3.89	12.10	0.25	0.76	0.89	1.55	6.79

① 长江上段。

② 嘉陵江出口段。

③ 长江下段。

    统计表的十大岩类中，普通砂岩和其他岩类一般质地软弱、风化程度高，磨圆程度较差，来自四川盆地内，且推移路程不远。其余岩类多产于四川盆地外围，从四川省地质可分析：在金沙江和雅砻江下游沿岸均有大片火山熔岩基性火成岩的分布区，并有火成岩分布，所产卵石通过金沙江汇入长江。岷江支流大渡河及支流青衣江上游流经大片火成岩区和外围古老沉积岩区，有大量酸性火成岩和火山岩及部分基性火成岩（玄武岩）等由岷江输入长江。嘉陵江将北部构造带的沉积岩系，以石英岩和石英砂岩、板岩等卵石输移入汇。沱江卵石来量较少，但上游流经地区以沉积岩为主，火成岩亦有分布，所以带来卵石岩性比较复杂，以石英岩和石英砂岩为主外，还有火成岩、变质岩等，门类比较齐全。一条河流卵石的岩性取决于上游产砂区的地层岩性，物质来源主要由上游支流的汇入，而干流多仅起到运输管道的作用。各条河流的卵石有其岩性组合，也有主要成分和标志性岩矿，如金沙江是基性火成岩的主要产区，因此卵石中基性火成岩的成分较多，标志性示源矿物为暗红色火山砾岩等；岷江支流大渡河为火成岩的主要分布区，因此多红色花岗岩和火山岩等。岷江的绿色角岩为示源物；沱江岩类较多，其黄色石英岩具有代表性；嘉陵江以石英岩和石英砂岩为主，而且卵石常见有白色石英脉，以黑色板岩为示源物，另有灰白色石英岩、洁白色石英等。由于长江源远流长，众多大小支流汇入，流域产砂区岩性复杂，从而决定了长江岩性的多样性。

3.4.4.2 计算方法

设某流域由 A、B、…、K、L 等小流域构成，A 流域有 1、2、…、n 种岩性卵石按 a_1、a_2、…、a_n 的比例流出来；B、…、K、L 流域也有 1、2、…、n 种岩性的卵石，按 b_1、b_2、…、b_n、…，k_1、k_2、…、k_n，l_1、l_2、…、l_n 的比例流出来的；它们在下游 m 点汇合后，其岩性百分数分别为 m_1、m_2、…、m_n。又设卵石推移质从 A 流域汇入 m 处的百分数为 X，B 流域为 Y，K 流域为 S，L 流域为 t。根据基本假定，对每一粒径组，可建立关系式为

$$
\left.
\begin{aligned}
a_1 x + b_1 y + \cdots + k_1 S + l_1 t &= m_1 \quad (\text{花岗岩}) \\
a_2 x + b_2 y + \cdots + k_2 S + l_2 t &= m_2 \quad (\text{灰岩}) \\
&\cdots \\
a_n x + b_n y + \cdots + k_n S + l_n t &= m_n \quad (\text{花岗岩})
\end{aligned}
\right\}
\tag{3-18}
$$

其中
$$
\begin{aligned}
a_1 + a_2 + \cdots + a_n &= 1.00 \\
b_1 + b_2 + \cdots + b_n &= 1.00 \\
&\cdots \\
96 l_1 + l_2 + \cdots + l_n &= 1.00 \\
m_1 + m_2 + \cdots + m_n &= 1.00 \\
x + y + z + \cdots + t &= 1.00
\end{aligned}
$$

式（3-18）的方程个数与岩性分类数目相同。由于各种原因造成的误差，没有任何一组 x、y、…、t 和值可使之满足这类矛盾方程组，对于 x、y、…、t 的任一组值，恒可列为误差方程式的形式，即

$$
\left.
\begin{aligned}
a_1 x + b_1 y + \cdots + l_1 t - m_1 &= v_1 \quad (\text{花岗岩}) \\
a_2 x + b_2 y + \cdots + l_2 t - m_2 &= v_2 \quad (\text{灰岩}) \\
&\cdots \\
a_n x + b_n y + \cdots + l_n t - m_n &= v_n \quad (\text{砂岩})
\end{aligned}
\right\}
\tag{3-19}
$$

但是，我们可以求得 x、y、…、t 的一组最或是值，使之代入式（3-19）时误差最小。根据最小二乘法原理，这组解就是式（3-19）中误差的平方和 $\sum_{1-1}^{n} v_1^2$ 为极小值时 x、y、…、t 的值。按照上述条件，并用高斯取和符号后 x、y、…、t 满足的方程为

$$
\left.
\begin{aligned}
[aa]x + [ab]y + \cdots + [a1] &= [am] \\
[ba]x + [bb]y + \cdots + [b1] &= [bm] \\
&\cdots \\
[1a]x + [1b]y + \cdots + [11] &= [1m]
\end{aligned}
\right\}
\tag{3-20}
$$

其中 $[aa] = \sum_{1-i}^{n} a_1 a_i$，$[ab] = \sum_{1-i}^{n} a_1 b_i$，依此类推。

式（3-20）就是最后用来解算汇入百分数 x、y、…、t 的方程组。其方程个数与干、支流的数目相同。由这些式子解出来的未知数由于能使式（3-20）的误差平方和最小，

因而也就是所要求的最或是值。通常把式（3-20）称为法方程。

由式（3-20）求得分组粒径的汇入百分数 x_i、y_i、$\cdots$、t_i 之后，则各小流域的平均汇入百分数为

$$
\left.
\begin{aligned}
\overline{x} &= \sum_{i=1}^{n} \frac{p_i x_i}{p} \\
\overline{y} &= \sum_{i=1}^{n} \frac{p_i y_i}{p} \\
&\vdots \\
\overline{t} &= \sum_{i=1}^{n} \frac{p_i t_i}{p}
\end{aligned}
\right\}
\qquad (3-21)
$$

式中：p_i 为汇合点 m 处与某粒径组汇入百分数相应的卵石推移质级配；p 为汇合点 m 处 n 组卵石推移质级配之和；$\overline{x}$、$\overline{y}$、$\cdots$、$\overline{t}$ 为各小流域平均汇入百分数。

各小流域的平均汇入百分数算得后，如果已知其中某一流域卵石推移质的绝对数量，则其他流域的绝对数量也可相应算出。

3.4.4.3　重庆河段卵石来量计算成果

重庆河段卵石推移量仅在长江下段的寸滩水文站积累了多年资料，而汇合前的嘉陵江和长江上段均未设站，卵石推移质资料尚缺。为此，采用卵石岩性分析的方法来计算长江和嘉陵江的卵石推移质相对百分量、绝对数量。

（1）取样点布设。在长江上段（九龙坡—朝天门）布设探坑 8 个，嘉陵江（磁器口—朝天门）布设探坑 8 个，长江下段（朝天门—唐家沱）布设探坑 11 个。

（2）岩性分析。对每个探坑分层取样，用筛分析法对分层样品进行颗粒级配分析；再按粒径组逐颗进行岩性鉴定，将各类岩性卵石分别称重，求得每一粒径组内各类岩性的重量百分数。对于中小卵石，可抽样进行岩性鉴定，但每一粒径组留作岩性分析的卵石一般不少于 200 颗。

岩性分析是整个工作的关键，其准确程度直接关系到计算成果的精度。因此，要求工作者不仅熟悉本地区岩性，而且熟悉全流域的岩性，尽可能准确、迅速地进行鉴定。

（3）岩性分类。在干、支流汇合的情况下，岩性分类的数目取八九个即可，当数条支流汇合时，分类的数目应适当增加。同时，在岩性差异明显的地区，岩性分类的数目可以少些，反之，则应多些。

通过大量计算得到的成果见表 3-10。

表 3-10　　　　　　　　　　　　重庆河段卵石推移量计算表

粒径组 /mm	长江下段（寸滩）		嘉陵江			长江上段		
	实测推移量 /万 t	床沙计算量 /万 t	汇入百分比 /%	推移质计算量/万 t	床沙计算量 /万 t	汇入百分比 /%	推移质计算量/万 t	床沙计算量/万 t
>150	1.12	0.53	11.98	0.13	0.06	88.02	0.99	0.47
150～100	2.69	4.09	15.25	0.41	0.62	84.75	2.28	3.47
100～75	3.3	3.78	15.52	0.51	0.59	84.48	2.79	3.19

粒径组/mm	长江下段（寸滩）		嘉陵江			长江上段		
	实测推移量/万 t	床沙计算量/万 t	汇入百分比/%	推移质计算量/万 t	床沙计算量/万 t	汇入百分比/%	推移质计算量/万 t	床沙计算量/万 t
75～50	7.28	5.54	26.33	1.92	1.46	73.67	5.36	4.08
50～10	13.61	14.06	21.13	2.88	2.97	78.87	10.73	11.09
总计	28	28		5.85	5.7		22.15	22.3
平均			20.89			79.11		

　　计算结果表明：长江和嘉陵江卵石年汇入总量的比值约为 4∶1，按寸滩水文站多年实测卵石推移质平均值 28 万 t 计算，长江和嘉陵江卵石年汇入总量分别为 22.3 万 t、5.7 万 t。

参考文献

[1]　长江科学院．向家坝及溪洛渡水库修建后三峡水库淤积一维数模计算报告［R］∥国务院三峡工程建设委员会办公室泥沙专家组．长江三峡工程泥沙问题研究（1996—2000）第五卷［M］．北京：知识产权出版社：2002．

第4章 质量控制及成果整编

4.1 质量控制

4.1.1 技术路线与工艺流程

4.1.1.1 实施技术路线

按照国家、行业有关技术标准、规范规程、任务书及质量管理体系文件要求，以及调查区域实际情况，及时编制专业技术设计书，并对观测及研究内容、技术要求、质量控制、进度控制、安全保障及提交成果等进行详细、全面规划。基于多年生产实践，特别是在长江金沙江中下游流域、三峡工程库区及坝下游河段河床组成勘测调查等项目，技术实施路线得到进一步完善。项目实施技术路线见图4-1。

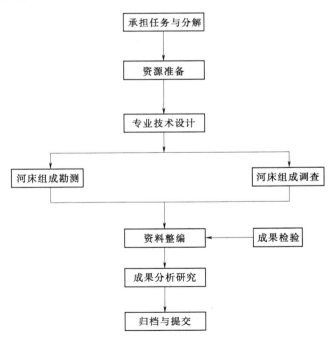

图4-1 项目实施技术路线图

4.1.1.2 工艺流程

在项目实施过程中，以新技术为支撑，传统手段与新方法、新工艺相结合，并加强过程控制，保证成果充分满足用户的要求。工艺流程见图 4-2。

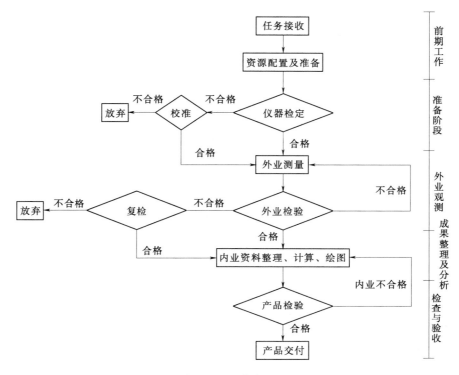

图 4-2　工艺流程图

4.1.2　组织与管理

4.1.2.1　项目组织

为有效及时开展工作，应成立项目部。项目部为项目生产的管理组织，由项目负责人、项目技术负责人、质检组、安全生产组、后勤保障组及作业组构成，在项目生产领导小组领导下开展工作。组织结构框架见图 4-3。

4.1.2.2　项目管理

1. 进度控制

各环节实施进度按照任务书等规定的要求执行。

（1）河床组成勘测调查。河床组成勘测、河床组成调查等项目，一般在每测次外业结束后 30 日内完成资料整理。

（2）成果分析。项目勘测资料简要分析成果，一般在内业结束 15 日内完成报告编制。

2. 作业安全管理

（1）投入资源安全管理。安全是生产重中之重，一般测区为水陆交界处。为保障生产安全，项目部应投入大量人力物力，为安全生产保驾护航。

1）设置项目安全责任人，并由安全责任人委派或指定安全监督员全程参与外业安全监督。

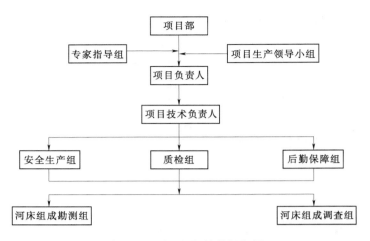

图 4-3 项目组织结构框架图

2）人员在作业前均进行安全培训，并编制安全生产预案，组织安全演练。

（2）信息安全管理。

1）为保证数据安全，全部原始数据均妥善保存。

2）每天勘测数据校、审工序完备后，及时备份全部资料。

3）外业工作结束后，所有资料交技术负责人，由技术负责人分类分段安排内业人员整理资料，并督促每个内业人员做好相关资料的保存、备份工作。

4.1.3 质量保证措施

为保证项目产品质量，在实施过程中，项目部应按照《质量管理体系　要求》（GB/T 19001—2008）和 ISO 9001—2008 质量管理体系的要求，实行规范管理。严格遵循"预防为主、防检结合、质量第一"的管理原则，实行对影响质量诸因素的全过程控制。从项目的准备、实施、技术问题处理、质量控制到成果归档与提交，以质量保证体系规定的程序文件和作业文件，保证项目实施受控，符合任务书、专业技术设计书、相关标准与规定及归档要求。质量管理体系运行框图见图 4-4。

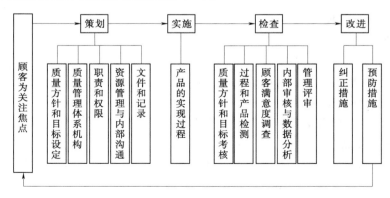

图 4-4 质量管理体系运行框图

84

科学合理制定质量方针和质量目标，明确项目质量负责人，签订质量责任书，按照"事先指导、中间检查、产品校审"三环节进行全过程质量控制。首先，加强事先指导，做好项目技术设计和协调；其次，强化质量意识，严格按章办事，确保成果质量。

4.2 资料整理与整编

4.2.1 外业资料记载、整理和检查

4.2.1.1 外业资料记载和整理

记载和整理的主要内容包括：

（1）勘测调查具体的时间、地点和参加人员等。

（2）取样平面位置（含断面、取样垂线、取样点的坐标或起点距）。

（3）样品体积记录（含沙夹卵石的总体积及沙的体积）。

（4）样品重量记录（含总重及各分级重量，沙样记录总重及抽样重）。

（5）样品中若含有卵石，则量取样品中最大卵石的三径成果（长、宽、高）。

（6）卵石的磨圆度。

（7）卵石岩性鉴定记录。

（8）若样品中含有沙样，抽样并记录抽样编号（带回室内进行级配分析）。

（9）对于水下床沙取样，若3次均未取到样，应记录"3次未取到样"。

（10）辅助观测项目，如水深、水位记录。

（11）摄影、摄像及相应文字简介等。

4.2.1.2 外业记录方式与要求

（1）观测仪器不带自记功能的所有原始数据均需人工纸质记录。

（2）外业资料的记录使用铅笔，字迹清晰、准确，内容全面，各道工序手续齐备。

（3）记录数值位数要求如下：

1）级配分析中的称量、级配百分数一般保留一位小数。

2）卵石岩性鉴定中的称量、级配百分数一般保留一位小数。

3）卵石的三径数据一般记整数（mm）。

4）取样点平面定位数据一般记整数（m）。

（4）电子记录的地名与相应的纸质记录一致，测量结束的当天应进行备份。

（5）当天清理原始资料，做到系统、全面、有序，各道工序手续齐备。

（6）床沙勘探记录内容如下：

1）钻孔班报表记录。要求文字详细，数字准确，字迹清晰。现场详细记录钻孔和取样中的操作流程，从中可以反映操作是否按技术设计的要求进行操作，每回次所用钻探方式、选用的钻具，钻杆总长度，剩余长度，钻探总进尺，取样位置，样品编号、取样器类型等都必须详细记录，并且对钻进过程中的孔内以及机械运行过程中的异常情况应予记录，以便核对和备查。

2）地质描述。钻孔班报表是钻探成果的原始资料，因此要求详细准确，记录包含土

的定名、分层深度、岩性描述（包括土的名称、颜色、土的结构、构造、包含物、天然状态、软硬程度、黏性和颗粒粗细、层理情况）等，地质员必须跟班，随时掌握钻探过程中土层的变化，以便指导钻探操作人员即时更换钻具、取样等，及时记录钻探过程中地层的微细变化。

3）调查资料。对钻探沿线或附近干支流的特殊地质现象进行调查、收集有关资料、拍照和采集典型样品等。

4.2.1.3 外业资料的检查

（1）外业原始资料需全面检查与合理性检查相结合，检查的主要内容如下：

1）勘测布置是否满足要求。

2）作业方式方法是否符合有关规定。

3）检查使用仪器设备是否合格和齐全。

4）外业引用点控制成果的准确性、可靠性。

5）检查记录的完整性，发现缺漏及时补齐，不能补记的查明原因加以说明。

6）检查测线数及单点样品沙重是否符合要求。

7）完成的工作量是否满足要求。

8）成果是否合理。

（2）容重观测作业过程及外业资料的检查主要内容如下：

1）外业观测技术设计和实施方案是否满足要求和科学合理。

2）使用仪器设备其检定与检校是否合格和完善。

3）外业观测控制成果的可靠性。

4）外业观测资料的记载和整理是否完善和正确。

5）资料的计算和整理是否正确和符合技术规范、规定的要求。

6）根据容重特性和规律进行资料的合理性检查。

7）对容重观测的辅助项目，如水深、取样厚度、固定断面观测及相关资料等进行检查。

4.2.2 内业资料的整理

（1）观测资料必须完整，对照任务书要求，因特殊原因未能完成的任务，须将有关情况说明清楚。

（2）内业资料的整理有序，按工作内容的类别和作业点的空间位置分布整理内业资料，各道工序有条不紊，只有上一道工序完成合格后，方可进入下一道工序。

（3）数据准确无误，不论是原始数据，还是分析计算数据，都做到准确无误，对异常数据谨慎对待。

（4）分析计算方法正确。

（5）成果图表规范、齐全、美观。

4.2.3 内业资料的计算

4.2.3.1 河床组成勘测调查固定断面床沙取样

（1）床沙资料整编计算前，应按下列要求对各种记录表进行全面检查：

1）检查记录完整性，发现缺漏应及时补齐。不能补作的应查明原因并加以说明。

2）检查测线数及单点样品沙重是否符合要求。

3）检查选用的颗粒分析方法是否正确。

（2）对颗粒级配曲线应作下列检查：

1）曲线走向的合理性，并比较同次中各曲线有无矛盾之处。

2）最大粒径有无不合理现象。

3）两种颗粒分析方法接头处的连接是否合理，如不合理应作技术处理，使其接头圆滑。

4）各粒径级的组距的合理性，发现问题应提出改进意见。

（3）根据不同河段河床组成的特殊性，固定断面床沙取样补充下列要求：

1）当一个断面横跨数泓时，除需计算全断面各项成果外，还应分别计算各汊泓的相应成果。

2）泥沙颗粒级配分析粒径级的划分，应根据各河段的泥沙特性来确定，一经确定，就不要轻易更改。现推荐下列宽级配床沙的粒径级：0.002mm、0.004mm、0.008mm、0.016mm、0.032mm、0.063mm、0.125mm、0.25mm、0.5mm、1.0mm、2.0mm、5.0mm、10.0mm、25.0mm、50.0mm、75.0mm、100mm、150mm、200mm、250mm、300mm。

3）各种泥沙级配百分数，原则上应按计算值填表，若因分析粒径级与填表粒径级不一致而无计算值者，可以从级配曲线上查取。

4）凡长系列河床质资料，其样品垂线少于3线者，不整刊（整理、整编和刊印）断面平均级配和平均粒径；等于多于3线者，应整刊断面平均级配和平均粒径。

5）填制河段床沙颗粒级配分段平均成果表（含分段特征粒径 D_{max}、D_{50} 等）、绘制分布图。

6）填制河段常年水下区床面组成物质（含基岩、砂卵石、中砂、细砂、粉砂、壤土等）分段统计表并填组成分布平面图。

7）河岸、洲滩、水下裸露基岩沿程分布描述，并在河段地形图上量算基岩所占河床面积的百分比。

4.2.3.2 河床组成勘测调查洲滩床沙取样

1.洲滩试坑法床沙资料

（1）工作内容。

1）坑测分层样品、散点样品颗粒分析、计算；坑测分层级配及全坑平均级配计算；散点、坑测分层、坑平均级配曲线绘制；床沙级配及相应特征成果表调制；取样点平面、高程计算、定位成果表调制、河段床沙勘测取样点位分布示意图绘制。

2）试坑干容重计算。

3）试坑竖向组成分布剖面图绘制及文字描述。

4）河段沿程洲滩分布（含分类、形态、组成、面积、高程等）统计列表。

5）河段卵、砾、砂混合组成洲滩表面床沙级配及特征粒径统计列表。

6）河段纯砂质床沙洲滩表层、活动层颗粒级配统计列表。

7）河段卵砾洲滩活动层 D_{50} 粒径沿深度统计列表。

8）河段卵砾洲滩表层、活动层粗细化统计分析列表。

9）河段卵、砾、沙洲滩活动层泥沙含量分布统计列表。

（2）工作步骤。野外成果汇集要经过计算、校核以及合理检查、核定、审批等。

（3）技术要求。

1）全坑平均级配以各层、各粒径组重量之和为权重计算。

2）洲滩活动层平均级配，以现场量测各试坑所代表平面面积加权计算。

3）床沙颗粒级配成果的计算参照《水利技术标准汇编 水利水电卷 综合技术》。在尺量法中以各自由组最大粒径为分组上限粒径，按分组重量计算颗粒级配，点绘级配曲线，再查读统一粒径级的百分数。

2．计算方法

床沙平均颗粒级配计算可以按照以下方法：

（1）试坑法的平均级配，用分层重量加权计算。

（2）边滩平均级配分左、右两岸统计，用试坑所代表的部分河宽加权计算；洲滩活动层平均级配，以现场量测各试坑所代表平面面积加权计算。

（3）水下部分的断面平均颗粒级配，计算为

$$\overline{P_j} = \frac{(2b_0 + b_1)P_1 + (b_1 + b_2)P_2 + \cdots + (b_{n-1} + 2b_n)P_n}{(2b_0 + b_1) + (b_1 + b_2) + \cdots + (b_{n-1} + 2b_n)} \qquad (4-1)$$

式中：$\overline{P_j}$ 为断面平均小于某粒径沙重百分数，%；b_0、b_n 分别为近岸垂线到各自岸边的距离，m；b_1 为第一条垂线到第二条垂线的距离，m，依此类推；P_1、$\cdots$、P_n 为第一线、$\cdots\cdots$、第 n 线小于某粒径沙重的百分数，%。

床沙组成复杂时，可以不计算断面平均颗粒级配，关注单点成果。

（4）断面平均粒径的计算为

$$\overline{D} = \sum \overline{D_i} \Delta P_i / 100 \qquad (4-2)$$

$$\overline{D_i} = \sqrt{D_u D_l} \qquad (4-3)$$

式中：$\overline{D}$ 为平均粒径，mm；$\overline{D_i}$ 为某粒径组的平均粒径，mm；D_u、D_l 分别为该粒径组的上下限粒径，mm；ΔP_i 为某粒径组的部分沙重百分数，%。

3．地质钻探

（1）工作内容如下：

1）调制河段河床组成地质勘探钻孔报表。

2）计算各钻孔分层沙样的级配成果，并点绘勘探钻孔床沙 D_{50} 曲线。

3）调制河段河床组成勘探砂、卵石粒径组成与岩性百分数统计表。

4）计算钻孔平面坐标与孔口高程，编制钻孔定位成果表。

5）绘制河段河床组成勘探钻孔平面布置图。

6）绘制河段河床组成勘探钻孔纵向柱状图和横向剖面图。

7）编写河段河床组成地质钻探报告。

（2）主要技术要求如下：

1）钻孔平面布置图。根据图幅的需要，主要反映河段洲滩钻孔的位置，遵循既能满

足需要，又不烦琐累赘为原则，因此选用合适的比例尺至关重要，图的内容除标明钻孔位置、剖面编号、钻孔编号等外、还应反映河床地形中沿程地名，洲滩分布、典型的地物地貌、水流方向、指北标识符号等。必要时可附钻孔测量成果一览表（包含孔号、地理位置、孔位坐标、孔口高程及钻孔深度等）。

2）钻孔孔报表为基本原型资料，该表由钻孔柱状图、对地层的文字描述和床沙粒径组成三部分构成。钻孔柱状图应根据土层详细分层绘制，并注明地层年代符号，岩土的分层深度、单层厚度、各层高程；床沙粒径组成主要给出各种土层的砂、粉、黏土的百分含量等。文字部分为土的分类定名和岩性特征描述等。要求在确定土的名称时应根据室内床沙级配资料进行修正。

3）钻孔纵向柱状图是将河段沿程钻孔，不分横向部位，只按沿程间距排列，并按照统一基面高程，依据各孔组成分布绘制而成，把全河段深层组成分布浓缩到一张图上便于对照分析。

4）钻孔横向剖面图。选择河段河道横向摆动典型断面，或地质组成复杂断面，根据钻孔资料、调查资料，辅以地形资料绘制其剖面图，剖面长度一般较大，深度相对较小，其水平、垂直比例尺可以不同，垂直用大比例尺。

5）资料整理中使用的地质时代符号、岩土名称、组成质图例、专业用语等，均应采用国内外所规定的和通用的，需补充的应予注明。

6）钻孔定位平面、高程系统应与所勘测河段地形测量系统一致。

4. 综合统计分析

在水下、洲滩及深层取样的基础上，应将河岸组成及其他勘测调查资料进行综合性统计分析，如河岸组成统计（包括裸露基岩、胶结岩、黏土、含砾黏土、砂土、壤土及人工护岸等），河岸坡度统计，而后调制河岸抗冲强度统计表等。最后进行河段整个河床边界组成分布与演变的综合分析，如概括沿流程河床组成分布现状，找出分布及演变的规律与特征，预估组成演变发展趋势，撰写为河段河床边界组成分析报告。

4.2.4　成果清单

成果清单主要包括：观测布置平面图，平面、高程控制成果表，取样点平面、高程观测成果表，床沙级配成果表（$D>2mm$），床沙级配曲线图（$D>2mm$），床沙级配成果表（$D<2mm$），床沙级配曲线图（$D<2mm$），床沙调查剖面描述及示意图，床沙调查照片及描述，卵石岩性百分数统计表，地质钻探孔报表。

4.2.5　整理资料的检查与资料整编

4.2.5.1　级配成果合理性检查

1. 单次成果合理性检查

（1）对各种记录表的检查。

1）检查记录的完整性，发现缺漏应及时补齐。不能弥补的应查明原因并加以说明。

2）检查坑测数量、钻孔数量、水下垂线数量及单点沙样重是否符合要求。

3）检查选用的颗粒分析方法是否正确。

（2）对级配曲线的检查。

1）曲线走向的合理性，并比较同次中各曲线有无矛盾之处。

2）最大粒径有无不合理现象。

3）两种颗粒分析方法接头处的连接是否合理。

4）各粒径级的组距的合理性，发现问题应提出改进意见。

2. 整理成果全面合理性检查

（1）点绘 D_{50}、D_{max} 沿流程、沿河宽、沿垂向的分布图，分析其合理性。

（2）有推移质测验的断面，可将相应的颗粒级配曲线进行比较，分析其合理性。

（3）试坑法取样时，应将同一坑的各层颗粒级配曲线进行比较，分析其合理性。

（4）将取样点平面定位和高程点绘在已知的地形图上，分析其合理性。

4.2.5.2 干容重成果的合理性检查

1. 泥沙容重的变化范围

泥沙容重随其组成物质而略异，石英往往占很大的成分，表 4-1 所列为组成泥沙的主要成分的容重。

表 4-1   泥沙主要成分的容重

名　称	容重/(t·m^{-3})	名　称	容重/(t·m^{-3})
长石	2.5～2.8	云母	2.8～3.2
石英	2.5～2.8		

黏土的容重为 $2.4\sim2.5t/m^3$，黄土为 $2.5\sim2.7t/m^3$，一般泥沙常用容重 $2.60\sim2.70t/m^3$。

2. 泥沙的干容重 r'_s 的变化范围

一般把单位体积的沙样干燥后的重量叫做干容重，或称土壤假比重，因为有孔隙存在，所以 $r'_s<r_s$，影响干容重的主要因素为泥沙的机械组成、淤积时间、侵没情况和埋藏深度。

3. 干容重与孔隙率、粒径的关系检查

（1）容重 r_s、干容重 r'_s 与孔隙率 e 的关系为

$$r'_s=r_s(1-e) \tag{4-4}$$

显然，$(1-e)$ 就等于单位体积内泥沙所占的体积 S_V，S_V 叫体积比含沙量，得到

$$r'_s=r_s S_V \tag{4-5}$$

水库内淤积物的孔隙率 e 与粒径关系曲线一般为具有上限和下限的两条包线，其关系式可表达为

$$e_{上限}=\frac{0.165}{D^{\frac{1}{5}}}+0.25 \tag{4-6}$$

$$e_{下限}=\frac{0.078}{D^{\frac{1}{8}}}+0.25 \tag{4-7}$$

式中：D 为粒径，从上式中可以看出，随着粒径的减小而孔隙率增大，相应的干容重也减小；$e_{下限}$ 比较稳定，平均在 0.4 附近。

（2）淤积物干容重 r'_s 与淤积物粒径组成之间的关系检查。初期干容重与级配组成密切相关，干容重越大，颗粒越粗，对浮泥淤积物，干容重与淤积物组成之间的关系变化复杂。

（3）淤积泥沙干容重 r'_s 与时间 t 及浸没情况的关系。根据莱恩与柯尔绍建议，得到

$$r'_s = r'_{D1} + B \lg t \tag{4-8}$$

式中：t 以年数计；r'_{D1} 为第一年固结后的干容重。与 B 一并列于表 4-2，r'_s 及 B 与浸没情况有关。

当泥沙含有几种粒径组的物质时，认为表 4-2 所列数值较为合适。

（4）干容重的沿程变化检查。一般情况下，距坝距离越远，粒径越大，干容重越大。

（5）干容重的横向变化检查。其变化与断面形状、河势、淤积特性密切相关，特别是淤积的横向分布密切相关。

（6）干容重沿淤积深度的垂向变化检查。淤积掩埋越深，淤积密实时间越长，干容重越大且趋于稳定。

（7）输沙法与地形法淤积量之间的匹配验算检查。利用水文站的输沙量法和淤积观测的地形法计算的淤积量（重量和体积）进行验算。

表 4-2　　　　　　　式（4-8）中的 r'_s 与 B 值（1/m³）

水库运行情况	沙		粉　沙		黏　土	
	r'_{D1}	B	r'_{D1}	B	r'_{D1}	B
经常浸没在水中	1.49	0	1.041	0.091	0.480	0.256
库水位一般降落不大	1.49	0	1.185	0.043	0.736	0.172
库水位降落很大	1.49	0	1.265	0.016	0.961	0.096
经常空库	1.49	0	1.312	0.000	1.250	0.000

4.2.5.3　误差来源及控制

（1）床沙成果的误差主要来自床沙测次及测点布置、床沙采样仪器、采样方法和颗粒分析等方面。

（2）各种取样方法按以下规定控制误差：

1）当样品中大于 100mm 的颗粒重超过总重的 30% 时，表层取样的各种方法不宜使用，宜用试坑法。

2）器测法用于细颗粒取样时，仪器应有密封装置，不漏沙漏水。

（3）筛孔直径、卡尺及衡器应定期检查，系统误差必须控制在容许范围以内。床沙样品的称重误差不应大于 1%。

（4）容重观测的误差来源主要有以下几个方面：

1）取样位置的定位误差。

2）取样位置的水深观测误差和淤积物厚度观测误差。

3）浮泥河床取样点的淤积深度测量误差。

4）淤积物样品体积量测误差。

5）淤积物样品的称重误差。

6）淤积物样品的级配组成及颗粒分析误差。

7）容重计算、统计、分析误差，如垂线、断面及河段（库段）容重的概化计算。

8）天然河道、库区上段及变动回水区取样样品中粗颗粒泥沙不仅属淤积物也包含床沙，导致其容重观测结果失真。

4.2.6 资料整编

4.2.6.1 长河段床沙资料整编

1．床沙资料整编内容

（1）审查原始资料，了解取样及颗粒分析方法等情况。

（2）了解测验河段水流和床沙组成特性及补给情况。

（3）整编成果应包括分河段、分时段的平均颗粒级配表及相应级配曲线。

（4）对整编成果进行全面合理性检查。

（5）编写整编说明书。

2．时段划分原则

（1）来水来沙资料系列的周期性。

（2）重大水利工程建设等人类活动的影响。

3．河段划分原则

（1）河床组成明显的分界处。

（2）较大的分、汇流口门。

（3）水利枢纽大坝。

4.2.6.2 干容重资料整编

干容重观测资料整编包括：外业观测记录、记载表，干容重观测断面考证表，干容重观测断面成果表及图册，容重室内分析计算成果表及级配曲线图，容重及颗粒级配计算成果及图表，精度统计表，编制整编成果说明，编制专业技术总结和成果质量检查报告，干容重观测布设示意图。

4.3 报告编制

（1）技术总结编写依据如下：

1）任务书或合同的有关要求，顾客书面要求或口头要求的记录，市场的需求或期望。

2）技术设计文件、相关的法律、法规、技术标准。

3）相关成果的质量检查报告和质量记录。

（2）技术总结编写要求如下：

1）内容真实、全面，重点突出。应重点说明作业过程中出现的主要技术问题和处理方法、特殊情况的处理及其达到的效果、经验、教训和遗留问题等。

2）文字应简明扼要，公式、数据和图表应准确，名词、术语、符号和计量单位等均应与有关法规和标准一致。

3）技术总结的幅面、封面格式、字体、字号按相关技术标准执行。

具体编写格式见附录。

4.4　检查验收

1. 基本规定

（1）对产品质量实行"三级检查、二级验收"制，即项目部自查、生产单位质量管理部门质检、上级主管部门审查，上级主管部门验收与业主验收。

（2）注重过程检查，强调工作质量。严格按照质量管理体系文件要求进行过程控制，高度重视工序质量与工作质量。项目的外业工作应严格按照相关标准、规程和经过批准的技术设计书的要求进行。外业工作完成后及时整理、复核，一旦发现问题及时上报并采取补救措施。

（3）内、外业之间应有交接手续，作业组应提供交接清单及外业测量情况说明，以避免因作业情况不熟造成内业处理上的失误。在各作业组外业检查和专业组中间检查的基础上，由技术管理职能部门派员进行现场检查监督。

（4）对河床组成勘测成果进行检查验收主要是依据有关法律、法规、技术规范、任务书或设计书，就项目完成的数量和质量进行全面审查，提出客观、公正的评价意见，检查验收是项目质量控制的重要一环。

2. 检查内容及要求

对照任务书及技术规定，审查提交的资料是否齐全，核算工序及签名是否完备，所提交的资料是否符合精度和操作要求。对各项成果资料进行抽查，发现问题及时登记。检查质量记录，审查已出现问题的处置情况。对各项成果资料进行合理性审查，发现问题及时登记。审查作业单位提交的质量检查报告及质量评定等级，提出书面验收意见或内部评审报告。

3. 提交资料

（1）基本规定。

1）按项目、测次提交资料。

2）按任务要求和内容提交资料。

3）提交资料格式满足《河流推移质泥沙及床沙测验规程》（SL 43—1992）、《河流泥沙颗粒分析规程》（SL 42—2010）、《水道观测规范》（SL 257—2000）等标准规定的要求。

（2）提交资料内容。

1）技术文件。

2）控制成果。

3）测区观测布置图。

4）级配成果、岩性分析成果、干容重成果、分析报告。

5）固定断面测量成果。

6）取样点平面定位成果。

参考文献

［1］　水利部国际合作与科技司．水利技术标准汇编　水利水电卷　综合技术［M］．北京：中国水利水电出版社，2002．

第5章　金沙江梯级开发河床组成勘测调查

5.1　流域及工程概况

5.1.1　自然地理

长江上游自青海玉树直门达（巴塘河口）至四川宜宾段称金沙江，流经青、藏、川、滇四省区，河道长 2290km，流域面积 47 万 km²。金沙江自青海玉树直门达的巴塘河口至云南石鼓称为上游段，河长 970km，落差 1720m；云南石鼓至四川攀枝花（雅砻江入汇口）称为中游段，河长 550km，落差 840m；攀枝花至宜宾（岷江口）称为下游段，河长 770km，落差 730m。河口（宜宾）多年平均流量 4920m³/s，多年平均径流量 1550 亿 m³，多年平均含沙量 1.7kg/m³，多年平均输沙量 2.6 亿 t。

金沙江下游攀枝花至宜宾段，总的流向是自西南向东北流，除局部河段在四川或云南境内，绝大部分河段为川滇两省界河。流域内地势东北高西南低，东北部的大凉山脉高程 3000.00～4000.00m，西南部的鲁南山及龙帚山脉高程 2500.00～3000.00m，而金沙江河谷海拔高程则在 260.00～1000.00m。干支流沿河大都为高山峡谷，河窄岸陡，仅干流少数河段及一些支流中上游有局部宽谷盆地。本河段地质构造较复杂。西宁河口（新市镇）以西属川滇南北构造带，中间有黑水河—巧家—小江大断裂带穿过，其两侧为川滇台背斜中段，基底是太古界变质杂岩，岩性为二叠、三叠系灰岩、玄武岩、板岩和侏罗白垩系的砂岩、泥岩，其东侧为川滇台向斜的凉山台凹，出露古生—中生界灰岩、玄武岩及砂板岩等。西宁河口以东属四川地台西南边缘，主要出露侏罗白垩系的砂岩、泥岩等。区内断层及褶皱均较发育，沿断层带岩石较破碎，其余地段岩石尚完整。由于地形陡峭，物理地质作用较强烈，不少地段出现崩坍滑坡。雷波—永善和巧家—蒙姑为区内强震带，地震基本烈度可达Ⅷ～Ⅸ度，其余地区均在Ⅶ度左右。

金沙江下游河段西南部干热少雨，攀枝花至宁南一带多年平均气温 14～21℃，多年平均降水量 700～1200mm。东北部较湿润多雨，昭觉至屏山一带多年平均气温 8～22℃，多年平均降水量 900～1400mm（最大达 1700mm）。由于地形高差大，气候垂直变化也较明显。

测区为高山峡谷地带，山势陡峻，河谷深切，河道呈 V 字形河谷，峰谷高差 1000m 以上。

5.1.2　河流水系

勘测河段位于金沙江下游段，该区域水系发达，支流较多。自右岸汇入的主要支流相继有龙川江、普渡河、小江、以礼河、牛栏江、横江等，自左岸汇入的主要支流有雅砻江、鲹鱼河、黑水河、西溪河、美姑河等。

流域内降水季节性强，年内分配集中，5—10月为雨季，11月至翌年4月为旱季。区间支流暴雨强度大，洪水汇流历时短，洪水暴涨暴落，属典型的山溪性河流。各支流基本情况如表5-1～表5-3。

表5-1　　　　　金沙江下游乌东德水库库区主要一级支流基本情况

岸别	河名	河长/km	流域面积/km²	平均流量/(m³·s⁻¹)	平均输沙量/万t	输沙模数/[t·(km⁻²·a⁻¹)]	天然落差/m
左	雅砻江	1571	128440	1914	4190	326	3870
右	龙川江	246	9240	52	433	469	1600
右	勐果河	89	1737	17			1482
左	普隆河	156	2330	28			1700
左	鲹鱼河	97	1390	31			1640

表5-2　　　　　金沙江下游白鹤滩水库库区主要一级支流基本情况

岸别	河名	河长/km	流域面积/km²	平均流量/(m³·s⁻¹)	平均输沙量/万t	输沙模数/[t·(km⁻²·a⁻¹)]	天然落差/m
右	以礼河	120	2558	39	160	625	2110
右	小江	134	3120	51	776	2487	1510
右	普渡河	380	11090	107	149	134	1850
左	黑水河	174	3600	80	467	·1297	2460

表5-3　　　　金沙江下游溪洛渡、向家坝水库库区主要一级支流基本情况

岸别	河名	河长/km	流域面积/km²	平均流量/(m³·s⁻¹)	平均含沙量/(kg·m⁻³)	输沙模数/[t·(km⁻²·a⁻¹)]	天然落差/m
左	尼姑河		373				
左	西溪河	152	2920	60			2540
右	牛栏江	423	13320	169	3.06（小河）	1076	1660
左	金阳河	46.3	382				
左	美姑河	162	3240	70	1.8（美姑）	1180	2950
左	西苏角河	45.7	699.3				
右	团结河	65	780				
右	细沙河	53	680				
左	西宁河	75	1038				
左	中都河	62.5	600	11.5			972
右	大汶溪	44.4	350	7.16			
右	横江	305	14781	294	1.48（横江）	920	2080

注：横江在向家坝水电站下游。

5.1.3　水文气象

金沙江流域气候寒燥，雨量较少。干流石鼓以上、支流雅砻江泸宁以上，融雪是径流补给的主要来源，故径流变化比较稳定。干流石鼓以下和雅砻江的中下游河段，降雨成为产生径流的主要因素，所以其分布也与雨量的分布相适应。全流域年径流深大都小于500mm，其中江源地区不足50mm，为长江流域最小的地区。

金沙江屏山站的年径流总量1426亿 m^3，约为长江宜昌以上径流量的三分之一，占大通站的16%。金沙江径流的年内分配，大都集中在汛期6—10月，攀枝花、屏山站约占全年的75%。金沙江年径流量的年际变化比较稳定，最大与最小值的倍比为1.75～1.97。

金沙江的枯水期从11月至次年5月，7个月的径流量为年径流总量的25%（屏山），最枯的2—4月约占年径流量的7.4%。枯季径流主要由地下水和雪水补给，变化平缓，较为稳定。

金沙江干流的洪水是在上游融雪（冰）径流的基础上，加中下游暴雨洪水所形成，而以暴雨洪水为主。洪水一般发生在6月下旬至10月中旬，尤以7—9月最集中。据1951—1983年的33年资料统计，屏山站年最大洪峰发生在7—9月的有30次，其中8月为17次。金沙江的洪水组成，干流石鼓以上约占25%～33%（面积约占48%），石鼓、小得石至屏山区间约占26%～37%（面积占25.6%）。所以金沙江洪水主要来自雅砻江下游及石鼓、小得石至屏山区间。金沙江屏山站实测最大洪峰流量为29000m^3/s（1966年9月2日），同年实际洪水最大30天洪量为477亿 m^3，其中石鼓、小得石至屏山区间约占42.8%。

金沙江流域洪水主要由降雨形成。每年5月开始受西南季风或东南季风影响，暖湿气流不断输入本流域，降雨逐渐增多，一般雨季开始时间上游早于下游，雨区也自上游向下游移动发展。据实测资料统计，年最大洪水雅砻江上游多出现在6月、7月，其发生频率为92%；金沙江中下游多出现在8月、9月，其发生频率为80%以上。

金沙江下游洪水多由两个雨区的洪水汇聚而成，即高原雨区和中下游雨区降雨所形成。高原雨区的降雨特点是强度小、历时长、面积大，雨区多呈纬向带状分布，所形成的洪水涨落相对平缓，量大历时长，对下游洪水起垫底作用。中下游降雨的特点是雨强大、历时相对较短、呈多中心分布，暴雨中心多发生在石鼓—金江街、雅砻江下游和牛栏江一带，对下游洪水起造峰的作用。由于流域面积大，雨区分散，场次降雨多连续发生，加之流域形状狭长，汇流历时长，因此洪水多连续发生，呈多峰过程叠加的复式峰型。经统计年最大单峰洪水过程一般约22天，复峰过程一般约30～50天。

根据屏山站54年（1939—1992年）实测资料统计：年最大洪峰最早出现在6月（1981年6月29日），最晚出现在10月（1989年10月20日），以出现在8月、9月为最多，占总次数的72.2%（年最大洪峰各月发生次数如表5-4所示）。实测年最大洪峰系列的最大值为29000m^3/s（1966年9月2日），最小值为10500m^3/s（1967年8月8日），两者之比仅2.76倍，年际变化相对不大。

根据干流石鼓、屏山和支流雅砻江小得石站的同步资料统计，金沙江下游洪水的地区组成情况见表5-5。

表 5－4 屏山站各月年最大洪峰出现次数统计表

月份	6	7	8	9	10	合计
次数	1	12	23	16	2	54

表 5－5 屏山以上洪水地区组成统计表

项　目	石鼓	小得石	石小屏区间	屏山
集水面积占屏山/％	46.7	25.5	27.8	100
一日洪量占屏山/％	23.6	36.9	39.5	100
十五日洪量占屏山/％	27.8	36.5	35.7	100
三十日洪量占屏山/％	28.9	36.5	34.6	100

由表 5－5 可见：干流石鼓以上控制面积虽大，但来洪量小；干流石鼓以下和支流雅砻江是屏山洪水的主要来源。

金沙江下游（雅砻江汇口以下）集水面积 85379km²，占全流域面积的 17％；多年平均径流量为 405 亿 m³，占流域总径流量的 27％；多年平均悬移质输沙量为 1.76 亿 t，占流域总输沙量的 68％。平均含沙量 4.3kg/m³，为上游地区的 5 倍。平均输沙模数 2060t/(km²·a)。约为上游区的 11 倍。可见，金沙江的泥沙主要是产生在下游区，并主要来自渡口、雅砻江汇口至屏山的干流区间。下游较大支流如龙川江、牛栏江和横江流域的输沙模数均在 1000t/(km²·a) 左右，属中度水土流失区。扣除这些支流流域，干流区间（包括众多小支流）集水面积为 54168km²，仅占全流域面积的 11％；多年平均径流量为 269 亿 m³，占流域的 18％。多年平均输沙量为 1.47 亿 t，竟占了全流域的 57％。多年平均含沙量为 5.5kg/m³。多年平均输沙模数达 2710t/(km²·a)，其中干流河谷地区的输沙模数在 3000t/(km²·a) 以上，是长江上游水土流失最严重的地区。

根据实测水文泥沙资料分析计算得各站产沙特性成果见表 5－6。

表 5－6 金沙江下游干支流泥沙特征值统计表

序号	河名	测站	集水面积/km²	占流域/％	年均含沙量/(kg·m⁻³)	年均输沙模数/[t·(km⁻²·a⁻¹)]	年沙量/万 t
1	金沙江	攀枝花	259177	55	0.92	142	5210
2	雅砻江	小得石	116490	93	0.51	232	2710
3	安宁河	湾滩	11100	99	1.70	946	1270
4	龙川江	小黄瓜园	5560	86	5.33	662	
5	金沙江	龙街	423202	89	0.80	222	
6	小江	小江	2116	68	5.29	2958	
7	金沙江	华弹	425948	95	1.39	359	17800
8	黑水河	宁南	3074	84	2.18	1230	462
9	牛栏江	小河	10870	82	3.06	1076	
10	美姑河	美姑	1607	50	1.80	1180	189
11	金沙江	屏山	458592	97	1.73	501	25000
12	横江	横江	14781	99	1.56	920	1330

金沙江的径流以汛期所占比例较大，产沙更是主要集中在汛期。金沙江出口控制站屏山站，历年汛期（6—10月）的平均径流量占年径流量的75％。其中7—9月径流量占年径流量的54％，8月径流量最大，占年径流量的19％。输沙量的年内分配更不均匀。历年汛期（6—10月）的平均输沙量占年输沙量的95％，其中7—9月的输沙量即占全年输沙量的77％。

金沙江下游（从雅砻江汇口至宜宾）干流河谷地区的输沙模数在3000t/(km²·a)以上，是长江上游水土流失最严重的地区，也是三峡水库入库泥沙的主要来源区。以屏山站1956—2000年实测资料计算，金沙江下游梯级水库年平均悬移质泥沙总量为2.55亿t，平均含沙量为1.76kg/m³。

5.1.4 工程概况

国家已授予三峡总公司对金沙江下游乌东德、白鹤滩、溪洛渡和向家坝等巨型水电站的开发权，总装机容量相当于两座三峡电站，并且溪洛渡和向家坝工程已经建成投产。金沙江下游梯级水电站的设计总装机容量约4000万kW，年均总发电量1850多亿kW·h，水库总库容约410多亿m³，其中总调节库容204亿m³。金沙江下游梯级水电站基本情况见表5-7，梯级水电站纵剖面图见图5-1。

表5-7　　　　　　　　　　　　金沙江下游梯级情况一览表

电站名称	装机/万kW	年发电量/(亿kW·h)	正常蓄水位/m	正常蓄水位相应库容/亿m³	调节库容/亿m³	回水长/km	主要功能	距宜宾距离/km
乌东德	870	394.6	975.00	58.6	26.2	207	发电、防洪、拦沙	570
白鹤滩	1305	576.9	825.00	190.06	104.36	180	发电、防洪、拦沙	390
溪洛渡	1260	573	600.00	115.7	64.6	199	发电、防洪、拦沙	190
向家坝	600	307	380.00	49.77	9.03	157	发电、防洪、航运	33

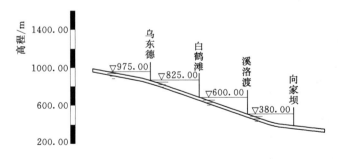

图5-1　梯级水电站纵剖面图

5.1.4.1 乌东德水电站

乌东德水电站是金沙江下游河段四个梯级开发的第一个梯级水电站，坝址位于乌东德峡谷，左岸是四川省会东县，右岸是云南省禄劝县。坝址控制流域面积40.6万km²，占金沙江流域的84％，多年平均流量3690m³/s，多年平均径流量1164亿m³，占金沙江流域径流总量的 78%。径流以降雨为主，冰雪融水为辅，年际水量比较稳定。坝址多年平均悬移质输沙量为 1.75 亿 t，多年平均含沙量 1.50kg/m³。

乌东德水电站的开发任务是以发电为主，兼顾防洪和拦沙。水库正常蓄水位 975.00m 时，总库容 58.6 亿 m³，调节库容 26.2 亿 m³，为不完全季调节水库，电站装机容量 870 万 kW，保证出力 328.4 万 kW，年发电量 394.6 亿 kW·h。

5.1.4.2 白鹤滩水电站

白鹤滩水电站位于四川省凉山彝族自治州宁南县同云南省巧家县交界的金沙江峡谷，是金沙江下游河段四个梯级水电站的第二级，下距溪洛渡水电站 195km。电站坝址处控制流域面积 43.03 万 km²，占金沙江流域面积的 91.0%。多年平均径流量 1312 亿 m³，多年平均流量 4160m³/s。坝址多年平均悬移质输沙量为 1.85 亿 t，多年平均含沙量 1.46kg/m³。

该电站以发电为主，兼有拦沙、灌溉等综合效益。水库正常蓄水位 825.00m，相应库容 190.06 亿 m³，死水位 765.00m 以下库容 85.7 亿 m³，总库容 205.1 亿 m³。汛限水位 795.00m，预留防洪库容 58.38 亿 m³。调节库容达 104.36 亿 m³，具有年调节能力。上游回水 180km 与乌东德水电站衔接。电站总装机容量 1305 万 kW，年发电量 576.9 亿 kW·h，保证出力 503 万 kW。

5.1.4.3 溪洛渡水电站

溪洛渡水电站位于四川省雷波县和云南省永善县分界的金沙江溪洛渡峡谷，是金沙江下游河段四个梯级水电站的第三级。坝址距离宜宾市河道里程 184km。电站坝址处控制流域面积 45.44 万 km²，占金沙江流域面积的 96%。多年平均径流量 1440 亿 m³，多年平均流量 4570m³/s。坝址多年平均悬移质输沙量为 2.47 亿 t，多年平均含沙量 1.72kg/m³。

该电站以发电为主，兼有防洪、拦沙和改善库区及下游河段航运条件等综合利用效益。正常蓄水位 600.00m，正常蓄水位下水库回水长 199km，限制水位 560.00m，死水位 540.00m。正常蓄水位时，水库库容 115.7 亿 m³，调节库容 64.6 亿 m³，死库容 51.1 亿 m³，具有不完全年调节性能。电站总装机 1260 万 kW，保证出力 338.5 万 kW，年发电量 573.5 亿 kW·h。

5.1.4.4 向家坝水电站

向家坝水电站位于四川省宜宾县和云南省水富县交界的金沙江峡谷出口处，下距宜宾市 33km，是金沙江下游河段四个梯级水电站的最后一级。坝址控制流域面积 45.88 万 km²，占金沙江流域面积的 97%，控制了金沙江的主要暴雨区和产沙区。多年平均径流量 1440 亿 m³，多年平均流量 4570m³/s。坝址多年平均悬移质输沙量为 2.47 亿 t，多年平均含沙量 1.72kg/m³。

该电站以发电为主，兼有航运、灌溉、拦沙、防洪等综合效益。水库正常蓄水位 380m，相应库容 49.77 亿 m³，调节库容 9.03 亿 m³，具有季调节性能。电站装机容量 600 万 kW，与溪洛渡联合运行时年发电量 307.47 亿 kW·h，保证出力 200 万 kW。

5.2 乌东德水库变动回水区河床组成勘测调查

5.2.1 项目的目的及实施情况

项目的目的是收集乌东德水库变动回水区在蓄水前天然状态下的河床组成的本底资料，为水库调度、水库泥沙问题研究提供基本依据。

洲滩坑测的勘测范围为金沙江观音岩坝址—江边乡河段，长度约146km，勘测河道上段总体走向是自西到东，勘测河道下段总体走向是自北到南，干流河道有多处大弯道，如位于雅砻江河口、龙川江河口。雅砻江河口以上约40km是连续拐弯的河段。干流河道为典型的山区性河道，两岸岸坡较陡，多为山体基岩出露，河漫滩很不发育，局部有阶地，主要为农田和菜地。

河道宽窄相间，以狭窄型河道为主，枯水河宽一般为100～140m，卡口枯水河宽约60m，宽阔处枯水河宽约260～310m，宽阔处平滩河宽远大于其枯水河宽，如江头村枯水河宽、平滩河宽分别为200m、1180m；次格地枯水河宽、平滩河宽分别为560m、1320m。

5.2.2 坑测法勘测成果

5.2.2.1 取样点平面布置

金沙江乌东德水库库区（观音岩坝址—江边乡河段）坑测法布置见表5-8、表5-9及图5-2、图5-3。其中，在干流上布设标准坑32个、散点38个；在支流入汇口或溪沟口门内布设标准坑6个、散点6个。对所有标准坑、散点使用手持GPS进行了平面定位。

表 5-8   乌东德水库干流洲滩床沙取样点布置表

序号	坑名	滩　名	下距观音岩坝址距离/m	坐标 y	坐标 x
1	K1	金沙江—乌东德水库—攀枝花观音岩左边滩	2518	2936566	34446467
2	S1	金沙江—乌东德水库—攀枝花观音岩左边滩	2589	2936622	34446519
3	S2	金沙江—乌东德水库—攀枝花观音岩加油站下左边滩	3045	2936676	34446933
4	K2	金沙江—乌东德水库—攀枝花观音岩加油站下左边滩	3077	2936683	34446959
5	S3	金沙江—乌东德水库—攀枝花半边街上游右边滩	10171	2942656	34450146
6	K3	金沙江—乌东德水库—攀枝花半边街上游右边滩	10458	2942785	34450365
7	K4	金沙江—乌东德水库—攀枝花半边街上游右边滩	10640	2942837	34450502
8	S4	金沙江—乌东德水库—攀枝花半边街上游右边滩	10712	2942848	34450569
9	S5	金沙江—乌东德水库—攀枝花陶家渡大桥上游右边滩	15784	2942720	34454799
10	K5	金沙江—乌东德水库—攀枝花陶家渡大桥上游右边滩	15826	2942717	34454853
11	K6	金沙江—乌东德水库—攀枝花密地大桥下左边滩	45925	2940699	34475478

序号	坑名	滩　　名	下距观音岩坝址距离/m	坐　标	
				y	x
12	S6	金沙江—乌东德水库—攀枝花密地大桥下左边滩	45999	2940712	34475536
13	K7	金沙江—乌东德水库—攀枝花密地大桥下左边滩	46061	2940769	34475554
14	S7	金沙江—乌东德水库—攀枝花密地大桥下左边滩	46161	2940835	34475602
15	K8	金沙江—乌东德水库—攀枝花雅砻江河口左溪口滩	52163	2944039	34480386
16	S8	金沙江—乌东德水库—攀枝花雅砻江河口左溪口滩	52269	2944063	34480493
17	S9	金沙江—乌东德水库—攀枝花G5大桥下右边滩	58851	2940065	34485137
18	K9	金沙江—乌东德水库—攀枝花G5大桥下右边滩	58924	2939990	34485128
19	K10	金沙江—乌东德水库—攀枝花G5大桥下右边滩	59310	2939623	34485058
20	S10	金沙江—乌东德水库—攀枝花G5大桥下右边滩	59360	2939571	34485054
21	S11	金沙江—乌东德水库—攀枝花市金江镇江心滩	59841	2939085	34485014
22	K11	金沙江—乌东德水库—攀枝花市金江镇江心滩	59928	2939008	34485012
23	S12	金沙江—乌东德水库—攀枝花—鲊石村左边滩	60774	2938187	34485218
24	K12.	金沙江—乌东德水库—攀枝花—鲊石村左边滩	60857	2938132	34485305
25	K13	金沙江—乌东德水库—攀枝花—鲊石村左边滩	60947	2938046	34485287
26	S13	金沙江—乌东德水库—攀枝花下必林村对河左边滩	66730	2932443	34486352
27	S14	金沙江—乌东德水库—攀枝花—马店河右边滩	68393	2930857	34486505
28	K14	金沙江—乌东德水库—攀枝花—马店河右边滩	68796	2930461	34486571
29	S15	金沙江—乌东德水库—攀枝花—马店河右边滩	68958	2930323	34486613
30	K15	金沙江—乌东德水库—攀枝花—马店河右边滩	69122	2930156	34486668
31	K16	金沙江—乌东德水库—攀枝花市—新田村左边滩	73300	2926781	34488007
32	S16	金沙江—乌东德水库—攀枝花市—新田村左边滩	73457	2926790	34488135
33	S17	金沙江—乌东德水库—攀枝花—迤资村右边滩	73576	2926538	34488274
34	K17	金沙江—乌东德水库—攀枝花—迤资村右边滩	73576	2926502	34488279
35	S18	金沙江—乌东德水库—攀枝花灰板箐上边滩	73769	2926894	34488444
36	K18	金沙江—乌东德水库—蚕豆湾对岸右边滩	75118	2926360	34489591
37	S19	金沙江—乌东德水库—蚕豆湾对岸右边滩	75200	2926320	34489603
38	K19	金沙江—乌东德水库—蚕豆湾下游左边滩	75632	2925909	34490012
39	S20	金沙江—乌东德水库—蚕豆湾下游左边滩	75764	2925782	34490007
40	K20	金沙江—乌东德水库—箐门口上游右边滩	76541	2925007	34489798
41	S21	金沙江—乌东德水库—箐门口上游右边滩	76600	2924959	34489802
42	S22	金沙江—乌东德水库—箐门口对岸左边滩	77717	2924134	34490425
43	K21	金沙江—乌东德水库—箐门口对岸左边滩	77983	2924050	34490605
44	S23	金沙江—乌东德水库—箐门口对岸左边滩	78346	2924128	34490954
45	K22	金沙江—乌东德水库—箐门口对岸左边滩	78498	2924166	34491100
46	K23	金沙江—乌东德水库—箐门口下游右边滩	79134	2924004	34491744
47	S24	金沙江—乌东德水库—箐门口下游右边滩	79237	2923998	34491835
48	K24	金沙江—乌东德水库—次格地右边滩	89028	2916000	34493084
49	S25	金沙江—乌东德水库—次格地右边滩	89069	2915984	34493021

序号	坑名	滩 名	下距观音岩坝址距离/m	坐标	
				y	x
50	K25	金沙江—乌东德水库—次格地右边滩	89218	2915822	34493061
51	S26	金沙江—乌东德水库—次格地右边滩	89414	2915626	34493030
52	S27	金沙江—乌东德水库—马脖子左边滩	92084	2913008	34493566
53	S28	金沙江—乌东德水库—上疙瘩右边滩	95332	2910077	34492087
54	S29	金沙江—乌东德水库—上疙瘩右边滩	96384	2909076	34492058
55	K26	金沙江—乌东德水库—下疙瘩对岸左边滩	96706	2908788	34492177
56	S30	金沙江—乌东德水库—下疙瘩对岸左边滩	96706	2908791	34492226
57	S31	金沙江—乌东德水库—银丝岩右边滩	120652	2890861	34483373
58	S32	金沙江—乌东德水库—吱咕渡口左边滩	125142	2886842	34483925
59	K27	金沙江—乌东德水库—洛莫底左边滩	128974	2883329	34483239
60	S33	金沙江—乌东德水库—洛莫底左边滩	129069	2883241	34483219
61	K28	金沙江—乌东德水库—吱咕渡口下4km左边滩	129656	2882745	34483338
62	S34	金沙江—乌东德水库—大洼村上游左边滩	132166	2880337	34483315
63	S35	金沙江—乌东德水库—大湾子对岸左边滩	136881	2876338	34482447
64	K29	金沙江—乌东德水库—大湾子对岸左边滩	137076	2876199	34482452
65	S36	金沙江—乌东德水库—江头村右边滩	142984	2872743	34486739
66	K30	金沙江—乌东德水库—江头村右边滩	142984	2872821	34486737
67	K31	金沙江—乌东德水库—江头村右边滩	143395	2872775	34486960
68	S37	金沙江—乌东德水库—江头村右边滩	143798	2872673	34487168
69	K32	金沙江—乌东德水库—江边乡渡口下游左边滩	145471	2873427	34488529
70	S38	金沙江—乌东德水库—江边乡渡口下游左边滩	145667	2873608	34488537

表 5-9　　　　　　　　　　乌东德水库支流洲滩床沙取样点布置表

序号	坑名	滩 名	上距支流口门距离/m	坐标	
				y	x
1	YLJ K1	金沙江—乌东德水库—雅砻江老鸦岩左边滩	7700	2950649	34482000
2	YLJ S1	金沙江—乌东德水库—雅砻江老鸦岩左边滩	7607	2950560	34481986
3	YLJ S2	金沙江—乌东德水库—雅砻江河口左边滩	1164	2945026	34480118
4	YLJ K2	金沙江—乌东德水库—雅砻江河口左边滩	1123	2944993	34480097
5	YLJ K3	金沙江—乌东德水库—雅砻江河口左边滩	895	2944839	34480052
6	YLJ S3	金沙江—乌东德水库—雅砻江河口左边滩	700	2944692	34480086
7	LCJ S2	金沙江—乌东德水库—龙川江口门右边滩	45	2872596	34487477
8	LCJ K2	金沙江—乌东德水库—龙川江口门右边滩	139	2872533	34487410
9	LCJ S1	金沙江—乌东德水库—龙川江口门左边滩	464	2872341	34487055
10	LCJ K1	金沙江—乌东德水库—龙川江口门左边滩	569	2872227	34487047
11	LCJ S3	金沙江—乌东德水库—龙川江出口段—大桥上游左边滩	1669	2871772	34487873
12	LCJ K3	金沙江—乌东德水库—龙川江出口段—大桥上游左边滩	1884	2871755	34487920

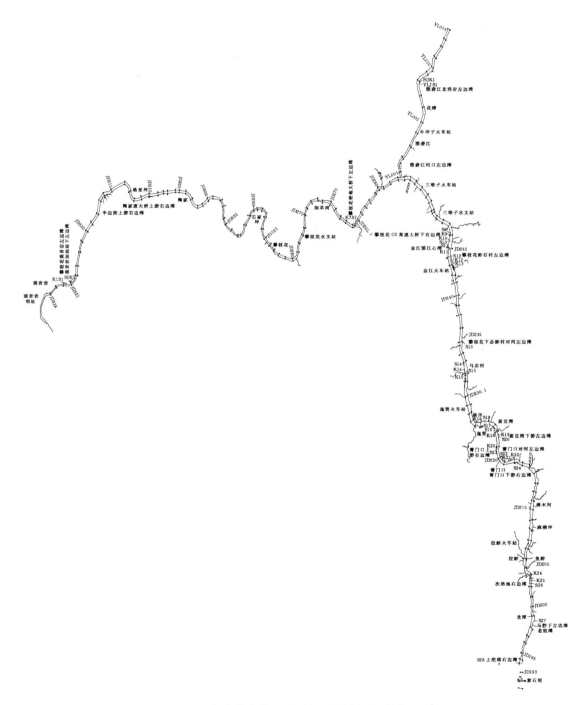

图 5-2 乌东德水库变动回水区坑测法布置图（一）

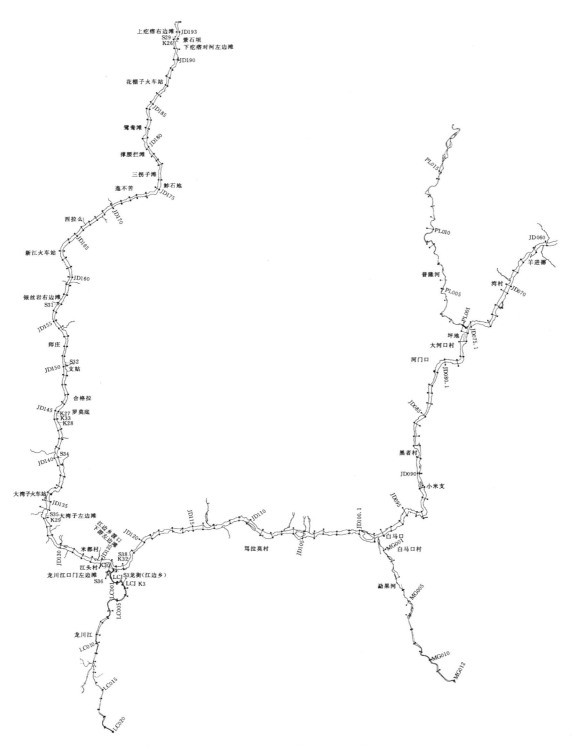

图 5-3　乌东德水库变动回水区坑测法布置图（二）

104

5.2.2.2 床沙级配成果分析

金沙江观音岩坝址—江边乡河段的洲滩床沙级配有如下特点：

1. 沿程变化

本河段床沙级配沿程分布特点：总体上看，D_{50}、D_{max}沿程呈锯齿状分布，无明显的增大或减小趋势，见表5-10。

表5-10　　2013年乌东德水库卵石洲滩活动层特征值及沙砾含量统计表

序号	坑名	滩　　名	下距观音岩坝址距离/m	D_{50}/mm	D_{max}/mm	尾沙样D_{50}/mm	洲滩沙砾含量/%		
							$D<2mm$	$D<5mm$	$D<10mm$
1	K1	攀枝花观音岩左边滩	2518	98.3	258	0.473	11.9	12.7	13.2
2	K2	攀枝花观音岩加油站下左边滩	3077	15.4	228	0.503	25.1	33.2	41.1
3	K3	攀枝花半边街上游右边滩	10458	21.3	195	0.594	16.0	28.2	35.7
4	K4	攀枝花半边街上游右边滩	10640	30.6	193	0.626	11.2	17.0	23.3
5	K5	攀枝花陶家渡大桥上游右边滩	15826	85.9	365	0.291	9.6	9.8	10.3
6	K6	攀枝花密地大桥下左边滩	45925	43.0	238	0.556	13.9	21.0	26.5
7	K7	攀枝花密地大桥下左边滩	46061	40.6	242	0.514	14.0	21.4	27.5
8	K8	攀枝花雅砻江河口左溪口滩	52163	36.0	192	0.607	19.4	24.5	27.6
9	S9	攀枝花G5大桥下右边滩	58851	40.1	222	0.426	17.4	22.0	26.8
10	K9	攀枝花G5大桥下右边滩	58924	24.1	154	0.563	21.7	28.3	34.3
11	K10	攀枝花G5大桥下右边滩	59310	28.3	142	0.558	24.7	30.0	34.2
12	S10	攀枝花G5大桥下右边滩	59360	66.3	206	0.430	10.3	12.1	16.1
13	S11	攀枝花市金江镇江心滩	59841	109.0	266	0.585	4.2	6.2	8.5
14	K11	攀枝花市金江镇江心滩	59928	52.1	244	0.486	13.6	19.3	23.8
15	S12	攀枝花鲊石村左边滩	60774	120.0	255	0.818	5.3	10.1	12.4
16	K12	鲊石村左边滩	60857	69.4	215	0.358	13.5	16.2	17.5
17	K13	鲊石村左边滩	60947	67.4	208	0.497	11.8	16.6	19.9
18	K14	马店河右边滩	68796	63.2	242	0.230	15.8	17.0	18.6
19	S15	马店河右边滩	68958	36.7	136	0.237	6.4	10.5	20.0
20	K15	马店河右边滩	69122	56.3	276	0.472	18.9	23.2	27.1
21	K16	新田村左边滩	73300	45.4	325	0.373	18.1	23.1	27.8
22	S17	迤资村右边滩	73576	101.0	229	0.299	5.2	9.6	12.1
23	K17	迤资村右边滩	73576	111.0	257	0.338	11.0	16.0	17.7
24	K18	蚕豆湾对岸右边滩	75118	43.0	248	0.516	12.9	20.2	26.1
25	S19	蚕豆湾对岸右边滩	75200	65.2	164	0.339	5.8	7.7	9.5
26	K19	蚕豆湾下游左边滩	75632	35.8	266	0.303	15.1	22.4	28.6
27	S22	箐门口对岸左边滩	77717	47.9	151	0.434	9.5	10.3	10.5
28	K21	箐门口对岸左边滩	77983	63.0	245	0.852	9.4	13.8	17.5

序号	坑名	滩名	下距观音岩坝址距离/m	D_{50}/mm	D_{max}/mm	尾沙样D_{50}/mm	洲滩沙砾含量/%		
							$D<2mm$	$D<5mm$	$D<10mm$
29	K23	箐门口下游右边滩	79134	91.9	242	0.286	12.1	13.6	14.5
30	K24	次格地右边滩	89028	59.9	220	0.335	12.3	15.7	22.9
31	S25	次格地右边滩	89069	118.0	278	0.293	4.7	6.9	10.5
32	K25	次格地右边滩	89218	74.6	215	0.309	10.5	12.6	18.1
33	S26	次格地右边滩	89414	84.8	194	0.250	4.8	6.6	10.1
34	K26	下疙瘩对岸左边滩	96706	86.8	328	0.438	11.6	13.1	14.4
35	S30	下疙瘩对岸左边滩	96706	51.5	144	0.433	9.5	11.3	13.0
36	K27	洛莫底左边滩	128974	94.3	245	0.278	11.5	13.3	16.4
37	S33	洛莫底左边滩	129069	51.4	248	0.274	8.7	8.9	10.1
38	S35	大湾子对岸左边滩	136881	41.1	248	0.347	13.0	16.8	22.5
39	K29	大湾子对岸左边滩	137076	70.1	288	0.309	10.0	12.6	17.0
40	S36	江头村右边滩	142984	69.3	170	0.389	8.2	12.4	18.1
41	K30	江头村右边滩	142984	48.1	238	0.360	12.0	17.1	24.2
42	K31	江头村右边滩	143395	47.7	223	0.368	15.4	18.4	23.4
43	K32	江边乡渡口下游左边滩	145471	33.3	235	0.463	12.7	18.2	24.3

本河段卵石洲滩床沙 D_{50} 的变化范围为 15.4～120mm，坑点 D_{max} 变化范围为 136～365mm，见图 5-4。坑点的尾沙样 D_{50} 的变化范围为 0.230～0.852mm，见图 5-5。

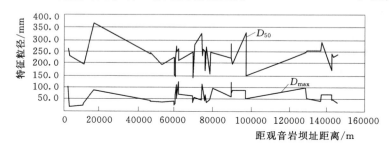

图 5-4　乌东德水库卵石洲滩 D_{50} 和 D_{max} 沿程变化

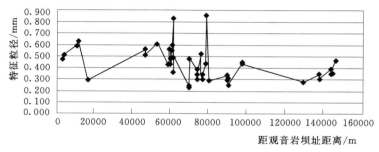

图 5-5　乌东德水库卵石洲滩尾沙样 D_{50} 沿程变化

本河段沙质洲滩床沙 D_{50} 的变化范围为 0.069~0.467mm，坑点 D_{max} 变化范围为0.5~2mm。见表 5-11、图 5-6。

表 5-11　　　　　　　　　　2013 年乌东德水库沙质洲滩活动层特征值统计表

序号	坑名	滩　　名	下距乌东德坝址距离/m	D_{max} /mm	D_{50} /mm
1	S1	攀枝花观音岩左边滩	2589	1	0.192
2	S2	攀枝花观音岩加油站下左边滩	3045	2	0.449
3	S3	攀枝花半边街上游右边滩	10171	2	0.219
4	S6	攀枝花密地大桥上左边滩	45999	2	0.171
5	S7	攀枝花密地大桥下左边滩	46161	2	0.428
6	S8	攀枝花雅砻江河口左溪口滩	52269	2	0.467
7	S13	攀枝花下必鲊村对河左边滩	66730	0.5	0.201
8	S14	攀枝花—马店河右边滩	68393	2	0.252
9	S16	攀枝花市—新田村左边滩	73457	2	0.289
10	S18	攀枝花灰板箐左边滩	73769	1	0.178
11	S20	蚕豆湾下游左边滩	75764	2	0.237
12	K20	箐门口上游右边滩	76541	2	0.188
13	S21	箐门口上游右边滩	76600	2	0.251
14	S23	箐门口对岸左边滩	78346	2	0.214
15	K22	箐门口对岸左边滩	78498	2	0.188
16	S24	箐门口下游右边滩	79237	0.759	0.069
17	S27	马脖子左边滩	92084	1	0.295
18	S28	上疙瘩右边滩	95332	1	0.269
19	S29	上疙瘩右边滩	96384	2	0.287
20	S31	银丝岩右边滩	120652	2	0.117
21	S32	吱咕渡口左边滩	125142	1	0.225
22	K28	吱咕渡口下 4km 左边滩	129656	2	0.214
23	S34	大洼村上游左边滩	132166	0.5	0.212
24	S37	江头村右边滩	143798	2	0.154
25	S38	江边乡渡口下游左边滩	145667	0.5	0.197

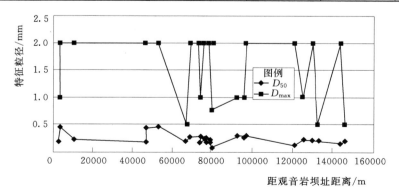

图 5-6　乌东德水库沙质洲滩 D_{50} 和 D_{max} 沿程变化

本测区有雅砻江、龙川江二条大支流入汇，其中，雅砻江的出口河段床沙粒径均较粗，龙川江的出口河段床沙粒径均较细。

2. 垂向分布特点

本河段床沙级配沿垂向分布特点：表层普遍存在粗化层；表层不含小于 2mm 的细颗粒泥沙；深层大多无明显分层，见图 5-7、图 5-8。

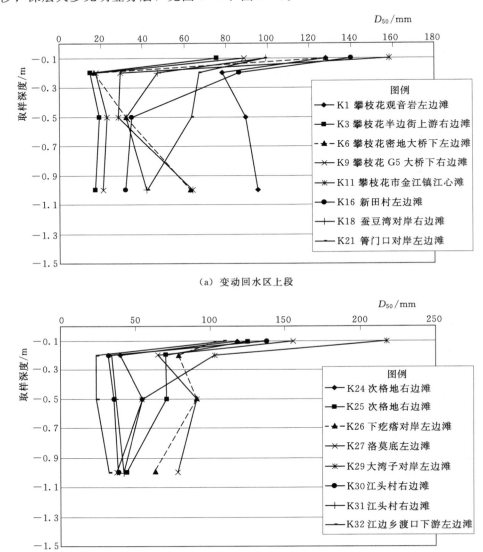

（a）变动回水区上段

（b）变动回水区下段

图 5-7　典型洲滩床沙 D_{50} 垂向分布图

3. 典型洲滩床沙级配曲线

勘测河段的卵石洲滩床沙级配十分宽泛，考虑到床沙与推移质的交换，得到本河段的典型卵石洲滩床沙级配，D_{max} 其一般在 350mm 以下，D_{50} 的变化范围为 20~100mm，见

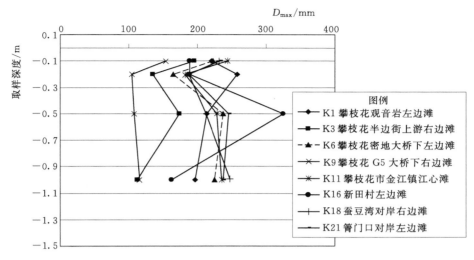

（a）变动回水区上段

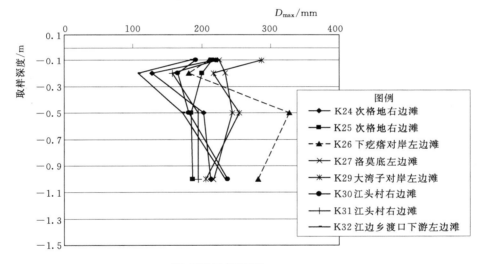

（b）变动回水区下段

图 5-8　典型洲滩床沙 $D_{\max}$ 垂向分布图

图 5-9。

　　勘测河段的沙质洲滩分布广泛，本河段的典型沙质洲滩床沙级配一般较附近卵石洲滩中小于 2mm 的细颗粒更细、更均匀，$D_{\max}$ 其一般在 2mm 以下，D_{50} 的变化范围为 0.15～0.47mm，见图 5-10。

5.2.3　河床组成调查成果

5.2.3.1　洲滩分布及形态特征

　　金沙江观音岩坝址—江边乡河段的洲滩类型主要有坡积锥（裙）、冲积锥（扇）、边滩、心滩、碛坝等，分述如下：

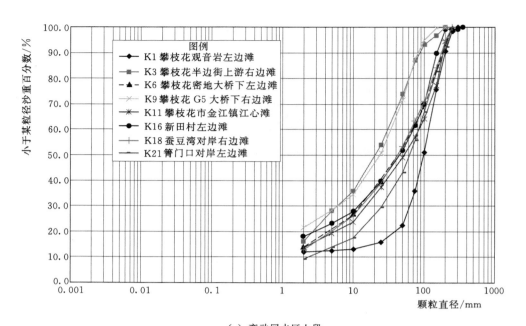

（a）变动回水区上段

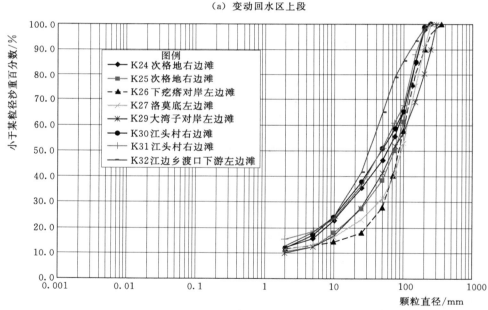

（b）变动回水区下段

图 5-9　典型卵石洲滩床沙级配曲线图

（1）坡积锥（裙）。主要分布在陡壁河岸坡脚，由棱角状和次棱角状的大块石组成。虽然坡积锥（裙）是该河段最普遍、最常见的洲滩形态，但由于这些大块石颗粒粗大，既不能被水流搬运，也不与卵石推移质交换，故不作重点研究。

（2）冲积锥（扇）。主要分布在支流溪沟口门，大者为扇，小者为锥，俗称溪口滩。溪口滩在该河段很普遍、很常见，如雅砻江河口左溪口滩等。该河段绝大多数溪口滩堆积

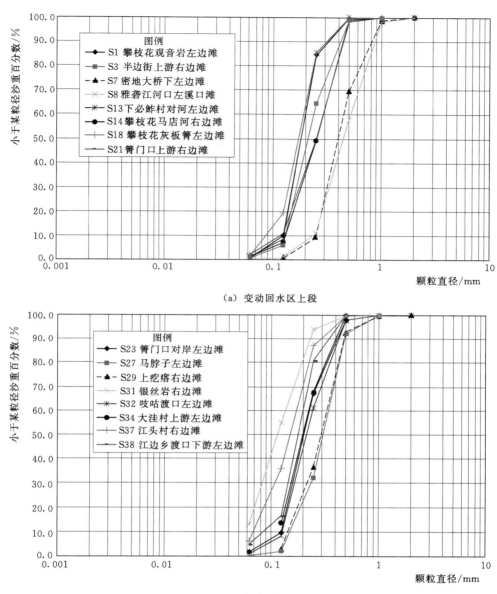

（a）变动回水区上段

（b）变动回水区下段

图 5－10　典型沙质洲滩床沙级配曲线图

物为块石或棱角锋利的颗粒，搬运距离短，磨圆度很差。

（3）边滩。本河段边滩很多，但边滩规模都不大，较大的边滩有：鲊石村左边滩、次格地右边滩、江头村右边滩。

（4）心滩。在本河段不太发育，只有两处心滩，如攀枝花市金江镇江心滩、拉鲊火车站心滩。在本河段内没有发现江心洲。

（5）碛坝。主要分布在干流卡口处和溪沟口门。干流卡口碛坝如陶家渡大桥上游三道梁（图 5－11）、三堆子基岩岛、次格地右边滩上游基岩岛；溪沟口门碛坝如雅砻江河口右侧（图 5-12）、上疙瘩溪口。

图 5-11　陶家渡大桥上游三道梁

图 5-12　雅砻江河口右侧基岩碛坝

5.2.3.2　洲滩形成原因

（1）坡积锥（裙）。通常分布在陡壁河岸坡脚，在重力和流水的作用下形成。

（2）冲积锥（扇）。主要分布在溪沟口门，系支流、溪沟输移而来的泥沙，遇干流回水顶托影响淤积形成。

（3）边滩。由于河道宽窄相间，在河谷开阔的弯道凸岸往往发育边滩。

（4）心滩。在较顺直的开阔河段上游、下游存在卡口，由于河宽突然展宽，流速骤降，泥沙落淤而成。

（5）碛坝。水流切割基岩，由于基岩的抗冲强度与受力大小的差异，总有部分剩余的基岩裸露在江中，而成为碛坝。对块球体一类的特大颗粒组成的洲滩，也划入碛坝。块球体的形成原因，是在特大洪水和泥石流的共同作用下，被冲出溪沟，或从两岸山体崩落的大石块，经过长期的风化、雨水侵蚀、洪水泥沙的摩擦，而形成表面光滑的块球体。

5.2.3.3　洲滩床沙颗粒平面分布

通过调查，掌握洲滩床沙颗粒平面分布情况，对把握调查河段河床组成的宏观规律意义重大。调查河段的卵石堆积区主要分布在 G5 高速大桥—攀枝花火车站、新田村、次格地、江头村等。

G5 高速大桥—攀枝花火车站河段右岸有两个犬牙交错的边滩（图 5-13），边滩长约 1000m，宽 150m。边滩下游相连的金江镇江心滩（图 5-14），长约 540m，宽 158m，高 2m。左岸有鲊石村左边滩，长约 1120m，宽 185m，该滩大部分滩面因机械采砂而面目全非，靠干流水边有一处低滩为原始滩面，滩高 0.7m。

图 5-13　攀枝花 G5 大桥下右边滩

图 5-14　攀枝花市金江镇江心滩

新田村河段左岸有新田村左边滩、灰板箐左边滩（沙滩）、蚕豆湾溪口滩（块球体、乱石），右岸有迤资村溪口滩（块球体、乱石）、迤资村右边滩、蚕豆湾对岸右边滩。

新田村左边滩（图5-15），长约508m，宽86m，高1.5m。滩头至滩中段，由大、中卵石组成；滩体中段、下段，左侧为沙滩，右侧为中、小卵石。

迤资村右边滩（图5-16），长约890m，宽130m，高2m。该滩中段、下段大量的沙、卵石被开采，留下数个水凼。

图5-15 攀枝花市新田村左边滩

图5-16 攀枝花迤资村右边滩

次格地右边滩（图5-17），长约1350m，宽220m，高4m。滩头至滩中段，由大、中卵石组成；滩体中、下段为中、小卵石。

图5-17 次格地右边滩

图5-18 江头村右边滩

江头村河段，河谷开阔，为洲滩发育创造了有利条件。支流龙川江在此处入汇金沙江。

江头村右边滩（图5-18），长约1450m，宽570m，高5m。滩面整体较为平整，滩面绝大部分由大、中卵石组成；滩体右缘（面临龙川江出口）为沙滩。

龙川江口门左、右边滩见图5-19。龙川江出口段河势（两岸高滩为蔬菜基地）见图5-20。江边乡渡口下游左边滩见图5-21。

5.2.3.4 卵石胶结岩描述

本次调查中，在马店河一带，发现大片的卵石胶结岩（图5-22、图5-23），这些卵石胶结岩分布在马店河左岸，长度约1000m，高于枯水位3m以上。该处的卵石胶结岩规模之宏大，保存之完好，在金沙江河段都是罕见的。

5.2.3.5 滑坡、泥石流

勘测河段植被稀疏，山坡陡峻，是金沙江下游滑坡、泥石流灾害最严重的河段之一。

图 5-19　龙川江口门左、右边滩

图 5-20　龙川江出口段河势

（两岸高滩为蔬菜基地）

图 5-21　江边乡渡口下游左边滩

图 5-22　马店河卵石胶结岩（一）

图 5-23　马店河卵石胶结岩（二）

图 5-24　龙川江右侧的泥石流（一）

图 5-25　龙川江右侧的泥石流（二）

图 5-26　龙川江右侧的侵蚀沟

河段内的滑坡、泥石流，既是库岸不稳定的因素，也是水库泥沙的重要来源。

泥石流灾害在本河段是很普遍的现象，发生泥石流灾害极为频繁，最典型的是龙川江流域。

龙川江下游，两岸山体裸露，岩土结构破碎，坡地陡峻，一旦遭遇强暴雨，很容易发生泥石流灾害（图5-24、图5-25）。本次调查发现多处泥石流干沟，沟内的残留物级配宽广，大到数吨的块球体，小到砾石、沙土。另外，还发现多处侵蚀沟（图5-26、图5-27），其特点是：沙土层深厚，组成均匀，岸壁陡峭，沟深一般为3～6m。

图5-27　龙川江右侧的侵蚀沟

图5-28　鲊石村左边滩采砂场

5.2.3.6　人工开采建筑骨料

勘测河段内，人工开采建筑骨料的地点主要分布在离城镇较近的洲滩上，如金江镇江心滩、鲊石村左边滩（图5-28）、迤资村右边滩、次格地右边滩。

5.2.3.7　人类活动对区间来沙的影响

人类活动对区间来沙的影响因素有修路、开矿、修建水电站、封山育林等。其中修路、开矿活动增加区间来沙，修建水电站、封山育林活动减少区间来沙。

（1）开矿活动。攀枝花市有多处煤矿，大量矿渣堆积在岸坡上，由于颗粒较细，容易被雨水和洪水带入金沙江。

（2）修建水电站。在干流上，观音岩水电站（图5-29）蓄水营运。在支流雅砻江有二滩水电站（图5-30），在雅砻江与安宁河汇合口下游，正在修建桐子林水电站（图5-31）。水电站将拦截大量泥沙，特别是粗颗粒泥沙。

图5-29　观音岩水电站

图5-30　二滩水电站

（3）封山育林。调查河段实施退耕还林已有多年，成效很不明显，在较高的山坡上，很少看到成片树林。主要原因是山高坡陡，山体覆盖层薄，土地贫瘠，保水性差，

图 5 - 31   桐子林水电站

树木难以成活；当地人口不断增长，对粮食的需求也在不断增长，开荒造田活动难以控制。

5.3   白鹤滩水库变动回水区河床组成勘测调查

5.3.1   项目的目的及实施情况

项目的目的是收集白鹤滩水库变动回水区在蓄水前天然状态下的河床组成的本底资料，为水库调度、水库泥沙问题研究提供基本依据。

勘测调查工作的范围为白鹤滩水库库尾段乌东德坝址—巧家县蒙姑乡，干流长约95km；以及其主要支流口门段。采用坑测、散点、剖面描述、断面床沙取样等方法，从立体空间和平面分布查明测验河段内床沙分布情况及级配组成情况。

5.3.2   坑测法勘测成果分析

5.3.2.1   取样点平面布置

坑测法布置见表 5 - 9、表 5 - 10 及图 5 - 32。其中，在干流上布设标准坑 12 个、散点 25 个；在支流入汇口或溪沟口门内布设标准坑 5 个、散点 2 个。

对所有标准坑、散点使用手持 GPS 进行了平面定位，定位成果见表 5 - 12、表5 - 13。

表 5 - 12   白鹤滩水库干流洲滩床沙取样点布置表

序号	坑名	滩　　　名	下距乌东德坝址距离/m	坐　　标	
				y	x
1	S1	金沙江—白鹤滩水库—JC203 左边滩	4291	2909544.6	34561823
2	S2	金沙江—白鹤滩水库—JC197 左边滩	7820	2906448.9	34560627
3	S3	金沙江—白鹤滩水库—JC195 右边滩	9731	2904789.2	34560089
4	S4	金沙江—白鹤滩水库—JC193 左边滩	11476	2904747.4	34561854
5	K1	金沙江—白鹤滩水库—JC192 右边滩	11758	2904407.9	34561932

序号	坑名	滩　名	下距乌东德坝址距离/m	坐标 y	坐标 x
6	S5	金沙江—白鹤滩水库—JC187 右边滩	15566	2902346.0	34565084
7	S6	金沙江—白鹤滩水库—JC183 右边滩	17682	2900626.9	34566016
8	S7	金沙江—白鹤滩水库—JC175 右边滩	23728	2901080.7	34571396
9	S8	金沙江—白鹤滩水库—JC175 右边滩	23728	2901058.8	34571433
10	S9	金沙江—白鹤滩水库—JC175 右边滩	23728	2901028.4	34571463
11	K2	金沙江—白鹤滩水库—JC173 右边滩	25150	2902370.8	34572070
12	S10	金沙江—白鹤滩水库—JC173 右边滩	25150	2902357.5	34572092
13	S11	金沙江—白鹤滩水库—JC173 右边滩	25150	2902331.3	34572195
14	S12	金沙江—白鹤滩水库—JC169 左边滩	27983	2905243.9	34572262
15	S13	金沙江—白鹤滩水库—JC169 右边滩	27983	2905048.2	34572519
16	K3	金沙江—白鹤滩水库—JC166 右边滩	30098	2906646.9	34573818
17	S14	金沙江—白鹤滩水库—JC166 右边滩	30098	2906648.6	34573899
18	S15	金沙江—白鹤滩水库—韭菜地下游右边滩	31109	2907444.8	34574067
19	S16	金沙江—白鹤滩水库—韭菜地下游右边滩	31109	2907398.2	34574099
20	S17	金沙江—白鹤滩水库—老金滩上右边滩	32262	2907721.6	34575137
21	S18	金沙江—白鹤滩水库—老金滩上右边滩	32535	2907645.0	34575419
22	K4	金沙江—白鹤滩水库—普渡河口门右边滩	38741	2910966.8	34580256
23	S19	金沙江—白鹤滩水库—普渡河口门右边滩	38759	2910996.3	34580264
24	K5	金沙江—白鹤滩水库—中坪子村左边滩	41836	2911729.0	34583056
25	K6	金沙江—白鹤滩水库—JC144 下右边滩	45158	2913915.5	34585246
26	S20	金沙江—白鹤滩水库—JC144 下右边滩	45214	2913954.6	34585284
27	S21	金沙江—白鹤滩水库—JC144 下右边滩	45281	2914006.4	34585325
28	K7	金沙江—白鹤滩水库—JC131 上游右边滩	54045	2915017.3	34588999
29	S23	金沙江—白鹤滩水库—鱼坝村左边滩	67022	2919083.9	34599344
30	S22	金沙江—白鹤滩水库—鱼坝村左边滩	67254	2919078.1	34599264
31	K8	金沙江—白鹤滩水库—鱼坝村左边滩	67286	2918859.8	34599268
32	S24	金沙江—白鹤滩水库—小米地电站左心滩	79832	2931132.7	34598467
33	K9	金沙江—白鹤滩水库—小米地电站左心滩	79915	2931050.4	34598460
34	S25	金沙江—白鹤滩水库—大桥河溪口滩	80219	2931404.9	34598937
35	K10	金沙江—白鹤滩水库—大桥河溪口滩	80362	2931345.2	34598804
36	K12	金沙江—白鹤滩水库—蒙姑右边滩	94205	2939498.6	34603081
37	K11	金沙江—白鹤滩水库—蒙姑右边滩	94687	2939280.8	34603234

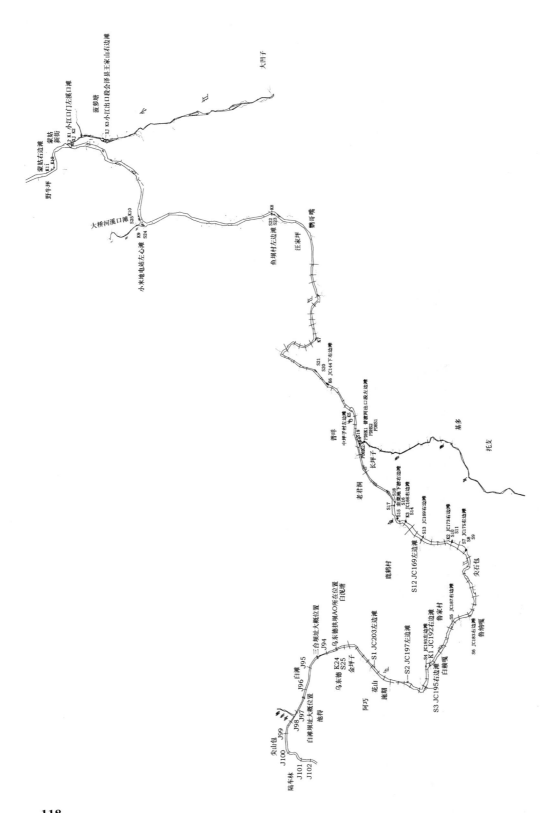

图 5 - 32 金沙江白鹤滩水库变动回水区洲滩坑滩布置图

118

表 5-13 白鹤滩水库支流洲滩床沙取样点布置表

序号	坑名	滩　名	上距支流口门距离/m	坐　标 y	坐　标 x
1	PDH S1	金沙江—白鹤滩水库—普渡河出口段左边滩	574	2910525.4	34580433
2	PDH S2	金沙江—白鹤滩水库—普渡河出口段左边滩	574	2910525.4	34580410
3	PDH K1	金沙江—白鹤滩水库—普渡河出口段左边滩	542	2910556.6	34580389
4	PDH K2	金沙江—白鹤滩水库—普渡河出口段左边滩	114	2910924.7	34580145
5	XJ K1	金沙江—白鹤滩水库—小江口门左溪口滩	82	2937545.6	34605080
6	XJ K2	金沙江—白鹤滩水库—小江口门左溪口滩	222	2937502.5	34605220
7	XJ K3	金沙江—白鹤滩水库—小江出口段会泽县王家山右边滩	3683	2934470.3	34605422

5.3.2.2　床沙级配成果分析

金沙江乌东德坝址—蒙姑河段的洲滩坑测法级配成果见表 5-14。河段的床沙级配有如下特点：

表 5-14　　白鹤滩水库卵石洲滩活动层特征值及沙砾含量统计表

序号	坑名	滩　名	下距乌东德坝址距离/m	D_{50} /mm	D_{max} /mm	尾沙样 D_{50} /mm	洲滩沙砾含量/% $D<2mm$	$D<5mm$	$D<10mm$
1	K1	JC192 右边滩	11758	23.7	202	0.772	17.1	32.0	37.4
2	S7	JC175 右边滩	23728	34.4	253	0.279	14.0	18.4	25.0
3	S8	JC175 右边滩	23728	36.6	220	0.293	12.4	15.3	20.6
4	K2	JC173 右边滩	25150	64.0	223	0.407	12.3	14.8	17.6
5	S10	JC173 右边滩	25150	88.0	186	0.286	6.8	8.8	11.4
6	K3	JC166 右边滩	30098	71.4	236	0.286	7.5	15.0	21.6
7	S14	JC166 右边滩	30098	103	239	0.193	7.3	10.5	13.1
8	S15	韭菜地下游右边滩	31109	66.3	180	0.298	9.0	10.7	16.4
9	S16	韭菜地下游右边滩	31109	15.9	89.0	0.308	11.7	12.4	26.8
10	K4	普渡河口门右边滩	38741	24.4	155	0.283	4.1	9.6	19.9
11	S19	普渡河口门右边滩	38759	40.5	105		1.0	5.4	24.9
12	K5	中坪子村左边滩	41836	90.0	385	0.739	9.3	17.3	22.3
13	K6	JC144 下右边滩	45158	62.3	295	0.486	14.1	17.7	20.2
14	S20	JC144 下右边滩	45214	38.1	124	0.561	10.7	14.7	18.7
15	K7	JC131 上游右边滩	54045	21.1	321	0.496	21.4	27.3	34.3
16	S22	鱼坝村左边滩	67254	61.3	152	0.280	8.4	10.1	14.6
17	K8	鱼坝村左边滩	67286	72.7	330	0.554	12.6	21.4	26.0
18	S24	小米地电站左心滩	79832	4.33	95.0	0.332	23.4	54.4	71.2
19	K9	小米地电站左心滩	79915	30.2	226	0.586	11.4	23.2	30.7
20	S25	大桥河溪口滩	80219	28.7	108	0.442	14.6	24.2	30.4

序号	坑名	滩 名	下距乌东德坝址距离/m	D_{50}/mm	D_{max}/mm	尾沙样 D_{50}/mm	洲滩沙砾含量/%		
							$D<2mm$	$D<5mm$	$D<10mm$
21	K10	大桥河溪口滩	80362	96.7	377	0.413	11.1	13.9	15.7
22	K12	蒙姑右边滩	94205	49.8	208	0.363	13.6	14.1	15.2
23	K11	蒙姑右边滩	94687	83.2	347	0.441	11.0	14.5	18.8

1. 沿程变化

本河段床沙级配沿程分布特点：总体上看，D_{50}、D_{max} 沿程分布呈锯齿状分布，无明显的增大或减小趋势，但局部河段受河势控制，有明显的递减趋势。如火田坝（JC175 右边滩）至老君滩峡谷段进口，长约 10km，沿程分布的洲滩分别为大卵石滩、中小卵石滩、小卵石滩、纯沙滩。

本河段卵石洲滩床沙 D_{50} 的变化范围为 15.9～103.0mm，坑点 D_{max} 变化范围为 200～377mm，见图 5-33。坑点的尾沙样 D_{50} 的变化范围为 0.193～0.739mm，见图 5-34。

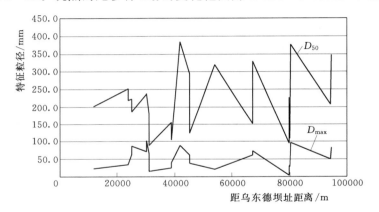

图 5-33　白鹤滩水库卵石洲滩 D_{50} 和 D_{max} 沿程变化

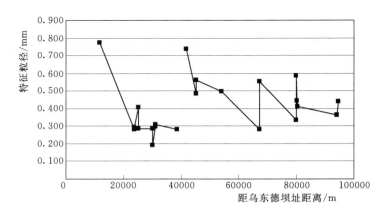

图 5-34　白鹤滩水库卵石洲滩尾沙样 D_{50} 沿程变化

本河段沙质洲滩床沙 D_{50} 的变化范围为 0.121～0.250mm，坑点 D_{max} 变化范围为 1～

2mm，见图 5-35。

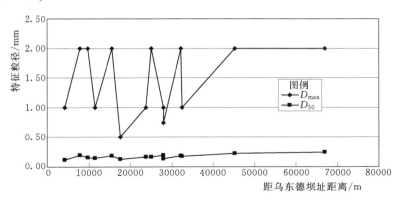

图 5-35　白鹤滩水库沙质洲滩 D_{50} 和 D_{max} 沿程变化

　　本测区有普渡河、小江两条大支流入汇，这两条大支流的出口河段床沙粒径均较细，粒径以小于 75mm 的中小卵石为主。白鹤滩水库沙质洲滩活动层特征值见表 5-15。

表 5-15　　　　　　　　　　白鹤滩水库沙质洲滩活动层特征值统计表

序号	坑名	滩　　名	下距乌东德 坝址距离/m	D_{max} /mm	D_{50} /mm
1	S1	JC203 左边滩	4291	1.00	0.121
2	S2	JC197 左边滩	7820	2.00	0.200
3	S3	JC195 右边滩	9731	2.00	0.162
4	S4	JC193 左边滩	11476	1.00	0.145
5	S5	JC187 右边滩	15566	2.00	0.189
6	S6	JC183 左边滩	17682	0.50	0.130
7	S9	JC175 右边滩	23728	1.00	0.169
8	S11	JC173 右边滩	25150	2.00	0.171
9	S12	JC169 左边滩	27983	1.00	0.197
10	S13	JC169 右边滩	27983	0.75	0.138
11	S17	老金滩上右边滩	32262	2.00	0.189
12	S18	老金滩上右边滩	32535	1.00	0.182
13	S21	JC144 下右边滩	45281	2.00	0.227
14	S23	鱼坝村左边滩	67022	2.00	0.250

　　2. 垂向分布特点

　　本河段床沙级配沿垂向分布特点：表层普遍存在粗化层；表层不含小于 2mm 的细颗粒泥沙；深层大多无明显分层，见图 5-36、图 5-37。

　　3. 典型洲滩床沙级配曲线

　　勘测河段内卵石洲滩床沙级配十分宽泛，考虑到床沙与推移质的交换，得到本河段的典型卵石洲滩床沙级配，D_{max} 其一般在 400mm 以下，D_{50} 的变化范围为 20~90mm，见图

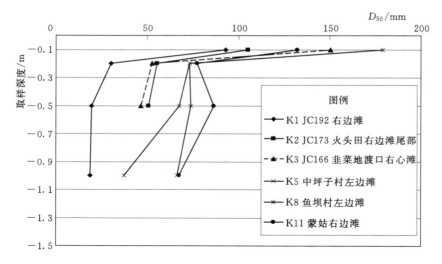

图 5-36 典型洲滩床沙 D_{50} 垂向分布图

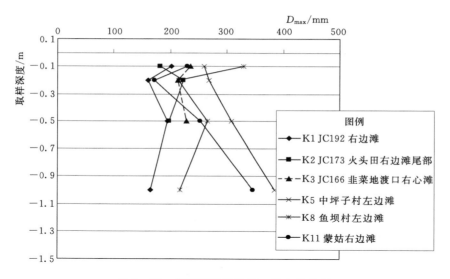

图 5-37 典型洲滩床沙 $D_{\max}$ 垂向分布图

5-38。

　　勘测河段内沙质洲滩分布广泛，床沙级配一般较附近卵石洲滩中小于 2mm 的细颗粒更细、更均匀，$D_{\max}$ 其一般在 2mm 以下，D_{50} 的变化范围为 0.15～0.25mm，见图 5-39。

5.3.3 河床组成调查成果

5.3.3.1 洲滩床沙颗粒平面分布

　　通过调查，掌握洲滩床沙颗粒平面分布情况，对把握调查河段河床组成的宏观规律意义重大。下面将调查典型河段洲滩进行重点分析。

　　普渡河口门段（图 5-40）左右两侧皆有边滩。左边滩（图 5-41）规模较大，长

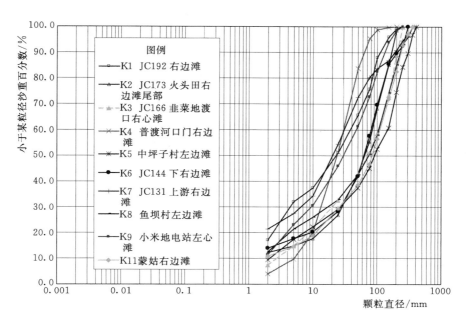

图 5-38　典型卵石洲滩床沙级配曲线图

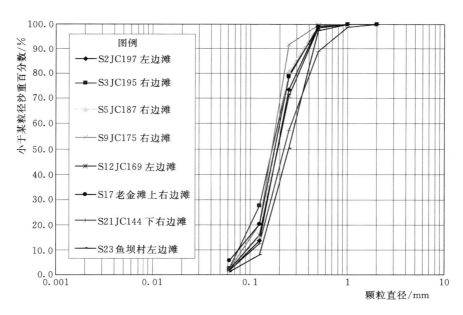

图 5-39　典型沙质洲滩床沙级配曲线图

600m，宽100m，高5m，可分为三级平台，一级、二级平台为中小卵石夹沙，第三级平台上段为中小卵石夹沙，下段为沙滩。右边滩规模较小，长85m，宽22m，高1.8m，只有一级平台，床沙组成为中小卵石。

中坪子村左边滩呈带状分布，滩面较平坦，长930m，宽200m，高8m，总面积106208m²。

图 5-40 普渡河口门

图 5-41 普渡河出口段左边滩

该滩主要由特大卵石组成，表层大卵石粒径大多为 500～700mm，磨圆度很好，岩性为紫红砂岩，滩尾略细；滩中部有泥石流干沟，沟口外有一片大块石堆积区，面积 10853m²；滩体下段有两处沙滩，一处靠近坎边，面积 6573m²，一处居中，面积 4534m²。该滩大卵石、大块石、沙占总面积的百分数分别为 79.3%、10.2%、10.5%，见图 5-42～图 5-44。

图 5-42 中坪子村左边滩全貌

图 5-43 中坪子村左边滩中上段
（主要由特大卵石组成）

图 5-44 中坪子村左边滩中下段

图 5-45 鱼坝村左边滩全貌

鱼坝村左边滩，呈带状分布，滩顶表面较平坦，长 890m，宽 143m，高 7m，总面积 79942m²，见图 5-45～图 5-47。该滩主要由卵石和纯沙组成，表层大卵石粒径大多为 200～300mm，磨圆度很好，岩性为紫红砂岩，靠近坎边为中小卵石；滩体头、尾有两处沙滩，滩体头部沙滩，面积 14669m²，滩体尾部沙滩，面积 21204m²。该滩卵石、沙占总面积的百分数分别为55.1%、44.9%。

图5-46　鱼坝村左边滩（靠水边一侧的卵石滩面）　　　图5-47　鱼坝村左边滩（靠坎边的卵石滩面）

蒙姑右边滩，呈月牙状分布，滩面较平坦，长1367m，宽270m，高4m，总面积216512m²，见图5-48～图5-50。该滩主要由卵石组成，表层大卵石粒径大多为210～350mm，磨圆度很好，靠近江心的低滩部分略细；滩上段靠近坎边有成片的块球体，面积12260m²；滩中部靠近坎边有沙滩，面积10003m²；其余皆为卵石滩。该滩大卵石、块球体、沙占总面积的百分数分别为89.7%、5.7%、4.6%。

图5-48　金沙江—白鹤滩水库—蒙姑右边滩　　　图5-49　蒙姑右边滩块球体与沙滩分界处

洲滩河床组成平面分布小结：金沙江乌东德—蒙姑河段的调查洲滩的总面积为$40.3×10^4$m²，卵石（含卵石夹沙）、沙（含沙夹卵石、泥质）、基岩碛坝（含块球体）的覆盖面积分别占80.1%、14.2%、5.7%。

5.3.3.2　滑坡、泥石流

勘测河段植被稀疏，山坡陡峻，是金沙江下游滑坡、泥石流灾害最严重的河段之一。河段内的滑坡、泥石流，既是库岸不稳定的因素，也是水库泥沙的重要来源。

图5-50　蒙姑右边滩块球体与卵石滩分界处

该河段有两处大规模滑坡：一处是双龙潭垮山，下距乌东德坝址9.7km。滑坡体位于金沙江右侧的小溪沟内1km。另一处是老君滩上首的野牛坪垮山，上距乌东德坝址

图 5-51 小江与金沙江交汇口

33km。滑坡体位于金沙江左侧的小溪沟内 2km。

泥石流灾害在本河段很普遍存在，发生泥石流灾害极为频繁，最典型的是小江流域。

小江是金沙江右岸一级支流，位于金沙江下游地区（图 5-51），发源于滇东北高原的鱼味后山，全长 138km，流域面积 3043km²，两岸悬崖陡峭，相对高差 1000~2000m，水流落差 909m。小江河谷发育在著名的小江大断裂带上，地质构造错综复杂，新构造运动强烈，地震强烈，是长江上游水土流失最严重、生态环境最恶劣、地质灾害最频繁地区。河流含沙量大，尤以泥石流著称于世，小江年输沙量约为 776 万 t，推移质若按悬移质 15%~30%估计，则推移质量可达 116 万~232 万 t。

由于小江两岸岩层结构松散，加之河谷两岸植被稀疏，再加上深切割的沟谷十分发育，一遇暴雨极容易形成规模巨大的泥石流。目前小江流域已查明的泥石流沟有 140 条，每年都有数十条沟谷暴发泥石流，其中著名的蒋家沟泥石流平均每年暴发 15 次左右，最多的年份达 28 次。白泥沟、芋头塘沟和老干沟等也为发育旺盛期泥石流沟。

小江虽然也发源于山区并在山谷中穿行，比降也很大，水流挟沙能力也应较大，河床理应以下切为主，但从床沙组成来看，小江河道有累积性淤积特点。主要原因是，尽管水流挟沙能力大，但来沙量更大，不足以将全部泥沙带走，部分泥沙不得不在河床落淤，使得河床被砂砾石厚厚地覆盖着，变得十分平坦。小江出口河段见图 5-52。

图 5-52 小江出口河段（河床平坦，床沙以中小卵石夹沙为主）

5.3.3.3 人工开采建筑骨料

本次调查期间，在本河段未发现人工或机械开采建筑骨料。

5.3.3.4 人类活动对区间来沙的影响

人类活动对区间来沙的影响因素有修路、开矿活动、修建水电站、封山育林等。其中修路、开矿活动增加区间来沙，修建水电站、封山育林活动减少区间来沙。

（1）修路。调查期间，在云南境内（舍块乡至田坝）正在兴建沿江公路，有大量路渣直接滚入金沙江。另外，有很多矿区土石路正在兴建。

（2）开矿活动。普渡河口至田坝有多处铅、锌矿洞，大量矿渣堆积在岸坡上，由于颗粒较细，容易被雨水和洪水带入金沙江。另外，洗矿的规模越来越大，其废水不仅含有大量泥沙，而且水质污染严重，其污水有两种颜色，一种是乳白色（图 5-53），一种是铁锈色，它们的共同特点是恶臭无比。

（3）修建水电站。在普渡河等支流上已修建水电站，拦截大量泥沙，特别是粗颗粒泥沙。在干流上，乌东德水电站的建设正在紧锣密鼓地进行，大坝截流后，在水库淤积平衡之前，将拦截大量泥沙，特别是粗颗粒泥沙。

（4）封山育林。调查河段实施退耕还林已有多年，成效很不明显，在较高的山坡上，很少看到成片树林。主要原因是山高坡陡，山体覆盖层薄，土地贫瘠，保水性差，树木难以成活；当地人口不断增长，对粮食的需求也在不断增长，开荒造田活动难以控制。

图 5-53　田坝洗矿排出的乳白色污水

5.4　溪洛渡水库变动回水区河床组成勘测调查

5.4.1　项目的目的及实施情况

项目的目的是为了收集溪洛渡水库变动回水区在蓄水前天然状态下的河床组成的本底资料，为水库调度、水库泥沙问题研究提供基本依据。

勘测调查范围：金沙江白鹤滩坝址—金阳河段长度约80km。河道总体走向是自南偏西到北偏东，干流河道有多处大弯道，如位于热水河乡、金阳河河口、对坪镇、田坝子、西溪河河口。其中西溪河河口是急弯道，而热水河乡附近是连续拐弯的河段。干流河道为典型的山区性河道，两岸岸坡较陡，多为山体基岩出露，河漫滩很不发育，局部有阶地，主要是农田和菜地。

河道宽窄相间，以狭窄型河道为主，枯水河宽一般为80~100m，卡口枯水河宽约50m，宽阔处枯水河宽约260m。

该区域水系发达，支流较多。右岸有牛栏江等支流汇入；左岸有金阳河、西溪河、尼姑河等支流汇入。无名小溪沟众多。地下水丰沛，瀑布众多，尤其是右岸云南境内，有时一个山头多达6处瀑布。

5.4.2　钻探法勘测成果

5.4.2.1　取样点平面布置

钻探的河段位于溪洛渡变动回水区的白鹤滩—牛栏江段，长约48km。河段内以峡谷为主，河道弯曲，河水流急、跌水坎多，河道沿岸多以裸露基岩和山体崩塌滑落的大块石堆积为主。在峡谷河段洲滩多较窄、较薄，以块石为主且一般厚度较薄。当在水流较缓和河道展宽、弯道或有溪沟入汇处易形成边滩或心滩，其覆盖层厚度也相对较厚。本河段洲滩较少，滩面一般高差较大，规模较小，并以边滩为主，洲滩上床沙组成普遍大小悬殊，多以大于200mm以上粒径为主，漂石、卵石甚至砾石混杂。本河段共布钻孔4孔，其平面位置见图5-54。

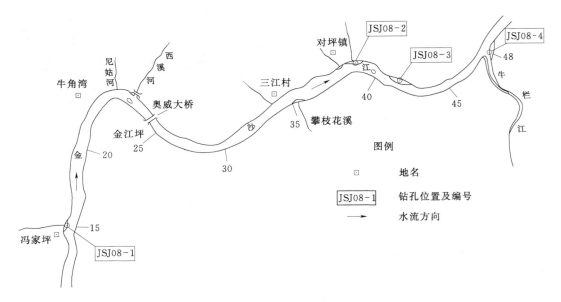

图 5-54 金沙江白鹤滩—牛栏江口门河段床沙取样钻孔平面布置示意图

（图中数字表示距白鹤滩坝区距离，单位：km）

冯家坪溪口滩，位于白鹤滩坝址下游约 15km 的河道左岸，岸坡较陡，滩体较小，滩面高差较大，被溪流分成两部分，沿水边有 8～10m 宽的块石和漂石杂乱堆积区，滩面上以粒径小于 200mm 的卵石为主，间有大漂石和巨石岩块。溪沟内有巨大岩块数个，粒径多在 500～800mm，部分中径达 1000mm 以上，溪流水落差大，水流急。局部有基岩出露，卵石堆积厚度不大。

对坪溪口滩位于白鹤滩中坝址下游约 39km。滩面不平，由于洲滩向江中外伸，形成明显的跌水和急流。沿水边有大砾石和漂石分布，中径最大约 2000mm，一般 1000mm。沟口一带人为开挖影响较大，滩面高低不平，沟口内卵石粒径较细。

大沙坝边滩（对坪下边滩）位于白鹤滩中坝址下游约 39km，位于对坪镇下约 2km，滩体规模较大，长约 800m，最宽处约 50m，滩面分三个区（图 5-55），其中 A 区高出枯水面 0～1.5m，滩面较平整，组成以小于 200mm 的泥沙颗粒为主，水边较大粒径 400mm；B 区大小卵砾混杂，高出 A 面 2.0m，较平整；C 区大巨砾石层密集堆积区，部分具胶结状，高于 B 面约 7m。该处为河流拐弯处。有明显的几处跌水和急流。还另有边滩、心滩等分布，但规模较小。

牛栏江溪口滩位于白鹤滩中坝址下游约 48km 的河道右岸。溪口内卵石较小，左岸有山体滚落的块石，溪口一带河床及滩体可分为 A、B、C 区（图 5-56），A 平台高于 B 平台约 3.0m，平整，卵石多较小，25mm 以下小卵砾含量较高；B 平面高于 C 平面约 2.0m，较平整，卵石粒径 100mm 以下为主，局部 10mm 以下粒径含量很高；C 平面高于

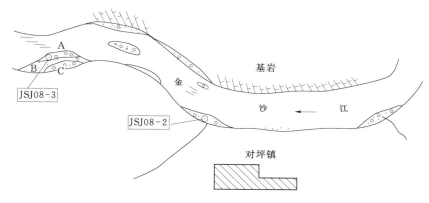

图 5-55　金沙江对坪大沙坝边滩河势图

水面 0.4m，沿水边呈窄条状展布，卵石粒径以 200～150mm 组为主。口内左岸也有卵石堆积体。口门处有一基岩体出露，高于水面约 3m，起到了阻挡和降低上游来水冲击的作用，使牛栏江溪口滩发育较好。

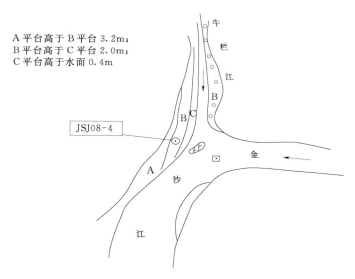

A 平台高于 B 平台 3.2m；
B 平台高于 C 平台 2.0m；
C 平台高于水面 0.4m

图 5-56　金沙江牛栏江溪口滩河势图

5.4.2.2　钻探级配成果

从查勘的结果看，本河段从上向下游滩面的粒径组成有跳跃式变小的趋势，如在白鹤滩坝址区以岩块堆积为主，冯家坪溪口滩为大小混杂，大于 800mm 以上巨大漂块石较多，卵石粒径普遍粗大，部分为 200mm 以下。在西流河口附近又以 150mm 左右粒径为主，滩面粒径变细；在攀枝花溪口滩又为 400mm 以上块砾和卵石混杂，在对坪镇溪口滩水边又以 400～800mm 砾石为主，少量大于 800mm 者，但对坪镇溪内的卵石粒径却较小，在大沙坝边滩和心滩水边，卵砾又相对减小为 400mm 以下为主；到牛栏江卵石更是明显减小，而在其下约 1km 的索道桥下右边滩卵石比牛栏江溪口滩又有所增大。

从钻孔中地层揭露和卵石级配（表5-16）看，本河段有以下特点：

（1）钻孔内揭露地层主要有两层，即上部卵石层和下部基岩，上部卵石层厚度不稳定，多较薄。下部基岩为玄武岩或砂岩。

（2）卵石层中普遍以100mm以上者为主。

（3）沿垂直深度内卵石粒径向深部明显变大。

（4）含砂量低，最高7.4%，平均仅有1.8%。

（5）小于2mm以下为粗砂、中粗砂，粒径以0.25～0.5mm组为主，小于0.05mm以下粉粒稀少，不含黏粒，D_{50}均值为0.40mm。

从钻孔剖面的沿程分布看，冯家坪—牛栏江口的峡谷河段河床和边坡覆盖层以卵石为主，厚度不稳定，对坪一带属宽谷段河床覆盖层较厚。覆盖层上部以卵石为主，中下部以漂石为主。

表5-16　金沙江溪洛渡水库变动回水区河床洲滩钻孔床沙粒径组成百分数统计表

钻孔编号	洲滩名称	取样深度/m	漂石/mm 400~200	卵石/mm 200~150	150~100	100~75	75~50	50~25	25~10	砾石/mm 10~5	5~2	砂土/mm <2	砂土 D_{50}/mm
JSJ08-1	冯家坪溪口滩	0.00~6.00		32.6	44.1	8.4	4	6	2.5	1	0.6	0.8	0.5
JSJ08-2	对坪溪口滩	0.00~6.20		7.4	26.5	31.2	6.3	10.3	6.1	2.7	2.1	7.4	
		6.20~15.40	57	22.6	7.6	3	2.1	3.1	1.3	1	0.5	1.8	0.29
JSJ08-3	大沙坝边滩	0.00~2.50	30.5	17.7	16.5	11.9	8.8	6.7	6.9	0.5	0.2	0.3	0.42
		2.50~5.00	15.4	21.3	16.1	16.9	10	7.7	10.1	1	0.2	0.3	0.35
		5.00~15.50	25.9	17.4	13.7	11.7	7.6	9.7	6	7	0.3	0.7	
JSJ08-4	牛栏江溪口滩	0.00~4.30		24.9	37.7	13.8	7.1	5.5	4.8	2.8	1.8	1.6	0.36
		4.30~10.50	31.4	40.8	14.8	5.3	3.7	1.8	1	0.3	0.2	0.7	0.49
平均值			20	23.1	22.1	12.8	6.2	4.8	4.8	2	0.8	1.8	0.4

5.4.2.3　岩性分析

冯家坪溪口滩JSJ08-1孔，钻深6.50m（表5-17），其中覆盖层厚0.00～6.00m为卵石，钻孔中揭露卵石岩性较简单，以黄褐、浅紫红色砂岩为主，次为灰岩、玄武岩等，灰白色石英砂岩少量，偶见花岗岩，岩性随粒径大小变化而变化，其中砂岩随粒径变小而减少，灰岩随粒径变小而有增加，玄武岩则较为稳定，玄武岩为灰褐色、棕褐色、黑色，一般黑色较致密，较硬，棕褐色含斑纹明显并具一定风化，少量具蜂窝状风化坑。6.00～6.50m为基岩，系二叠系（P2）玄武岩。

对坪镇上溪口滩，岩性以浅紫红色砂岩、灰岩为主，有少量石英砂岩（白色、质粗）、玄武岩、板岩等，靠近河床水边玄武岩大砾石略有增加，但玄武岩小卵砾少见，溪沟口内见有灰褐色玄武岩，泥灰岩等。

对坪镇下溪口滩JSJ08-2孔处，钻深15.60m（表5-17），其中覆盖层厚15.40m，细分为二层，上层为卵石，下层为漂石，卵石以紫红色、黄褐砂岩为主，灰岩次之。砂岩随粒径变小而变少，灰岩、板岩在各粒径组均见有但较少，随向深度板岩含量有增加。砂岩有增加，灰岩减少，玄武岩仅见于小粒径组中。底部 15.40～15.60m 为基岩，三叠系（T1）飞仙关组砂岩。该滩无论较高处、水边还是溪口内均少见玄武岩，仅水边大块砾见有个别玄武岩块。该滩独特之处是见有较多板岩、灰白色白云质灰岩和白云岩。

大沙坝边滩 JSJ08-3 孔，钻深 15.70m（表 5-17），其中覆盖层厚 15.50m，细分为上、中、下三层，上层为漂石，中层为卵石，下层为漂石，虽距对坪镇下溪口滩不远，但岩性变化却较大，仍以黄褐、紫红色砂岩为主，次之为玄武岩、灰岩第三，见有少量砾岩和板岩，从滩面往深部砂岩、灰岩含量明显降低，板岩略有增加，玄武岩往深部含量明显增加。砂岩随粒径变小而减少，玄武岩在各粒径组中含量均较高，有随粒径变小含量增加的趋势，其他岩性随粒径变化无明显变化趋势。底部 15.50～15.70m 为基岩，三叠系（T1）飞仙关组砂岩。

牛栏江溪口滩 JSJ08-4 孔，钻深 11.00m（表 5-17），其中覆盖层厚 10.50m 为卵石，细分为上、下层，上层为卵石，下层为漂石。漂、卵石以灰岩、砂岩为主，玄武岩第三，见有砾岩、白云岩，石英砂岩少量。大粒径以灰岩、砂岩为主，随粒径变小，砂岩、灰岩含量减少，而玄武岩含量随之变多，偶见有杂色火山碎屑岩。从滩面表面向深部，砂岩、玄武岩等增多，灰岩和其他岩性变化不大，还见有少量火山碎屑岩并偶见花岗岩。底部 10.50～11.00m 为基岩，系三叠系（T1）飞仙关组砂岩。

沿程卵石的岩性组成以砂岩、灰岩和玄武岩为主，其中尤以砂岩为多，基本反映了白鹤滩牛栏江河段的卵石岩性主体，也反映本河段山体的主体岩性（表 5-17）。钻探揭露基岩分别为二叠系峨眉山组玄武岩和三叠系飞仙关组砂岩。

表 5-17　　　　　　　溪洛渡水库回水变动区钻孔卵石岩性百分数统计表

钻孔编号	洲滩名称	取样深度/m	岩性百分数/%									
			石英砂岩	砂岩	灰岩	玄武岩	板岩	白云岩	砾岩	火山碎屑岩	石英	花岗岩
JSJ08-1	冯家坪溪口滩	0.00～6.00	0.8	40.5	29.5	29.1						0.1
JSJ08-2	对坪溪口滩	0.00～6.20	13.9	33.6	36.2		9.3	7.0				
		6.20～15.40		47.2	26.4	0.5	18.4	7.5				
JSJ08-3	大沙坝边滩	0.00～2.50	0.8	25.7	11.4	49.0	2.5		10.6			
		2.50～5.00		26.0	10.3	58.3			5.4			
		5.00～15.50	0.7	23.1	12.8	54.2	2.0		6.9		0.3	
JSJ08-4	牛栏江溪口滩	0.00～4.30	14.2	16.9	37.9	30.7						0.3
		4.30～10.50	4.9	44.8	31.2	17.5		0.1		1.5		

溪口滩的卵石岩性组成反映了其溪内卵石岩性的特征，如 JSJ08-1 孔冯家坪溪口滩的棕褐色玄武岩；如 JSJ08-2 孔对坪镇下溪口滩的白云质灰岩、白云岩和板岩；如

JSJ08-3孔大沙坝的板岩和砾岩；如JSJ08-4孔牛栏江的火山碎屑岩等，都反映了各自溪沟内山体和卵石岩性的特点。

5.4.3 坑测法勘测成果分析

5.4.3.1 取样点平面布置

金沙江溪洛渡水库库区（白鹤滩—金阳）坑测法布置见表5-18及图5-57。其中，在干流上4个边滩布设标准坑5个、散点5个；在支流入汇口或溪沟口门内布设标准坑7个、散点7个。

表5-18　　　金沙江溪洛渡水库库区（白鹤滩—金阳）坑测法取样点布置表

序号	坑　号	滩　　名	相　对　位　置
1	XLDKQ坑1	冯家坪溪口滩	左岸，白鹤滩坝址下游约15km
2	XLDKQ坑2	巧家县上坝村攀枝花溪沟内边滩	右岸，白鹤滩坝址下游约34km
3	XLDKQ坑3	对坪镇溪口滩	左岸，白鹤滩坝址下游约37km
4	XLDKQ坑4	对坪镇下游边滩	左岸，白鹤滩坝址下游约39km
5	XLDKQ坑5	牛栏江溪口滩（上）	右岸，白鹤滩坝址下游约48km
6	XLDKQ坑6	牛栏江溪口滩（下）	右岸，白鹤滩坝址下游约48km
7	XLDKQ坑7	春江乡幺米沱边滩	左岸，白鹤滩坝址下游约48km
8	XLDKQ坑8	昭通市炎山乡大坨村兰田坝边滩	右岸，白鹤滩坝址下游约50km
9	XLDKQ坑9	灯厂镇溪口滩	右岸，白鹤滩坝址下游约58km
10	XLDKQ坑10	金阳河溪口滩	左岸，白鹤滩坝址下游约60km
11	XLDKQ坑11	金阳县热水河边滩（上）	左岸，白鹤滩坝址下游约80km
12	XLDKQ坑12	金阳县热水河边滩（下）	左岸，白鹤滩坝址下游约80km

对所有标准坑、散点使用手持GPS进行了平面定位。标准坑、散点高程套用成都勘测设计院（现成都勘测设计研究院有限公司）1997年1：5000地形测图。

5.4.3.2 床沙级配成果

金沙江白鹤滩—金阳河段的洲滩坑测法级配成果见表5-19。

表5-19　　　　金沙江白鹤滩—金阳河段洲滩活动层特征值及沙砾含量统计表

序号	滩　　名	距白鹤滩坝址/km	D_{50}/mm	D_{max}/mm	尾沙样D_{50}/mm	洲滩沙砾含量/%		
						D<10mm	D<5mm	D<2mm
1	冯家坪溪口滩	15	36.1	285	0.585	24.2	18.1	10.7
2	攀枝花溪沟内边滩	34	30.0	195	0.469	20.7	13.8	5.3
3	对坪镇溪口滩	37	22.7	147	0.513	30.2	20.4	10.1
4	对坪镇下游滩	39	63.8	280	0.289	15.5	13.7	13.3
5	牛栏江溪口滩（上）	48	22.5	225	0.564	37.6	28.3	15.8
6	牛栏江溪口滩（下）	48	31.7	268	0.523	25.9	18	9.5

序号	滩　名	距白鹤滩坝址 /km	D_{50} /mm	D_{max} /mm	尾沙样 D_{50} /mm	洲滩沙砾含量/%		
						$D<10$mm	$D<5$mm	$D<2$mm
7	春江乡幺米沱边滩	48	43.4	264	0.411	23.6	19.4	13.9
8	兰田坝边滩	50	16.6	113	0.346	40.2	33.1	26.9
9	灯厂镇溪口滩	58	61.5	326	0.783	20.8	15.1	10.3
10	金阳河溪口滩	60	30.7	152	0.584	17.2	10.6	6.5
11	金阳县热水河边滩（上）	80	73.6	347	0.441	18.2	16.2	14.9
12	金阳县热水河边滩（下）	80	82.9	280	0.329	16.9	16.3	15.6

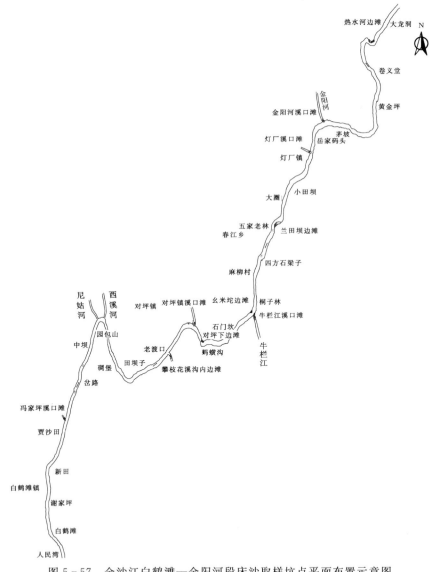

图 5-57　金沙江白鹤滩—金阳河段床沙取样坑点平面布置示意图

河段的床沙级配有如下特点：

（1）河段的卵石洲滩床沙级配总体较细，其中 D_{50} 的变化范围为 16.6～82.9mm，D_{max} 为 326mm。中小颗粒所占比重较大，多达 60%，大卵石及砂砾的比例均较小。

（2）小于 2mm 的尾沙样 D_{50} 的变化范围为 0.289～0.783mm。支流溪口滩的尾沙样较粗，D_{50} 的变化范围为 0.469～0.783mm。干流边滩的尾沙样较细，D_{50} 的变化范围为 0.289～0.441mm。

（3）小于 2mm 的尾沙百分数一般在 14% 左右，干流边滩的尾沙较支流溪口滩略多。

（4）2～10mm 的沙砾含量一般在 1.3%～22.0% 左右。干流边滩的沙砾含量少，一般在 1.3%～3.3% 左右；支流溪口滩的沙砾含量多，一般在 10.3%～22.0% 左右。

（5）对坪镇下游边滩、金阳县热水河边滩，由于洲滩床沙与推移质交换充分，最能代表白鹤滩—金阳河段的床沙级配，其余支流溪口滩的床沙级配可作为区间来沙的级配成果，见图 5-58、图 5-59。

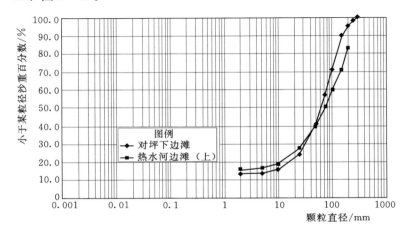

图 5-58　干流典型洲滩坑测级配曲线图（D>2mm）

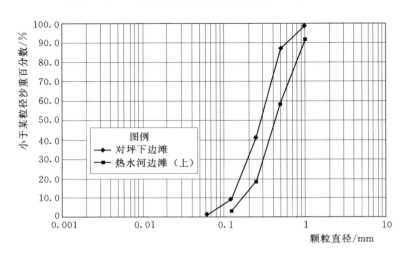

图 5-59　干流典型洲滩坑测级配曲线图（D<2mm）

为了掌握 D 大于 200mm 的粗颗粒级配分布规律，在对坪镇溪口滩，使用钢卷尺量三径，随机抽取 100 颗以上，以颗数计计算的级配百分数，见表 5-20。

表 5-20　　　　　　　　　　对坪溪口滩粗颗粒级配调查表

粒径组/mm	以颗粒数计的级配百分数/%	粒径组/mm	以颗粒数计的级配百分数/%	粒径组/mm	以颗粒数计的级配百分数/%	粒径组/mm	以颗粒数计的级配百分数/%
2	—	550	17.6	1300	86.1	2050	96.3
5	—	600	28.7	1350	86.1	2100	97.2
10	—	650	40.8	1400	89.8	2150	97.2
25	—	700	47.2	1450	89.8	2200	98.2
50	—	750	51.9	1500	92.6	2250	98.2
75	—	800	58.4	1550	93.5	3150	98.2
100	—	850	64.8	1600	93.5	3200	99.1
150	—	900	68.5	1650	94.5	3250	99.1
200	—	950	71.3	1700	94.5	3300	99.1
250	0.9	1000	75.0	1750	94.5	4050	99.1
300	0.9	1050	75.9	1800	94.5	4100	99.9
350	1.9	1100	77.8	1850	94.5	4150	99.9
400	2.8	1150	77.8	1900	96.3	5150	99.9
450	4.6	1200	79.6	1950	96.3	5200	100.0
500	12.1	1250	80.6	2000	96.3		

5.4.3.3　岩性分析

金沙江白鹤滩—金阳河段的洲滩坑测法岩性百分数成果见表 5-21。河段的坑测法岩性百分数有如下特点：

表 5-21　　　　　　　　金沙江溪洛渡水库库区（白鹤滩—金阳）河段

各坑分层及坑平均岩性百分数成果表　　　　　　　　　　　　　　　　%

坑号	分层	黑色玄武岩	斑玄武岩	褐色玄武岩	灰岩	页岩	石英	石英岩	石英砂岩	一般砂岩	红砂岩	紫砂岩	绿砂岩	泥岩	火山碎屑岩	花岗岩	其他
冯家坪溪口滩	表层	7.46	8.83	0.00	70.09	0.00	0.25	1.00	5.85	3.23	0.37	0.50	0.00	0.00	1.93	0.50	0.00
	次表层	21.56	0.00	0.00	51.78	0.00	0.98	2.73	7.51	0.70	6.32	0.00	0.00	0.00	0.00	8.43	0.00
	坑平均	16.79	2.99	0.00	57.98	0.00	0.08	0.99	3.79	6.06	0.59	4.35	0.00	0.00	0.65	5.75	0.00
巧家县攀枝花溪沟内边滩	表层	0.00	0.00	0.00	15.52	72.06	9.42	0.00	0.21	1.82	0.00	0.96	0.00	0.00	0.00	0.00	0.00
	坑平均	0.00	0.00	0.00	15.52	72.06	9.42	0.00	0.21	1.82	0.00	0.96	0.00	0.00	0.00	0.00	0.00
对坪镇溪口滩	表层	6.33	0.00	0.00	35.30	20.04	0.51	5.08	7.59	5.96	19.20	0.00	0.00	0.00	0.00	0.00	0.00
	次表层	4.74	0.00	0.00	39.51	23.02	0.00	0.81	2.31	5.71	23.90	0.00	0.00	0.00	0.00	0.00	0.00
	坑平均	4.98	0.00	0.00	38.88	22.58	0.08	1.45	3.10	5.75	23.20	0.00	0.00	0.00	0.00	0.00	0.00

坑号	分层	黑色玄武岩	斑玄武岩	褐色玄武岩	灰岩	页岩	石英	石英岩	石英砂岩	一般砂岩	红砂岩	紫砂岩	绿砂岩	泥岩	火山碎屑岩	花岗岩	其他
对坪镇下游边滩	表层	22.73	3.56	4.39	29.29	0.00	0.00	17.18	5.44	2.16	4.44	1.05	9.76	0.00	0.00	0.00	0.00
	次表层	33.72	8.91	6.54	30.90	0.00	0.00	0.90	7.58	0.57	0.39	2.69	6.41	0.00	0.00	1.39	0.00
	坑平均	30.00	7.10	5.81	30.35	0.00	0.00	6.41	6.86	1.11	1.76	2.13	7.54	0.00	0.00	0.92	0.00
牛栏江溪口滩（上）	表层	24.66	4.03	3.12	42.97	0.00	0.00	1.67	23.40	0.15	0.00	0.00	0.00	0.00	0.00	0.00	0.00
	次表层	35.19	3.75	13.73	31.18	0.00	0.00	0.97	11.18	2.78	1.21	0.00	0.00	0.00	0.00	0.00	0.00
	坑平均	29.85	3.89	8.35	37.16	0.00	0.00	1.32	17.38	1.45	0.60	0.00	0.00	0.00	0.00	0.00	0.00
春江乡幺米沱边滩	表层	20.07	17.08	2.43	33.14	0.00	0.00	0.04	0.59	1.91	21.94	1.77	1.03	0.00	0.00	0.00	0.00
	坑平均	20.07	17.08	2.43	33.14	0.00	0.00	0.04	0.59	1.91	21.94	1.77	1.03	0.00	0.00	0.00	0.00
昭通市兰田坝边滩	表层	16.60	0.00	0.00	72.03	0.00	0.00	2.46	2.21	2.83	2.46	0.00	0.00	1.42	0.00	0.00	0.00
	坑平均	16.60	0.00	0.00	72.03	0.00	0.00	2.46	2.21	2.83	2.46	0.00	0.00	1.42	0.00	0.00	0.00
灯厂镇溪口滩	表层	7.88	0.00	0.00	59.31	0.00	0.00	6.01	15.81	3.40	7.59	0.00	0.00	0.00	0.00	0.00	0.00
	次表层	13.72	0.00	0.00	65.62	0.00	0.00	1.90	4.37	4.49	6.02	0.00	3.37	0.50	0.00	0.00	0.00
	坑平均	10.61	0.00	0.00	62.26	0.00	0.00	4.09	10.46	3.91	6.86	0.00	1.58	0.23	0.00	0.00	0.00
金阳河溪口滩	表层	15.79	1.29	0.00	50.80	0.00	0.32	10.03	5.14	11.73	2.78	0.00	2.13	0.00	0.00	0.00	0.00
	次表层	30.32	1.51	0.00	49.82	0.00	0.00	3.09	7.90	4.34	3.01	0.00	0.00	0.00	0.00	0.00	0.00
	坑平均	25.33	1.43	0.00	50.16	0.00	0.11	5.47	6.95	6.88	2.93	0.00	0.73	0.00	0.00	0.00	0.00
热水河边滩（上）	表层	15.25	4.88	7.10	44.74	0.00	0.00	3.88	22.39	1.42	0.34	0.00	0.00	0.00	0.00	0.00	0.00
	次表层	50.74	1.61	7.89	14.76	0.00	0.00	1.61	20.16	0.00	0.57	2.07	0.00	0.59	0.00	0.00	0.00
	坑平均	27.63	3.74	7.38	34.29	0.00	0.00	3.09	21.61	0.92	0.42	0.72	0.00	0.21	0.00	0.00	0.00
热水河边滩（下）	表层	18.64	2.98	3.21	13.32	0.00	0.00	7.33	35.11	0.86	14.78	0.86	0.00	2.92	0.00	0.00	0.00
	次表层	29.78	0.88	5.44	31.32	0.00	0.00	9.92	16.52	2.52	3.24	0.39	0.00	0.00	0.00	0.00	0.00
	坑平均	25.00	1.78	4.48	23.59	0.00	0.00	8.81	24.50	1.81	8.19	0.59	0.00	1.25	0.00	0.00	0.00

（1）本河段的主要岩性有玄武岩、灰岩、石英岩、石英砂岩、红砂岩等，其中，玄武岩、灰岩为示源性物质。

（2）不同岩性在各粒径组的分布有较大差异。如玄武岩，在大卵石及以上粒径组的所占百分数较少，而在中小卵石粒径组的分布特多。灰岩反之，在大卵石及以上粒径组的所占百分数较多，而在中小卵石粒径组的分布较少。

溪口滩的岩性大多为玄武岩、灰岩，但各具特色。如攀枝花溪口滩页岩占绝大多数；对坪镇溪口滩含大量的红砂岩、页岩。

为了掌握 $D>100mm$ 的粗颗粒岩性分布规律，在对坪镇溪口滩、幺米沱村边滩，使用钢卷尺量三径，人工鉴定岩性，随机抽取 100 颗以上，再计算以颗数计的岩性百分数。如对坪镇溪口滩粗颗粒岩性主要有灰岩、紫砂岩、砂岩、砾岩、石英岩、玄武岩等，见表 5-22。

滩名	粒径范围/mm	以颗数计的洲滩卵石岩性/%											
		砾岩	頁岩	火山岩	灰岩	石英岩	石英砂岩	砂岩	红砂岩	绿砂	紫砂岩	泥岩	玄武岩
金阳县对坪溪口滩	250~5200	7.41	0.93	0.00	44.44	4.63	0.93	12.04	0.93	0.00	25.93	0.00	2.78
幺米沱村边滩	100~350	0.00	0.00	0.00	26.67	2.86	12.38	3.81	11.43	9.52	0.00	0.00	33.33

5.4.4 河床组成调查成果

5.4.4.1 洲滩分布及形态特征

金沙江白鹤滩—金阳河段的洲滩类型主要有坡积锥（裙）、冲积锥（扇）、边滩、心滩、碛坝等，分述如下：

（1）坡积锥（裙）。主要分布在陡壁河岸坡脚，由棱角状和次棱角状的大块石组成。虽然坡积锥（裙）是该河段最普遍、最常见的洲滩形态，但由于这些大块石颗粒粗大，既不能被水流搬运，也不与卵石推移质交换，故不作重点研究。

（2）冲积锥（扇）。主要分布在支流溪沟口门，大者为扇，小者为锥，俗称溪口滩。溪口滩在该河段很普遍、很常见，该河段绝大多数卵石洲滩形态为溪口滩。如冯家坪溪口滩、对坪镇溪口滩、牛栏江溪口滩、灯厂镇溪口滩、金阳河溪口滩等。

（3）边滩。本河段边滩不太发育，边滩规模都不大，仅有四处边滩，即对坪镇下游边滩、春江乡幺米沱边滩、炎山乡大沱村兰田坝边滩、金阳县热水河边滩。

（4）心滩。在本河段不太发育，共两处。一处在对坪镇溪口滩下游约1km，呈圆形，直径约2m，高出枯水面约0.3m；一处在热水河乡弯道内。在本河段内没有发现江心洲。

（5）碛坝。主要分布在干流卡口处和溪沟口门。干流卡口碛坝如棺材岩、对坪镇卡口；溪沟口门碛坝如冯家坪溪口、牛栏江溪口。

5.4.4.2 洲滩床沙颗粒平面分布

通过调查，掌握洲滩床沙颗粒平面分布情况，对把握调查河段河床组成的宏观规律意义重大。本河段洲滩调查的总体情况见表 5-23。

表 5-23   金沙江溪洛渡水库库区（白鹤滩—金阳）洲滩特征值统计表

序号	滩名	洲滩长度/m	最大宽度/m	滩顶高程/m	枯水位/m	高差/m	洲滩面积/万 m²	洲滩物质组成					
								卵石（含卵石夹沙）		沙（含沙夹卵石、泥质）		基岩碛坝（含块球体）	
								面积/万 m²	百分数/%	面积/万 m²	百分数/%	面积/万 m²	百分数/%
1	冯家坪溪口滩	72	42	589.00	572.00	17	0.81	0.21	25.5	0.02	2.7	0.58	71.7
2	攀枝花溪口滩	320	88	550.00	537.90	12.1	2.05	0.63	30.6	0.78	38.0	0.64	31.4
3	对坪镇溪口滩	176	136	543.00	535.00	8	3.84	1.11	28.8	0.22	5.7	2.51	65.4

序号	滩名	洲滩长度/m	最大宽度/m	滩顶高程/m	枯水位/m	高差/m	洲滩面积/万 m²	洲滩物质组成					
								卵石（含卵石夹沙）		沙（含沙夹卵石、泥质）		基岩碛坝（含块球体）	
								面积/万 m²	百分数/%	面积/万 m²	百分数/%	面积/万 m²	百分数/%
4	对坪下游边滩	465	80	538.80	532.40	6.4	2.67	1.90	70.9	0.78	29.1	0.00	0.0
5	牛栏江溪口滩	174	54	534.50	529.40	5.1	0.74	0.60	81.6	0.13	17.6	0.01	0.8
6	幺米沱边滩	337	71	531.40	529.40	2	1.78	1.59	89.5	0.19	10.5	0.00	0.0
7	兰田坝边滩	618	120	524.40	517.60	6.8	7.61	0.00	0.0	3.64	47.8	3.97	52.2
8	灯厂镇溪口滩	342	213	521.70	513.80	7.9	2.86	0.92	32.1	1.53	53.6	0.41	14.4
9	金阳河溪口滩	255	228	520.00	505.20	14.8	2.41	2.16	89.6	0.25	10.4	0.00	0.0
10	热水河边滩	694	271	499.70	483.10	16.6	13.13	11.56	88.0	1.31	10.0	0.26	2.0
	小计						37.90	20.68	54.5	8.85	23.4	8.38	22.1

金沙江白鹤滩—金阳河段的调查洲滩的总面积为 37.91 万 m²，卵石（含卵石夹沙）、沙（含沙夹卵石、泥质）、基岩碛坝（含块球体）的覆盖面积分别占 54.5%、23.4%、22.1%。表 5-23 中的洲滩长度、最大宽度、滩顶高程是指活动层的尺度，不含基岩、块球体，枯水位是指洲滩附近的干流水位。

1. 溪口滩

溪口滩按其所在支流的流域面积和水沙量的大小分为两类。一类是较大支流在口门形成的溪口滩，如牛栏江溪口滩、金阳河溪口滩。它们的共同特点是：干、支流水面线衔接平顺；泥沙堆积因水流分选而呈分级状，颗粒整体较细，无块球体堆积；泥沙颗粒磨圆度较好。另一类是较小支流在口门形成的溪口滩，如冯家坪溪口滩、攀枝花溪口滩、对坪镇溪口滩、灯厂镇溪口滩。它们的共同特点有：干、支流水面线衔接有跌水，局部水位落差大；泥沙堆积因水流分选而呈分级状，颗粒级配范围广，有块球体；泥沙颗粒磨圆度较差。

（1）牛栏江出口段的河势呈喇叭状，口门正中有一个基岩孤岛，孤岛长约 12m、宽 3m、高 4m。溪口滩分布在主泓两侧，右侧滩体明显分为三级：第一级滩体分布在干流水边附近，呈月牙状，长 42m、宽 12m、高 0.5m，主要由 50~150mm 的卵石组成；第二级滩体分布在洲滩中间，呈带状，滩面平坦，长 100m、宽 20m、高 1.6m，主要由 25~75mm 的卵石组成；第三级滩体分布在靠山脚的内侧，呈月牙状，滩面平坦，长 100m、宽 10m、高 2.5m，主要由砂夹砾石组成。左侧滩体类同右侧滩体，也分为三级，从低到高，滩体组成分别为中、小卵石、砂夹砾石、沙土层。牛栏江溪口滩床沙颗粒平面分布图见图 5-60。

（2）冯家坪溪口滩出口段的河势呈喇叭状，口门正中有一个基岩孤岛，将出口处分割成分汊河型，枯季水流走左汊，右汊干枯。溪口滩分布在右汊，明显分为两级：第一级滩体分布在支流水边附近，长 43m、宽 20m、高 1.2m，主要由 50~100mm 的卵石组成，滩体靠干流一侧的孤岛口门处，有高差达 8m 的卵石波前锋，波脚至干流水边分布着块球体，岩性以灰岩、玄武岩为主，块球体的三径最大值为 4400mm×3500mm×2700mm（玄武岩）；第二级滩体分布在靠山脚的内侧，呈月牙状，滩面平坦，长 40m、宽 15m、高 0.85m，主要由砾石组成。冯家坪溪口滩床沙颗粒平面分布图见图 5-61。

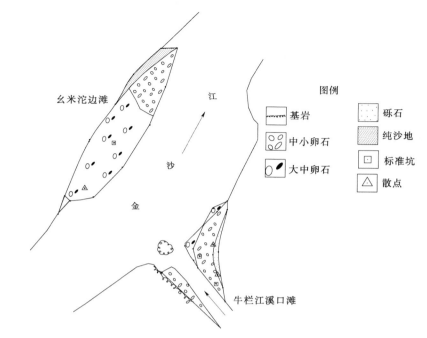

图 5-60 牛栏江溪口滩床沙颗粒平面分布图

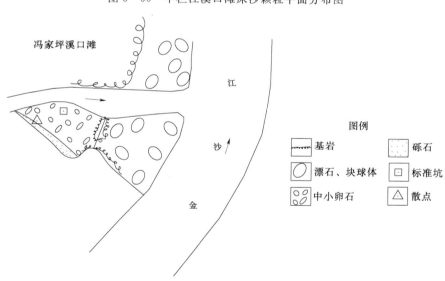

图 5-61 冯家坪溪口滩床沙颗粒平面分布图

2. 边滩

边滩床沙颗粒平面分布的典型代表如对坪镇下游边滩、金阳县热水河边滩。分别描述如下：

（1）对坪镇下游边滩位于对坪镇下游 2km 的弯道凸岸，边滩上游有一处卵石心滩（图 5-62）。边滩上半部有三级卵石滩，第一级为中小卵石滩，靠近水边，呈月牙状，滩面平坦，长 200m、宽 18m、高 1m，岩性以玄武岩、紫砂、灰岩、石英砂、石英岩为主；

第二级为大卵石滩，横向居中，呈带状，滩面平坦，长300m、宽60m、高2m，岩性以紫砂、灰岩、石英岩、红砂、玄武岩、石英为主；第三级滩体分布在靠山脚的内侧，滩长50m、宽15m、高3.5m，主要由漂石、大卵石组成，应是古河床遗留的残体。边滩下半部为纯沙滩，沙滩尾部有陡坎，坎高4m左右。

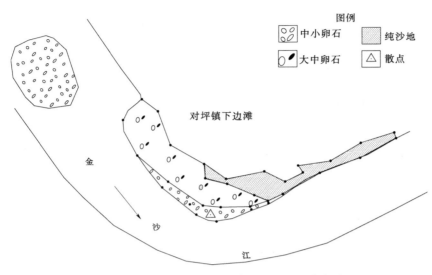

图 5-62　对坪镇下游边滩床沙颗粒平面分布图

（2）金阳县热水河边滩位于金阳河口下游20km的弯道凸岸，边滩上游有一处急弯卡口（图5-63）。该边滩是调查河段内最大的洲滩，滩长694m、宽271m、高16.6m，主

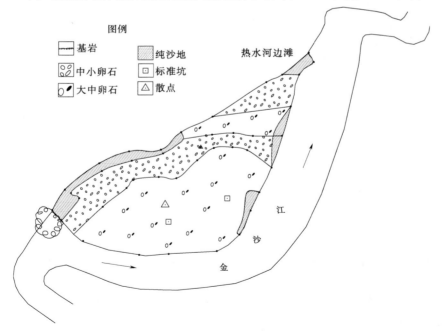

图 5-63　热水河边滩床沙颗粒平面分布图

要由漂石、卵石、纯沙组成，不同组成物明显呈带状分布，从横向分布看，从水边到山脚，依次排列大中卵石区、中小卵石区、纯沙区；从纵向分布看，粒径粗细交错，总体呈递减趋势。

5.4.4.3　卵石磨圆度

金沙江白鹤滩—金阳河段的卵石磨圆度（表5-24）有如下特点：全河段的卵石磨圆度以次圆、次棱角状为主，分别占39.7%、34.1%。边滩的卵石磨圆度较溪口滩为好。大支流的溪口滩较小支流的溪口滩磨圆度为好。块球体磨圆度较卵石为好，卵石磨圆度较砾石为好。

表5-24　　　　　　　　　　白鹤滩—金阳河段卵石磨圆度统计表

位　　置	日　期	卵石磨圆度分类占比/%				
		浑圆	圆	次圆	次棱	棱角状
布拖县冯家坪溪口滩（坑测）	2008-03-07	0.00	2.86	34.29	54.28	8.57
金阳县对坪镇溪口滩（调查）	2008-03-06	0.00	6.48	63.89	28.70	0.93
金阳县对坪镇溪口滩（坑测）	2008-03-06	0.00	4.76	16.90	51.05	27.29
金阳县对坪镇下边滩（坑测）	2008-03-11	0.00	23.81	50.26	25.24	0.69
牛栏江溪口滩（坑测）	2008-03-09	0.00	28.33	46.67	23.10	1.90
幺米沱村边滩（调查）	2008-03-09	0.00	16.98	42.45	35.85	4.72
昭通市炎山乡兰田坝（坑测）	2008-03-10	0.00	0.00	0.00	29.52	70.48
金阳河溪口滩（坑测）	2008-03-05	0.00	13.33	48.57	35.24	2.86
金阳县热水河边滩（坑测）	2008-03-04	0.95	20.00	54.29	24.00	0.76
河段平均		0.11	12.95	39.70	34.11	13.13

5.4.4.4　基岩碛坝描述

金沙江白鹤滩—金阳河段的基岩碛坝主要分布在干流的急弯、卡口处以及支流入汇口门处。考虑到$D>500mm$的块球体在长时间内基本不动，所以将块球体也划入基岩碛坝一类。举例说明如下：

（1）冯家坪溪沟出口（图5-64）有一座基岩孤岛，孤岛将溪沟出口分为左右二汊，左汊为枯水主流，右汊为洪水主流。孤岛到干流枯水边分布着基岩、块球体，其间有小卵石和沙。

（2）对坪镇溪沟出口块球体的特点：分布面积大，排列密集，颗粒粗。溪沟右侧块球体从干流枯水边到老坎均有分布，高处的块球体因风化，颜色发黑，见图5-65。溪沟左侧块球体分布在干流枯水边附近，排列较稀疏，见图5-66。

图5-64　冯家坪溪沟出口

141

图 5-65　对坪镇溪沟出口右侧块球体

图 5-66　对坪镇溪沟出口左侧
洲滩冲刷坎及块球体

（3）基岩卡口如白鹤滩狭谷河段下游卡口（图 5-67）、对坪镇溪沟出口下游约 1km 的基岩卡口、棺材口卡口（图 5-68）、流桐江滩（江中为石盘，金阳河口下游 12km），见图 5-69。

图 5-67　白鹤滩狭谷河段下游卡口

图 5-68　棺材口卡口（金阳河口下游 11km）

5.4.4.5　滑坡、泥石流

本次调查，在该河段发现了两处滑坡：一处在对坪镇溪沟出口河段左侧的高山上，有多处小型滑坡体，滑坡体离水边很远；另一处在金阳河出口河段右测，滑坡体将公路掩埋，一直伸到金阳河中。另外，在金沙江干流左侧的公路，局部路基垮塌时有发生。河段内的滑坡、泥石流，既是库岸不稳定的因素，也是水库泥沙的重要来源。

5.4.4.6　人工开采建筑骨料

图 5-69　流桐江滩（江中为石盘，
金阳河口下游 12km）

人工开采建筑骨料在该河段的地点有冯家坪溪口滩、对坪镇溪口滩、对坪下游边滩、灯厂镇溪口滩、金阳河溪口滩等。开采的规模和数量都很小，开采的建筑骨料以中、粗沙为主，少数为小卵石和砾石。

5.4.4.7　人类活动对区间来沙的影响

人类活动对区间来沙的影响因素有修路、开矿活动、修建水电站、封山育林等。其中修路、开矿活动增加区间来沙，修建水电站、封山育林活动减少区间来沙。

（1）修路。调查期间，在云南境内（对坪对岸至春江乡对岸）正在兴建沿江公路，有大量路渣直接滚入金沙江。左岸现有的沿江公路有很多路段低于溪洛渡水库正常蓄水位，今后也需重建。

（2）开矿活动。金阳河口对岸有多处铅、锌矿洞，大量矿渣堆积在岸坡上，由于颗粒较细，容易被雨水和洪水带入金沙江。攀枝花溪沟上游也有多处铅、锌矿洞，大量矿渣堆积在溪沟出口河段。

（3）修建水电站。在牛栏江、西溪河等支流上计划修建水电站，将拦截大量泥沙，特别是粗颗粒泥沙。白鹤滩水电站在 2013 年主体工程正式开工，预计 2018 年首批机组发电，2022 年工程完工。

（4）封山育林。调查河段实施退耕还林已有多年，但成效很不明显，在较高的山坡上很少看到成片树林。主要原因是山高坡陡，山体覆盖层薄，土地贫瘠，保水性差，树木难以成活；当地人口不断增长，对粮食的需求也在不断增长，开荒造田活动难以控制。

5.4.5　河段特点

该河段有如下特点：

（1）泥沙堆积的规模小，数量较少，但粒径范围很广，大到直径为数米的块球体，小到细沙、淤泥。

（2）洲滩活动层的组成（坑测法）。干流有代表性的洲滩床沙 D_{50} 的变化范围为 $60\sim80$mm，D_{max} 为 $280\sim300$mm，小于 2mm 的尾沙百分数一般在 $11\%\sim14\%$ 左右，小于 2mm 的尾沙样 D_{50} 的变化范围为 $0.25\sim0.44$mm。支流床沙 D_{50} 的变化范围为 $30\sim60$mm，D_{max} 为 $140\sim330$mm，小于 2mm 的尾沙百分数一般高于干流，小于 2mm 的尾沙样 D_{50} 的变化范围为 $0.41\sim0.78$mm，支流出口段床沙的尾沙样一般较干流为粗。

（3）洲滩河床组成平面分布。金沙江白鹤滩—金阳河段的调查洲滩的总面积为 37.91万 m^2，卵石（含卵石夹沙）、沙（含沙夹卵石、泥质）、基岩碛坝（含块球体）的覆盖面积分别占 54.5%、23.4%、22.1%。

（4）本河段的主要岩性有玄武岩、灰岩、石英岩、石英砂岩、红砂岩等。其中玄武岩、灰岩为示源性物质。

（5）卵石磨圆度。全河段的卵石磨圆度以次圆、次棱角状为主；边滩的卵石磨圆度较溪口滩为好；大支流的溪口滩较小支流的溪口滩磨圆度为好；块球体磨圆度较卵石为好，卵石磨圆度较砾石为好。

（6）沉积厚度特征。根据勘探统计，上段河床覆盖层厚度为 $6.00\sim15.70$m，平均 11.80m。以冯家坪处最薄，对坪一带较厚。中段河床覆盖层厚度为 $11.30\sim15.90$m，平均 14.40m。在佛滩处最薄。

（7）钻孔粒径组成特征。上段全沙 D_{50} 均值 120.00mm，砂的 D_{50} 均值 0.40mm。全沙颗粒级配曲线在 100mm 粒径以下呈有规律的减小，在 100mm 以上变化较为复杂，很不稳定。

5.5 向家坝水库变动回水区河床组成勘测调查

5.5.1 项目的目的及实施情况

项目的目的是为了收集向家坝水库变动回水区及坝下游河段在蓄水前天然状态下的河床组成的本底资料，为水库调度、水库泥沙问题研究提供基本依据。

金沙江溪洛渡坝址—屏山河段长度约90km，河道总体走向是自南向北，上段溪洛渡—桧溪镇、下段新市镇—绥江县局部河道呈自西向东走势。金沙江溪洛渡—屏山河段有多处较大弯道，如位于佛滩镇、桧溪镇、大岩洞、新市镇等弯道。其中佛滩镇、新市镇附近的两处为180度的急弯道。干流河道为典型的山区性河道，两岸岸坡较陡，多为山体基岩出露，河漫滩很不发育，局部有阶地，已开辟为农田和菜地。

该段河道宽窄相间，以狭窄型河道为主，水面宽度变化不大，变幅为100～300m，没有特别开阔的河段，也没有出现江心洲和分汊河段。河道两岸植被条件较好，有的河段的岸边坡比较平缓，但大部分河段的边坡比较陡峭，并有突出河岸的基岩、石嘴、石矶。河床组成基本上是卵石和基岩，不易冲刷，河床稳定。

该区域水系发达，支流较多。右岸有团结河、细沙河、大汶溪等支流汇入；左岸有西宁河、中都河等支流汇入。无名小溪沟众多，地下水丰沛，瀑布很多，尤其是右岸云南境内，而左岸四川境内的很多小溪在调查时呈干涸状。

5.5.2 钻探法勘测成果

5.5.2.1 取样点平面布置

向家坝水库回水变动区为永善县—会溪镇河段，全长约40km。以宽谷为主，覆盖层在几个溪口滩相应部位有一定的厚度，但覆盖层面积小，厚度不均，有的滩上有些部位还有基岩出露。本河段共布钻孔4孔，其平面位置见图5-70。

永善向家坝坝址—癞子沟沿程河道较窄基本无滩。仅有部分不规则的坡积块石沿岸零星分布。

佛滩（布孔洲滩）距永善县以下约11km，佛滩正位于河流大的河湾处，两岸山体均较高，山体靠近河床，佛滩实际上有两个溪口滩。上滩溪内水流较大，下滩内水流较小，上下滩高差均较大，规模大，大漂石和巨大岩块多，直径大者3.0m，一般1.5m，100mm以下者较少，滩面极不平整，滩体伸入江较多使河道变窄，水流很急，两滩之间出露有层状砂岩。钻孔布在下溪口滩，下溪口滩较高处有沙土沉积于大巨砾间。局部有岩石出露。对岸陡岩壁下水边有大块石堆积。

黄龙滩（布孔洲滩）位于永善县下游约17km，滩面高差明显，其中靠近枯水边区域为斜坡状，靠上游部位淤积有沙土，中下部漂石为主，大者直径1.5m，一般直径0.7m，小于50mm以下者较少，滩前缘伸入江中造成急流和跌水，据调查，水位低时甚至有可能跨过江，水流也更急；沟口内部位为小平台状，沉积有沙土，卵石粒径以200mm以下为主，多为溪内冲出的沙土和卵砾，但沟口内部位有人为扰动的痕迹。

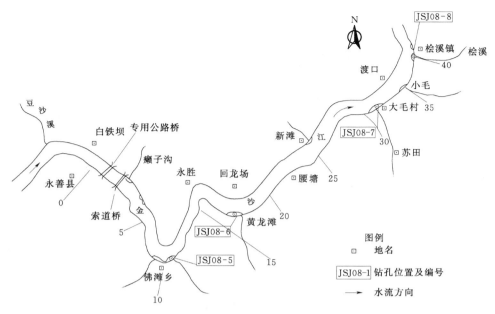

图 5-70　金沙江溪洛渡—桧溪河段床沙取样钻孔平面布置示意图

（图中数字为距永善县坝区距离，单位：km）

黄龙滩溪内调查表明，溪沟内见有巨大岩块和大漂石等堆积，大者呈棱角状和次棱角状，以 100mm 以下的卵石为主，小于 25mm 以下者数量较多。岩性以玄武岩、砂岩和灰岩为主，见有钙质胶结砾岩。

大毛村溪口滩（布孔洲滩）位于永善县下游约 31km，滩面平整，具多级平台，卵石粒径小。口门上下游均为山体基岩，系石英砂岩。滩体上游部位岩层直立，具有受水冲后留下的擦痕，壶穴等，并见有直径约 8m 的巨型玄武岩块石，岩质坚硬，致密。岩面擦痕，壶穴很多，滩体划分为 4 级平台（滩面情况参见图 5-71）。A 平台为卵石滩，高于水面

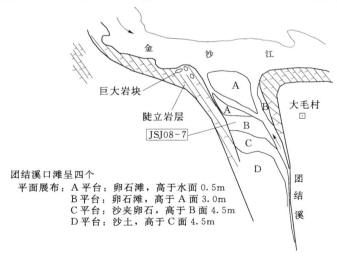

图 5-71　金沙江大毛村溪口滩河势图

145

0.5m，卵石普遍较小。B平台亦为卵石滩，高于A平台3.0m，卵石大者75～100mm，一般10～25mm，部分为含砾中粗砂，受溪内来水和金沙江来水影响滩表面斜向的冲沟明显，同时A、B、C、D平台的形成也受这种影响，形成了一级级台阶。C平台高于B平台4.5m，以含砾中粗砂为主，滩面为中粗砂。D平台为沙土，高于C平台4.5m。

大毛村团结溪内调查表明，沟内有巨大块石和漂石等堆积，见有基岩（砂岩）出露。卵石粒径多在75mm以下，卵砾石以砂岩和灰岩为主，玄武岩较少。粒径大者以砂岩、灰岩为主。玄武岩略见柱状节理，砂为中粗砂，含岩屑较多。

桧溪溪口滩（布孔洲滩）位于永善县下游约40km，滩面较缓，高差不大，沿滩缘水边以中径150mm以上卵石为主，呈棱角状和次棱角状。钻孔部位附近滩面卵石粒径以200mm以下为主，含砂量较高。钻孔以上为一沙土平台，高于钻孔平台3.2m。

5.5.2.2 钻探级配成果

河段沿程入汇溪沟较多，一般规模较小，滩面卵、砾石大小混杂，大漂石较多，其卵砾岩性与附近山体或溪沟内卵石岩性基本一致，受大江影响较小。

从沿程滩面的卵石的粒径分布看，以佛滩的巨大块石、漂石砾含量为高，且粒径大，而在上游的癞子溪和下游的黄龙滩等的卵砾都相对较小，尤以大毛滩卵石为最小。可见从上游到下游卵砾粒径大小的变化无明显的规律可循。

各溪口滩的物质主要来源于溪沟内及附近山体物质，如佛滩溪沟就有沟谷深、坡降陡、水流大、巨砾多，两岸岩石陡峻的特点，决定了其物质来源的粗大；在大毛村溪口一带溪沟宽浅，沟口砂卵石粒径多较小，厚度大，溪沟内两岸山势不陡峻，但易垮塌点多，虽溪沟内也有大砾石，但较小卵石普遍含量较高，显示出其以中小卵石推移为主的特点，也就决定了溪口滩卵石的粒径相对较小。另外，在小毛滩，其溪沟较短，口内以大、巨砾为主，少见卵石，所以其溪口滩也以大巨砾为主，少见卵石。

从钻孔中地层揭露信息和卵石级配（表5-25）看，钻探取样的级配变化有以下几点特征：

表5-25　金沙江向家坝水库变动回水区河床洲滩钻孔床沙粒径组成百分数统计表

钻孔编号	洲滩名称	取样深度/m	粒径组成百分数/%										砂土 D_{50} /mm
			漂石	卵石						砾石		砂土	
			400～200mm	200～150mm	150～100mm	100～75mm	75～50mm	50～25mm	25～10mm	10～5mm	5～2mm	<2mm	
JSJ08-5	佛滩	0.00～3.00	32.4	28.6	14.1	5.5	6.3	5.5	2.5	1	1	3.1	0.21
	溪口滩	3.00～15.30	14.1	3.7	2.4	2.2	1.1	1.2	0.5	0.1	0.1	0.2	0.37
JSJ08-6	黄龙滩	0.00～6.50		37.2	14.4	11	8.6	10	6.6	2.4	0.1	9.7	0.38
	溪口滩	6.50～15.10	34.8	12.7	16	15.6	5.7	6.4	2.7	2.1	1.3	2.7	0.44
JSJ08-7	大毛村	0.00～5.00		14.4	18.3	11.1	6	22.7	14.8	4.1	2.3	6.1	0.55
	溪口滩	5.00～15.90	34.3	13.2	19.3	10	9.7	5.4	3.2	1.2	0.5	3.2	0.47
JSJ08-8	桧溪	0.00～2.40		17.7	18.7	8.1	9	12.2	9.5	3.7	6.5	14.6	0.32
	溪口滩	2.40～11.30		15.9	8.6	8.8	16	15.1	2.2	0.1	8.4	25.4	
平均值			14.5	18	14	9	7.7	9.8	5.3	1.8	2.5	8.1	0.39

146

（1）钻孔内揭露地层主要有两层，即上部卵石层和下部基岩，上部卵石层厚度不太稳定，下部基岩为砂岩。

（2）一般河床组成中以 400～200mm、200～150mm 和 150～100mm 三组为主，且含量较稳定。

（3）100～75mm、75～50mm 和 50～25mm 为次；25mm 以下粒径含量较低。

（4）含砂量较上段明显增加，最高达 24.5%。

（5）各孔向深部卵石粒径变化不明显，从上游至下游沿程粒径有变小趋势，但具跳跃式，且不稳定。

（6）小于 2mm 以下为中粗砂、中砂，颗粒以 0.5～0.25mm 组为主，1.0～0.5mm 组含量增加，小于 0.05 粒径很少，不含粘粒，D_{50} 值 0.39mm。

从钻孔剖面的沿程分布看，覆盖层多较厚，以卵石为主，上游的 JSJ08-5 孔和 JSJ08-6 孔下部粒径较大，以漂石为主。总体粒径往深部粒径变粗。

5.5.2.3 岩性分析

区间各钻孔卵石岩性百分数见表 5-26。

表 5-26　　　　　　　　中段各钻孔卵石岩性百分数统计表

钻孔编号	洲滩名称	取样深度/m	卵石岩性百分数/%				
			石英砂岩	一般砂岩	灰岩	玄武岩	砾岩
JSJ08-5	佛滩溪口滩	0.00～3.00		50.5	15.5	34.0	
		3.00～15.30		38.2	6.2	55.6	
JSJ08-6	黄龙滩溪口滩	0.00～6.50	0.3	21.1	21.2	48.0	6.0
		6.50～15.00		23.1	40.2	36.7	
JSJ08-7	大毛村团结溪溪口滩	0.00～5.00	2.0	21.6	37.2	39.2	
		5.00～15.90	1.2	7.6	58.4	32.8	
JSJ08-8	桧溪溪口滩	0.00～2.40	1.2	47.7	41.9	8.7	0.5
		2.40～11.30	3.2	50.3	37.5	9.0	

（1）佛滩溪口滩 JSJ08-5 孔，钻孔孔深 15.50m，覆盖层厚 15.30m，其中 0.00～3.00m 为卵石，3.00～15.30m 为漂石，覆盖层均以卵石为主，细分为二层，滩面上黑色巨砾玄武岩十分显眼，也有巨大的砂岩、灰岩岩块，钻孔中上层以黄褐色紫红色砂岩为主，黑色、黑褐色玄武岩次之，灰岩少量。随粒径变小砂岩含量减少，灰岩含量增加，玄武岩变化不大，下层玄武岩为主，砂岩次之，灰岩较少。随向深部砂岩减少，玄武岩增多，灰岩含量均较小。15.30～15.50m 为基岩，三叠系（T1）飞仙关组砂岩。

（2）黄龙滩溪口滩 JSJ08-6 孔，钻深 15.10m，细分为二层，其中上层为卵石，下层为漂石。上层卵石岩性以玄武岩为主，灰岩和浅紫红、黄褐等色砂岩次之，砂岩和灰岩随粒径变小而减少，玄武岩在各粒径组中含量较高且较稳定。下层以灰岩为主，玄武岩、砂岩次之，灰岩和砂岩随粒径变小而减少，玄武岩则明显增加。随向深部灰岩含量明显增加，玄武岩有所减少，砂岩相对稳定，变化较小。偶见砾岩。

（3）大毛村团结溪溪口滩 JSJ08-7 孔，钻深 15.90m，钻孔中均为卵石层，分为两层，上层以玄武岩和灰岩为主，砂岩次之，砂岩和灰岩含量随粒径变小而明显变少，玄武岩含量则随粒径变小而增多；下层以灰岩为主，玄武岩次之，砂岩明显减少。向深部砂岩含量减少，灰岩含量增加。玄武岩相对稳定，各层变化不大。

团结溪上溯 5km 处：溪沟中大砾石具棱状，次棱状，最大粒径约 4m（灰岩），也见有玄武岩大块石，100～150mm 组粒径卵石以灰岩为主，砂岩较少，玄武岩少量，25mm 粒径以下卵石中玄武岩含量明显增多，10mm 粒径以下卵石中灰岩、砂岩、玄武岩含量不多，砂为中粗砂，岩屑较多。

（4）桧溪溪口滩 JSJ08-8 孔，钻深 12.40m，覆盖层厚度 11.30m，均为卵石，细分为两层。滩面大砾石以黄褐色、浅紫红色砂岩为主，第一层以砂岩为主，灰岩次之，玄武岩含量较低，其中砂岩含量随粒径变小而变化不大，灰岩则忽大忽小，玄武岩随粒径变小而相应变少；第二层以砂岩为主，灰岩次之，玄武岩含量低，且向深部无明显变化。11.30～12.40m 为基岩，系三叠系（T1）飞仙关组砂岩。

桧溪沟内卵石岩性以浅紫红色砂岩、灰白色灰岩为主，黑色、褐色玄武岩次之，紫红色砂岩易碎裂，偶见砾岩。玄武岩较致密，附近山体以紫红色砂、灰岩等为主，层状、斜层理。

综上所述，区间卵石岩性以砂岩、灰岩和玄武岩为主，见有石英砂岩、砾岩等等，砂岩沿程在 JSJ08-5 孔和 JSJ08-8 孔含量较多，而在 JSJ08-6 孔、JSJ08-7 孔部位较少，有两端高，中段相对较低的现象，灰岩随向下游渐增，玄武岩向下游减少。揭露基岩为三叠系飞仙关组砂岩。经沿程溪沟调查分析，其卵石岩性和山体岩性基本一致，所以整体变化不大，各滩之间仅有量的变化，没有质的不同，且含量均较稳定。

5.5.3　坑测法勘测成果

5.5.3.1　坑测法取样点平面布置

金沙江向家坝水库库区（溪洛渡—屏山）坑测法取样点布置见表 5-27 及图 5-72。其中，在干流上 4 个边滩布设标准坑 9 个、散点 9 个；在支流入汇口或溪沟口门内布设标准坑 3 个、散点 4 个。

表 5-27　　金沙江向家坝水库库区（溪洛渡—屏山）坑测法取样点布置表

序号	坑号	滩　名	相　对　位　置
1	XJBKQ 坑 1	雷波县伍家沱滩（上）	左岸，溪洛渡坝址下约 4km
2	XJBKQ 坑 2	雷波县伍家沱滩（下）	左岸，溪洛渡坝址下游约 4.2km
3		佛滩溪口滩	右岸，溪洛渡坝址下游约 7km
4	XJBKQ 坑 3	溪洛渡镇新春村黄龙滩溪口内心滩	右岸，溪洛渡坝址下游约 16km
5	XJBKQ 坑 4	大毛滩溪口滩	右岸，溪洛渡坝址下游约 29km
6		桧溪溪口滩	右岸，溪洛渡坝址下游约 36km
7	XJBKQ 坑 5	桧溪镇边滩（上）	右岸，溪洛渡坝址下游约 37km
8	XJBKQ 坑 6	桧溪镇边滩（下）	右岸，溪洛渡坝址下游约 37km
9	XJBKQ 坑 7	细沙河口门内心滩	右岸，溪洛渡坝址下游约 36km
10	XJBKQ 坑 8	新市镇冒水乡大沙坝（上）	左岸，溪洛渡坝址下游约 50km
11	XJBKQ 坑 9	新市镇冒水乡大沙坝（中）	左岸，溪洛渡坝址下游约 50km
12	XJBKQ 坑 10	新市镇冒水乡大沙坝（下）	左岸，溪洛渡坝址下游约 50km
13	XJBKQ 坑 11	绥江县中碛坝（上）	右岸，新市镇下游 20km
14	XJBKQ 坑 12	绥江县中碛坝（下）	右岸，新市镇下游 20km

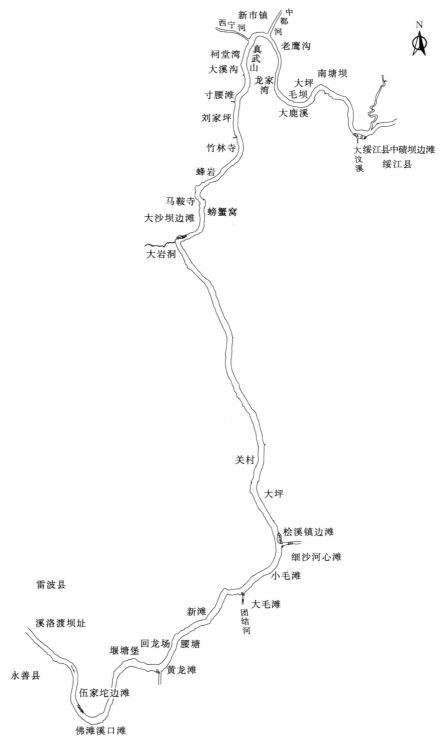

图 5-72　金沙江溪洛渡—屏山河段床沙取样坑点平面布置示意图

对所有标准坑、散点使用手持 GPS 进行了平面定位。标准坑、散点高程套用中南勘测设计研究院有限公司 2001 年 1：2000 地形测图。

5.5.3.2 床沙级配成果

金沙江溪洛渡—屏山河段的洲滩坑测法级配成果见表 5-28。河段的床沙级配有如下特点：

表 5-28　　　　　　溪洛渡—屏山河段洲滩活动层特征值及沙砾含量统计表

序号	滩　　名	距溪洛渡坝址/km	D_{50}/mm	D_{max}/mm	尾沙样D_{50}/mm	洲滩沙砾含量/%		
						$D<10mm$	$D<5mm$	$D<2mm$
1	雷波县伍家沱边滩（上）	4	86.1	283	0.304	18.9	13.3	8.3
2	雷波县伍家沱边滩（下）	4.2	37.5	189	0.382	24.4	20	14.7
3	黄龙滩溪口内心滩	16	28	282	0.726	32.1	24.4	13.6
4	大毛滩溪口滩	29	38.7	179	0.419	34.6	32.2	28.9
5	桧溪镇边滩（上）	37	70.4	198	0.356	19.8	17.9	15.3
6	桧溪镇边滩（下）	37	97.6	384	0.363	14	12.1	10.2
7	细沙河口门内心滩	36	90.6	320	0.544	15.6	10.7	5.3
8	新市镇大沙坝（上）	50	78.7	330	0.370	13.4	11.5	10.7
9	新市镇大沙坝（中）	50	146	483	0.419	16.3	14	11.3
10	新市镇大沙坝（下）	50	21.8	303	0.641	27.6	17.9	11.4
11	绥江县中碛坝（上）	90	87.9	290	0.250	15.3	11.8	11.2
12	绥江县中碛坝（下）	90	90.1	350	0.346	15.1	7.4	6

（1）河段的卵石洲滩床沙级配总体较细，其 D_{50} 的变化范围为 21.8～146.0mm，D_{max} 为 483mm。中小颗粒所占比重较大，通常达 50% 左右。

（2）小于 2mm 的尾沙样 D_{50} 的变化范围为 0.25～0.726mm。支流溪口滩的尾沙样较粗，D_{50} 的变化范围为 0.419～0.726mm。干流边滩的尾沙样较细，D_{50} 的变化范围为 0.25～0.641mm。

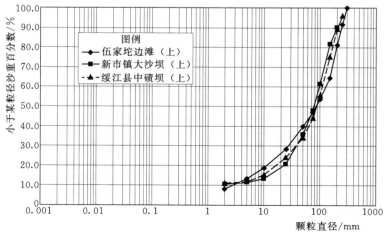

图 5-73　向家坝水库典型洲滩坑测级配曲线图（$D>2mm$）

（3）小于2mm的尾沙百分数一般在11%左右，干流边滩的尾沙百分数较稳定，支流溪口滩变化幅度大。

（4）2～10mm的沙砾含量一般在2.7%～18.5%左右。干流边滩的沙砾含量少，一般在3%～10%左右；支流溪口滩的沙砾含量多，一般在6%～18.5%左右。

（5）伍家沱（上）边滩、新市镇大沙坝（上）坑、绥江县中碛坝（上），由于洲滩床沙与推移质交换充分，最能代表溪洛渡—屏山河段的床沙级配，见图5-73、图5-74。其余支流溪口滩的床沙级配可作为区间来沙的级配成果。

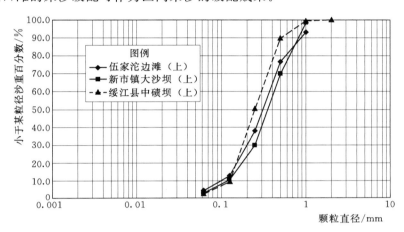

图5-74　向家坝水库典型洲滩坑测级配曲线图（D<2mm）

为了掌握D>100mm的粗颗粒级配分布规律，在伍家沱边滩、顺河溪口滩、永善县佛滩溪口滩、黄龙滩溪口滩、桧溪镇溪口滩、大沙坝边滩、绥江县中碛坝，使用钢卷尺量三径，随机抽取100颗以上，再计算以颗数计的级配百分数，见表5-29。

表5-29　　　　　　　　　　金沙江溪洛渡—屏山河段粗颗粒级配调查表

粒径组/mm	以颗粒数计的级配百分数/%									
	雷波县伍家沱边滩	永善县顺河溪口滩	永善县佛滩	永善县黄龙滩（纵断面）	黄龙滩（横断面1）	黄龙滩（横断面2）	永善县桧溪镇细沙河溪口滩	新市镇冒水乡大沙坝（横断面）	新市镇冒水乡大沙坝（纵断面）	绥江县中碛坝
2	—	—	—	—	—	—	—	—	—	—
5	—	—	—	—	—	—	—	—	—	—
10	—	—	—	—	—	—	—	—	—	—
25	—	—	—	—	—	—	—	—	—	—
50	—	—	—	—	—	—	—	—	—	—
75	—	—	—	—	5.7	—	—	—	—	—
100	—	—	—	—	25.7	—	—	—	—	1.0
150	0.9	—	—	—	57.1	—	—	0.9	—	23.8
200	14.4	—	—	3.5	72.4	8.6	—	11.5	1.0	52.4
250	47.7	1.9	1.0	12.1	82.9	20.0	1.9	36.3	11.4	77.1
300	69.4	7.6	4.8	24.1	86.7	36.2	15.2	54.0	21.9	86.7

粒径组/mm	以颗粒数计的级配百分数/%									
	雷波县伍家沱边滩	永善县顺河溪口滩	永善县佛滩	永善县黄龙滩（纵断面）	黄龙滩（横断面1）	黄龙滩（横断面2）	永善县桧溪镇细沙河溪口滩	新市镇冒水乡大沙坝（横断面）	新市镇冒水乡大沙坝（纵断面）	绥江县中碛坝
350	85.6	16.7	7.6	38.8	91.4	51.4	30.5	68.1	37.2	93.3
400	91.0	30.0	15.2	52.6	95.2	63.8	43.8	77.9	58.1	98.1
450	97.3	42.4	26.7	64.7	97.1	74.3	55.2	89.4	72.4	99.0
500	99.1	55.2	41.9	72.4	98.1	81.0	61.9	92.9	83.8	100.0
550	100.0	66.2	56.2	81.0	—	85.7	68.6	96.5	91.4	—
600	—	75.7	68.6	86.2	99.0	90.5	75.2	98.2	94.3	—
650	—	80.9	78.1	93.1	99.0	94.3	81.0	99.1	97.2	—
700	—	85.7	82.9	93.1	100.0	97.2	86.7	99.1	99.1	—
750	—	89.5	87.6	95.7	—	99.1	89.5	99.1	99.1	—
800	—	92.8	92.4	96.6	—	100.0	90.5	100.0	99.1	—
850	—	94.7	95.2	96.6	—	—	92.4	—	99.1	—
900	—	98.1	98.1	97.4	—	—	96.2	—	99.1	—
950	—	98.6	99.1	97.4	—	—	98.1	—	99.1	—
1000	—	99.0	99.1	97.4	—	—	98.1	—	99.1	—
1050	—	99.5	99.1	97.4	—	—	99.0	—	99.1	—
1100	—	100.0	100.0	97.4	—	—	99.0	—	100.0	—
1150	—	—	—	97.4	—	—	99.0	—	—	—
1200	—	—	—	98.3	—	—	100.0	—	—	—
1250	—	—	—	98.3	—	—	—	—	—	—
1300	—	—	—	98.3	—	—	—	—	—	—
1350	—	—	—	98.3	—	—	—	—	—	—
1400	—	—	—	99.1	—	—	—	—	—	—
1450	—	—	—	99.1	—	—	—	—	—	—
1500	—	—	—	100.0	—	—	—	—	—	—

5.5.3.3 岩性分析

金沙江溪洛渡坝址—屏山河段的洲滩坑测法岩性百分数成果见表5-30。河段的坑测法卵石岩性百分数有如下特点：

表5-30 　　　　金沙江向家坝水库库区（溪洛渡—屏山）河段

各坑分层及坑平均岩性百分数成果表 　　　　%

坑号	分层	黑色玄武岩	斑玄武岩	褐色玄武岩	灰岩	页岩	石英	石英岩	石英砂岩	一般砂岩	红砂岩	紫砂岩	绿砂岩	泥岩	火山碎屑岩	花岗岩	其他
伍家沱边滩（上）	表层	66.34	0.00	5.12	7.23	0.00	0.00	0.00	9.64	2.26	3.69	0.00	0.00	0.00	5.12	0.60	0.00
	次表层	72.33	3.56	5.84	4.60	0.00	0.08	0.17	0.95	12.13	0.17	0.00	0.00	0.00	0.00	0.17	0.00
	坑平均	69.19	1.70	5.46	5.98	0.00	0.04	0.08	5.50	6.96	2.01	0.00	0.00	0.00	2.68	0.40	0.00

坑号	分层	黑色玄武岩	斑玄武岩	褐色玄武岩	灰岩	页岩	石英	石英岩	石英砂岩	一般砂岩	红砂岩	紫砂岩	绿砂岩	泥岩	火山碎屑岩	花岗岩	其他
伍家沱边滩（下）	表层	60.40	1.79	14.33	12.15	0.00	0.33	0.00	3.43	1.57	1.43	0.00	0.00	0.02	4.53	0.02	0.00
	次表层	58.63	1.88	12.45	8.10	0.00	0.00	1.64	2.26	3.14	10.60	0.00	0.00	0.02	0.94	0.35	0.00
	坑平均	59.30	1.85	13.16	9.62	0.00	0.12	1.02	2.70	2.55	7.15	0.00	0.00	0.02	2.29	0.23	0.00
黄龙滩溪口内心滩	表层	23.79	13.27	0.00	35.18	0.07	0.00	4.42	2.55	2.97	17.22			0.53	0.00	0.00	0.00
	次表层	50.48	2.71	0.00	23.96	0.00	0.05	0.65	4.61		17.52			0.18			
	坑平均	41.25	6.36	0.00	27.84	0.02	0.00	1.56	1.31	4.04	17.42			0.18			
大毛滩溪口滩	表层	35.46	6.70	1.68	43.39	0.00	0.00	0.00	2.89	5.87	4.01						
	次表层	50.09	0.00	11.16	27.70	0.00	0.00	5.20	1.09	2.76	2.00						
	坑平均	46.69	1.56	8.96	31.34	0.00	0.00	3.99	1.51	3.48	2.47						
桧溪镇边滩（上）	表层	18.01	0.35	8.57	29.70	0.69	0.00	8.66	0.78	12.73	12.73			6.15	1.13	0.52	
	次表层	35.29	0.00	0.00	38.26	0.06	0.00	5.74	3.10	9.74	7.38			0.06	0.38	0.22	
	坑平均	28.10	0.15	3.57	34.70	0.32	0.00	6.95	2.13	10.98	9.61			2.59	0.69	0.22	
桧溪镇边滩（下）	表层	26.58	3.31	5.36	17.19	0.00	0.00	5.36	1.10	21.53	13.17	4.42			1.81	0.16	0.00
	次表层	36.69	3.26	3.44	12.76	0.00	0.00	13.27	0.98	22.29	4.67	1.15			0.75	0.75	0.00
	坑平均	32.78	3.28	4.18	14.47	0.00	0.00	10.21	1.03	22.00	7.96	2.42		0.46	0.70	0.52	
细沙河口门内心滩	表层	2.23	0.00	0.00	71.90	3.54	0.00	0.00	4.17	12.35	5.33			0.00	0.00	0.00	0.48
	次表层	14.35	0.00	0.00	32.53	2.23	0.00	11.22	3.75	11.55	21.89			0.00	2.31	0.00	0.17
	坑平均	8.66	0.00	0.00	51.00	2.84	0.00	5.96	3.95	11.93	14.12			0.00	1.23	0.00	0.32
新市镇大沙坝（上）	表层	23.74	0.00	0.00	11.04	0.00	0.00	0.93		53.97	4.61			1.06	4.67	0.00	0.00
	次表层	71.93	0.00	0.00	12.90	0.00	0.16	1.03	4.46	4.95	3.00			0.08	1.42	0.08	0.00
	坑平均	52.25	0.00	0.00	12.14	0.00	0.09	0.61	3.02	24.97	3.66			0.48	2.75	0.05	0.00
新市镇大沙坝（中）	表层	26.09	2.18	1.46	6.77	0.00	0.00	9.96	4.58	15.88	23.55				5.98	2.37	1.18
	次表层	21.06	0.00	0.00	45.75	0.00	0.00	0.62	2.40	23.33	6.58					0.04	0.21
	坑平均	23.07	0.87	0.58	30.15	0.00	0.00	4.36	3.27	20.35	13.37				2.39	0.97	0.60
新市镇大沙坝（下）	表层	60.69	1.88	5.51	9.93	0.00	0.44	0.00	0.65	13.05	5.87				0.99	1.00	0.00
	次表层	53.40	0.94	24.18	8.34	0.00	0.58	0.71	3.42	3.83	2.02	0.28		0.19	1.65		0.47
	坑平均	55.16	1.17	19.68	8.72	0.00	0.55	0.54	2.75	6.05	2.95	0.21		0.38	1.49		0.36
绥江县中碛坝（上）	表层	25.90	0.00	0.00	2.51	0.00	0.00	16.09	42.44	5.45	0.00		2.40		3.25	1.96	0.00
	次表层	54.10	0.00	0.00	6.46	0.00	0.34	3.31	16.01	6.23	8.21		4.46		0.77	0.11	0.00
	0.2～0.5	42.27	0.00	0.00	13.29	0.00	0.00	0.95	18.28	12.17	8.95		2.70		0.42	0.63	0.34
	坑平均	41.42	0.00	0.00	9.97	0.00	0.06	4.25	22.40	9.78	7.13		2.98		1.02	0.78	0.21
绥江县中碛坝（下）	表层	9.69	0.00	0.00	31.90	0.00	0.08	1.19	16.26	33.26	4.75	2.24			0.63	0.00	0.00
	次表层	46.66	0.00	0.00	18.06	0.00	1.29	4.34	10.04	9.37	2.98	0.00	0.33	2.20	2.78	1.94	0.00
	坑平均	25.29	0.00	0.00	26.06	0.00	0.59	2.52	13.64	23.18	4.00	1.30	0.14	0.93	1.54	0.82	0.00

坑号	分层	黑色玄武岩	斑玄武岩	褐色玄武岩	灰岩	页岩	石英	石英砂岩	一般砂岩	红砂岩	紫砂岩	绿砂岩	泥岩	火山碎屑岩	花岗岩	其他
桧溪镇溪口滩剖面	剖面	8.60	0.00	0.00	40.53	2.40	0.00	0.00	1.22	38.40	6.81	0.00	0.00	0.00	0.00	2.03
	坑平均	8.60	0.00	0.00	40.53	2.40	0.00	0.00	1.22	38.40	6.81	0.00	0.00	0.00	0.00	2.03

（1）本河段的主要岩性有玄武岩、灰岩、石英岩、石英砂岩、红砂岩等，其中玄武岩、灰岩为示源性物质。

（2）不同岩性在各粒径组的分布有较大差异。如玄武岩，在大卵石及以上粒径组的所占百分数较少，而在中小卵石粒径组的分布特多。灰岩反之，在大卵石及以上粒径组的所占百分数较多，而在中小卵石粒径组的含量较少。

（3）溪口滩的岩性大多为玄武岩、灰岩，但各具特色。如黄龙滩溪口内心滩含大量的红砂岩。细沙河口门内心滩含大量的红砂岩、一般砂岩，而玄武岩所占百分数较其他溪口滩的含量少得多。

为了掌握 D>100mm 的粗颗粒岩性分布规律，在伍家沱边滩、黄龙滩溪口滩等洲滩，使用钢卷尺量三径，人工鉴定岩性，随机抽取 100 颗以上，再计算以颗数计的岩性百分数。如伍家沱边滩粗颗粒岩性主要有玄武岩、紫砂岩、石英砂岩、灰岩、石英岩等。从全局看，粗颗粒岩性与产地基岩的岩性密切相关，河段上段岩性以玄武岩、灰岩为主，河段下段岩性以砂岩类为主，见表 5－31。

表 5－31　　　　　　　金沙江溪洛渡—屏山河段洲滩卵石岩性调查表

滩名	粒径范围/mm	以颗数计的洲滩卵石岩性/%											
		页岩	火山岩	灰岩	石英岩	石英砂岩	砂岩	红砂岩	铁砂岩	紫砂岩	泥岩	玄武岩	斑玄武
雷波县伍家沱边滩	150～550	0.00	6.31	9.91	9.91	11.71	3.60	0.00	0.00	13.51	0.00	29.73	15.32
永善县顺河溪口滩	250～1100	0.00	1.43	35.24	0.48	2.86	7.62	27.14	0.00	0.00	0.48	21.90	2.86
永善县佛滩	250～1100	0.00	4.76	27.62	0.00	0.95	30.48	18.10	0.00	0.00	0.95	16.19	0.95
永善县黄龙滩（纵断面）	200～1500	3.45	4.31	34.48	6.03	2.59	9.48	0.86	0.00	16.38	3.45	10.34	8.62
黄龙滩（横断面1）	75～700	0.00	0.00	44.76	0.95	3.81	7.62	18.10	0.00	0.00	0.95	23.81	0.00
黄龙滩（横断面2）	200～800	0.00	0.95	38.10	0.00	0.00	15.24	17.14	0.00	0.00	1.90	26.67	0.00
桧溪镇细沙河溪口滩	250～1200	0.95	0.00	32.38	3.81	6.67	41.90	12.38	0.00	0.00	0.95	0.95	0.00
新市镇大沙坝（横断面）	150～800	0.00	4.42	13.27	13.27	22.12	7.96	0.88	0.00	15.04	4.42	12.39	6.19

滩名	粒径范围/mm	以颗数计的洲滩卵石岩性/%											
		页岩	火山岩	灰岩	石英岩	石英砂岩	砂岩	红砂岩	铁砂岩	紫砂岩	泥岩	玄武岩	斑玄武
新市镇大沙坝（纵断面）	200~1100	0.00	1.90	28.57	1.90	4.76	33.33	15.24	0.95	0.95	0.95	8.57	2.86
绥江县中碛坝	100~500	0.00	3.81	18.10	0.00	20.95	28.57	14.29	0.00	0.95	13.33	0.00	0.00

5.5.4 河床组成调查成果

5.5.4.1 洲滩分布及形态特征

金沙江溪洛渡坝址—屏山河段的洲滩类型主要有坡积锥（裙）、冲积锥（扇）、边滩、心滩、碛坝等，分述如下：

（1）坡积锥（裙）。主要分布在陡壁河岸坡脚，由棱角状和次棱角状的大块石组成。虽然坡积锥（裙）是该河段最普遍、最常见的洲滩形态，但由于这些大块石颗粒粗大，既不能被水流搬运，也不与卵石推移质交换，故不作重点研究。

（2）冲积锥（扇）。主要分布在支流溪沟口门，大者为扇，小者为锥，俗称溪口滩。溪口滩在该河段很普遍、很常见，该河段绝大多数卵石洲滩形态为溪口滩。如黄龙滩溪口滩、大毛滩（团结河）溪口滩、桧溪（细沙河）溪口滩等。

（3）边滩。在本河段有四处边滩，边滩不太发育，主要受控于河道窄深，故边滩规模不大。如伍家沱边滩、桧溪镇边滩、大沙坝边滩、绥江县中碛坝边滩。

（4）心滩。在本河段不太发育，只有一处，鲤鱼碛心滩在绥江县中碛坝上游约2km，洲滩长度约200m，最大宽度约70m，滩顶高出枯水面约3m。在本河段内没有发现江心洲。

（5）碛坝。主要分布在干流卡口处和溪沟口门。干流卡口碛坝如鲤鱼碛卡口；溪沟口门碛坝如顺河溪口滩、佛滩溪口滩、黄龙滩溪口滩、大毛滩（团结河）溪口滩、桧溪（细沙河）溪口滩等。

5.5.4.2 洲滩床沙颗粒平面分布

金沙江溪洛渡—屏山河段的调查洲滩的总面积为 $51.5 \times 10^4 m^2$，卵石（含卵石夹沙）、沙（含沙夹卵石、泥质）、基岩碛坝（含块球体）的覆盖面积分别占64.1%、12.5%、23.4%。表中的洲滩长度、最大宽度、滩顶高程是指活动层的尺度，不含基岩、块球体（顺河溪口滩、佛滩溪口滩例外，这两个滩以块球体为主体），枯水位是指洲滩附近的干流水位。

本河段洲滩调查的总体情况见表5-32。

边滩床沙颗粒平面分布的典型代表如伍家沱边滩、绥江县中碛坝边滩、大毛滩溪口滩、桧溪镇边滩。分别描述如下：

（1）伍家沱边滩位于溪洛渡坝址下游约4km的弯道凸岸，边滩规模不大，呈长条形，左侧为基岩陡壁（基岩岩性为紫砂），有一些块球体将边滩分隔为上、下两个小滩。伍家

表 5-32　　　　　　　金沙江向家坝水库库区（溪洛渡—屏山）洲滩特征值统计表

序号	滩名	洲滩长度 /m	最大宽度 /m	滩顶高程 /m	枯水位 /m	高差 /m	面积 /万 m²	洲滩物质组成					
								卵石（含卵石夹沙）		沙（含沙夹卵石、泥质）		基岩碛坝（含块球体）	
								面积 /万 m²	百分数 /%	面积 /万 m²	百分数 /%	面积 /万 m²	百分数 /%
1	伍家沱边滩	477	38	371	368	3	1.00	0.92	91.7	0.00	0.0	0.08	8.3
2	顺河溪口滩	665	205	376.2	368.2	8	5.51	0.00	0.0	0.48	8.8	5.03	91.2
3	佛滩溪口滩	442	165	385.2	365.5	19.7	4.24	0.00	0.0	0.66	15.5	3.58	84.5
4	黄龙滩溪口滩	170	38	369.6	359.1	10.5	1.64	0.19	11.8	0.22	13.4	1.23	74.8
5	大毛滩	626	150	379.5	346.6	32.9	5.89	2.93	49.6	2.41	40.8	0.56	9.5
6	桧溪溪口滩	172	143	359.2	341.3	17.9	3.88	0.81	20.8	1.50	38.8	1.57	40.4
7	桧溪镇边滩	235	58	342.3	340.3	2	0.69	0.54	78.9	0.15	21.1	0.00	0.0
8	大沙坝	428	240	332.9	315.6	17.3	6.69	5.66	84.6	1.03	15.4	0.00	0.0
9	绥江县中碛坝	1175	356	299.5	292.6	6.9	22.00	22.03	100.00	0.00	0.0	0.00	0.0
	小计						51.54	33.08	64.1	6.45	12.5	12.05	23.4
	备注	大毛滩滩头溪沟水位较出口处干流水位高12.00m											

沱边滩床沙颗粒平面分布见图 5-75。上边滩较低平，主要由大、中卵石组成，长130m、

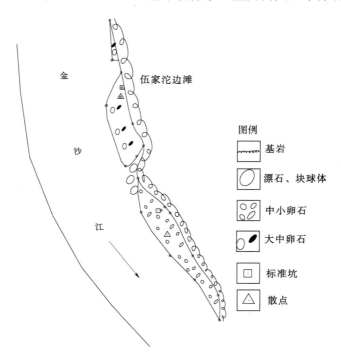

金

沙

江

伍家沱边滩

图例

~~~ 基岩

⬭ 漂石、块球体

▨ 中小卵石

⬬ 大中卵石

▢ 标准坑

△ 散点

图 5-75　伍家沱边滩床沙颗粒平面分布图

宽 45m、高 0.8m，岩性以玄武岩、紫砂、页岩、灰岩为主；下边滩较高，横向滩面呈斜坡状，左高右低，主要由中、小卵石组成，长 200m、宽 35m、高 3m，岩性以玄武岩、紫砂、页岩、灰岩为主。类似的边滩还有桧溪镇边滩。

（2）绥江县中碛坝边滩位于绥江县城附近的大汶溪口门处，为展宽河段大型冲积扇（边滩）。边滩长 1175m、宽 356m、高 6.9m，面积为 22.03 万 m²。大汶溪主汊将边滩分割成上、下部分，支汊沿岸边在中碛坝边滩尾部入江。绥江县中碛坝边滩床沙颗粒平面分布见图 5-76。边滩上部，滩面平缓，靠干流水边一侧分布有大、中卵石，靠岸边分布呈带状的中、小卵石。边滩下部，靠干流水边一侧坡面较陡，滩顶部分较平坦，边滩下部的大部分滩面由大、中卵石组成，表层以下含黄泥，偶见块球体，为当地的紫红砂岩。边滩尾部由中、小卵石组成。类似的边滩还有大沙坝边滩。

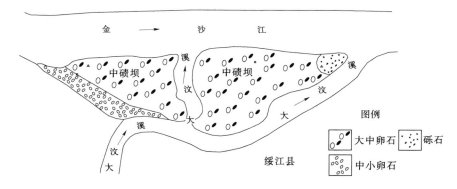

图 5-76　绥江县中碛坝边滩床沙颗粒平面分布图

（3）大毛村团结溪溪口滩的床沙颗粒平面分布见图 5-77，它的特点如下：

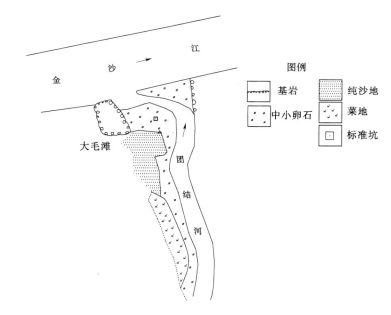

图 5-77　大毛滩床沙颗粒平面分布图

157

1）由推移质形成的洲滩规模大。滩长626m、宽150m、高17.9m，面积为5.89万m²。

2）床沙颗粒主要由中、小卵石和沙组成。从纵向看，有三条沙波，分别为中、小卵石，纯沙，中、小卵石，波高3～5m。从横向看，在滩头，分为三级，从右到左分别为中、小卵石，纯沙，沙土，坎高2～4m；在滩尾，分为三级，从右到左分别为中、小卵石，一级纯沙滩，二级纯沙滩，坎高3～8m。

3）团结河溪沟出口左侧有一片基岩碛坝伸入江中，像一个矶头，岩性为灰岩，面积为5.89万m²。沟口右侧为基岩山嘴，岩性为砂岩。

（4）细沙河出口段的河势呈喇叭状，枯季主泓贴左岸汇入金沙江，桧溪镇溪口滩的床沙颗粒平面分布见图5-78，其特点如下：

1）床沙粒径在横向分布变化不大，在纵向分布变化很大。从上游到河口，床沙颗粒依次为大卵石区、中、小卵石区、纯沙滩区、小卵石区、块球体和大卵石区。

2）块球体和大卵石区粒径一般为300～500mm，最大为1500mm，其磨圆度均较好。

3）块球体和大卵石区上游有二级大沙波，第一级沙波（下）为沙夹小卵石，波长30m、宽140m、高1.3m；第二级沙波（上）为纯沙滩，波长120m、宽100m、高1.7m。

4）出口段右侧有一片基岩碛坝伸入江中，像一个矶头，岩性为灰岩，面积为0.5万m²。

类似的溪口滩还有黄龙滩溪口滩。

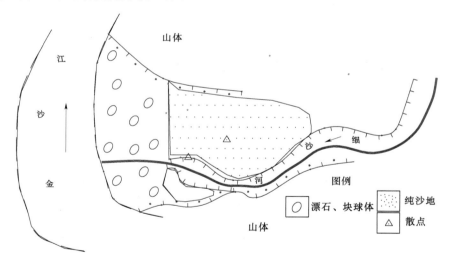

图5-78　桧溪镇床沙颗粒平面分布图

5.5.4.3　卵石磨圆度

金沙江溪洛渡—屏山河段的卵石磨圆度统计见表5-33，有如下特点：

（1）全河段的卵石磨圆度以次圆、次棱角状为主，分别占41.3%、32.5%。

（2）边滩的卵石磨圆度较溪口滩为好。大支流的溪口滩较小支流的溪口滩磨圆度为好。

（3）块球体磨圆度较卵石为好，卵石磨圆度较砾石为好。

158

表 5 – 33

金沙江溪洛渡—屏山河段卵石磨圆度统计表

位　置	日　期	卵石磨圆度/%				
		浑圆	圆	次圆	次棱	棱角状
雷波县伍家沱边滩（调查）	2008 – 02 – 27	0.00	27.93	32.43	33.33	6.31
雷波县伍家沱滩（坑测）	2008 – 03 – 02	0.00	18.10	40.00	37.14	4.76
永善县顺河溪口滩（调查）	2008 – 02 – 26	0.00	0.95	20.48	48.57	30.00
永善县佛滩（调查）	2008 – 02 – 26	0.00	0.95	50.48	46.67	1.90
永善县佛滩（断面2）	2008 – 03 – 02	0.00	0.94	53.77	37.74	7.55
永善县黄龙滩（调查）	2008 – 03 – 02	0.86	7.76	42.24	37.07	12.07
黄龙滩（坑测）	2008 – 03 – 01	0.00	0.00	5.71	26.67	67.62
大毛滩边滩（坑测）	2008 – 03 – 02	0.00	3.81	27.62	39.05	29.52
桧溪镇边滩（下）（坑测）	2008 – 02 – 28	0.00	8.71	51.43	36.19	3.67
桧溪镇细沙河溪口滩（调查）	2008 – 02 – 29	0.00	10.95	52.38	34.29	2.38
桧溪镇细沙河口门内心滩（坑测）	2008 – 02 – 29	0.00	6.66	14.29	54.29	24.76
新市镇冒水乡大沙坝（调查）	2008 – 02 – 24	1.77	44.25	45.13	7.96	0.88
新市镇冒水乡大沙坝（调查）	2008 – 03 – 02	0.00	48.57	45.71	4.76	0.96
绥江县中碛坝（坑测）	2008 – 02 – 21	0.00	9.52	65.71	24.76	0.00
绥江县中碛坝（调查）	2008 – 02 – 21	0.00	8.57	72.38	19.05	0.00
河段平均		0.18	13.18	41.32	32.50	12.83

5.5.4.4　基岩碛坝描述

金沙江溪洛渡—屏山河段的基岩碛坝主要分布在干流的急弯、卡口处以及支流入汇口门处。考虑到 $D>500\mathrm{mm}$ 的块球体在长时间内基本不动，所以将块球体也划入基岩碛坝一类。举例说明如下：

（1）顺河溪口滩位于佛滩乡上游 1km，顺河溪沟出口（图 5 – 79）处有一座小水电站，名叫佛滩电站，装机 600kW，常年 24h 发电。顺河溪口滩由块球体和基岩构成，局部有淤沙，洲滩面积为 5.03 万 m^2，洲滩下游有四道山嘴石梁斜伸入江中，像一组丁坝群，将水流挑向左岸。类似的溪口滩还有佛滩溪口滩、黄龙滩溪口滩。顺河溪口滩沟、左侧主要由块球体组成，见图 5 – 80。顺河溪口滩沟右侧主要由基岩（紫砂岩）、块球体组成，见图 5 – 81。

图 5 – 79　顺河溪沟出口

图 5 – 80　顺河溪口滩（沟左侧）

图 5-81　顺河溪口滩（沟右测）

图 5-82　大毛沟溪口滩

图 5-83　大毛沟溪口滩溪沟出口左侧
基岩碛坝（灰岩）侵蚀微地貌

（2）大毛滩（团结河）溪口滩的基岩碛坝主要分布在出口处的左右岸，尤其以左岸的基岩碛坝更为典型（图 5-82、图 5-83）。其特点是基岩表面虽偶见壶穴，但从整体上看，其表面极不光滑，被雕塑成假山状，刀锋林立。该溪口滩无块球体分布。

（3）桧溪（细沙河）溪口滩（图 5-84、图 5-85），与干流水边交界处主要由块球体、大卵石组成，口门右侧为基岩碛坝（灰岩）。基岩碛坝、块球体所占的面积为 1.57 万 m^2。

图 5-84　桧溪溪口滩与干流水边交界处

图 5-85　桧溪细溪口滩口门右侧

5.5.4.5　滑坡、泥石流

本次调查，在该河段发现了以下 4 处滑坡。

（1）佛滩溪沟出口左侧山体滑坡（图 5-86），造成了房屋垮塌，人员受伤。山体坡度较陡，约 80°，垮岩范围为底宽 20m，高 30m 的等腰三角形，岩石岩性为片状页岩。

（2）黄龙滩溪沟出口左侧山体有两处滑坡（图 5-87）。滑坡体较松散，由沙土和小碎石组成。

图 5-86　佛滩溪沟出口左侧山体滑坡

图 5-87　黄龙滩溪沟出口左侧山体滑坡

5.5.4.6　人工开采建筑骨料

人工开采建筑骨料在该河段的地点有顺河溪口滩下游、桧溪镇边滩尾部、大沙坝边滩、绥江县中碛坝边滩等。开采的特点是开采的规模和数量都很小，开采的建筑骨料以中、粗沙为主，只有绥江县中碛坝边滩开采小卵石和砾石，作业方式是使用碎石机将大卵石粉碎。

5.5.4.7　人类活动对区间来沙的影响

人类活动对区间来沙的主要影响因素有修路、开矿活动、修建水电站、封山育林等。其中修路、开矿活动增加区间来沙，修建水电站、封山育林活动减少区间来沙。

（1）修路。调查期间，在四川境内（雷波县至新市镇），前几年兴建的沿江公路，有大量路渣直接滚入金沙江。右岸现有的沿江公路有很多路段低于向家坝水库正常蓄水位，今后还需重建。

（2）修建水电站。在干流上，溪洛渡水电站的大坝建设正在紧锣密鼓地进行，好在大坝建设十分注重环保，严禁建筑垃圾入江。但是，围堰截流等活动仍然会增加工程泥沙入江。

（3）封山育林。调查河段实施退耕还林已有多年，成效很不明显，在较高的山坡上，很少看到成片树林。主要原因是该区处于干旱河谷区，降水稀少，降水形式多为暴雨，水分不能满足大量植被生长的需要，再加上该地区山高坡陡，山体覆盖层薄，土地贫瘠，保水性差，树木难以成活；另外，当地人口不断增长，对粮食的需求也在不断增长，开荒耕种活动难以控制。

5.6　向家坝水库坝下游河床组成勘测调查

金沙江向家坝坝址—宜宾河段长度约 33km，河道总体走向是自南偏西到北偏东，干流河道为微弯型河道，两岸岸坡较缓，河漫滩较发育，多已开辟为农田和菜地，局部有山体基岩出露。

河道宽窄相间，以宽阔型河道为主，枯水河宽一般为 180～280m，洪水河宽一般为350～600m，狭窄型河道主要分布在柏溪镇城区下段—三官碛边滩上游，宜宾大中坝尾部—岷江汇合口。该区域支流不多，右岸有横江汇入。

5.6.1 钻探法勘测成果

5.6.1.1 取样点平面布置

向家坝水库坝下游河段为水富县—宜宾岷江口，全长约30km，多为顺直微弯的宽谷河段，一般以边滩为主，河床覆盖层厚度较大，沿岸阶地发育，沿程边滩发育，滩体规模大，以卵石滩为主，偶有沙滩出现。滩面以卵石为主，漂石较少，受人为扰动较大，局部已面目全非。本河段共布钻孔3孔，其平面位置见图5-88。

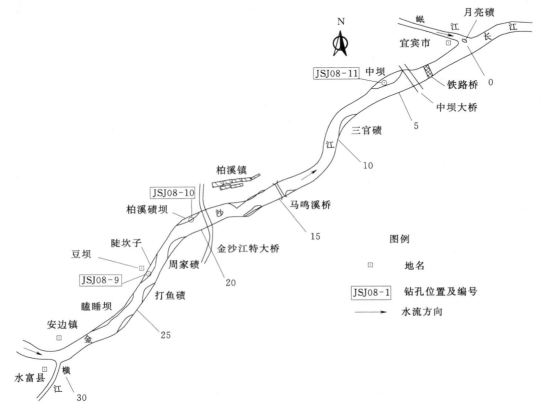

图5-88　金沙江向家坝—宜宾河段床沙取样坑点平面布置示意图
（图中数字为距宜宾市距离，单位：km）

水富县铁路桥至横江口两岸以山体岩石为主，岩石裸露伸入江中形成矶头，甚至有岩礁露于水面之上，基本无滩。

横江口边滩很小，较低平，滩面卵石大者中径达500mm左右，一般200mm以下，岩性以砂岩、灰岩、玄武岩为主，25mm以下黑色玄武岩含量增高。

横江口内两桥之间右边滩发育，部分沙土中混杂有次棱角状和次圆状大漂石，岩性以砂岩为主。滩边卵石粒径以在150mm以内为主。

横江口以下有左岸瞌睡坝边滩，右岸的打鱼矶、周家矶等大型边滩。

豆坝边滩（布孔洲滩）（又叫陡坎子）孔口部位位于宜宾市上游约24km，该边滩较长，约3～4km，沿线由卵石边滩与沙土边滩组成，卵石滩较高处多覆盖有沙土，卵石滩多受采砂活动影响，挖得高低不平，有的成了卵石石料场，堆积成大的卵石堆，有的则形成低地渍水，钻孔部位滩面卵石粒径200mm以上者较多，含砂量较高。

柏溪边滩（布孔边滩，又叫碎米碛）孔口部位位于宜宾市上游约20km，位于金沙江特大桥下约700m，该滩一般宽约80m，长约3km，滩上分为3个区域。其中边滩头部为最高处，卵石普遍较大，漂石为主，有受水流冲后的定向排列现象，25mm以下黑色玄武岩含量极高；钻孔部位比较平整，卵石大小混杂；边滩中部低洼不平，有渍水；边滩尾部较低平但无渍水，少量块石和沙土杂乱堆积。

宜宾中坝（布孔洲滩）孔口部位位于宜宾市上游约6km，长约2.5km，为金沙江上的大型洲滩，上半部叫大中坝，下半部叫中坝，统称中坝。中坝现已被防洪工程所改变，一条沿江大道穿越坝体。中坝最高处，高于水面约3.5m，卵石具胶结状，胶结厚度约1.2m，卵石颜色陈旧；沿江大道左侧为原中坝河套，现仍为低地；现存的边滩高于水面0.3～1.5m，高低不平，尾端还有部分隐伏于水面之下，该区受人为扰动严重，残留的大块石和巨砾较多。

5.6.1.2 钻探级配成果

就查勘的情况来看，柏溪镇以上边滩覆盖面积大，具一定的连续性，部分地段为块石边坡和岩石边坎，岩礁等，工作区段内河流落差不大，跌水和急流处较少，但卵石粒径从沿程看却无明显的变化趋势，滩面上天然卵石以柏溪边滩为大，中坝受人工开挖后残留的大砾石为本区最大。比较而言，卵石较上段和中段粒径明显变小。反映河床卵石等床沙从上游至下游总体仍呈变小趋势。

从钻孔中地层揭露和卵石的粒径组成（表5-34）来看，泥沙粒径的变化具有以下特征：

表5-34　金沙江向家坝水库坝下游河段河床洲滩钻孔床沙粒径组成百分数统计表

钻孔编号	洲滩名称	取样深度/m	粒径组成百分数/%										砂土 D_{50}/mm
			漂石	卵石						砾石		砂土	
			400～200mm	200～150mm	150～100mm	100～75mm	75～50mm	50～25mm	25～10mm	10～5mm	5～2mm	＜2mm	
JSJ08-9	豆坝边滩	0.00～2.40				8.5	30	28	18.3	6.9		8.2	0.29
		2.40～11.30		13	35.1	15.5	14	10.1	0.7	3.5	6.9	2	0.16
		11.30～15.30				24.8	8.8	14.4		20		32	
JSJ08-10	柏溪边滩	0.00～3.60		3.1	16.2	12.8	19	22.2	11.4	3.5	1.6	10.6	0.27
		3.60～5.20	35	25.3	8.8	7.8	6	2.7			14		0.36
		5.20～8.30			19.9	17	9.3	6.1		8	18	21.1	
		8.30～14.20				5.5	15	15.5	5.1	5.1		53.9	0.22
		14.20～17.70					35	17.3	16.7	18		12.8	0.27
JSJ08-11	中坝边滩	0.00～1.40			16.8	15.6	26	21	11.3	2.9	1.5	4.5	
		1.40～6.40			14.1	18.3	18	14.8	4.8	6.4	4	19.6	
		6.40～15.30			29.7	27.8	21	8.4	4.1	2.7		6	
平均值			3.2	3.8	11	14.2	19	14.9	7.1	7	4.2	15.5	0.26

（1）本段钻孔内揭露地层主要有两层，即上部卵石层和下部基岩，上部卵石层厚度相对稳定。下部基岩为砂岩。

（2）卵石粒径以 100～75mm、75～50mm 和 50～25mm 三组粒径组为主，25mm 以下组含量很少，但砂的百分含量又明显增加，最高达 53.9%，沿直深度内规律性不强，但总体上有上粗下细的趋势。

（3）小于 2mm 以下为中细砂，颗粒以 0.5～0.25mm 和 0.25～0.1mm 组为主，小于 0.05mm 粉粒很少，不含黏粒，D_{50} 均值为 0.26mm。

从钻孔剖面的沿程分布看，覆盖层厚且较稳定，以卵石为主，卵石粒径和岩性变化都不大，含砂量明显增加，局部为砂卵石。

5.6.1.3 岩性分析

区间各钻孔卵石岩性百分数见表 5－35。

表 5－35　　　　　　　向家坝水库坝下游钻孔卵石岩性百分数统计表　　　　　　　　　%

钻孔编号	洲滩名称	取样深度/m	花岗岩	石英砂岩石英岩	砂岩	灰岩	玄武岩	火山碎屑岩	石英
JSJ08－9	豆坝边滩	0.00～2.40		18.1	4.9	6.2	67.3	2.7	0.8
		2.40～11.30	0.4	42.7	9.7	1.6	43.8	1.8	
		11.30～15.00	1.2	17.6	3.5	4.7	73.0		
JSJ08－10	柏溪边滩	0.00～3.40	2.6	35.2	4.8	7.6	48.6	1.2	
		3.40～5.20		80.7	10.2	0.5	8.6		
		5.20～8.30		37.0	4.1	2.8	56.1		
		8.30～14.20		40.7	5.9	4.2	49.2		
		14.20～17.70		29.1	8.5		62.4		
JSJ08－11	宜宾中坝	0.00～1.40		28.6			68.5	2.5	0.4
		1.40～6.40	0.2	27.4	9.0		55.6	4.6	3.2
		6.40～15.30		45.3	27.5		26.9	0.3	

（1）豆坝边滩 JSJ08－9 孔，钻深 15.30m，均为卵石层，细分为三层，钻孔中各层均以黑色玄武岩为主，黄褐色、灰白色、石英岩和石英砂岩次之，含有黄褐、浅紫红等色砂岩和灰白色灰岩少量，偶见有火山碎屑岩，其中石英岩、石英砂岩随粒径变小而减少，玄武岩则随粒径变小而增加。第二层见有花岗岩、火山碎屑岩。第三层以玄武岩为主。

随粒径变小，有石英岩、石英砂岩相应减少，玄武岩增多的变化趋势，其他岩性均含量较小，其含量随粒径变化无明显变化。向深部各层中，各种岩性的变化也随粒径变化无明显的增减。

（2）柏溪边滩 JSJ08－10 孔，钻深 17.70m，钻孔中均为卵石，细分为五层，以玄武岩为主，次之石英砂岩石英岩，含砂岩、灰岩少量，在上部见有花岗岩和火山碎屑岩少量。随向深部火山碎屑岩随粒径变小而减少，玄武岩则随之增多。玄武岩含量在第二层较少，其他各层较稳定，石英岩、石英砂岩向深部有减少的趋势，其他岩性变化不明显。

（3）宜宾中坝 JSJ08－11 孔，钻深 15.90m，其中 0.00～15.30m 为卵石，卵石层分为

164

两层，各层均以玄武岩为主，石英岩、石英砂岩次之，砂岩、火山碎屑岩、石英、花岗岩等少量。并有随粒径变小，砂岩含量减少，玄武岩含量增加的趋势；垂向上的变化，玄武岩向深部含量减少，石英岩、石英砂岩则随之增加。其他岩性含量较少，随粒径变化和垂向深度变化不明显。15.30～15.90m 为基岩，系三叠系（T3）须家河组砂岩。

另外入汇支流关河（横江）。横江口门处的卵石岩性仍以玄武岩为主，次为石英砂岩，并有砂岩、灰岩、砾岩、火山碎屑岩、花岗岩等，局部水边 10mm 以下玄武岩小砾石十分丰富。

横江镇边滩，已被人工开挖扰动，滩面大粒径卵石以石英砂岩、石英岩为主，浅紫红色砂岩较多，并有灰岩、杂色火山岩。黑色玄武岩在 100～50mm 组含量较多，沿程山体以浅紫红色砂岩、粉砂岩为主。

岷江蕨溪镇边滩，岷江的卵石岩性明显与金沙江不同，以黄褐色、灰白色石英砂岩、石英岩为主，红、杂色花岗岩含量高，约占 40％左右，并见有杂色火山岩碎屑岩少量，使得滩面卵石颜色丰富多彩，但玄武岩含量却很低，也有少量砂岩、石英等，可见长江中的花岗岩、火山碎屑岩主要源自于岷江。

综上，本段卵石岩性组成以黑色、褐黑色玄武岩为主，黄褐色、灰白色、石英砂岩、石英岩和浅紫红色、黄褐色砂岩次之，含灰岩、火山碎屑岩、花岗岩、石英等少量，卵石岩性趋向复杂。各类岩性的沿程变化趋势为：以玄武岩含量最高，但沿程含量随粒径变化而多变，如在柏溪边滩上，10mm 以下黑色玄武岩局部十分丰富，但在豆坝和中坝大砾石玄武岩含量较高，10mm 以下者却含量较少；石英砂岩的含量也不稳定，如在 JSJ08 - 9 孔豆坝含量高时达 42.7％（第二层），低时仅 17.6％（第三层），在 JSJ08 - 10 孔的柏溪部位高时达 80.7％（第二层），低时 29.1％（第三层），在中坝高时 45.3％（第二层），低时 27.4％（第一层）反映岩性组成在沿程上，随深度上具有不稳定性。揭露基岩为三叠系须家河组砂岩。

5.6.2 坑测法勘测成果

5.6.2.1 取样点平面布置

金沙江向家坝水库坝下游（向家坝—宜宾）坑测法布置见表 5 - 36 及图 5 - 89。其中，在干流上 5 个边滩布设标准坑 7 个、散点 7 个；在支流入汇口或溪沟口门内布设标准坑 2 个、散点 2 个。

表 5 - 36　　金沙江向家坝水库坝下游（向家坝—宜宾）坑测法取样点布置表

序号	坑号	滩　名	相　对　位　置
1	XJBBX 坑 1	横江口门内小岸坝边滩（上）	右岸，岷江与金沙江汇合口上游约 29km
2	XJBBX 坑 2	横江口门内小岸坝边滩（下）	右岸，岷江与金沙江汇合口上游约 29km
3	XJBBX 坑 3	安边瞌睡坝（上）	左岸，岷江与金沙江汇合口上游约 27km
4	XJBBX 坑 4	安边瞌睡坝（下）	左岸，岷江与金沙江汇合口上游约 25km
5	XJBBX 坑 5	打鱼碛边滩	右岸，岷江与金沙江汇合口上游约 24km
6	XJBBX 坑 6	柏溪镇碎米碛（上）	左岸，岷江与金沙江汇合口上游约 17km

序号	坑号	滩　名	相　对　位　置
7	XJBBX 坑 7	柏溪镇碎米碛（下）	左岸，岷江与金沙江汇合口上游约 16km
8	XJBBX 坑 8	宜宾三官碛边滩	右岸，岷江与金沙江汇合口上游约 6km
9	XJBBX 坑 9	宜宾大中坝	左岸，岷江与金沙江汇合口上游约 4km

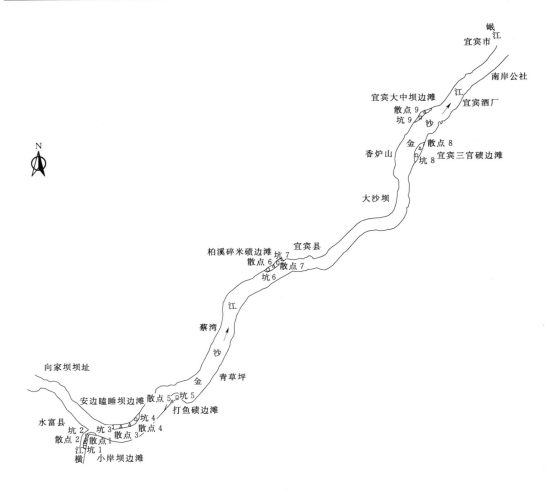

图 5-89　金沙江向家坝—宜宾河段床沙取样坑点平面布置示意图

　　对所有标准坑、散点使用手持 GPS 进行了平面定位，定位成果见附录（金沙江向家坝—宜宾河段床沙探坑平面定位成果表）。标准坑、散点高程利用长江水利委员会三峡水文水资源勘测局 2008 年 1∶2000 测图。

5.6.2.2　床沙级配成果

　　金沙江向家坝坝址—宜宾河段的洲滩坑测法级配成果见表 5-37。河段的床沙级配有如下特点：

表 5-37　　　　　　　　金沙江向家坝—宜宾河段洲滩活动层特征值及沙砾含量统计表

序号	滩　名	距岷江与金沙江汇合口 /km	D_{50} /mm	D_{max} /mm	尾沙样 D_{50} /mm	洲滩沙砾含量/%		
						$D<10mm$	$D<5mm$	$D<2mm$
1	横江小岸坝边滩（上）	29	37.2	226	0.438	23.6	19.1	12.7
2	横江小岸坝边滩（下）	29	22.3	186	0.690	32.5	23	14.8
3	安边瞌睡坝（上）	27	121	360	0.696	27.9	20.8	13.3
4	安边瞌睡坝（下）	25	167	340	0.452	12.6	11.2	10
5	打鱼碛边滩	24	110	340	0.257	13.8	11.7	10.5
6	柏溪镇碎米碛（上）	17	106	285	0.285	17.6	14.2	11.2
7	柏溪镇碎米碛（下）	16	60.6	290	0.291	19.8	15.9	12.7
8	宜宾三官碛边滩	6	71.6	335	0.577	19.4	14.6	10
9	宜宾大中坝	4	106	445	0.222	13.9	9.9	6.9

（1）河段的卵石洲滩床沙级配总体较粗，其 D_{50} 的变化范围为 60.6～167mm，D_{max} 为 445mm。

（2）小于 2mm 的尾沙样 D_{50} 的变化范围为 0.222～0.696mm。支流溪口滩的尾沙样较粗，D_{50} 的变化范围为 0.438～0.69mm。干流边滩的尾沙样 D_{50} 的变化范围较广，为 0.222～0.696mm。

（3）小于 2mm 的尾沙百分数一般在 11% 左右，干流边滩的尾沙百分数较稳定（宜宾大中坝例外，因修建防洪堤，人工采砂影响大），干流边滩深层大都含黄泥，支流溪口滩尾沙百分数略大。

（4）2～10mm 的沙砾含量一般在 2.7%～18.5% 左右。干流边滩的沙砾含量少，一般在 3%～10% 左右；支流溪口滩的沙砾含量多，一般在 6%～18.5% 左右。

（5）瞌睡坝边滩、柏溪镇碎米碛边滩、三官碛边滩，由于洲滩床沙与推移质交换充分，探坑附近受采砂的影响较小，最能代表向家坝—宜宾河段的床沙级配，见图 5-90、图 5-91。其余支流溪口滩、边滩的床沙级配可作为区间来沙的级配成果。

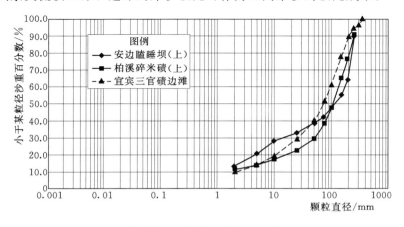

图 5-90　向家坝下游典型洲滩坑测级配曲线图（$D>2mm$）

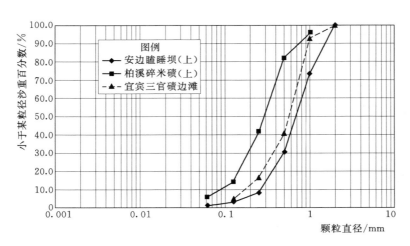

图 5-91　向家坝下游典型洲滩坑测级配曲线图（$D < 2mm$）

为了掌握 D 大于 100mm 的粗颗粒级配分布规律，在打鱼碛边滩中部、柏溪镇碎米碛边滩头部，使用钢卷尺量三径，随机抽取 100 颗以上，再计算以颗数计的级配百分数，见表 5-38。

表 5-38　　　　　　　　　　金沙江向家坝—宜宾河段粗颗粒级配调查表

位　　置	日　期	以颗数计的级配百分数/%								
		粒径组								
		100mm	150mm	200mm	250mm	300mm	350mm	400mm	450mm	500mm
宜宾打鱼碛边滩	2008-03-16		4.4	19.7	45.3	76.7	96.4	99.3	99.3	100.0
柏溪碎米碛边滩	2008-03-17		5.8	18.2	45.5	89.0	99.4	100.0		

5.6.2.3　岩性分析

金沙江向家坝—宜宾河段的洲滩坑测法岩性百分数成果见表 5-39。河段的坑测法岩性百分数有如下特点：

表 5-39　　　　　　　　　　金沙江向家坝水库坝下游（向家坝—宜宾）

河段各坑分层及坑平均岩性百分数成果表　　　　　　　　　　　　　　　　%

坑号	分层	黑色玄武岩	斑玄武岩	褐色玄武岩	灰岩	页岩	石英	石英岩	石英砂岩	一般砂岩	红砂岩	紫砂岩	绿砂岩	泥岩	火山碎屑岩	花岗岩	其他
横江口门内小岸坝边滩（上）	表层	38.40	0.99	0.00	5.10	0.00	0.00	8.47	14.80	3.87	25.00	1.89	0.00	1.48	0.00	0.00	0.00
	次表层	52.45	0.00	0.00	13.52	0.00	0.00	18.75	2.20	6.52	4.94	0.00	0.00	1.10	0.52	0.00	0.00
	坑平均	47.13	0.37	0.00	10.33	0.00	0.00	14.86	6.97	5.52	12.53	0.72	0.00	0.88	0.00	0.00	0.00
横江口门内小岸坝边滩（下）	表层	37.92	0.00	0.00	20.44	0.00	0.00	8.21	13.83	6.16	12.84	0.00	0.00	0.30	0.00	0.00	0.30
	次表层	65.92	0.00	0.00	12.12	0.00	0.00	14.31	3.56	1.07	2.13	0.00	0.00	0.90	0.00	0.00	0.00
	坑平均	50.77	0.00	0.00	16.62	0.00	0.00	11.01	9.12	3.82	7.93	0.00	0.00	0.58	0.00	0.00	0.16

坑号	分层	黑色玄武岩	斑玄武岩	褐色玄武岩	灰岩	頁岩	石英	石英岩	石英砂岩	一般砂岩	红砂岩	紫砂岩	绿砂岩	泥岩	火山碎屑岩	花岗岩	其他
安边瞌睡坝（上）	表层	7.65	0.00	0.00	0.59	0.00	0.00	86.58	4.19	0.41	0.39	0.00	0.00	0.00	0.00	0.20	0.00
	次表层	39.09	0.00	0.00	2.78	0.00	0.21	45.88	10.91	0.00	1.02	0.00	0.00	0.00	0.00	0.00	0.11
	坑平均	16.07	0.00	0.00	1.18	0.00	0.06	75.68	5.99	0.30	0.56	0.00	0.00	0.00	0.00	0.15	0.03
安边瞌睡坝（下）	表层	11.52	0.00	0.00	0.58	0.00	0.04	46.81	38.28	2.72	0.04	0.00	0.00	0.00	0.00	0.00	0.00
	次表层	42.19	0.00	0.00	2.74	0.00	0.00	28.49	4.53	14.42	0.36	6.56	0.00	0.00	0.00	0.00	0.72
	坑平均	19.92	0.00	0.00	1.17	0.00	0.03	41.79	29.03	5.93	0.13	1.80	0.00	0.00	0.00	0.00	0.20
打鱼碛边滩	表层	45.36	0.00	0.00	6.22	0.00	0.00	19.13	9.66	6.50	7.24	2.92	0.00	2.23	0.00	0.74	0.00
	次表层	40.39	0.00	0.00	2.03	0.00	0.00	36.45	9.05	3.10	2.15	5.90	0.00	0.15	0.00	0.78	0.00
	坑平均	41.97	0.00	0.00	3.36	0.00	0.00	30.96	9.24	4.18	3.76	4.96	0.00	0.81	0.00	0.77	0.00
柏溪镇碎米碛（上）	表层	13.11	0.00	0.00	1.99	0.00	0.00	69.91	3.91	0.52	0.00	9.96	0.00	0.00	0.00	0.60	0.00
	次表层	46.36	0.00	0.00	3.22	0.00	0.00	36.97	12.77	0.00	0.64	0.00	0.00	0.00	0.00	0.04	0.00
	坑平均	20.99	0.00	0.00	2.28	0.00	0.00	62.11	6.01	0.40	0.15	7.60	0.00	0.00	0.00	0.47	0.00
柏溪镇碎米碛（下）	表层	38.89	0.00	0.00	9.61	0.00	0.00	16.97	22.07	7.66	4.50	0.30	0.00	0.00	0.00	0.00	0.00
	次表层	38.19	0.00	0.00	9.43	0.00	0.04	37.92	8.47	1.67	3.23	0.87	0.00	0.00	0.00	0.19	0.00
	坑平均	38.40	0.00	0.00	9.48	0.00	0.03	31.78	12.46	3.43	3.60	0.70	0.00	0.00	0.00	0.13	0.00
宜宾三官碛边滩	表层	31.97	0.00	0.00	0.30	0.00	0.00	52.60	13.48	0.06	0.00	0.00	0.00	0.00	0.00	1.60	0.00
	次表层	52.53	0.00	0.00	3.65	0.00	0.00	14.33	24.01	2.71	0.71	0.98	0.41	0.16	0.29	0.22	0.00
	坑平均	40.64	0.00	0.00	1.71	0.00	0.00	36.47	17.92	1.18	0.30	0.41	0.17	0.07	0.12	1.02	0.00
宜宾大中坝	表层	8.84	0.00	0.00	0.33	0.00	0.00	77.18	12.78	0.10	0.25	0.50	0.00	0.00	0.00	0.02	0.00
	次表层	23.71	0.00	0.00	1.39	0.00	0.00	70.24	2.04	0.27	0.42	1.10	0.00	0.32	0.00	0.52	0.00
	坑平均	15.09	0.00	0.00	0.78	0.00	0.00	74.26	8.27	0.17	0.32	0.75	0.00	0.13	0.00	0.23	0.00

（1）本河段的主要岩性有石英岩、玄武岩、灰岩、石英砂岩等，其中石英岩、石英砂岩为示源性物质。

（2）不同岩性在各粒径组的分布有较大差异。如玄武岩，在大卵石及以上粒径组的所占百分数较少，而在中小卵石粒径组的分布特多。石英岩反之，在大卵石及以上粒径组的所占百分数较多，而在中小卵石粒径组的分布较少。

（3）边滩的岩性大多为玄武岩、石英岩、石英砂岩，灰岩在本河段成了"少数民族"。如柏溪镇碎米碛，石英岩、玄武岩占绝大多数。安边瞌睡坝石英岩、石英砂岩所占百分数高达70%以上。

为了掌握 D 大于100mm的粗颗粒岩性分布规律，在打鱼碛边滩、碎米碛边滩，使用钢卷尺量三径，人工鉴定岩性，随机抽取100颗以上，再计算以颗数计的岩性百分数。该河段粗颗粒岩性主要有石英岩、砂岩、紫砂岩、石英砂岩等，与上游二个库段比较，最明显的差异是本河段的粗颗粒中，玄武岩、灰岩大幅度减少，见表5-40。

表 5-40　　　金沙江向家坝水库下游（向家坝—宜宾）河段洲滩卵石岩性调查表

粒径范围 /mm	以颗数计的洲滩卵石岩性/%											
	砾岩	页岩	火山岩	灰岩	石英岩	石英砂岩	砂岩	红砂岩	紫砂岩	泥岩	玄武岩	斑玄武
宜宾打鱼碛边滩 150~500	0.00	0.00	5.84	0.73	65.69	5.11	10.22	0.00	8.76	0.00	3.65	0.00
宜宾碎米碛边滩 150~400	1.30	0.00	1.95	4.55	43.51	9.74	22.08	0.00	11.69	0.00	5.19	0.00

5.6.3　调查成果

5.6.3.1　洲滩分布及形态特征

金沙江向家坝坝址—宜宾河段的洲滩类型主要有边滩、碛坝等，江心洲、心滩、坡积锥（裙）、冲积锥（扇）在该河段没有见及。分述如下：

（1）边滩。在本河段边滩发育较完整的有六处边滩。如瞌睡坝边滩、打鱼碛边滩、柏溪镇碎米碛边滩、三官碛边滩等。此外本河段河漫滩也发育较完整。

（2）碛坝。主要分布在干流卡口处和溪沟口门。干流卡口碛坝主要分布在柏溪镇城区下段—三官碛边滩上游，宜宾大中坝—岷江汇合口狭窄型河道；溪沟口门碛坝如横江出口。

5.6.3.2　洲滩床沙颗粒平面分布

本河段洲滩调查的总体情况见表 5-41。

表 5-41　　　　　金沙江向家坝—宜宾河段洲滩特征值统计表

序号	滩名	洲滩长度 /m	最大宽度 /m	滩顶高程 /m	枯水位 /m	高差 /m	面积 /万 m²	洲滩物质组成					
								卵石（含卵石夹沙）		沙（含沙夹卵石、泥质）		基岩碛坝（含块球体）	
								面积 /万 m²	百分数 /%	面积 /万 m²	百分数 /%	面积 /万 m²	百分数 /%
1	小岸坝边滩	1200	100	270.30	268.00	2.3	16.94	4.55	26.9	12.40	73.1	0.00	0.0
2	瞌睡坝	2687	210	272.40	266.60	5.8	46.33	22.40	48.3	23.90	51.7	0.00	0.0
3	打鱼碛边滩	1035	327	268.40	264.60	3.8	23.82	9.59	40.3	14.20	59.7	0.00	0.0
4	柏溪镇碎米碛	1682	332	269.50	263.60	5.9	25.95	22.50	86.6	2.95	11.3	0.53	2.1
5	三官碛边滩	1820	385	264.70	260.40	4.3	38.85	21.00	54.2	17.80	45.8		
6	宜宾大中坝	1600	240	266.80	259.10	7.7	13.79	0.58	4.2	0.87	6.3	12.3	89.5
	小计						165.68	80.62	48.7	72.12	43.6	12.83	7.7

金沙江向家坝—宜宾河段的调查洲滩的总面积为 165.68 万 m²，卵石（含卵石夹沙）、沙（含沙夹卵石、泥质）、基岩碛坝（含块球体）的覆盖面积分别占 48.7%、43.6%、7.7%。表中的洲滩长度、最大宽度、滩顶高程是指活动层的尺度，不含基岩、块球体，

枯水位是指洲滩附近的干流水位。下面分类型说明典型洲滩床沙颗粒平面分布。

柏溪镇碎米碛边滩位于距岷江与金沙江汇合口上游16km的顺直宽阔河段，滩长1682m、宽332m、高5.9m，主要由卵石、沙土组成，低滩为卵石滩，高滩（河漫滩）为沙土，种有小麦和油菜。柏溪镇碎米碛边滩床沙颗粒平面分布见图5-92。卵石滩头部由大、中卵石组成，卵石磨圆度好，表层以下含黄泥；卵石滩中、下部由中、小卵石组成，卵石磨圆度好。卵石滩尾部有一片垃圾填埋场，再下游有基岩碛坝出露。

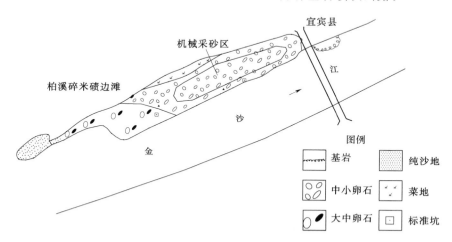

图5-92 柏溪镇碎米碛边滩床沙颗粒平面分布图

类似的边滩还有瞌睡坝边滩、打鱼碛边滩、三官碛边滩。

小岸坝边滩位于横江出口段右侧，滩长1200m、宽100m、高2.3m，主要由卵石、沙土组成，低滩为卵石滩，高滩（河漫滩）为沙土，种有蔬菜和小麦。小岸坝边滩床沙颗粒平面分布见图5-93。边滩头部由中、小卵石组成，滩宽40m、高1.5m，卵石磨圆度较好。边滩中部由大、中、小卵石组成，靠水边的低滩为小卵石滩，滩宽20m、高0.3m；小卵石滩的右侧为大卵石滩，滩宽13m、高0.5m，大卵石磨圆度好，大卵石表面带泥，长有青苔，岩性多为石英岩、石英砂岩、紫砂、灰岩；再往右为河漫滩陡坎。边滩下部由中、小卵石和沙土组成，中、小卵石分布在沿水边一线，所占的面积百分数极小，沙土分布面积极广，右至河漫滩，纵向沿干流下延约1km。

横江出口段左侧有基岩碛坝出露。

5.6.3.3 卵石磨圆度

金沙江向家坝—宜宾河段的卵石磨圆度见表5-42，有如下特点：

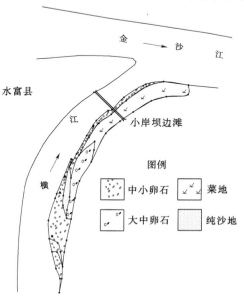

图5-93 小岸坝边滩床沙颗粒平面分布图

表 5 - 42　　　　　　　　　金沙江向家坝—宜宾河段卵石磨圆度统计表

位　　　置	日　期	卵石磨圆度分类占比/%				
		浑圆	圆	次圆	次棱	棱角状
横江口门内小岸坝（坑测）	2008 - 03 - 15	0.00	14.90	46.25	35.71	3.14
宜宾打鱼碛边滩（调查）	2008 - 03 - 16	0.73	68.61	29.93	0.73	0.00
宜宾柏溪碎米碛边滩（上）（调查）	2008 - 03 - 17	1.30	42.21	46.75	9.74	0.00
宜宾柏溪碎米碛边滩（下）（坑测）	2008 - 03 - 17	9.43	59.43	27.36	3.77	0.00
宜宾三官碛（坑测）	2008 - 03 - 20	2.00	31.90	51.43	13.81	0.86
河段平均		2.69	43.41	40.34	12.75	0.80

（1）全河段的卵石磨圆度以圆、次圆为主，分别占 43.4%、40.3%。

（2）干流边滩的卵石磨圆度较支流为好。

（3）大卵石磨圆度较小卵石为好，卵石磨圆度较砾石为好。

5.6.3.4　基岩碛坝描述

金沙江向家坝—宜宾河段的基岩碛坝主要分布在干流的狭窄段、卡口处以及支流入汇口门处。考虑到 D 大于 500mm 的块球体在长时间内基本不动，所以，将块球体也划入基岩碛坝一类。举例说明如下：

图 5 - 94　横江口门左侧出露基岩碛坝

（1）横江口门在口门左侧出露基岩碛坝（图 5 - 94）。出露基岩碛坝一直伸入干流江中，坝顶高程逐渐降低，在江中基岩碛坝上修建有人渡码头，像一道丁坝，见图 5 - 95。

（2）宜宾大中坝因几年前修建防洪大堤，本段河势发生重大改变，河型由分汊型变成单一型，大中坝由江心洲变成边滩，见图 5 - 96。宜宾大中坝滩面分布有大量的块球体，见图 5 - 97，其岩性主要为绿色石英砂岩、紫色砂岩、泥岩。本滩目前未见人工采砂活动。

图 5 - 95　横江口门左侧的基岩碛坝上的人渡码头

图 5 - 96　宜宾大中坝

172

5.6.3.5 滑坡、泥石流

本次调查，在该河段未发现滑坡、泥石流现象和遗留痕迹。

5.6.3.6 人工开采建筑骨料

人工开采建筑骨料在该河段的范围是打鱼碛边滩—宜宾三官碛边滩长约 18km 的河段。

(a) 面向上游　　　　　　　　　　　　(b) 面向下游

图 5-97　宜宾大中坝滩面分布有大量的块球体

开采的特点如下：

（1）全部采用机械化作业，开采量巨大。沿岸未被拉走的建筑骨料堆积如山。有的边滩被挖到与枯水位齐平，如打鱼碛边滩、柏溪镇碎米碛。

（2）开采的砂石粒径范围广，几乎涵盖了洲滩全部覆盖层。建筑骨料一般要求粒径小于 20mm，对较粗颗粒，则使用粉碎机进行加工。

（3）开采的部位是水上、水下均采，以陆地上边滩为主。

典型洲滩人工开采建筑骨料调查包括：

（1）打鱼碛边滩。低滩为大、中卵石滩，河漫滩为沙土。开采的部位在卵石滩的中、上部，使用机械开挖，边滩被挖到与枯水位齐平。河漫滩有一处卵石粉碎加工厂及建筑骨料堆场。

（2）柏溪镇碎米碛。调查时，边滩中下部内侧正在开采砂卵石，见图 5-98 有 3台装载机，18 辆大卡车，将开挖建筑骨料全部运走。据调查，运走的砂卵石用于房

图 5-98　柏溪镇碎米碛（其中的
水坑为建材开采坑）

地产开发造地。边滩开挖范围：长 220m，宽 30～70m，深度 1.8～2.0m，从局部积水看，部分边滩开挖后的高程略低于枯水位。

（3）宜宾三官碛边滩。其低滩为卵石滩，河漫滩为沙土。河漫滩有一处卵石粉碎加工厂及建筑骨料堆场。

5.6.3.7 人类活动对区间来沙的影响

人类活动对区间来沙的影响因素有修路、开矿活动、修建水电站、封山育林等。其中修路、开矿活动增加区间来沙，修建水电站、封山育林活动减少区间来沙。

由于该河段长度较短，对区间来沙的影响的主要因素是修建水电站。据调查，在横江上（盐津县城—横江出口）目前已建成水电站一座（张窝水电站，距横江出口约20km），在建水电站三座。由此看来，横江输送到金沙江的泥沙将越来越少，尤其是粗颗粒将全部被拦截。

5.7 本章小结

5.7.1 来水来沙

金沙江下游河段（攀枝花—宜宾段），河长770km，落差730m。河口（宜宾）多年平均流量4920m³/s，多年平均径流量1550亿m³，多年平均含沙量1.7kg/m³，多年平均输沙量2.6亿t。

金沙江屏山站的年径流总量1426亿m³，约为长江宜昌以上径流量的三分之一，占大通站的16%。

金沙江径流的年内分配，大都集中在汛期6—10月，攀枝花、屏山站约占全年的75%。金沙江年径流量的年际变化比较稳定，最大与最小值的倍比为1.75～1.97。

金沙江下游（雅砻江汇口以下）集水面积85379km²，占全流域面积的17%；多年平均径流量为405亿m³，占流域总径流量的27%；多年平均悬移质输沙量为1.76亿t，占流域总输沙量的68%。平均输沙模数2060t/(km²·a)，约为上游区的11倍。可见金沙江的泥沙主要是产生在下游区，并主要来自渡口、雅砻江汇口至屏山的干流区间。下游较大支流如龙川江、牛栏江和横江流域的输沙模数均在1000t/(km²·a)左右，属中度水土流失区。扣除这些支流流域，干流区间（包括众多小支流）集水面积为54168km²，仅占全流域面积的11%；多年平均径流量为269亿m³，占流域的18%。多年平均输沙量为1.47亿t，竟占了全流域的57%。多年平均输沙模数达2710t/(km²·a)，其中干流河谷地区的输沙模数在3000t/(km²·a)以上，是长江上游水土流失最严重的地区。

5.7.2 河道基本特征

金沙江下游河段，河道为典型的山区性河道，两岸岸坡陡峻，且山体基岩裸露，河道宽窄相间，以狭窄型深切河谷为主。河漫滩很不发育，仅局部有少许阶地；干流洲滩也不发育，主要表现在洲滩数量少，规模小。但由于该区域水系发达，支流众多，流域内山体破碎，滑坡、泥石流等地质灾害频发，地表侵蚀强烈，产沙量巨大，是长江上游水土流失最严重的地区。同时，金沙江干流河床狭窄，水流湍急且紊乱，两岸支流、溪沟坡降大，易爆发山洪、泥石流，因此，该河段干、支流的泥沙输移能力很强，而在该河段沉积的泥沙很少，该河段干流边滩和心滩数量少，规模小，而溪口滩较多。总之，本河段是一个地表侵蚀强烈、产沙量巨大、泥沙输移能力特强、泥沙堆积条件极差的河段。

5.7.3 河床组成特点

该河段河床组成总体特点：泥沙堆积的规模小，数量较少，但粒径范围很广，大到直径为数米的块球体，小到细沙（纯沙滩）。其中，块球体大多分布在溪口滩；卵石、卵石夹沙一般分布在边滩、江心滩；纯沙滩大多以边滩的形式出现，出现地点伴有山嘴、石矶，或岸线凹进，易产生回流区、缓流区。

河段内的卵石洲滩床沙级配十分宽泛，考虑到床沙与推移质的交换，得到本河段的典型卵石洲滩床沙级配，D_{max}其一般在400mm以下，D_{50}的变化范围为20～90mm。支流床沙D_{50}小于临近的干流河段的D_{50}。

勘测河段的沙质洲滩分布广泛，本河段的典型沙质洲滩床沙级配一般较附近卵石洲滩中小于2mm的细颗粒更细、更均匀，其D_{max}一般在2mm以下，D_{50}的变化范围为0.15～0.47mm，大多数沙质洲滩D_{50}约为0.2mm。

本河段床沙级配沿垂向分布特点：表层普遍存在粗化层；表层不含小于2mm的细颗粒泥沙；深层大多无明显分层。

本河段的主要岩性有玄武岩、灰岩、石英岩、石英砂岩、红砂岩等，其中，玄武岩、灰岩为示源性物质。

全河段的卵石磨圆度以次圆、次棱角状为主；边滩的卵石磨圆度较溪口滩为好；大支流的溪口滩较小支流的溪口滩磨圆度为好；块球体磨圆度较卵石为好，卵石磨圆度较砾石为好。

参考文献

［1］ 王维国，曹大卫，冯荆州．金沙江白鹤滩水库变动回水区河床组成勘测调查［J］．泥沙研究，2016（2）：57-60.

［2］ 董先勇，王维国．金沙江溪洛渡水电站变动回水区河床组成调查［J］．泥沙研究，2010（6）：54-59.

第6章　三峡工程相关河段河床组成勘测调查

6.1　三峡工程库尾及上游河段河床组成勘测调查

6.1.1　长江宜宾—重庆河段河床组成勘测调查

6.1.1.1　概述

长江上游修建水库对三峡工程入库泥沙影响很大，为正确估算水库下游因河道下切可能供应和恢复的沙量，需要河道河床边界组成资料，满足长江三峡水利枢纽工程泥沙研究需要。为此，1997年末至1998年汛前进行了三峡库尾上游屏山—重庆河段河床组成地质钻探和勘测调查项目。

勘测调查范围为金沙江屏山—宜宾河段61km，川江宜宾—重庆河段384km，嘉陵江合川—重庆河段95km，河段总长约600km（包括横江、岷江、赤水河、涪江和渠江等重要支流汇口以上20km河段），见图6-1。地质钻探完成钻探28孔，累计进尺402.95m。保留样45个，外业试样颗分、岩性分析85组，尾沙样73点。洲滩取样完成114个探坑

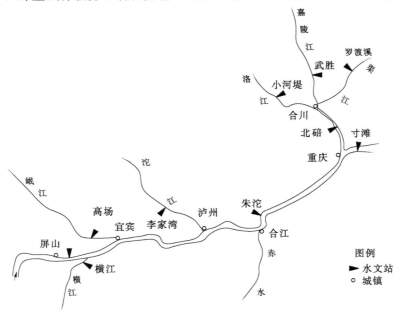

图6-1　屏山—重庆河段水系及水文站网示意图

开挖（其中特深坑 10 个），分层床沙取样级配分析 516 点，表层取样级配分析 165 点，探坑盂层筛分析尾样级配分析 392 点。

6.1.1.2 河段概况

1．地理地质概况

长江干流屏山—重庆河段横亘于四川盆地南部，大小支流众多，主要有从左岸入汇的岷江、沱江和嘉陵江，从右岸入汇的横江、赤水等。长江于宜宾进入四川盆地，受北北东向的新华夏构造体系华蓥山帚状构造影响，河道弯曲，河床宽窄相间；河床深泓剖面呈锯齿状起伏，向下游倾斜。地层均以侏罗系红色砂泥岩系为主，岩性倾角一般小于 10°。河谷内层状地层发育，金沙江楼东有三级阶地出现，宜宾—重庆有 4～5 级。嘉陵江河段因横切华蓥山帚状构造形成多道峡谷由红色砂泥岩和三叠纪灰岩交互相接。

2．来水来沙概况

河段下游寸滩站多年平均径流量和悬移质多年平均输沙量分别为 3500 亿 m³ 和 46000 万 t（2000 年前统计资料），该站来水主要为金沙江、岷江、沱江和嘉陵江，分别占 40.9％、25.1％、3.6％ 和 20.0％。悬沙主要来自金沙江和嘉陵江，分别占 53.3％ 和 29.6％。两江多年平均输沙量和年径流量分别占寸滩站 82.8％ 和 60.9％。

屏山站和高场站悬移质多年平均中值粒径最粗，均为 0.048mm，干流站悬沙粒径介于各支流之间。寸滩水文站实测卵石推移质年输沙量为 15 万～60 万 t，多年平均为 30 万 t 左右，其中嘉陵江约占 20％ 左右。

3．河床特征

（1）金沙江（屏山—宜宾）河长 64km，岸坡陡峭，两岸溪沟入汇处冲积锥（扇）发育；两岸突嘴、石矶较多（表 6-1）；河床内岛礁零散分布，如三堆石、马儿石和小新滩；在弯道凸岸、展宽段和矶头上下腮等处洲滩发育。大于 300m 的宽段占 60％ 以上，河段以相对宽段为主。

表 6-1　　　　　　　　　　勘测调查河段典型节点统计表

河段名称	距重庆里程 /km	基岩、凸嘴及石梁等		节点宽度 /m	节点上游宽度 /m	节点下游宽度 /m
		左岸	右岸			
金沙江	446.0	东关亭	石龙嘴	180	350	350
	438.0	牌芳嘴	黄角沱	180	400	400
	414.0	小牛皮滩	大牛皮滩	130	300	700
川江	352.0	古烈女岩	石笋盘	290	650	650
	293.0	码头岩	王爷庙	300	850	850
	223.5	牛肠子	两头牛	180	700	700
	214.0	神背嘴	弥陀岩	280	2000	800
	170.0	银窝子	剑口	190	750	750
	168.0	史坝沱	李子坝	200	500	500
	165.0	大石盘	界石盘	190	750	750
	135.0	大吉脑	边鱼子	170	660	600

续表

河段名称	距重庆里程 /km	基岩、凸嘴及石梁等		节点宽度 /m	节点上游宽度 /m	节点下游宽度 /m
		左岸	右岸			
川江	134.0	横梁溉	陡公溉	200	750	750
	122.0	北石门	南石门	150	800	800
	98.0	莲花背	马鞍石	200	650	650
嘉陵江	77.0	巨梁	鹅公堡	180	500	350
	75.0	三脚石	鬼见愁	80	250	250
	64.0	白洋背	九口锅	100	350	300
	56.0	白庙子	鸡公嘴	150	400	200
	50.0	花生梁	土沱	60	500	400

（2）川江（宜宾—重庆）河长384km。由于受地质构造和岩性差异等因素影响，形成多处急弯，典型的有谢家坝（距重庆350km）弯道、罗汉场（距重庆250km）弯道和关刀碛（距重庆230km）弯道等。整个河段以大于600m的宽段所占比例达95%，故川江也以相对宽段为主。在河曲弯道凸岸、矶头上下腮及放宽段，洲滩十分发育，并出现多处洲滩并列现象，且大型江心洲较发育；两岸基岩节点多；河床内基岩碛坝、暗礁和石梁较多。

（3）嘉陵江（渠江口门—重庆）河段总长103km，大致由13个宽窄段组成，其中宽段（500～1000m）、中宽段（400～700m）、窄段（300～400m）和峡谷段（150～400m）长度所占比例分别为30.5%、55.0%、1.4%和13.1%。河床内洲滩、基岩碛坝等十分发育，暗礁密布。

综上所述，三峡库尾上游河段河床的共同特征有：①均为典型山区河流，河道弯曲；②河床具有宽窄相间藕节状平面形态；③河床内基岩裸露，基岩碛坝、暗礁和石梁发育；④泥沙来源充沛且具有良好的沉积环境，故洲滩发育。

6.1.1.3 河床边界条件

1. 洲滩沿程分布规律

（1）金沙江河段有规模较大的洲滩有25个。以安边为界，上段河床顺直狭窄，洲滩稀少且规模小，其平均长度、最大宽度和面积分别为1560m、164m和0.14km^2。洲滩总长尺度占河段长度仅20%；安边下游河段，河床明显展宽，洲滩密度较上段增加，平均长度、最大宽度和面积平均值分别为1867m、243m和0.33km^2，为上段1.5～2.0倍。洲滩长度占河段总长60%。

（2）川江（宜宾—重庆）河段由于有几条大型支流入汇，水沙来量明显增多，河宽也明显展宽，洲滩发育较金沙江明显增强。宜宾—李庄河段长为19km，由于两岸山体发育，河床顺直狭窄，仅有洲滩5个，尺度也较小。李庄—泸州河段长113km，有洲滩34个。河床得到了明显的展宽，出现多处大型洲滩并列现象，如特大型洲滩有迎宾阁（距重庆335km）、牛角碛（距重庆319km）等，洲滩并列的有水中坝与打鱼碛（距重庆324km）等。泸州—千佛岩河段长115km，区间有沱江、赤水入汇，洲滩更为发育，有洲滩 27 个。规模最大，洲滩平均面积达 0.91km²，其中大于 1.0km² 占 28.6%，大于 0.5km² 占 75%。千佛岩—朝天门河段长 137km，有洲滩 41 个，平均面积为 0.81km²，其中大于 1.0km² 占 22%，大于 0.5km² 占 71%。由于汇口段受嘉陵江入汇顶托影响，下段亦有若干大型洲滩，如大中坝（距重庆 41km）、珊瑚坝（距重庆 5km）等。洲滩表层床沙（$D>2$mm）特征粒径见图 6-2。

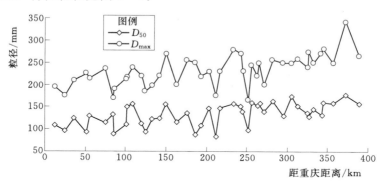

图 6-2　宜宾—重庆河段洲滩表层床沙（$D>2$mm）特征粒径图

（3）嘉陵江（渠江口门—重庆）河段长 103km，有洲滩 28 个。盐井镇以上，洲滩分布最为密集，规模较大，平均面积为 0.34km²；盐井镇—水土镇河段洲滩稀少，洲滩规模稍小，平均面积为 0.20km²；水土镇以下，洲滩及大型基岩碛坝较密，规模最大，平均面积为 0.47km²，特别是朝天门附近，受长江水流顶托作用，出现大型洲滩，如王伯碛（距离重庆 23km）。

综上所述，可知洲滩密集度及其规模大小决定于水沙来量、河床曲率和堆积环境等因素。川江洲滩最为发育，嘉陵江次之，金沙江最差。

2. 洲滩分类及其形态特征

（1）洲滩分类。

1）边滩一般发育于河曲凸岸、矶头上下腮以及顺直展宽河段等部位与河岸相连。在洲滩总数中，边滩所占比例最大。金沙江、川江和嘉陵江边滩各占 95%、75% 和 78%。金沙江由于河床狭窄，水流摆动不大，故其比例最大；川江河床展宽，水流分散，江心洲较发育，边滩比例有所降低。

2）心滩规模一般较小，高程低于中水位。金沙江河段仅见两处，川江较为发育，达 17 处。而嘉陵江水土镇以上有 8 处，一般位于出峡口门河床骤然放宽处，为出峡大卵石堆积场所。

3）江心洲发育于河床比较稳定的特宽段，三维尺度均较大，顶高不低于中水位。在金沙江仅见宜宾附近的大中坝。在川江河段所占比例达 21%。嘉陵江河段仅有几处，如班娘背（距离重庆 67km）、乌木滩（距离重庆 66km）。

4）冲积锥（扇）是砂卵石随大洪水顺沟而下，受干流水流顶托影响堆积而成，一般为卵石、块石、砾石和细沙等混合组成。如金沙江楼东下游对岸 1km 处大清浩冲积锥、瞌睡坝滩面冲积扇等。

5）基岩碛坝的组成物质为基岩残体，后文另作叙述。

（2）洲滩形态。洲滩形态主要有以下几种：

1）头低尾高由于洲滩头部迎冲刷，尾部水流分散，流速较小，泥沙落淤形成，大多数洲滩为头低尾高形态。特别是江心洲，往往尾部高高翘起。

2）头高尾低与卡口、矶头下腮、基岩碛坝相连的洲滩，由于滩头不直接迎水而出现回流而淤高，也出现头高尾低形态，如金沙江的月亮碛。

3）波形洲滩的滩面高程自头至尾呈高低相间波浪状，往往出现于水流湍急处，如川江金堆子。

4）平展滩的滩面高程变化不大，一般见于心滩和边滩，如川江小过兵滩（距离重庆312km），嘉陵江回龙滩（距离重庆78km）。

（3）洲滩沉积物。

1）组成及结构。滩面组成一般以卵石为骨架，辅以沙砾填充。卵石主要集中于滩首、滩中和主流一侧等部位。而沙砾主要集中于尾部及根部等高程较高部位。江心洲的根部特别是尾端往往出现较厚的纯沙体，如川江古贤坝（距离重庆325km）。从沿程来看，由于水流筛选作用增强和搬运距离的增大，卵石面积百分数总体上有沿程减小趋势，卵石粒径则呈跳跃式变小的特点。卵石及细沙粒径沿程波动细化特征。洲滩床沙 D_{50} 沿深度分布为：表层及次表层（0～0.5m）为最大，中层（1.0m）为最小，深层（2.0m）次之（图6-3）。

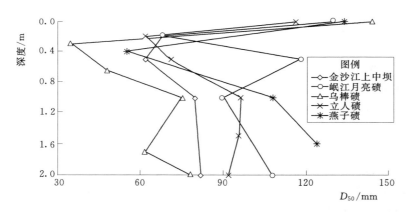

图 6-3　宜宾至重庆河段洲滩床沙 D_{50} 沿深度分布图

2）沉积物的岩性及磨圆度。

a. 岩性特征。沿程沙卵岩性变化同时受两方面影响：一方面支流补充使岩性发生变化；另一方面，河床两岸就近补给砂卵组成发生相应变化。金沙江的卵石物质主要来自屏山上游，以黑色玄武岩、砂岩及石英岩为主，火山岩、灰岩等少量。自岷江汇入后川江宜宾以下卵石虽仍以砂岩、石英岩为主，黑色玄武岩较多，但花岗岩增多，另有硅质岩、变角岩出现。沱江入汇后，砂岩、石英岩、酸性火成岩和火山岩增多，而玄武岩则有所减少。嘉陵江砂卵主要以砂岩、石英岩和泥岩为主，花岗岩、玄武岩较川江为少。

b. 卵石磨圆度。由于随搬运距离的增大，磨损程度加强，故从沿程来看，卵石圆度自上而下有增强趋势。区间短程来沙中，部分卵石磨圆度较差，有少量块状或棱状。从粒径大小看，中小粒径卵石磨圆度较好，而大部分大粒径卵石磨圆度较差。从岩性来看，花岗岩、砂岩等磨圆度较好，而玄武岩磨圆度较差。

3）泥沙堆积形式。洲滩泥沙堆积形式主要为两种：一是层状堆积，卵石、砾、沙紧密排列，为三者混合体；另一种为散乱堆积，卵石松散重叠，不夹沙。洲滩以层状堆积为主，散乱堆积较少。江心洲和边滩一般为层状堆积。边滩竖向组成表层一般为卵石夹沙，中下层为卵石层与沙土层相间，江心洲为沙卵混合体。心滩和波形滩为松散堆，如川江金堆子（距离重庆 270km）、嘉陵江猪儿石滩（距离重庆 51km）松散堆积厚度达 0.4～0.5m，为典型松散堆积形式。

3. 基岩碛坝和暗礁

基岩碛坝单体面积一般较小，高于枯水位 2.00～8.00m。金沙江河段河床下切幅度大，水流湍急，暗礁沿程密布，大型基岩碛坝仅于宜宾船厂对岸一处。川江泸州以上基岩碛坝分布稀少，仅占河床面积的 2% 左右，泸州以下分布较密，约占床面 5%。嘉陵江九龙场以下碛坝较发育，占床面 5%。典型基岩碛坝有川江磨盘滩（距离重庆 275km）、嘉陵江洋鼓石（距离重庆 96km）、晒金石（距离重庆 37km）。

4. 河岸

（1）河岸组成。

1）一般组成。金沙江河段，两岸多为山体，基岩岸线所占比例最大达 40% 以上，壤土旱田边坡仅占 20%；川江河段两岸丘陵及阶地发育，由砂壤土为主组成的河漫滩及阶地岸线占总岸线 85%；嘉陵江河段裸露基岩及抗冲性含砾黏土岸线占 19%，主要分布在峡谷段和节点部位，其他绝大多数为壤土旱田边坡组成。基岩河岸所占比例沿程呈递减趋势，而壤土、沙土岸线比例呈增大趋势。

2）胶结岩（胶结卵石层）河岸。胶结岩（胶结卵石层）为古河床卵石经过若干年物理化学反应的产物。胶结岩零散分布于岸坡，胶结卵石层则呈带状分布，见表 6-2。其分布共同规律为：自上而下，其相对枯水位高程有降低趋势，岩性和粒径与附近洲滩床面砂卵石相近。

表 6-2　　　　　　　　　　　沿程胶结岩（卵石层）特征值统计表

河段名称	距重庆里程 /km	部位及类型	岸别	距枯水位高度 /m	厚度 /m
金沙江	428	红眼碛胶结岩	R	6.00	3.0
	423	向家碛胶结岩	R	10.00	4.0
川江	364	李庄镇胶结岩	R	6.00～8.00	3.0～4.0
	346	胶结岩	L	6.00	4.0
	332	中坝外侧胶结岩	L	4.50	3.0
	331	胶结卵石层	L	4.50	4.0
	329	胶结岩	R	6.00	6.0
	320	胶结岩	L	6.00	2.0

河段名称	距重庆里程/km	部位及类型	岸别	距枯水位高度/m	厚度/m
川江	312	小过兵滩胶结岩	L	8.00	6.5
	308	胶结卵石层	L	5.00	3.0
	305	胶结岩	L	5.00	4.0
	298	胶结卵石层	R	5.50	5.0
	234	芙蓉坝胶结岩	L	1.50	1.2
	198	望龙碛胶结岩	R	8.00	3.5
	187	胶结岩	L	2.00	1.5
	177	胶结岩	L	3.00	2.5
	174	胶结岩	L	1.50	1.2
	155	胶结岩	R	3.00	1.2
	145	胶结岩	L	2.00	1.5
嘉陵江	99	胶结岩	R	1.50	1.5
	51	秤杆碛胶结岩	L	2.30	1.5
	29	碑亭子碛胶结岩	L	1.80	1.2

注：L 表示左；R 表示右。

（2）河岸坡度。金沙江岸坡大于 60°陡坡占 50% 以上，占河岸长度比例极小的阶地河岸坡度一般小于 45°；川江由于丘陵和阶地发育，小于 45°的缓坡占 41%，大于 60°陡坡仅占 15% 左右；嘉陵江除峡谷段外，其余岸坡一般小于 45°，约占 70%。岸坡坡度分布特点：①大于 60°的岸坡一般分布在峡谷段，如金沙江向家坝峡谷、嘉陵江盐井至北碚河段等。②由于水流侵蚀下切，弯道凹岸坡陡，几乎直立，如川江 348～351km 处河曲凹岸。③两岸丘陵发育部位，岸坡平缓。

6.1.1.4 主要认识

（1）河段内河床平面形态宽窄相间，曲折多弯，河势基本由基岩控制。河岸组成金沙江以基岩坡为主，川江以阶地边坡和旱地壤土坡为主。以河岸坡度以金沙江最陡，嘉陵江次之，川江最缓。

（2）河床内洲滩、基岩碛坝和冲积锥（扇）发育，且主要分布在河床放宽段、弯道凸岸和主流线撒弯取直后的弯道凹岸。河床越宽、堆积条件越好，洲滩越密集，其规模越大；反之，河床越窄、堆积条件越差，则洲滩不易发育。川江洲滩最为发育，嘉陵江次之，金沙江最差。

（3）洲滩床面组成物质主要为卵石，砂砾次之，土甚少。一般以卵石为骨架，辅以砂砾填充。滩面沙覆盖面积，川江最大，金沙江最小。滩面床沙组成粒径沿程自上而下呈递减趋势。

（4）河段干流及支流河床卵砾岩性各具特色。支流汇入后，对干流卵砾岩性影响很大。卵石磨圆度沿程增强。

6.1.2 朱沱—重庆河段河床组成勘测调查

6.1.2.1 概述

为了完整而有效地收集三峡库区变动回水区天然水流状态下河床组成本底资料，为分析预测库区河道泥沙冲淤、河床演变趋势和三峡水库运行调度提供原型勘测成果，2003年开展本项目工作。

勘测调查的范围为长江干流朱沱—重庆九堆子河段，长度约132km。主要工作量包括：洲滩床沙取样26个探坑，平均距离为5~6km（图6-4）；水下取样断面39个；洲滩地质钻探13孔，总进尺198m；室内泥沙颗粒分析样96点。取得了本河段天然水流状态下河床组成本底原型观测资料，通过对泥沙沉积环境和洲滩形成、分布规律的研究，测算了各类河床组成物质平面分布面积及其比例，并对卵粒砂含量百分数的沿程分布变化规律进行了分析，揭示了本河段床沙粒径沿流向以及横竖向分布规律和特征。

勘测调查河段自重庆九堆子至朱沱，河道蜿蜒曲折，宽窄相间，滩槽相接，宽段常有洲滩发育，窄段则形成深切峡谷，河床断面一般呈U形，或因宽段江心洲与江中基岩坝梁的出现，往往形成分汊河道而构成W形复式断面，枯水季节多浅滩急流，并伴有暗礁丁坝，水面宽一般为350~450m，断面平均水深为4~7m，平均比降为0.18‰；高洪水位时，河道水面宽一般为500~700m，断面最大水深达40m。重庆上游约145km有朱沱水文站常年监测长江上游水沙来量，下游距重庆朝天门约7km和134km分别有寸滩和清溪场水文站监测重庆下游各河段水沙量。本河段为三峡水库变动回水区河段，三峡水库建成后，水库上游河段大量粗粒推移质泥沙在此河段堆积和输移。

6.1.2.2 河床边界组成

由于河床边界受地质条件的控制，从而形成了不同的边界组成，主要有对称的基岩边界（即枯水河岸两边均为基岩）、基岩与洲滩组成边界，还有胶结卵石和局部河段的阶地（如朱羊溪下的姚坝为砂壤土阶地）组成边界。岩性组成可分为基岩、胶结卵石和砂卵石三种类型。

基岩主要为砂页岩，质地较软。整个河段基岩河床长度较小，枯水边界两岸均为基岩河段长约32km，占勘测河段的22.3%，且谷坡较陡。

砂卵石主要分布于洲滩的河床边界，大部分位于凸岸处，有少量位于凹岸和江心洲滩，分布面积和长度较大，但就洲滩本身来看，面积和长度均较小。洲滩分布呈不对称性，即一岸为洲滩、对岸则为基岩河段，长约111km，占整个河段的77.7%。洲滩中边滩发育规模分布大，滩面一般比较平缓且高程较低。只有少量的规模大、发育在宽谷河段的江心洲和心滩，如白沙沱处的大中坝、九堆子等。

本河段纯沙呈零星状分布，比较集中的分布仅在江津上游浅矶子到黄泥湾约5km长的弯道凹岸一带。

胶结卵石分布呈不连续状，如朱沱镇河段左岸，温中坝的下部，李家沱附近可见及。重庆—朱沱河段径流及泥沙来源主要来自长江干流。川江水量充沛，水位变幅大，以河段内长江朱沱站为例，多年平均来水量高达2660亿m³，占重庆下游寸滩站径流量的77%。

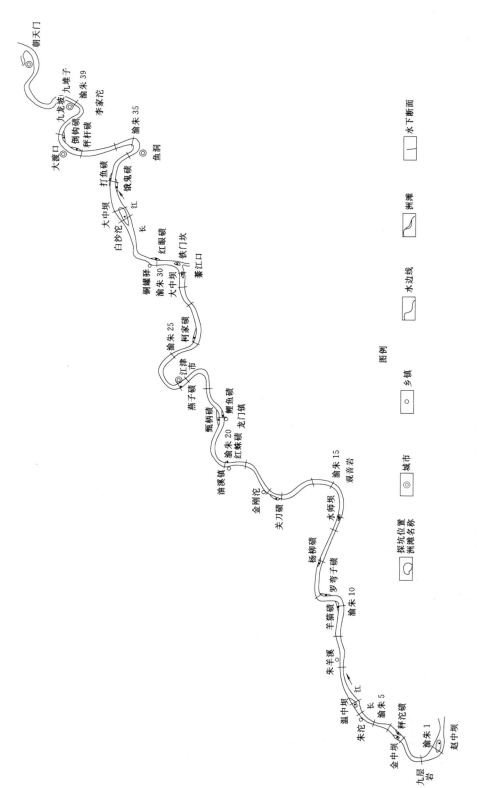

图 6-4 朱沱至重庆河段床沙取样坑位及水下断面布置图

6.1.2.3 水文泥沙特征

朱沱站径流量年内分配不均，其中1—5月占全年总径流量的16.4%，汛期6—9月占62.8%，10月占11%，11—12月占9.7%。其特点是汛期洪水来势凶猛，水位陡涨陡落，日变幅3～5m左右。

川江泥沙亦较丰富，来沙主要是悬移质，推移质相对较少。朱沱站多年平均含沙量为1.15kg/m³，与流量变化相应，含沙量变化也很大，最大达15.4kg/m³以上，而枯季几乎为零。其推移质多年平均推移量为32.8万t（1975—1985年）。长江上游各水文站水文特征值见表6-3。

表6-3　　　　　　　　　　　各控制水文站多年特征值统计表

特　征　量	朱　沱	寸　滩
多年最大流量/(m³·s⁻¹)	56500（1955年）	85700（1982年）
多年最小流量/(m³·s⁻¹)	1920（1999年）	2270（1978年）
多年平均流量/(m³·s⁻¹)	8340	21000
多年最大含沙量/(kg·m⁻³)	15.4（1972年）	10.8（1984年）
多年最小含沙量/(kg·m⁻³)	0.000（1957年）	0.001（1956年）
多年平均含沙量/(kg·m⁻³)	1.15	1.24
多年平均输沙率/(t·s⁻¹)	9.67	13.6

从输沙的年内分配看，输沙主要集中在汛期，汛期6—9月占全年90%，其他时段占10%。河段下游寸滩站多年平均悬移质输沙量为4.28亿t。寸滩站卵石推移质多年平均输沙量为22.5万t，砂质推移质为27.7万t，两项之和约为悬移质输沙量的0.12%。悬移质与推移质来沙量同上游朱沱站一样主要集中在汛期，6—10月输沙量占全年的90%以上。此外，受采砂等人类活动的影响，近年朱沱站卵石推移质呈现推移量减少、起动流速增大、颗粒级配细化的趋势。扣除径流量变化等因素影响，朱沱站卵推量1991年后较1991年前平均减少了50%，寸滩站1981年以后较1981年前平均减少了42%，见表6-4。

表6-4　　　　　　　　　自然及采砂因素引起卵石推移量变化分析比较表

站名	时段	年均径流量/亿m³	计算年均推移量/万t	实测年均推移量/万t	实测/计算	减少率/%
朱沱	1975—1991年	2649	32.6	32.6	1.00	
	1992—2001年	2677	34.8	17.3	0.5	50
寸滩	1966—1981年	3382	29.7	29.8	1.00	
	1982—2001年	3375	29.6	17.1	0.58	42

6.1.2.4 河段枯水位以上河床洲滩组成分布规律与特征

1. 河段洲滩分布特征

（1）洲滩大小与其分布密度。川江河段水沙丰沛，其自身河床宽窄相间，沿途碛坝和石矶挑流阻水，河流弯曲，为洲滩发育奠定了良好的基础。因此，在河床的展宽段和弯道凸岸及凹岸的下腮，碛坝的上下游等部位都是泥沙的主要堆积区。卵石洲滩是河流卵砾质推移质的堆积体，其发育的大小与河宽的大小，洪水流量的大小，输沙量的大小，水位变幅的大小等因素有关。当河床越宽，洪水流量越大，输沙量越大，水位越高时，洲滩规模越大；反之，则不利于洲滩发育，其规模越小。

重庆九堆子—朱沱河段，洲滩发育良好，共有大小洲滩 38 个，其中洲滩面积大于 0.5km² 的有 19 个，占洲滩总数 50%。洲滩面积最大者为石门附近的大中坝，其面积为 1.7km²，其次为江津德感坝，面积为 1.3km²，由于二者表层覆盖较厚沙壤土，且有植被民居，一般高洪水位不能淹没洲顶，故可将其划归为一级阶地；其他洲滩堆积高度一般在枯水水面以上 0.7~7.1m，除石门大中坝及江津德感坝外，洲滩堆积高度大都在 2~6m（枯水位以上）范围内。各洲滩长度在 450~5000m 之间，最大宽度在 110~970m 之间，长度密度和面积密度均以油溪—铜罐驿河段为小，其值为 0.363 和 0.124km²/km，洲滩长宽比整个河段基本相近，见表 6-5。

表 6-5 　　　　　　　　　　重庆—朱沱河段洲滩特征值统计表

河段名称	河段长度 /km	洲滩个数	洲滩平均长度 $L_滩$/m	洲滩平均宽度 B_{max}/m	洲滩平均高度 H_{max}/m	洲滩长宽比 $L_滩/B_{max}$	洲滩长度密度 $L_滩/L_河$	洲滩面积 $S_滩$/km²	洲滩面积密度 $S_滩/L_河$ /(km²·km⁻¹)
朱沱—油溪	50	16	1997	380	5.4	5.21	0.639	8.50	0.170
油溪—铜罐驿	46	9	1858	370	6.8	5.02	0.363	5.69	0.124
铜罐驿—九堆子	38	13	1867	360	4.6	5.18	0.639	6.48	0.170

（2）洲滩形态特征。由于各洲滩形成条件差异和后期冲淤演变，成就了各种各样的洲滩形状。从平面形态看，本河段多以半月刀（俗称关刀）边滩为主，而核仁形之心滩及江心洲较少，38 个洲滩中只有江心洲及心滩 4 个，约占 10%；从洲滩纵剖面看，一般洲滩头低洲尾高，处于发育成熟期，如红珠碛、柯家碛、大中坝、马尾碛等；而新淤滩往往头尾高差不大，甚至洲头高于洲尾，如羊背碛、温中坝上洲滩、保水碛、中锥、大沙坝、秤杆碛等，处于洲滩发育成长期。从横剖面看，心滩及江心洲多为左右对称的近似梯形，如温中坝、水师坝、大中坝、中锥等。而边滩多呈三角形或为外侧陡坎，顶部平展的近似梯形体，如罗湾子、母猪碛、红珠碛、鲤鱼碛、红花碛、倒钩碛等。

（3）洲滩分类及形成机理。洲滩按其在河床中的地理位置及形态，可分为心滩和边滩。按其形成原因可分为江心洲、边漫滩、冲积扇、坡积锥、碛坝等：心滩和江心洲一般发育于河流展宽段，它是河床中部分推移质泥沙一度终止运动的表现形式；边漫滩是在成熟边滩上发展起来的雏形河漫滩，一般发育于弯曲河道下腮展宽处，它是边滩老化的象征，如中山坝、九块田等；冲积扇是分布于溪口的溪口滩，如铁门坎等；坡积锥往往分布于河道陡壁河岸，在重力和水流作用下形成的散乱堆积体，其组成物质多为棱角和次棱角的大块石；碛坝为水流切割侵蚀河床基岩所形成的残留体。

2. 洲滩物质组成分布规律

（1）沿程分布特征。本河段河床洲滩物质主要为卵砾石，卵砾体中夹少许砂质；另有极少数洲滩为纯砂质物质组成。其沿程分布特征以各洲滩活动层卵砾含量及各洲滩坑侧特征粒径 D_{50}、D_{max} 等分布变化进行表述。

1) 洲滩物质组成沿程分布特征。长江朱沱—重庆九堆子河段各洲滩活动层卵砾百分含量沿程变化见表 6-6。洲滩活动层卵砾含量百分比最大的粒径组大多为 100～150mm 粒径组，其次为 75～100mm 粒径组，见图 6-5。同时，部分洲滩 5～10mm 组砾石级配缺级，说明少数河段洲滩床沙粒径级配是不连续的，这些洲滩分别是羊猫子、水师坝、红珠碛、甄柄碛、九堆子等，究其原因应与人工采砂有关。

表 6-6　　　　　　　　　　　　　洲滩活动层卵砾含量沿程变化统计表

地点	距离/km	各粒径组百分含量/%								
		<5mm	5～10mm	10～25mm	25～50mm	50～75mm	75～100mm	100～150mm	150～200mm	>200mm
温中坝	142	9.0	0.1	13.7	14.6	18.3	18.6	22.9	11.9	0.9
羊猫子	129	12.5		1.8	8.0	9.4	14.9	33.0	17.2	2.2
罗湾子	125	12.8	0.6	4.8	16.5	20.4	20.4	18.0	6.5	
杨柳碛	120	12.1	0.6	2.5	13.4	15.8	18.2	31.5	0.5	
水师坝	117	35.5		0.6	8.9	14.0	25.6	15.4		
母猪碛	110	14.4	0.3	2.1	3.8	8.1	11.5	29.1	11.6	1.9
关刀碛	102	20.3	3.0	3.2	23.7	12.7	5.9	9.3	11.8	
红珠碛	92	14.3			5.9	13.6	20.0	32.0	12	2.2
甄柄碛	85	12.5		2.2	15.9	21.3	22.0	17.0	9.1	
鲤鱼碛	84	16.3	0.1	0.3	0.9	4.9	8.7	18.0	34.3	16.5
燕子碛	74	17.8	1.1	2.3	10.3	21.0	17.9	11.3	14.4	2.9
柯家碛	64	19.3	0.2	1.4	3.7	16.7	27.4	15.4	3.3	1.0
綦江坝	55	17.4	0.7	3.0	4.7	9.8	19.1	36.1	8.4	0.8
红眼碛	50	13.7	0.6	2.0	10.0	15.4	17.2	21.2	15.0	4.9
大中坝	41	13.3	0.3	2.2	8.5	15.5	23.3	30.7	6.2	
打鱼碛	37	9.5	0.1	6.0	15.5	21.9	21.6	20.5	4.9	
倒钩碛	19	16.2	2.1	3.3	11.2	9.4	8.7	13.3	30.8	5.0
黄家碛	17	20.5	2.7	11.5	29.8	20.8	11.8	2.9		
九堆子	12	10.9		0.6	10.5	17.7	22.1	26.9	13.3	

注： 距离指距重庆朝天门之距离；粒径组单位为 mm。

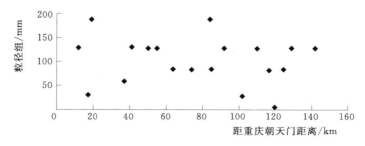

图 6-5　最大百分含量所在粒径组沿程分布图

2) 洲滩物质特征粒径 D_{50}、D_{max} 沿程分布规律。

本河段卵石洲滩特征粒径 D_{50}、D_{max} 沿程分布，见图 6-6。

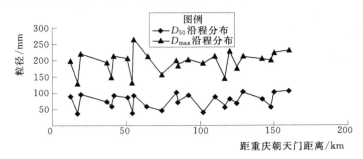

图 6-6 卵砾洲滩特征粒径沿程分布图

3）洲滩床沙特征粒径 D_{50} 竖向分布特征。各洲滩活动层卵石最大粒径一般在 180～220mm 之间，极少数分布在其他区域，整个河段洲滩卵砾物质最大粒径的分布虽有上下波动，但 66% 以上的洲滩 D_{max} 分布在 200mm 上下，其粒径最大值表现没有明显增大和减小趋势。洲体 D_{50} 沿程分布表现出有规律的锯齿状分布，50% 的洲滩 D_{50} 值大于75mm，而小于 110mm，没有沿程变化的总趋势。洲滩活动层床沙 D_{50} 沿程锯齿状分布与河道形态及水流条件密切相关，一般峡谷出口段（或相对狭窄段）洲滩流速较大，床沙 D_{50} 值也较大，狭谷进口段上游河道（或相对展宽段）洲滩流速偏小，床沙 D_{50} 值偏小，但只要河道形态、水流条件以及上游泥沙补给条件不发生改变，其变化总在一定范围内。

4）竖向（沿深度）分布特征。根据不同河段洲滩组成情况，对试坑采用了不同的深度及分层厚度取样分析方法，现以各分层特征粒径 D_{50} 和 D_{max} 作为代表粒径分析其沿深度分布规律。

从洲滩剖面看，一般成熟大型洲滩都存在不同粒径组成的多个夹层，各夹层卵砾组成差别较大，如德感坝燕子碛，次表层至 0.6m 为卵石夹砂层，D_{50} 值为 43mm，小于 2mm砂占 14.2%；0.6～1.0m 为纯砂层，D_{50} 值为 0.245mm；1.0～1.3m 为砂夹卵石层，D_{50}值为 24mm，小于 2mm 砂占 33.6%；1.3～2.4m 又为卵石夹砂层，只是卵石粒径组成比上一个卵石夹砂层粗大，D_{50} 值为 67mm，小于 2mm 砂占 12.3%。这是由于不同水文年水流分选累积堆积所致，是上游来砂与本河段水流情势长期作用的结果。

表 6-7 　　　　　　　　　　　　　　　　洲滩分层特征值统计表 　　　　　　　　　　　　　单位：mm

洲滩名称	表层		次表层		深1层		深2层	
	D_{50}	D_{max}	D_{50}	D_{max}	D_{50}	D_{max}	D_{50}	D_{max}
称沱	89	151	57	178	89	202	37	184
温中坝	128	198	58	183	69	151	96	205
羊猫子	128	202	99	182	101	211	98	178
罗湾子	109	168	66	166	68	209	63	178
杨柳碛	100	175	91	173	83	173	76	89

洲滩名称	表 层		次表层		深1层		深2层	
	D_{50}	D_{max}	D_{50}	D_{max}	D_{50}	D_{max}	D_{50}	D_{max}
水师坝	94	144	78	130	56	131	8	131
母猪碛	167	213	63	181	85	171	88	187
关刀碛	143	190	68	185	34	164	16	118
红珠碛	102	190	103	203	90	203	92	202
甄柄碛	121	173	66	163	59	188	60	142
柯家碛	107	166	62	153	55	157	65	211
綦江坝	94	161	82	168	60	172	116	263
红眼碛	162	206	79	198	87	205	76	198
大中坝	105	167	81	163	88	191	78	151
打鱼碛	110	193	67	169	74	161	68	179
倒钩碛	151	191	91	220	79	196	94	218
黄家碛	63	128	41	112	34	129	34	90
九堆子	108	181	90	185	83	193	71	199

床沙中参与推移的卵砾洲滩泥沙通常不会超过 1.0m 厚度（特殊水文年除外），即活动层厚度在 1.0m 以内，因此坑测法的探坑深度一般为 1.0m，统计洲滩床沙各探坑不同深度特征粒径值，见表 6-7。表层 D_{50} 值比其他各层 D_{50} 值都要大，构成明显的粗化层；次表层 D_{50} 值最小；次表层以下 D_{50} 值出现以下几种特性：其一，次表层以下 D_{50} 值逐渐增大，到达一定深度 D_5 值趋于稳定；其二，次表层以下 D_5 值逐渐增大或减小；但其值均小于表层，且以第一种情况为主。

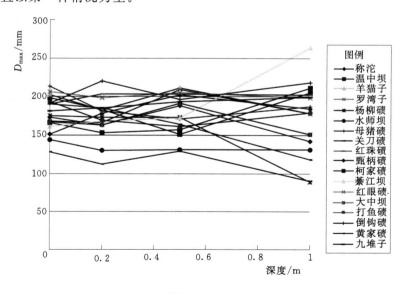

图 6-7 洲滩泥沙 D_{max} 沿深度分布图

（2）洲滩床沙特征粒径 D_{max} 竖向分布特征。本河段洲滩床沙特征粒径 D_{max} 竖向分布见图 6-7 所示，各层最大粒径 D_{max} 值并非都是表层值最大，由于洲滩活动层最大粒径沿深度分布受多种因素的影响，具有一定的随机性，因而没有明显的规律，故最大粒径并非都出现在粗化的表层。

6.1.2.5 枯水位水下河床组成分布

1. 水下河床组成基本结构

测区河床基本组成以基岩为总体框架。由于组成主体河床的多种基岩岩性强度差异很大，抗冲强度不一，又使基岩床面在侵蚀过程中形成了凹凸不平、形态各异的微地貌形态：基岩礁梁、石包密布；岩石坑槽、缝隙纵横交错。同时，在长期的河床演变中，使得绝大部分基岩床面上堆积着厚薄不一的泥土质和砂砾质覆盖层。覆盖层是受水流作用与人类活动影响不断发生冲淤变化的可动层，也是水库泥沙研究的重点对象。因此，水下探测需要广泛采集可动层样品。另有小部分基岩裸露于河床床面，并成为一类特殊的河床组成物质，它和被泥沙覆盖的基岩床面一样，具有控制水流结构、河床演变的作用，更有制约泥沙冲淤变化的特有功能。

2. 泥沙堆积规律

（1）堆积部位。

1）弯道凸岸。川江弯道凸岸普遍都有成型淤积体——洲滩，如倒钩碛、柯家碛、甄柄碛、罗湾子等。而且这类洲滩的底部多在枯水位线以下。

2）展宽河段。川江河道展宽段与束窄段交替出现，因而往往在上下两个束窄段（含峡谷）之间有一个展宽河段。由于展宽河段水流分散，流速减小，有利于泥沙沉积，故展宽段都存在大小不一的洲滩，既有边滩又有心滩。展宽河段较大的洲滩有金中坝—称沱、温中坝、九快田—关刀碛、德感坝—飘灯碛、大中坝、打鱼碛—中锥等。

3）两江交汇区。两江交汇区，水流相互顶托，导致汇流口门段泥沙淤积，往往造成非主流一侧出现边滩，也有出现江心滩的，主流河床亦有淤积抬升现象。如綦江与川江交汇处，两水交汇使汇口河段堆积大量泥沙，出现铁门坎与綦江坝两大洲滩。

4）河床中、洲滩上下分布着众多突出的基岩横梁和斜梁，不仅加大了弯道凸岸洲滩与展宽段洲滩的淤积作用，而且洲滩以外的横梁，直接拦砂，在两梁之间，或独梁上游，拦蓄泥沙而形成无数个小洲滩，如马尾碛、秤杆碛等。这是川江泥沙堆积特有条件下出现的又一种形式。

（2）泥沙运动及滞留。

1）经常移动的。在部分主泓流速较大水域采集到的卵砾石样品，通常具有色泽鲜艳、表面无黏附物、无明显风化、颗粒较小（多在 64mm 以下）等特点。现场分析认为是沉积时间短暂的卵砾石，甚至是输移过程中的卵砾石（推移质泥沙），如渝朱 6 号断面中泓、渝朱 17 号断面中泓等处枯水取样均有一定卵砾石泥沙处在输移状态中。

2）间歇移动的。在缓流河段，包括部分流速较小的主泓部位，本年 2 月、3 月份所采集到的卵砾石样品，颗粒表面沾有薄薄的鲜色泥粒，擦掉泥粒后表面色泽稍微暗淡，不甚新鲜，粒度较大，多数为 100mm 左右。经现场鉴定认为是上年汛后流速逐渐减小过程中陆续沉积下来的卵砾石。例如：长江寸滩水文断面左泓 2003 年 2 月样品色暗、沾泥，6

月样品表面新鲜、干净，说明 2003 年 2 月份采集的样品确为 2002 年汛后陆续终止移动落淤沉积下来的，而 2003 年 5 月、6 月份水位上涨，流速增大，不仅首先使细粒沙泥冲走，而且使部分较小卵砾重新起动并向下游输移，甚至还有上游输移下来的卵砾石。这些卵砾石通过水流冲刷、输移碰撞，不仅附着的泥粒没有了，而且卵砾石表面也摩擦干净而色鲜了。

（3）卵砾质床沙滞留。大洪水推移下来的粗大卵石（中径一般为 300～500mm 以上），落淤在河床的冲刷坑或深槽中。一般洪水冲不动，尤其是山嘴、石梁挑流引起的冲刷坑，或者古河道冲刷坑，通常避离高洪水主泓线，不受洪水冲刷，故这些冲刷坑内的大卵石，处于长期停滞状态。本次探测到的几处古深坑的大卵石，表面沾附着钙质泥粒或长有青苔，高度风化，表面为深褐色，说明其沉积年限很长，故称作滞留泥沙。

重力侵蚀和地质灾害产生的巨型块石，堆积在岸坡脚部枯水位线上下区域，成为坡积裙。由于颗粒大，加上一般岸边流速不大，也成为长期滞流河床内的一类泥沙。

以上长期滞留河床的粗大卵块石，一般具有稳定河势的作用；若是堆积成斜坝或石嘴挑流，或集中堆积河槽中成为潜坝，则有破坏水流结构的作用。

（4）泥沙堆积的重点河段。

1）严重堆积河段：朱沱金中坝—羊背碛堆积河段，即长江航道里程 151～143km 段；九块田堆积段，即长江航道里程 101～94km 段；九堆子河段，即长江航道里程 15～10km 段。

2）较大堆积河段：水师坝上下河段，即长江航道里程 118～109km 段；德感坝上下河段，即长江航道里程 78～64km 段；大中坝上下河段，即长江航道里程 42～38km 段。

3．水下床沙颗粒级配组成分布特征

（1）沿流程分布。为了解沿流程水下床沙颗粒级配分布变化，点绘了朱沱—重庆河段床沙特征粒径 D_{50} 与河道纵剖面沿程变化图，见图 6-8。水下床沙沿程呈现下列特征和规律：

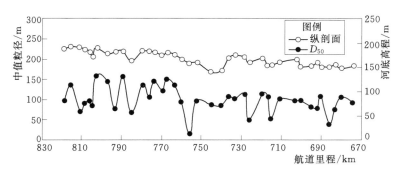

图 6-8　重庆—朱沱河段水下床沙 D_{50} 与沿程高程变化图

1）D_{50} 粒径沿程呈不规则锯齿状分布，有一定的细化趋势，但不太显著。原因是沿程补给泥沙粒径级配大小不一；沿程各局部河段拦沙堆积条件差异较大；以及建筑骨料开采等因素的影响。

2）窄深型断面均为细粒泥沙，颗粒偏细；宽浅区断面颗粒普遍较粗的分布规律。原因是深槽河段窄深型断面枯水面积较之于汛期面积缩小的比例远远小于宽浅型断面面积缩小的比例，继而影响到窄深型断面枯水期流速大幅度减小，发生淤积细化。相反，宽浅型断面在汛期一般为淤积细化，枯水期水流归槽则产生冲刷粗化。由于本次水下采样在枯水期进行，故形成了枯水期间窄深型断面泥沙颗粒普遍偏细，宽浅型断面全部较粗的分布规律。

（2）横向分布。常年枯水位以下，水下床沙横断面粒径分布见图6-9～图6-11。断面点水深越大，所在点床沙D_{50}值越大，河床水深与所在点床沙D_{50}值有明显相关关系。

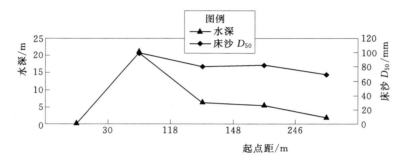

图6-9　渝朱6断面水深与床沙D_{50}关系图

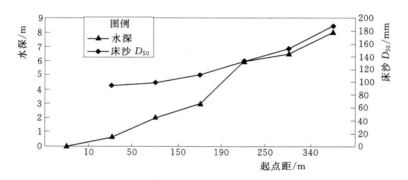

图6-10　渝朱12断面水深与床沙D_{50}关系图

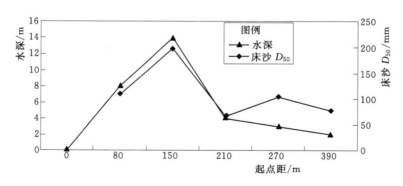

图6-11　渝朱18断面水深与床沙D_{50}关系图

（3）枯水河槽宽深比与断面最深点床沙D_{50}的关系。本河段枯水河槽宽深比与断面最

深点床沙 D_{50} 的关系，见表 6-8。点绘宽深比与床沙 D_{50} 的关系 $[D_{50} = f(B/H)]$。对于窄深型河床，其宽深比越小，断面上最深点床沙 D_{50} 值越大；反之，对于宽浅型河段，其宽深比越大，断面上最深点床沙 D_{50} 值越小，见图 6-12。

表 6-8　　　　　　　　　　　宽深比与床沙 D_{50} 的关系统计表

断面名称	枯水河宽 B/m	断面最深点水深 H /m	宽深比 B/H	最深点床沙 D_{50} /mm
朱洋溪	470	11.5	40.9	160
保水碛	370	7	52.8	123
杨柳碛	350	8	43.8	188
金刚沱	400	14	28.6	198
油溪	450	12	37.5	168
冬笋坝	470	9	52.2	101
道角	630	13	48.5	130
秤杆碛	490	11	44.5	132

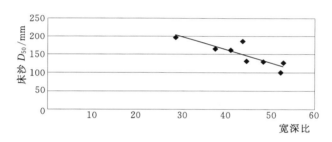

图 6-12　断面宽深比与 D_{50} 关系图

6.1.2.6　沿程泥沙来源

1. 河流泥沙主要来自上游

资料显示：朱沱站多年平均悬移质输沙量为 3.1 亿 t，其上游屏山站多年平均悬移质输沙量为 2.4 亿 t，占朱沱站的 77.4%；朱沱站多年平均卵砾石推移质输沙量为 32.8 万 t（1975—1985 年），其下游寸滩站多年平均卵砾石推移质输沙量为 28.2 万 t。由此可见上游河段输移的细砂及卵砾推移质落淤于本河段而成为的床沙，大多来自上游河段。

2. 边坡重力侵蚀泥沙汇入

近年来，随着沿江两岸岩石的自然风化及人类活动的影响，在强降雨的作用下，川江两岸边坡滑坡垮岩时有发生，使大量泥沙汇入江中。另外，随着国家经济建设的发展，两岸公路，铁路建设产生大量弃石，直接和间接被雨水带入河道。这是本河段泥沙来源的另一途经。这种泥沙来源的数量实难估计。

3. 人类活动对河流泥沙的影响

随着国民经济的发展，近年大量采挖河流泥沙作为建筑骨料，尤其是河床上小于 50mm 的卵砾石，被大量开采。受其影响，使本河段泥沙来量相应减少，级配组成随之变化。采用双累曲线法，分析了自然和人类活动对本河段卵砾石推移质来量的影响及沿时程变化。主要受河道采砂等因素影响，近年卵砾石推移质输移量大幅减少，扣除径流影响，朱沱站卵石推移质量 1992—2001 年比 1975—1991 年平均减少了 50%，其下游寸滩站 1982—2001 年比 1966—1981 年平均减少了 42%。据实地调查统计，2001 年泸州—铜锣峡段共挖砂 894.4 万 t，其中卵砾石为 386.2 万 t，占 43.2%。调查中发现，城市附近的洲滩是砂石开采的重点河段，如江津附近以及重庆李家沱附近发现大规模人工采砂，沿江各洲滩砂卵砾石被大量开采，使得本河段河床滩面下降，同时，河段下游天然卵石输移量大量减少，从而产生起动流速增大，河床床沙颗粒级配细化等现象。如江津大沙坝 1996 年比 1977 年滩面高程平均下降 2.5m，李家沱黄家碛 2003 年比 1977 年滩面高程平均下降超过 1.5m；朱沱站卵砾石推移质 D_{50} 由 1975—1991 年的 58.0mm，下降到 1992—2001 年的 49.2mm；寸滩站卵砾石推移质 D_{50} 由 1966—1981 年的 51.8mm，下降到 1982—2001 年的 41.0mm。

6.1.2.7　主要认识

（1）由于受四川盆地地质构造的影响，河床具有宽窄相间、曲折多弯、碛坝节点密布等特点。因而，水流侵蚀及输移的泥沙易于在河道展宽段及弯道的凸岸大量堆积，使得河床洲滩十分发育。

（2）河床物质沿程分布表现出明显的分段性。即宽阔段泥沙堆积总量大，峡窄段泥沙堆积量少；各洲滩相应部位粗粒物质颗粒级配表现为：峡谷出口段（或相对窄段）洲滩床沙 D_{50} 值较大，峡谷进口段上游河道（或相对展宽段）洲滩床沙 D_{50} 值偏小；细砂物质沿程缓慢增大。缓流区堆积量大，细砂含量大，粗粒物质含量少；急流区堆积量小，细砂含量少，粗粒物质含量大。

（3）河床物质竖向分布（各洲滩相应部位）普遍具有表层颗粒级配最大，次表层次之，深层居中的普遍规律。表层为粗化层，粗化层深度均在 0.5m 以内，0.5m 以下卵砾砂各种物质含量相对稳定。

（4）卵石推移质呈减少趋势，推移质卵石粒径明显细化。

（5）常年枯水位水下河床泥沙堆积的主要部位是弯道凸岸，展宽河段，两江交汇区等；堆积泥沙中有可移动的和长期滞留不动的两大类；在可移动泥沙中，又有经常移动的与间歇移动的两种。探测发现，枯水期川江的局部河段确有卵砾石泥沙仍处在推移运行状态中。泥沙淤积的重点河段为朱沱金中坝—羊背碛堆积河段、九块田堆积河段以及九堆子河段等。常年枯水位水下河床物质组成分布，D_{50} 粒径沿程呈不规则锯齿状分布，没有沿程细化的总趋势。

6.2　三峡工程库区河床组成勘测调查

6.2.1　三峡库区重庆至丰都段河床组成

6.2.1.1　概述

三峡变动回水区合川—重庆—丰都段，常年回水区丰都—奉节段床沙资料一直空白。在水库蓄水运行前，完整准确地取得库区河床可动层一定深度内的河床组成物质样品及其

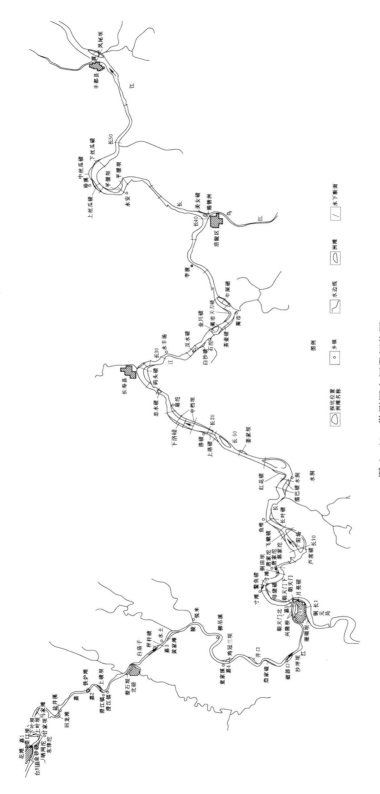

图 6 - 13　勘测调查河段河势图

195

颗粒级配、岩性以及基岩出露分布范围等原型成果非常必要，为分析研究三峡库区河床冲淤演变规律，河床细化过程与规律，以及常年回水区泥沙淤积过程提供依据。2002 年末至 2003 年汛前对长江三峡库区河床组成勘探与调查项目。

　　勘测调查内容包括干流重庆朝天门—丰都段地质钻探 36 孔，嘉陵江合川—朝天门段 5 孔。洲滩取样试坑 100 个坑，其中干流 75 坑，嘉陵江 25 坑，取散实样 80 个。长江三峡水库回水变动区嘉陵江合川至重庆段水下床沙取样布置了 5 个断面，重庆—丰都段布置了 52 个断面，常年回水区丰都—奉节段布置了 80 个断面。河床组成调查总计 285km，其中干流 180km，嘉陵江合川—重庆段 95km。勘测调查河段河势见图 6-13。

6.2.1.2　边界特征

　　嘉陵江合川渠江口—重庆朝天门河段，河谷宽窄相间，河床边界一般为基岩组成，部分河段边滩发育，但滩面相对较低，仅在上叶坝、下叶坝、甘家坝、水土镇等段分布有高漫滩。其中金沙碛—下叶坝河谷宽阔，河道弯曲，左右边滩交错分布，各洲滩对岸多为基岩边界。渠江口—下叶坝河段为高漫滩及阶地，如渠江口阶地见图 6-14，且洲滩规模相对较大；下叶坝—回龙滩河谷相对较窄，河道比较顺直，河床左右不太发育的边滩交错分布；回龙滩—牛屎梁（航道里程 52km）以峡谷河段为主，有鹅公堡—象鼻子的沥鼻峡，长约 7km、白羊背—钓鱼嘴的温塘峡，长约 3km、鸡公嘴—牛屎梁的观音峡，长约 4km。

图 6-14　渠江口阶地　　　　　　　　图 6-15　嘉陵江回龙滩右岸胶结卵石边界

　　河段中胶结卵石边界分布较多，胶结卵石一般分布于边滩的岸坡且略高于滩面处，部分边滩顶面也存在胶结卵石，见图 6-15。嘉陵江沿程胶结卵石分布的洲滩为楚石坝、无家滩、冠三坝、兴隆桥边滩、黄家碛滩头等。从胶结卵石组成看，胶结卵石中的卵石粒径较小，以 25～75mm 粒径为主，填充物多为细砂。

　　川江重庆珊瑚坝—丰都风坝河段长 184km，宽窄河段几乎各占一半，其中峡谷有铜锣峡，长 2km；黄草峡，长 26km；狭窄河谷有花滩—火凤炮段长 36km；北汇—丰都段，长 22km，峡窄河段占整个河段的 46.7%；展宽河段占 53.3%，展宽河段主要在涪陵—丰都河段，河道成 S 形，河谷开阔，江面最宽（珍溪）处宽达 2km，几乎全部由侏罗系砂页岩构成。其中展宽河谷中广泛分布着边滩，且左右交错；心滩分布于宽阔河段或两河交汇处，如忠水碛、反水碛、金川碛、锦绣洲、平绥坝、凤尾坝等。河段内规模大的洲滩滩面一般较高。宽阔河段有较明显的阶地或高漫滩，如红花碛阶地，姜家坝岸边阶地，滥巴碛高漫滩等。此外，本河段胶结卵石岩较多，主要分布于母猪碛、唐家沱、芦席滩、飞蛾碛、红花碛、中档坝、忠水碛右岸、平绥坝尾部等展宽河段。峡窄河谷河段河道比较顺直，没有洲滩或有很小的不发育洲滩。

6.2.1.3　水文泥沙特征

重庆—丰都河段径流及泥沙来源主要来自长江干流及支流嘉陵江和乌江。川江水量充沛，水位变幅大，以区内长江寸滩站为例，多年平均水量高达 3456 亿 m³，上游嘉陵江北碚站年径流量为 701 亿 m³，占寸滩站径流量的 20% 多一点；下游乌江武隆站年径流量为 496 亿 m³，于右岸汇入长江，使长江水量较寸滩增大 14.4%。

测区内各站年内水量分配不均，寸滩站汛期 6—10 月水量占全年总水量的 74%，汛期流量一般为 30000~40000m³/s，1981 年测得最大流量为 85700m³/s，而枯水流量通常在 3000m³/s 左右，1978 年实测最小流量仅为 2270m³/s，大小相差 38 倍。洪、枯水位差也较大，1981 年最高水位达 191.41m，1987 年最低水位 158.08m，变幅达 33.3m。特点是汛期洪水来势凶猛，水位陡涨陡落，日变幅 3~5m 左右。

川江泥沙亦较丰富，来沙主要是悬移质，推移质相对较少。寸滩站多年平均含沙量为 1.24kg/m³，与流量变化相应，含沙量变化也很大，最大达 10.8kg/m³ 以上，而枯季仅约 0.01kg/m³ 左右。嘉陵江北碚站多年平均含沙量为 1.64kg/m³，大于长江测站。寸滩站多年平均悬移质输沙量为 4.28 亿 t。嘉陵江北碚站为 1.16 亿 t，占寸滩站的 27%；乌江武隆站为 0.28 亿 t，使长江沙量再增大 6.6%。寸滩站卵石推移质多年平均输沙量为 22.5 万 t，砂质推移质为 27.7 万 t，两项之和占悬移质输沙量的 0.12%。悬移质与推移质来沙量主要集中在汛期，6—10 月输沙量占全年的 90% 以上。此外，受采砂等人类活动的影响，近年朱沱、寸滩等测站卵石推移质呈现推移量减少、起动流速增大、颗粒级配细化的趋势。扣除径流量变化等因素影响，朱沱站卵推量 1991 年后较 1991 年前平均减少了 50%，寸滩站 1981 年以后较 1981 年前平均减少了 42%。具体数据见表 6-9 所示。

表 6-9　　　　勘测河段及其上游主要控制站水文泥沙特征（截至 2001 年）

站名	朱沱	寸滩	武隆	清溪场	万县	北碚
多年最大流量 /(m³·s⁻¹)	56500 (1955 年)	85700 (1982 年)	22800 (1999 年)	62300 (1984 年)	76400 (1981 年)	44800 (1981 年)
多年最小流量 /(m³·s⁻¹)	1920 (1999 年)	2270 (1978 年)	208 (1979 年)	2880 (1987 年)	2690 (1979 年)	165 (1996 年)
多年平均流量 /(m³·s⁻¹)	8340 (1972 年)	21000 (1984 年)	1590 (1979 年)	12500 (1981 年)	13300 (1959 年)	2090 (1984 年)
多年最大含沙量 /(kg³·m⁻¹)	15.4 (1972 年)	10.8 (1984 年)	25.8 (1979 年)	9.66 (1981 年)	12.4 (1959 年)	35.1 (1984 年)
多年最小含沙量 /(kg³·m⁻¹)	0.000 (1957 年)	0.001 (1956 年)	0.000 (1956 年)	0.000 (1984 年)	0.005 (1997 年)	0.000 (1960 年)
多年平均含沙量 /(kg³·m⁻¹)	1.15	1.24	0.543	1.00	0.93	1.65
多年平均输沙率 /(t·s⁻¹)	9.67	13.60	0.871	12.70	12.60	3.68

6.2.1.4 洲滩组成分布与特征

1. 洲滩分布特征

(1) 洲滩大小与分布密度。

洲滩大小与其分布密度，主要取决于上游来水来沙和泥沙堆积环境。川江河段水沙丰沛，其自身河床宽窄相间，沿途碛坝和石矶挑流阻水，河流弯曲，为本河段洲滩发育奠定了良好的基础。因此，在河床的展宽段和弯道凸岸及凹岸的下腮，碛坝的上下游等部位都是泥沙的主要堆积区。卵石洲滩是河流卵砾质推移质的堆积体，其发育的大小与河宽的大小，洪水流量的大小，输沙量的大小，水位变幅的大小等因素有关。当河床越宽，洪水流量越大，输沙量越大，水位越高时，洲滩规模越大；反之，则不利于洲滩发育，其规模越小。

重庆珊瑚坝—涪陵锦绣洲河段长 129km，共有大小成型洲滩 32 个，规模较大的洲滩有珊瑚坝、寸滩边滩、滥巴碛、姜家碛、上洛碛、中档坝、茅树碛、金川碛、茶壶碛、牛屎碛等。洲滩长度一般在 900～3300m 之间，平均长为 1835m，洲滩最大宽为 100～1100m 之间，平均宽为 365m，洲滩较为狭长，洲滩长度密度为 0.46。

涪陵—丰都河段，长 55km，有洲滩 7 个，长度在 1500～4500m 之间，平均为 2270m，洲滩宽为 200～1060m 之间，平均值为 1580m，洲滩面积最大达 3.2km² （平绥坝），本河段相对稀疏，其长度密度为 0.29，但洲滩面积较大，发育成熟，见表 6-10。

表 6-10 重庆—丰都河段洲滩特征值统计表

河段名称	河段长度/km	洲滩个数	洲滩平均长度 $L_滩$/m	洲滩平均宽度 B_{max}/m	洲滩平均高度 H_{max}/m	洲滩长宽比 $L_滩$/B_{max}	洲滩长度密度 $L_滩$/$L_河$	洲滩面积 $S_滩$/km²	洲滩面积密度 $S_滩$/$L_河$
珊瑚坝—锦绣洲	129	32	1835	365	8.7	5.03	0.46	16.81	0.13
锦绣洲—风坝	55	7	2270	1580	15.1	1.4	0.29	10.23	0.19
长江重庆—丰都	184	39	1913	583	9.84	3.28	0.41	27.04	0.15

(2) 洲滩形态特征。从平面形态看，川江洲滩长宽比为 0.41，洲滩宽大，尤以涪陵以下洲滩宽度较大。从洲滩纵剖面看，一般洲滩头低尾高，处于发育成熟期，如忠水碛、上洛碛、中档坝、金川碛、平绥坝、中下丝瓜碛等。而新淤滩往往头尾高差不大，甚至洲头高于洲尾，如珊瑚坝、寸滩边滩、下洛碛、牛屎碛、上丝瓜碛等，处于洲滩发育成长期。从横剖面看，心滩及江心洲多为左右对称的近似梯形，如忠水碛和反水碛等。而边滩多呈三角形或为外侧陡坎，顶部平展的近似梯形体，如码头碛、蔺市关刀碛、中丝瓜碛、平绥坝等。

2. 洲滩物质组成分布

(1) 沿程分布特征。重庆—丰都河段河床洲滩物质主要为卵砾石，卵砾体中夹少许砂质。另有极少洲滩为纯砂质物质组成。各洲滩活动层卵砾物质含量百分比沿程变化表现为：小于 5mm 砂砾含量百分比变化比较平稳，一般在 12.6%～24% 之间，平均为 17%。卵砾百分含量最大的粒径组以长叶碛为界，长叶碛以上各卵砾洲滩卵砾百分含量最大的粒径组集中在 25～50mm 粒径组，长叶碛以下则集中在 100～150mm 粒径组，见表 6-11。

洲滩名称	航道里程/km	各粒径组百分含量/%								
		<5mm	5～10mm	10～25mm	25～50mm	50～75mm	75～100mm	100～150mm	150～200mm	>200mm
珊瑚坝	665	15.4	1.0	3.5	7.8	15.8	22.4	27.5	6.0	0.6
月亮碛	661	16.2	1.6	11.2	22.1	20.7	16.3	12.3	0.6	
寸滩	653.8	16.7	5.4	15.1	17.9	17.7	14.3	11.8	0.8	0.3
唐家沱	646.5	20.6	4.4	15.6	20.7	20.7	9.8	7.2	1.0	
飞蛾碛	637	13.5	5.0	12.2	19.6	14.3	13.4	16.5	5.0	0.5
长叶碛	632.5	19.2	2.0	5.0	20.0	19.9	14.3	10.9	8.0	0.7
滥巴碛	624	14.2	1.1	7.1	12.3	12.7	12.2	24.2	15.0	0.2
红花碛	619.5	24.0	2.7	10.0	18.4	26.9	13.5	4.5		
姜家碛	611	17.4	2.0	2.9	7.7	15.0	21.6	28.4	5.0	
上洛碛	605	15.8	1.4	2.9	9.4	18.1	26.1	23.5	2.8	
中档坝	601	14.4	5.2	10.2	8.7	6.7	10.7	31.2	12.3	0.4
忠水碛	586.6	12.6	0.9	7.3	15.1	15.4	13.6	27.3	7.4	0.4
码头碛	583	16.0	2.8	8.7	10.4	6.3	7.2	34.1	14.1	0.4
反水碛	572.5	19.3	2.6	10.8	15.0	9.4	7.0	17.7	17.4	0.7
金川碛	565	12.9	3.3	8.3	8.4	8.0	7.0	29.9	20.3	1.9
蔺关刀	559.5	20.1	4.7	7.1	10.5	17.9	12.9	19.2	7.6	
牛屎碛	557	15.2	1.2	8.4	19.3	21.3	17.5	10.5	6.6	
锦绣洲	535.8	14.9	3.7	8.7	16.2	13.8	11.1	25.0	6.6	
平绥坝	517	15.9	4.3	9.2	12.2	13.3	12.1	22.9	10.1	
上丝瓜碛	513	17.1	1.4	6.4	16.2	19.3	14.8	22.9	1.8	
中丝瓜碛	510	22.9	1.4	4.9	15.1	16.7	13.8	21.1	4.1	
下丝瓜碛	507	20.9	1.6	6.7	11.4	15.8	16.2	24.3	3.1	
风坝	481.5	16.8	1.7	6.1	10.0	12.2	15.1	30.2	7.9	

注： 航道里程系指宜昌至重庆航道里程，宜昌为零点。

　　各洲滩活动层卵石最大粒径一般在 150～220mm 之间，多数在 200mm 上下，最大粒径的分布较为平稳。洲表层及洲体床沙 D_{50} 沿程分布呈锯齿状分布，如将其均化，则表层 D_{50} 表现出沿程略微增大的趋势，洲体 D_{50} 表现出沿程缓慢减小趋势。洲滩活动层床沙 D_{50} 沿程锯齿状分布与河道形态及水流条件密切相关，一般峡谷出口段（或相对狭窄段）洲滩流速较大，床沙 D_{50} 值也较大，狭谷进口段上游河道（或相对展宽段）洲滩流速偏小，床沙 D_{50} 值偏小。由于洲滩表层粗化，表层 D_{50} 值显著大于洲体 D_{50} 值。但表层与洲体的 D_{max} 值则表现为相互接近，甚至洲体略大于表层。总体看来，它们变化范围相对稳定。卵石洲滩特征粒径 D_{50}、D_{max} 沿程分布，见图 6－16。

　　（2）横向分布特征。

　　1）D_{50} 的横向分布。洲滩床沙 D_{50} 粒径沿横断面的变化，主要受高洪期断面水流流速

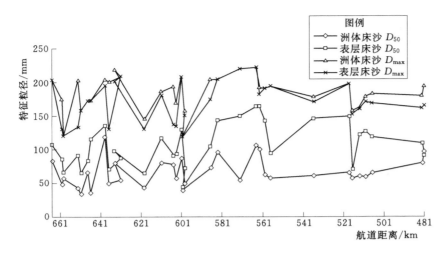

图 6-16　重庆—丰都河段洲滩床沙特征粒径沿程分布图

分布的影响。一般洲滩外侧越靠近河泓主流区，床沙中值粒径 D_{50} 值越大；相反，洲滩内侧越靠近缓流区或滞流区，床沙中值粒径 D_{50} 值越小。对于边滩，洲滩外侧靠近枯水水边床沙中值粒径 D_{50} 值较大，靠近滩根缓流区或滞流区床沙中值粒径 D_{50} 值较小，过渡区则介于两者之间；对于心滩，因有分汊水流，同一洲滩的横断面，其床沙 D_{50} 粒径值表现为两边大，中间小，且主汊边值比支汊边值大，见表 6-12。

表 6-12　　　　三峡库区合川—丰都河段洲滩床沙 D_{50} 值横断面分布统计表

洲滩名称	洲滩类型	床沙特征粒径值 D_{50}/mm		
		滩外侧或主汊边	过渡区	滩内侧或支汊边
黄家滩	边滩	40	23	19
寸滩	边滩	65.8	53.8	43
码头碛	边滩	136	96	73
牛屎碛	边滩	144	94	93
上丝瓜碛	边滩	134	122	93
中丝瓜碛	边滩	69	59	58
忠水碛	心滩	94	73	92
反水碛	心滩	71	55	68

2）细颗粒砂砾（$D<5$mm）含量的横向分布。细颗粒砂砾含量的横断面变化，从一个侧面反映了水流作用的强弱。一般近枯水水流水边砂砾含量偏小；滩中、滩根部位的砂砾含量偏大。如中丝瓜碛近水边为 15.9%，滩中、滩根部位为 23.5%，过渡区为 16.7%，表现出明显的规律性。

3）竖向（沿深度）分布特征。所有探坑表层 D_{50} 值均大于表层以下各层 D_{50} 值，构成明显的粗化层；次表层 D_{50} 值最小；次表层以下 D_{50} 值逐渐增大，到达一定深度 D_{50} 值趋于稳定。只有极少数取样点在深 1 层（0.5m 附近）出现反常：其 D_{50} 值仅小于表层 D_{50} 值，而比其他各层都大，见图 6-17。

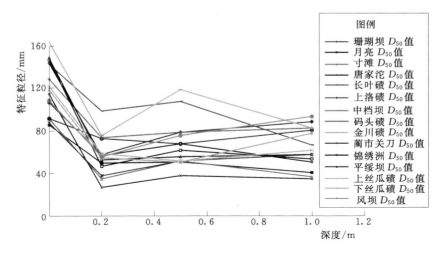

图 6-17　重庆—丰都河段洲滩特征粒径 D_{50} 沿深度变化图

据统计，27 个深坑最大粒径 D_{max} 出现在各取样层的次数为：表层 9 次，次表层 8 次，深层 10 次。其频率分别为表层 0.33，次表层 0.29，深层 0.37。最大粒径 D_{max} 出现在表层粗化层以下者居多。

6.2.1.5　枯水位水下河床组成分布

1. 水下河床组成基本结构

重庆—丰都河段河床基本组成以基岩为总体框架。由于组成主体河床的多种基岩岩性强度差异很大，抗冲强度不一，又使基岩床面在侵蚀过程中形成了凹凸不平、形态各异的微地貌形态：基岩礁梁、石包密布；岩石坑槽、缝隙纵横交错。同时，在长期的河流演变中，使得绝大部分基岩床面上堆积着厚薄不一的泥土质和砂砾质覆盖层。覆盖层是受水流作用与人类活动影响不断发生冲淤变化的可动层。另有小部分基岩裸露于河床床面，但范围较小，全部为裸露基岩的横断面仅有一个，即航道里程 262.2km、蒿子滩的长 124 断面。

2. 泥沙堆积规律

堆积部位。

（1）弯道凸岸普遍都有成型淤积体—洲滩，如母猪碛、铜田坝、长叶坝、茅树碛、码头碛、牛屎碛、平缓坝等。洲滩的底部多在枯水位线以下。

（2）展宽河段都存在大小不一的洲滩，既有边滩又有心滩。展宽河段较大的洲滩有：珊瑚坝，饿狗滩—福平坝，滥巴碛，南屏坝，上洛碛—中档坝—下洛碛，忠水碛，反水碛，金川碛，茶壶碛，杆子碛，上、中、下丝瓜碛，凤尾坝，麻坝等。

（3）两江交汇区在长江重庆嘉陵江汇口朝天门处，嘉陵江口门有金沙碛，长江口门有月亮碛等两个洲滩，涪陵乌江口门处锦绣碛。

（4）众多突出的基岩横梁和斜梁直接拦砂，使两梁之间，或独梁上游，拦蓄泥沙而形成无数个小洲滩。

（5）重力侵蚀下的崩岩、滑坡堆积。主要是滑坡、垮岩的大块石（体积达数个立方米）堆积在枯水位线上下形成的坡积群（细粒泥沙一般被冲走）。沿江两岸断续可见。

（6）水流切割很深的古河槽冲刷坑中，长时期堆积着特大洪水推移而来的大卵石。如长寿城下左岸深坑中采集到的中径达 300mm 的扁形卵石，高度风化，呈深褐色，表面还有约 0.5mm 厚的钙质浆。由于高洪期主流线一般都会偏离冲刷坑，故深坑中的大卵块石将是永久滞留水底的。

3. 泥沙堆积的重点河段

（1）严重堆积河段。上洛碛—中档坝、中档坝—下洛碛堆积河段，即长江航道里程 609～606km、606～598km 河段；上、中、下丝瓜碛堆积段，即长江航道里程 518.5～514.5km、514.5～505.5km 河段。

（2）较大堆积河段。金川碛—茶壶碛河段，即长江航道里程 566～561km 河段；忠水碛—码头碛—木鱼碛段，即长江航道里程 587～580km 河段；嘉陵江合川上下、长江重庆九龙坡—铜锣峡段，均有较多堆积。

4. 颗粒级配组成分布特征

（1）沿程变化。

1）由于受沿程补给泥沙粒径级配大小不一，沿程各局部河段拦沙堆积条件差异较大，以及建筑骨料开采等因素的影响，D_{50} 粒径沿程呈不规则锯齿状分布，无明显沿程细化趋势，见图 6-18。

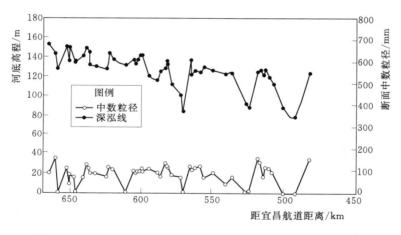

图 6-18　重庆—丰都段床沙中数粒径与河道深泓线沿程变化图

2）窄深型断面均为细粒泥沙，颗粒偏细；宽浅区断面颗粒普遍较粗的分布规律。

（2）典型部位颗粒分布。

1）洲滩。洲滩洲头、洲身的迎水面颗粒较粗；洲中、洲体的避流面粒径较细；而洲尾的粒度最小，往往是细卵砾与砂泥。少数洲滩顶脊部位为高洪期主流线所穿越时，其汛期主泓线上的颗粒很粗，向主泓线两侧逐渐变小。此外，当洲滩头尾、洲中部或洲外侧分布着走向不同的长度、宽度、高度不一的石梁、山嘴时，影响各级水位水流的改变，使泥沙堆积异常，颗粒级配分布则随汛期主泓线改变而变化。

2）峡谷上下游。由于峡谷束流壅水，故峡谷进口以上适当范围，都出现较大淤积，表现为峡口以上河段洲滩密集，堆积厚度较大，而且颗粒普遍较细，尤其是临近口门段，一般大面积淤积细沙；而峡谷出外展宽段虽也会分布较多洲滩，但颗粒特粗。以铜锣峡为例，进口处唐家沱常年为砂泥，稍上的洲滩铜田坝亦为砂多砾少，再上的峦子碛—母猪碛长边滩，也是砂的比例显著偏大；而该峡出口下首的饿狗滩—福平坝洲滩群均为粗粒卵石。

6.2.1.6 河段沿程泥沙来源

1. 河流泥沙主要来自上游与两岸支流

（1）嘉陵江合川—重庆河段泥沙来源。合川—重庆河段属于嘉陵江尾段，其泥沙来源于嘉陵江上游干支流，其中干流以武胜站为控制站，支流渠江和涪江，以罗渡溪和小河坝为控制站。武胜以上干流多年平均来沙占北碚站多年平均输沙量的49.7%，是本河段泥沙来源的主要组成部分，支流渠江和涪江泥沙来量分别占北碚站的19.8%和13.7%，北碚站多年平均输沙量为12490万t。

（2）长江重庆—涪陵河段泥沙来源。重庆—涪陵河段泥沙来源主要来自上游川江和嘉陵江。其中，朱沱站多年平均输沙量为31000万t，占寸滩站比例为68.1%，北碚站多年平均输沙量为12490万t，占寸滩站比例为27.4%，因此，川江上游输沙是本河段泥沙来源的主要组成部分。而构成本河段的床沙物质，绝大部分来自上游河段的推移质输沙，根据朱沱站多年实测资料统计，朱沱站多年平均卵砾石推移质输沙量为32.4万t，寸滩站多年平均卵砾石推移质输沙量为28.2万t。另外，根据近年采用岩矿分析法获得嘉陵江汇入长江的卵砾石推移质输移量约占寸滩站的20%～22%。

（3）长江涪陵—丰都河段泥沙来源。涪陵—丰都河段泥沙来源主要来自涪陵以上干流及支流乌江。其中乌江武隆站多年平均输沙量约为3285万t，涪陵长江干流多年平均输沙量约为46000万t。其比例为0.07：1，由此可见，本河段93%以上泥沙来自涪陵以上长江干流。乌江武隆站2002年实测推移质输沙量为18.7万t，占下游万县站多年平均推移质输沙量的0.58%。因而，乌江推移质输入本河段的数量是非常少的。这是因为乌江流域侵蚀产沙较少，加上干支流建库拦沙，特别是乌江中下游一带大量采挖卵石，使得乌江输入长江的粗粒物质大量减少。从乌江口门坑测取样资料看，大于5mm卵石含量仅为39.2%，即乌江所输出的基本上为细砂及砾石。

2. 边坡重力侵蚀泥沙汇入

随着沿江两岸岩石的自然风化及人类活动的影响，在强降雨的作用下，嘉陵江及川江两岸边坡滑坡垮岩时有发生，使大量泥沙汇入江中。另外河床基岩上人工开凿砂岩石条，水泥厂进行灰岩爆破取石等，使得大量碎石残留于河床。同时，随着国家经济建设的发展，两岸公路，铁路建设产生大量弃石，如怀渝铁路、万渝高速公路、成渝铁路等产生的泥沙，直接和间接被雨水带入河道。这是本河段泥沙来源的另一途经。这种泥沙来源的数量难以估计。

3. 人类活动对河流泥沙的影响

随着国民经济的发展，近年大量采挖河流泥沙作为建筑骨料，尤其是河床上小于50mm的卵砾石，被大量开采。受其影响，使各开采河段下游河段泥沙来量相应减少，级配组成随之变化。表6-13显示，本河段主要受河道采砂等因素影响，近年卵砾石推移质输移量大幅减少，扣除径流影响，朱沱站卵石推移质量 1992—2001 年比 1975—1991 年平均减少了 50％，寸滩站 1982—2001 年比 1966—1981 年平均减少了 42％。据实地调查统计，2001 年泸州—铜锣峡河段共挖砂 894.4 万 t，其中卵砾石为 386.2 万 t，占 43.2％。调查中发现，城市附近的洲滩是砂石开采的重点河段，嘉陵江合川—重庆河段主要采砂点为渠口坝、长沙坝、下叶坝、冠三坝、詹家碛、兴隆桥边滩等。其年开采量以下叶坝为例，下叶坝日开采量约为 400～500t，每年约 6 个月可开采，因此，下叶坝年开采量为 9 万 t，据长江水利委员会长江上游水文水资源勘测局等单位 2002 年进行的实地挖砂调查统计，嘉陵江合川—重庆河段砂卵石年开采量约为 356.7 万 t，其中卵砾石占 75.8％，砂占 24.2％；川江重庆—丰都河段主要采砂点为铜田坝、唐家沱、洛碛、金川碛、凤尾坝等。其年开采量以上

图 6-19　上洛碛挖砂现场

洛碛（图 6-19）为例，上洛碛日开采量为 1800t，按 3 个月计算，年开采量为 32 万 t，粗估川江重庆—丰都河段年砂卵石开采量（按 2002 年概算）为 200 万 t 以上。随着人工采砂的日益严重，沿江各洲滩砂卵砾石被大量开采，使得河段下游天然卵石输移量大量减少，从而产生起动流速增大，河床床沙颗粒级配细化趋势。

表 6-13　　　　自然及采砂因素引起卵石推移量变化分析计算比较表

站名	年份	年均径流量/亿 m³	计算年均推移量/万 t	实测年均推移量/万 t	实测/计算	减少率/％
朱沱	1975—1991	2649	32.6	32.6	1.00	
	1992—2001	2677	34.8	17.3	0.5	50
寸滩	1966—1981	3382	29.7	29.8	1.00	
	1982—2001	3375	29.6	17.1	0.58	42

6.2.2　三峡库区奉节—三斗坪河段床沙勘测

6.2.2.1　概述

为了准确掌握三峡水库蓄水前三峡库区和三峡水利枢纽坝址河床组成情况，为研究葛洲坝水库蓄水运用期、三峡工程施工期的泥沙输移、堆积规律，1997—1999 年开展了长江三峡水利枢纽大江基坑及奉节—三峡坝址河床组成勘测研究。

本次勘测调查河段全长 168km，其中，奉节水文断面—白帝城，河段长 10km，为低山丘宽谷段，主要支流有梅溪河；白帝城—庙河，河段长 142km，为典型的狭谷段，著名的瞿塘峡、巫峡、西陵峡西段均位于本河段，主要支流有黛溪、大宁河、冷水溪、神农溪、沙镇溪、香溪等；庙河—三峡坝址，长 16km，为低山丘陵宽谷段，主要支流有太平溪、茅坪溪等，见图 6-20。

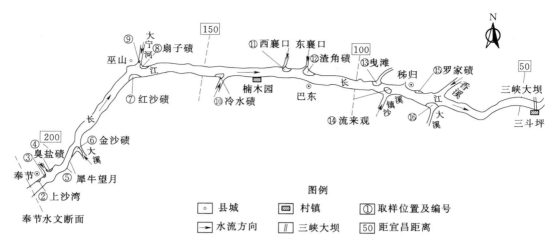

图 6-20　三峡库区奉节—三斗坪河段河势图

6.2.2.2　洲滩沿程分布

奉节—三斗坪河段在葛洲坝水库蓄水运用前共有卵石洲滩 23 个，葛洲坝水库回水淹没掉 12 个卵石洲滩，现存 11 个，洲滩规模较大的有奉节臭盐碛、黛溪金沙碛、巫山扇子碛、东襄口渣角碛、秭归罗家碛等。在未被淹没的 11 个卵石洲滩中，有 8 个溪口滩（或叫冲积扇），有 3 个边滩，说明在长江三峡区间，由于有众多的支沟入汇，溪口滩在各种类型的洲滩中所占比例最大，边滩次之，再次是基岩碛坝，而心滩和江心洲极为少见，原天然河道的两个小卵石心滩已被葛洲坝水库回水淹没，见表 6-14。

表 6-14　　　　　　　　　奉节—三斗坪河段卵石洲滩分布统计表

序号	洲滩名称	类型	距宜昌距离/km	淹没状态	备　注
1	沙湾	左边滩	210.0		以中小卵石、沙质为主
2	瓜子碛	右边滩	211.0		以中小卵石、沙质为主
3	臭盐碛	左溪口滩	207.7		以中小卵石为主，滩尾部有少量大卵石和大块石
4	金沙碛	右溪口滩	196.5		靠水边一侧分布为大卵石和大块石，滩内侧为中小卵石
5	金银碛	左边滩	195.5	已淹没	
6	油炸碛	右溪口滩	191.0	已淹没	
7	下马滩	左溪口滩	176.5	已淹没	被淤沙覆盖
8	红沙碛	右边滩	171.0		以大、中卵石为主
9	扇子碛	左溪口滩	170.0		以中小卵石为主
10	冷水碛	右溪口滩	140.0		
11	富里碛	左溪口滩	137.7	已淹没	
12	母猪碛	心滩	124.0	已淹没	
13	西襄口	左溪口滩	122.8		以中小卵石为主
14	渣角碛	左溪口滩	116.0		以大卵石、块石为主
15	牛口碛	左溪口滩	106.0		

序号	洲滩名称	类型	距宜昌距离/km	淹没状态	备注
16	令箭碛	左溪口滩	93.5	已淹没	
17	莲花碛	心滩	84.8	已淹没	
18	罗家碛	左边滩	83.0		以大卵石、块石为主
19	白鹤碛	心滩	81.3	已淹没	
20	大碛	右溪口滩	79.0	已淹没	
21	碎米碛	左溪口滩	77.5	已淹没	
22	谢红碛	左溪口滩	71.0	已淹没	
23	柳林碛	左边滩	61.0	已淹没	

6.2.2.3 洲滩床沙粒径沿程分布

奉节—三斗坪河段卵石洲滩特征粒径沿程分布统计表见表 6-15。

表 6-15　　　　奉节—三斗坪河段卵石洲滩特征粒径沿程分布统计表

序号	洲滩名称	类型	距宜昌距离/km	D_{max}/mm	D_{50}/mm	<2mm 细沙 D_{50}/mm	小于某粒径细沙含量百分数/%		
							<1mm	<2mm	<5mm
1	上沙湾	左边滩	210.0	144	32.0	0.217	13.4	14.1	20.3
2	臭盐碛坑1	左溪口滩	208.0	280	66.0	0.285	11.5	11.6	15.0
3	臭盐碛坑2	左溪口滩	206.3	255	56.0	0.279	14.7	15.1	21.0
4	金沙碛坑1	右溪口滩	196.5	375	63.0	0.553	6.9	7.9	12.0
5	金沙碛坑2	右溪口滩	196.5	165	20.0	0.490	10.8	13.7	21.9
6	红沙碛	右边滩	171.0	229	83.0	0.235	9.7	9.8	12.5
7	扇子碛	左溪口滩	170.0	198	32.5	0.426	8.7	9.4	12.5
8	冷水碛	右溪口滩	140.0	225	47.0	0.316	10.8	12.0	16.9
9	渣角碛	左溪口滩	116.0	272	76.0	0.310	9.9	10.8	15.0
10	罗家碛	左边滩	83.0	330	135.0	0.238	5.5	5.5	8.5

本河段 D_{max} 变化范围为 144～375mm，其沿程变化具有跳跃性，主要原因是这些大颗粒来源于区间溪沟，并与局部河段的河势和水流条件有关，如黛溪金沙碛坑1，最大粒径达 375mm，在附近还有更大的卵石和块石，直径可达到 500mm 以上，见图 6-21。

小于 2mm 细沙 D_{50} 变化范围为 0.217～0.553mm，大多数探坑细沙 D_{50} 变化范围为 0.22～0.32mm，见图 6-22。自上而下沿程细沙 D_{50} 略呈减小趋势，但沿程支流来沙的影响亦十分明显，如黛溪金沙碛，受区间来沙影响，其细沙 D_{50} 较上下游明显偏粗，其值为 0.49～0.553mm。又如巫山扇子碛，受大宁河来沙影响，其细沙 D_{50} 为 0.426mm，在大宁河口门段的江东边滩取样，其细沙 D_{50} 为 0.492mm，说明扇子碛小于 2mm 沙样 D_{50} 之所以较上下游明显偏粗，主要是受大宁河来沙的影响。

6.2.2.4 砂砾含量百分数沿程变化

本河段卵石洲滩砂砾含量百分数（粒径小于 1mm、2mm、5mm）沿程分布有自上而

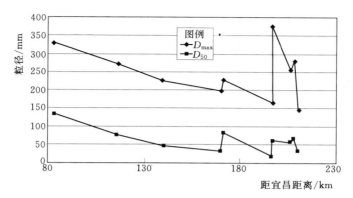

图 6-21　奉节—三斗坪河段最大粒径和中值粒径沿程分布图

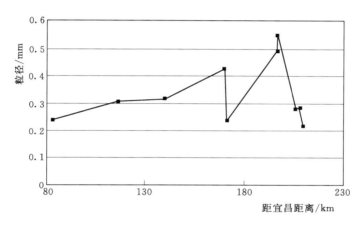

图 6-22　奉节—三斗坪河段小于 2mm 中值粒径沿程分布图

下逐渐变小的趋势，见表 6-15、图 6-23，以粒径小于 2mm 为例，砂砾含量由上游的 15.1％逐步递减至 5.5％，河段平均为 11.0％，小于 1mm 和 5mm 的砂砾含量河段平均分别为 10.2％、15.6％，2～5mm 粒径组，以巫山为界，上段和下段平均含量分别为 5.56％、3.58％。

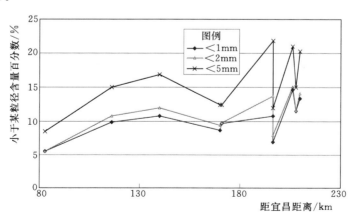

图 6-23　奉节—三斗坪河段砂砾含量百分数沿程分布图

需要指出的是，由于受葛洲坝水库回水的影响，自巫山以下的许多支流，溪沟口门段均为沙质洲滩，较为典型的如香溪、沙镇溪口门段，因此，从河段内堆积的砂砾总量上看，应为下段大于上段。

6.2.2.5 床沙粒径垂向分布特点

以 D_{50} 特征值为代表，本河段卵石洲滩有一个共同的特点，即表层均为粗化抗冲层，表层 D_{50} 在各分层 D_{50} 中位居最大，表层 D_{50} 范围一般在 $82\sim272\mathrm{mm}$，另一个特点是，自次表层以下，D_{50} 变化很小，说明深层的床沙级配较为均匀，见图 6-24。

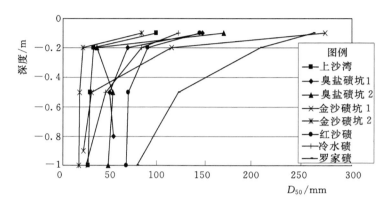

图 6-24　典型探坑床沙中值粒径垂向分布图

从坑最大粒径 $D_{\max}$ 沿深度的分布看，10 探坑有 4 个坑 $D_{\max}$ 位于表层，1 个位于次表层，5 个位于深层，反映出最大粒径出现在深层的概率最大。

6.2.2.6 沿程床砂卵石岩性分析

奉节以下坑测卵石岩性分析点均为边滩和溪口滩，部分追溯至溪口内取样分析，岩性分析粒径最小到 $10\sim5\mathrm{mm}$ 组，10mm 以上粒径岩性在现场进行，$10\sim5\mathrm{mm}$ 则在室内进行，均为人工肉眼鉴定。各种岩性卵石沿程含量变化如下：

（1）灰岩。从上至下含量多在 $75\%\sim40\%$ 左右，在冷水碛最大达到 95%，在罗家碛最小达到 5.75%，大粒径组含量更大，各粒径组均有，从上游至下无明显的规律。

（2）细砂岩。在臭盐碛含量较多，粒径较大，该处最大含量达 66.3%，但往深部急剧减少，到只含 16%，其他部位在东襄口，在秭归罗家碛含量也较大，在巫山红沙碛、大宁河稍多，其他部位仅在 4% 以下，具有跳跃式忽多忽少的现象。

（3）粗砂岩。在奉节臭盐碛含量最大，粒径也大，最高达 58.45%，在大溪金沙碛含量在 23.00% 左右，粒径较大，在东襄口含量在 21% 左右，在洩滩为 36.65%，在秭归罗家碛为 34% 左右，在巫山红沙碛以下至西襄口段含量较小，只在 8% 以下。具有上游、下游含量较高，中段含量较低的现象。

（4）紫红色砂页岩。在东襄口含量达 25.54%，在洩滩含量达 44.1%，在臭盐碛、巫山扇子碛、西襄口含量在 14% 左右，其他部位仅在 5% 以下。此岩性沿程均有，但含量较少，在西襄口、东襄口、洩滩河段最多。

（5）石英砂岩和石英岩。在奉节水文断面达 12.59%，在巫山红沙碛含量为 $20\%\sim$

208

25%，在三峡基坑段含量最大，达到53.64%，较小也在25.73%，其他部位仅在6%以下。有向下游跳跃式渐多的趋势。

（6）岩浆岩类。含火山岩、红杂色花岗岩、流纹岩、闪长岩、闪长花岗岩等。奉节上沙湾为2.87%，在巫山红沙碛占14.37%，在来流观含量为22.08%，在秭归罗家碛4.96%，在三峡基坑10.79%～26.67%。可见该岩类沿主槽有向下游跳跃式渐多的现象。

其他岩性如燧石、砾岩等无明显的规律，并且普遍含量较小，连续性也不好。可见沿程多以沉积岩类的灰岩、砂岩为主，石英岩和石英砂岩次之，岩浆岩含量较少。

除灰岩的含量沿程较为稳定外，粗、细、紫红砂岩的含量均不甚稳定，石英岩和石英砂岩更是忽多忽少，而岩浆岩类岩性代表性、规律性更差。

从取样位置看，靠近长江主槽部位受上游卵石岩性来量影响较大，如奉节水文断面、奉节上沙湾、巫山红沙碛、沙镇来流观、秭归罗家碛，其石英砂岩、石英岩、岩浆岩岩性含量明显较多。

而距主槽稍远的边滩和溪口滩的卵石岩性则以受其近岸岩层的影响较大，受长江上游卵石岩性影响较小，如奉节臭盐碛以粗砂岩为主，大溪金沙碛粗砂岩含量较大，秭归罗家碛的粗、细砂岩含量较大，而洩滩则以紫红色砂岩和页岩为主，就都与近岸的岩层岩性直接相关。

根据有关资料，石英砂岩、石英岩和岩浆岩类卵石主要来自长江重庆以上河段，三峡库区内以沉积岩岩性出露为主，可见沿程沉积岩类的灰岩、粗、细、紫红砂岩、页岩、砾岩、燧石等以附近物质为主，即与两岸岩层岩性密切相关，而石英岩、石英砂岩、岩浆岩类岩性则是来自重庆以上河系和沿程胶结卵石层和较高级阶地卵石堆积层中此类岩性的加入物质。

由于自庙河以下长江进入黄陵背斜核部区，受自然和工程影响，使得河床中卵石岩性含灰白色花岗岩成分明显增多，该花岗岩粒径较小，多具次棱角状或次圆状，且多风化、易碎裂，以小砾石与风化中粗砂为主。

6.3　三峡工程坝址基坑河段河床组成勘测综合研究

6.3.1　概述

为了准确掌握三峡水库蓄水前三峡库区和三峡水利枢纽坝址河床组成情况，为研究葛洲坝水库蓄水运用期、三峡工程施工期的泥沙输移、堆积规律，于1997—1999年开展了长江三峡水利枢纽大江基坑河床组成勘测研究任务；另于2003年1月—2003年10月开展了长江三峡工程导流明渠基坑河床组成取样分析。

受客观条件限制，此前没有做过类似工作，对坝区河段的河床组成和泥沙输移、堆积规律还没有深入的认识，尤其是大江基坑在不同时期的泥沙颗粒级配成果。为了弥补以往在本河段床沙勘测的空白，为研究三峡水库蓄水后坝区河段的河床组成和泥沙输移、堆积规律提供基础性资料，开展了此项工作。

6.3.2 河段概况

6.3.2.1 水文泥沙特性

以三峡大坝轴线下游约 42km 的宜昌水文站为代表，三峡水库蓄水前其多年平均水量为 4390 亿 m³，多年平均流量为 13900m³/s。多年平均悬移质输沙量为 5.21 亿 t，悬移质中值粒径 D_{50} 为 0.034mm；砂砾推移质输沙量为 874 万 t，床沙中值粒径 D_{50} 为 0.218mm；粒径大于 10mm 的卵石推移质输沙量约 75.8 万 t。自然情况下，坝区河段枯期和汛期水面比降在 0.54‰和 4.2‰之间。葛洲坝水利枢纽运用后，本河段处于常年回水区，枯期水位抬高约 15～22m（对应流量为 5000～10000m³/s），枯期水面比降降至 0.04‰～0.11‰之间，流速较建坝前减小 70%左右；汛期（50000～60000m³/s）水位抬高 3～4m，汛期水面比降降至 2.0‰～3.6‰，流速较建坝前减小 10%左右。

6.3.2.2 河床形态

三峡水利枢纽坝区河段范围为庙河—莲沱，全长约 31km，其中三峡工程施工区上自伍相庙，下至鹰子嘴，河段长 12km，见图 6－25。坝区河段位于西陵峡中段，三峡工程所在的三斗坪弯道为一右向弯道，河谷较开阔，其上游为庙河—太平溪左向大弯道；太平溪—坝轴线为河谷开阔的顺直段；三斗坪弯道下游为乐天溪左向弯道和莲沱顺直段。

坝区河段内有众多的洲滩碛坝和江中礁石。三斗坪弯道的中堡岛分江流为两汊，左汊为主汊，右汊过水面积很小，枯季断流。坝区河段内溪沟入汇众多，左岸有柳林溪、端方溪、百岁溪、太平溪、靖江溪、路家河、乐天溪；右岸有杉木溪、南林溪、曲溪、茅坪上溪、茅坪下溪、高家溪等较大溪沟。坝区河段沿岸有山嘴、礁石形成的天然挑流节点，如九岭山和狮子包，燕长红和垭子冲等均为对称挑流节点。

6.3.2.3 坝区河道冲淤变化

天然情况下，坝区河段年际间处于相对平衡状态。1981 年 6 月葛洲坝水利枢纽第一期工程投入运行后，改变了坝区河段的自然状态。1981 年 6 月—1982 年 6 月中旬，坝前水位为 60m；1982 年 6 月中旬至 11 月中旬，坝前水位为 61.20m；1982 年 11 月中旬至 1983 年 5 月中旬，坝前水位为 62.20m；1983 年 5 月至 1985 年 12 月坝前水位为 63.50m；到 1986 年 1 月以后，坝前水位抬高至 66.00m，受葛洲坝水库日调节的影响，坝前水位日变幅为－0.50～＋0.50m。由于葛洲坝水库坝前水位较稳定，水库回水长度主要与入库流量有关。流量为 50000m³/s 时，回水末端在黛溪附近，回水长度约 190km；流量为 5000m³/s 时，回水末端在秭归附近，回水长度为 76km。故变动回水区范围为秭归至黛溪，全长 114km。三峡工程坝区河段处于葛洲坝水库常年回水区的中段。坝区河段伍相庙—乐天溪，河段长 14.88km，其历年冲淤变化分 3 个时段。

第一个时段为葛洲坝蓄水运用至三峡工程开工（计算时段为 1979—1993 年），该时段内坝区河段累计淤积达 5787 万 m³，其中主河槽淤积 3114 万 m³，占总淤积量的 54%。1979—1990 年，本河段呈累计性淤积，1990 年以后达到冲淤平衡，年际变化为大水年冲刷，小水年淤积的特点。断面淤积形式大多数为沿湿周淤积，河段平均淤积厚度为 5.85m。

第二个时段为三峡一期工程施工期（计算时段为 1994—1996 年），三年共淤积 2127

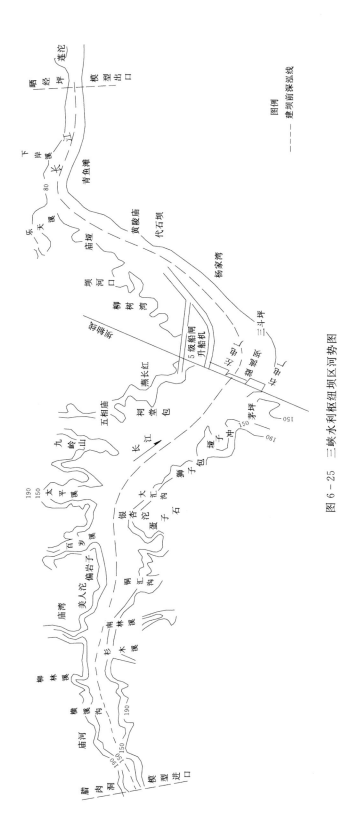

图 6-25 三峡水利枢纽坝区河势图

万 m³，纵向淤积分布为上段小，中、下段大。淤积沿时程分布看，主要集中在 1994 年，淤积量达 2320 万 m³，其中，主槽淤积 869.1 万 m³，滩上淤积 1451.1 万 m³；1995 年、1996 年两年合计冲刷 193 万 m³，其中冲槽 613 万 m³，淤滩 420 万 m³。

第三个时段为三峡二期工程施工期（计算时段为 1997 年 11 月—2002 年 10 月），五年共冲刷 367.56 万 m³，其中滩上（吴淞高程 53.00～72.00m）冲刷 115.48 万 m³，深槽冲刷 252.08 万 m³。从沿程分布看，导流明渠以上河段淤积了 337.79 万 m³，导流明渠段冲刷了 83.8 万 m³，导流明渠以下河段冲刷了 621.64 万 m³。从冲淤量沿时程分布看，主要集中在 1998 年，受特大洪水的影响，坝区河段发生剧烈冲刷，1998 年度冲刷量高达 1413.7 万 m³，其他年份则表现为微淤。

6.3.3 坝址基坑河床组成勘测

6.3.3.1 大江基坑表层床沙勘测

三峡水利枢纽坝区河段河床原为基岩、块球体、卵石和沙组成，边滩主要为裸露的基岩和块球体。葛洲坝水库蓄水后，床面大部分为悬移质和沙质推移质淤积物。三峡工程大江截流后，受人工抛填等施工影响，基本河槽表层出现了淤泥、风化砂（人工抛填物）等组成物，枯水河槽两侧的基岩、块球体受截流冲刷影响而出露。因此，在大江截流后初期进行床沙勘测时，二期围堰基坑表层床沙主要由天然沙（上游河道输移而来）、基岩、块球体、风化砂和淤泥等组成，其中，天然沙分布面积为 27.89 万 m²，占 67.4%；基岩、块球体、分布面积为 8.1 万 m²，占 19.6%；风化砂和淤泥分布面积为 5.37 万 m²，占 13.0%。

从地形上看，天然沙主要分布在左岸边滩和右侧中堡岛心滩上。基岩和块球体主要分布在枯水河槽两侧。风化砂和淤泥主要分布在枯水河槽内。左岸基岩和乱石的缝隙中，零星分布有少量卵石。

从床沙组成的级配看，两侧滩地的天然沙均为中、细沙，其最大粒径一般小于 0.5mm，D_{50} 的变化范围为 0.019～0.210mm，床沙粗细的平面分布大多数较均匀，少数位于主流区，且附近分布有块球体的坑点，沙粒较粗，如 CN-2、DS-1 等坑点，而沙粒较细的坑点位于局部地形较低洼处，如 CS-1、EN-9 等坑点，见表 6-16。

表 6-16　　　　　　　　　　　　　基坑滩地床沙特征值

坑　名	D_{max}/mm	D_{50}/mm	备注	坑　名	D_{max}/mm	D_{50}/mm	备注
BS-1	0.500	0.102	右心滩	BN-7	0.500	0.210	左边滩
BS-2	0.500	0.128	右心滩	CN-2	2.000	0.200	左边滩
CS-1	0.355	0.048	右心滩	EN-7	0.355	0.102	左边滩
DS-1	1.000	0.190	右心滩	EN-8	0.250	0.045	左边滩
ES-1	0.500	0.142	右心滩	EN-9	0.500	0.019	左边滩
FS-1	0.500	0.102	右心滩	FN-3	0.500	0.172	左边滩
FS-2	0.500	0.180	右心滩	FN-5	0.500	0.098	左边滩

块球体指源于本地，而独立于基岩之外，其外形多为球体、椭球体或块状，表面磨蚀光滑，有的具有顺流向梳状磨蚀擦痕，个别块球体经磨蚀后含有壶穴和穿心洞，其岩性多为本地花岗岩。块球体大多分布在主槽两侧陡壁附近，块球体的 b 径范围为 $300\sim3300\text{mm}$。在主槽左侧抽样量测块球体 111 颗，其最大 b 径为 2250mm，其中 $300\sim1000\text{mm}$ 粒径范围的块球体占总数的 63.9%，特别值得注意的是，$700\sim800\text{mm}$ 粒径组的块球体为数众多，占总数的 16.2%。还在主槽右侧抽样量测块球体 144 颗，最大的块球体 a、b、c 三径的值为 $4400\times3300\times1600\text{mm}$，块球体 b 径的变化范围为 $300\sim3300\text{mm}$，其中 $400\sim1300\text{mm}$ 粒径范围的块球体数量占总数的 84.8%，$500\sim1100\text{mm}$ 粒径范围的块球体占总数的 68.0%。综上所述，三峡工程二期围堰基坑内块球体的粒径范围为 $300\sim3300\text{mm}$，其中 $400\sim1100\text{mm}$ 粒径范围的块球体占绝大多数，而 $600\sim900\text{mm}$ 粒径组的块球体占总数的 36.5%。

基本河槽指天然状态下坝区河段的枯水河槽，因二期围堰范围处于大江的主汊（左汊），故基本河槽亦称为主河槽。受葛洲坝水库蓄水运用的影响，主槽有所淤积。受三峡工程施工的影响，特别是大江截流、平抛垫底等人工干扰，主槽表面层床沙又发生了较大变化。本次勘测时间发生在大江截流之后，因此，主槽表层有一层 $0.10\sim0.30\text{m}$ 厚的淤泥层，其形成的原因是在基坑排水过程中，主槽两侧施工排水和雨水携带极细泥沙，最后沉淀于主槽表层。淤泥下面为风化砂，其形成原因是二期围堰截流时，在上游、下游围堰深槽段实施了平抛垫底，所用材料为小卵石挟沙。主槽表层的风化砂亦为小卵石挟沙，D_{50} 为 19.8mm，最大粒径为 133mm，小于 2mm 沙样所占比例平均为 21.4%。需要指出的是，主槽表层的卵石挟沙层的物质组成、颗粒级配较为均匀，并且其中的砂砾与天然的有明显区别，此处的砂砾中有大量的棱角分明的花岗岩碎屑，因而称之为风化砂。

6.3.3.2　大江基坑深层床沙勘测

1. 主槽两侧深层床沙

天然状态时，除中堡岛心滩有沙滩外，左岸边滩床沙由峦石和基岩组成。葛洲坝水库蓄水运用后，基坑河段处于葛洲坝水库常年回水区中段，基坑河段枯水位抬高二十多米，由于过水面积增大，流速减小，坝区河段淤积严重，主槽两侧滩地淤积厚度一般为数米至十多米，淤积物组成为中、细沙和淤泥，最大粒径一般小于 0.5mm，少数测点最大粒径可达 2.0mm，D_{50} 的变化范围为 $0.006\sim0.240\text{mm}$，根据粒径粗细和泥沙颜色区分，床沙垂向分布层理十分明显，说明滩地的泥沙淤积方式为层状堆积，且呈累积性淤积。

为了便于分析，将滩地取样点划分为 B-B'、C-C'、D-D'、E-E'、F-F' 5 个横剖面（A-A' 为沿主槽的纵剖面），见图 6-26。

（1）BS-1 探坑位于主槽右侧的中堡岛心滩头部，紧临上围堰和纵向围堰交界处，该坑床沙垂向分布的主要特点是上细下粗，即 2m 厚度以上部分 D_{50} 范围为 $0.009\sim0.102\text{mm}$，2m 厚度以下床沙较粗且较均匀，D_{50} 的变化范围为 $0.140\sim0.167\text{mm}$。从上到下床沙组成为细沙、淤泥层、极细沙、中沙。从历次地形资料分析，该处在大江截流期间，平均淤积 2m 左右，由此推断，BS-1 探坑 2m 厚度以上部分的细沙层、淤泥层为大

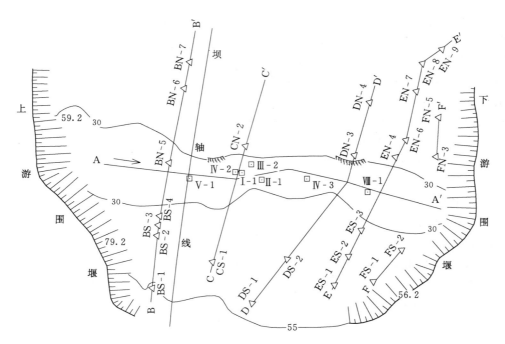

图 6-26　大江基坑床沙取样点示意图

江截流期间的淤积物，而 2m 以下的部分中沙层为葛洲坝水库运用期间的淤积物。

（2）CS-1 探坑位于中堡岛心滩中上部，其床沙组成垂向分布类似 BS-1、呈上细下粗，不过，该坑未发现淤泥层，且下层的中沙层较为均匀。

（3）ES-1 探坑位于中堡岛心滩中下部，其床沙组成的垂向分布特点，3m 厚度以上为中沙层与细沙层交错，D_{50} 的变化范围为 0.059～0.18mm；3m 厚度以下为组成均匀的中沙层，D_{50} 的变化范围为 0.142～0.158mm。结合历次的地形观测资料分析，该处在大江截流期间平均淤积 3m 左右，说明 3m 厚度以上的中沙、细沙交错层为大流截流期间的淤积物，而 3m 厚度以下的中沙层为葛洲坝水库运用期的淤积物。

（4）BN-7 探坑位于左边滩较高处，表层床沙较粗，D_{50} 为 0.21mm；深层床沙略细，且较均匀，D_{50} 变化范围为 0.129～0.163mm。

（5）CN-2 探坑位于主槽左侧陡坎上，表层高程为 40m，表层床沙 D_{50} 为 0.20mm，最大粒径为 2.0mm；深层床沙 D_{50} 变化范围为 0.132～0.17mm。从历次水道地形图看，左边滩较低部分（主槽陡坎以上，60m 等高线以下部分滩地）在大江截流期间，普遍冲刷 2～4m。因此，CN-2 探坑表层床沙较粗的原因是大江截流冲刷产生的粗化层，而深层则为葛洲坝水库的淤积物。

（6）EN-8 探坑位于左边滩下段，离下围堰很近，高程为 61.70m。该坑表层床沙较细，D_{50} 为 0.045mm；深层床沙组成为淤泥层与中细沙层交错，淤泥厚度一般为 0.2～0.3m，深层床沙 D_{50} 变化范围为 0.006～0.189mm，4.1m 深度以下床沙为纯沙，D_{50} 平均为 0.177mm。根据历年地形观测资料分析，EN-8 探坑附近地形在大江截流期间共淤厚4.1m，这与实际取样分层厚度十分吻合，说明 EN-8 探坑上层（4.1m 厚度）淤泥与中细沙层交错分布的床沙为大江截流期间的淤积物，而 4.1m 深度以下的中细沙（沙体较纯，且较均匀）为葛洲坝水库运行期的淤积物。

综上所述，基坑两侧滩地床沙组成的主要影响因素是葛洲坝水库淤积和三峡工程大江截流引起的冲淤变化。葛洲坝水库运用期，基坑滩地淤积物为沙体较纯，且级配较均匀的中细沙，其 D_{50} 的变化范围为 0.13～0.18mm，最大粒径一般小于 0.5mm。三峡工程大江截流期间，左边滩较低部分（60m 等高线以下）普遍冲刷 2～4m，左边滩较高部分和右心滩普遍淤积 2～4m。在遭受冲刷的部位，滩地表层床沙粗化，D_{50} 约为 0.20mm。大江截流的淤积物床沙组成为中细沙与淤泥层交错，淤泥层厚度较薄，厚度一般为 0.2～0.3m，淤泥的 D_{50} 一般为 0.006mm。滩地床沙垂向分布见图 6－27。

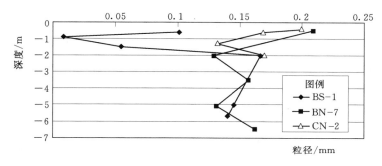

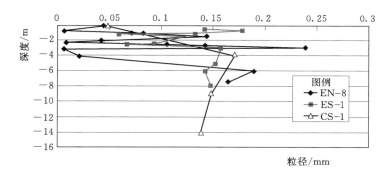

图 6－27　基坑滩地 D_{50} 垂向分布图

2. 基坑主槽深层床沙

主槽靠近上、下围堰附近各有一个深潭，中段为过渡段，主槽两侧的岸壁由基岩和块球体组成。从平面上看，上、下深潭河段较宽，中间段较窄，以 30m 等高线为例，上深潭段最大河宽为 170m，中间过渡段河宽为 60～90m，下深潭段最大河宽为 130m。从纵剖面看，无论是表面层深泓纵剖面，还是基岩顶板高程纵剖面，均呈现上、下段较低，中间段较高，见图 6－28。1998 年 9 月实测主槽深泓纵剖面表明，上深潭最深点高程为 11.90m，位于坝轴线上游 120m；下深潭最深点高程为 19.50m，位于坝轴线下游 430m 处；中间过渡段最高点高程为 26.50m，位于坝轴线下游 180m。根据历年的钻孔资料，上、下深潭基岩面顶板高程最低点分别为 2.44m、－11.70m，中间过渡段基岩面顶板高程最高点为 22.1m。据此，可以推断出主槽覆盖层厚度的变化范围为 3～36m。

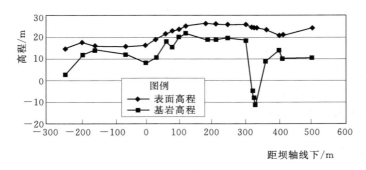

图 6-28　基坑主槽基岩顶板高程及床面高程分布图

由于主槽覆盖层较厚,根据基坑开挖的进度,进行了分层取样分析,按照取样点相对高度分层,前后共将主槽覆盖层分为八层进行取样。

按照主槽覆盖层组成物的物质来源和成因,可以将主槽基岩顶板以上的全部床沙分为三类,即三峡工程在大江截流时的人工抛填物、葛洲坝水库淤积物、天然河道时的床沙,见表 6-17。

表 6-17　基坑主槽淤积物特征值统计

类别	坑名	距坝轴线的距离/m	高程/m	深度/m	D_{50}/mm	D_{max}/mm	<2mm 细沙 D_{50}/mm	小于某粒径含量百分数/%		
								<2mm	<5mm	<10mm
大江截流抛填物	I-1	99	23.50	0.1	21.0	92	0.620	19.2	27.6	39.2
	II-1	143	25.40	1.4	15.0	120	0.455	19.8	28.8	42.4
葛洲坝水库淤积物	III-2	120	22.80	2.4	68.0	275	0.300	7.8	11.6	18.9
	IV-3	232	20.90	6.9	35.0	125	0.265	12.8	14.7	19.2
天然河道淤积物	V-1	3	10.70	8.3	55.8	156	0.203	8.8	9.6	12.1
	IV-2	95	16.60	10.9	225.0	370	0.273	2.0	3.2	5.1
	VIII-1	350	0.30	24.0	104.0	253	0.288	12.6	16.3	19.8

由于天然河道的床沙与葛洲坝水库淤积物的级配粗细差异较为悬殊,且葛洲坝水库蓄水初期,主槽为单向淤积,两者没有交换,故对天然状态的床沙覆盖层的级配和厚度影响不大,上层的人工抛填物比葛洲坝水库淤积物分层问题要复杂得多,主要原因是一期围堰和二期围堰大江截流时,基坑河段水流条件与葛洲坝水库运用期有很大的改变,特别是流速增大,二期围堰龙口实测最大测点流速为 4.22m/s,并且龙口形成的主流带分布在主槽及其左侧部分边滩,因此,主槽河床随着流态的变化,经历了一个由冲刷到回淤的过程。一期围堰施工期间,大江主槽区平均冲刷均约 1m(1992 年与 1996 年测图比较),为了进一步说明这个问题,比较大江截流前 1996 年 9 月与截流后 1998 年 9 月地形图,可以发现,上深潭在截流期间冲刷严重,20m 等高线范围明显扩大,上深潭最深点高程由16.0m 降至 11.9m,冲刷 4.1m。主槽中段 1996—1998 年微淤 1m 左右。下深潭微冲,最深点高程由 20m 降至 19.5m,且 1998 年测图的 25m 等高线范围较 1996 年有明显扩大,

上述地形资料表明主槽在大江截流期间有冲有淤的现象及累计冲淤效果，还不能充分说明主槽在冲淤过程中变化规律，从床沙物质组成的角度看，大江截流的淤积物中含风化砂较多，且不含泥质，而葛洲坝水库淤积物中含泥质重，风化砂少见。以主槽中段为例，大江截流的淤积物厚度平均约 2.0m，可见大江截流淤积物与葛洲坝水库淤积物交界面高程低于截流前的床面高程，说明主槽的冲淤过程是先冲刷，后淤积。将坝轴线设为基坑 2 断面，其上游 200m 为基坑 1 断面，下游 200m、400m 分别为基坑 3 断面、基坑 4 断面。分别从历次水道地形图上切割上述四个断面。断面见图 6-29，其中采用吴淞高程为标准。

基坑主槽覆盖层最上层为大江截流期的淤积物，其平均厚度约 2m，其床沙 D_{50} 的变化范围为 6.3～23.0mm，D_{50} 平均值为 16.25mm，最大粒径为 155mm，小于 2mm 细颗粒 D_{50} 变化范围为 0.305～0.620mm，平均值为 0.43mm。从垂向分布看，无明显分层，但其粒径从上到下略有减小，如 I-2 和 II-3 两探坑，它们的平面位置相近，而取样深度分别为 0.1m、1.5m，其床沙 D_{50} 分别为 20.2mm、12.5mm，小于 2mm 细颗粒 D_{50} 分别为 0.41mm、0.315mm。从沿程分布看，自上游到下游，粒径逐渐减小，坝轴线至坝轴线以下 300m，大江截流淤积层床沙由中小卵石挟沙组成，坝轴线以下 300m 的下深潭段床沙由风化砂组成，大江截流淤积层床沙级配曲线有代表性的探坑如 I-1 和 II-1，见图 6-30。

基坑主槽覆盖层中间层为葛洲坝水库蓄水运用期的淤积物，其厚度为 2～12m，平均厚度约 4m（不含一期、二期围堰期间平均冲刷约 3m）。本层床沙 D_{50} 的范围为 9.0～68.0mm，D_{50} 平均值为 23.4mm，最大粒径为 275mm，小于 2mm 细颗粒 D_{50} 变化范围为 0.172～0.358mm（个别探坑由于受施工人为影响特别大，舍去），细砂 D_{50} 平均值为 0.288mm，从垂向分布看，本层由于含泥较重，无明显分层，床沙级配垂向分布亦较均匀。从沿程分布看，床沙级配呈二头细、中间粗，即上、下深潭段较细，中间过渡段较粗，如坝轴线下游 120m 的探坑 III-2，其 D_{50} 为 68mm，最大粒径为 275mm，该探坑为葛洲坝水库淤积层中级配最粗的探坑，本层床沙级配曲线有代表性的探坑如 III-2 和 IV-3，见图 6-31。

主槽覆盖层的最下层为天然河道时的床沙，其厚度一般为 0.5～2m，平均厚度为 1.0m，本层床沙 D_{50} 的范围为 21～225mm，D_{50} 平均值为 95.8mm，最大粒径为 370mm，小于 2mm 细颗粒 D_{50} 变化范围为 0.203～0.445mm，平均值为 0.30mm。本层床沙级配曲线有代表性的探坑如 IV-2 和 V-1。

3. 沙质泥沙容重

基坑内中细沙样 D_{50} 范围为 0.208～0.262mm，粒径组范围 0.006～2.000mm，个别样 D_{max} 达 10.2mm，其干容重变化范围为 1.184～1.418t/m³，湿容重变化范围为 1.253～1.547t/m³。如果扣除个别样含小卵砾的影响，则基坑内中细砂平均干容重和湿容重分别为 1.37t/m³、1.452t/m³。细砂样 D_{50} 范围为 0.058～0.089mm，D_{max} 为 0.355mm，D_{min} 为 0.004mm，干容重变化范围为 1.178～1.197t/m³，平均为 1.188t/m³，平均湿容重为 1.320t/m³。淤泥 D_{50} 范围为 0.010～0.016mm，D_{max} 为 0.35mm，平均干容重和湿容重分别为 0.641t/m³、1.351t/m³，见表 6-18。

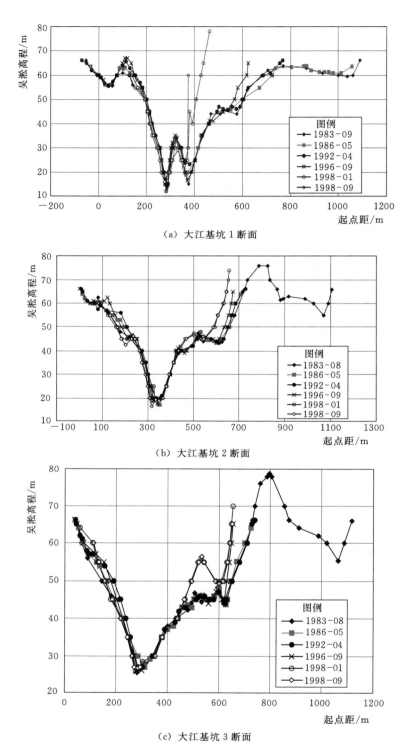

（a）大江基坑 1 断面

（b）大江基坑 2 断面

（c）大江基坑 3 断面

图 6-29（一）　大江基坑断面变化

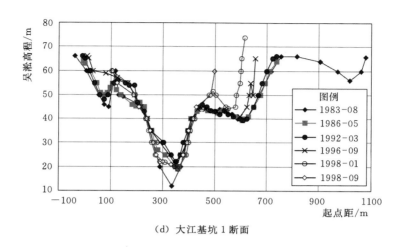

（d）大江基坑 1 断面

图 6-29（二） 大江基坑断面变化

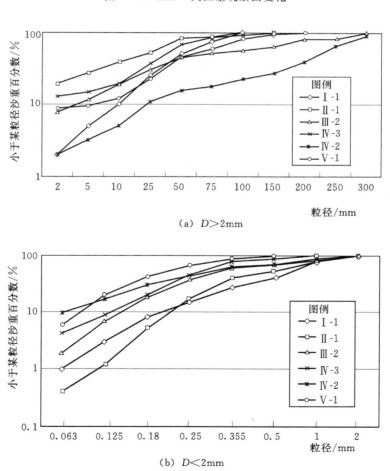

（a）$D>2$mm

（b）$D<2$mm

图 6-30 主槽典型探坑颗粒级配曲线

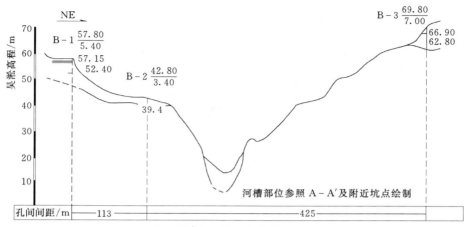

（a）B-B′断面（横向）地质剖面图

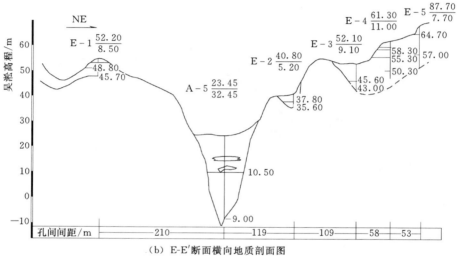

（b）E-E′断面横向地质剖面图

图 6-31 不同断面横向地质剖面图

表 6-18 基坑泥沙容重成果表

编号	D_{50} /mm	D_{max} /mm	湿沙重量 /g	干沙重量 /g	体积 /万 m³	湿容重 /(t·m⁻³)	干容重 /(t·m⁻³)
容重样 1	0.208	10.20	201.2	184.5	1.301	1.547	1.418
容重样 2	0.262	4.00	195.0	180.5	1.301	1.499	1.387
容重样 3	0.198	4.00	163.0	154.0	1.301	1.253	1.184
容重样 4	0.251	2.00	186.8	178.5	1.301	1.436	1.372
容重样 5	0.016	0.35	174.8	88.4	1.301	1.344	0.679
容重样 6	0.010	0.35	176.5	78.5	1.301	1.357	0.603
容重样 7	0.222	0.50	194.3	180.0	1.301	1.493	1.384
容重样 8	0.233	1.00	179.5	173.7	1.301	1.380	1.335
容重样 9	0.058	0.35	176.8	153.3	1.301	1.359	1.178
容重样 10	0.089	0.35	166.7	155.7	1.301	1.281	1.197

综上所述，基坑细颗粒泥沙湿容重变化很小，一般为 1.253～1.547t/m³，平均湿容重 1.452t/m³；而其干容重则随粒径变细而变小，中细砂、细砂、淤泥的平均干容重分别为 1.37t/m³、1.188t/m³、0.641t/m³。

4. 特殊样

在基坑床沙的勘测过程中，获取和发现了大量的特殊样，如碳化木、古钱币、陶片等，粒分析和岩性分析 11 组。碳化木标本样分布在主槽天然床沙覆盖层内，两个样品送到南京大学用¹⁴C鉴定。1 号标本样位于坝轴线下 180m 的主槽石缝中，高程为 20.50m，采集时，此样呈黄泥状，可塑性强，含水分较重，木纹清晰，在空气中放置几天后，因氧化作用而变成炭黑色，且变得坚硬，不可塑，标本年代测定结果，距今（3850±75）年，树轮校正年代（4215±70）年。2 号标本样位于坝轴线下 350m 的主槽下深潭内，高程为 −9.00m，下距基岩顶板面约 2m，采集时，2 号标本颜色呈炭黑色，块状、不可塑，标本年代测定结果，距今（35800±1580）年。

可以得出如下几点认识：

（1）坝区河段主槽基岩顶板沿程起伏不平，主要受地质构造和岩性的影响，且定型较早，在距今 35800 年以来河床下切不明显。

（2）过渡段卵石床沙堆积少，并能充分地、经常地与卵石推移质发生交换。深潭段天然卵石床沙堆积厚，且与卵石推移质发生交换不很充分，其底层的卵石床沙样较稳定。

古钱币的种类主要有银锭、铜钱，在坝轴线附近、主槽右侧的中堡岛心滩左缘，高程约 22.00m，民工在清基时发现了一窝银锭，因未取到实际样，无法作年代鉴定，但根据现场目击，不像是官银，可能是民间铸造，每个银锭重约 0.25kg，形状类似马蹄状。铜钱的种类有乾隆、光绪、嘉庆、道光、开元等年代。基坑内出土的铜钱基本分布在主槽最底层的卵石挟沙层中，尤其是深潭迎水面及过渡段分布较多，说明本河段主槽的冲淤在天然状态下基本平衡。

6.3.3.3 大江基坑床沙沉积特征和岩性分析

葛洲坝水库蓄水前，坝址处长江枯水位高程 41.00m，两岸漫滩高程变化于 41.00～65.00m 之间，葛洲坝工程蓄水后坝址常年水位抬升至 66.00m 高程，三峡坝址河床泥沙层此时已接近冲淤平衡，从 1959 年地形线与 1990 年地形线比较，淤积区域大于受冲刷区域面积，河床深槽淤高近 8.00m，后河淤高 12.00m 左右，局部冲刷 5.00m 左右。

河床深槽受构造控制明显，测图上几处较陡处多为构造面，陡直，平滑，由于长期受砂卵石磨蚀，其岩壁多纵横交错的沟槽，构造线以北北西和北东向二组为主，倾角多在 45°以上，部分近直立。

1. 沙土沉积特征

勘测工作范围主要在一期纵向围堰和二期上下围堰之间进行，泥沙淤积主要在两岸较高处，如南岸泥沙层出现在高程 41.00m 以上，厚约 4～9m，呈顺江长条状展布，长约 450m，宽约 10～15m，最高处高程 56.00m，其沉积特征：顶部以细砂为主，砂粒较细，较均匀；中部则沙、粉、黏土含量不稳定，部分为粉质黏土、砂壤土或细砂，当以砂壤土为主时，其内斜层理、纹层理丰富，并含大量的腐殖物；下部以细砂为主，而且砂质多较纯，砂粒细，仍含有水平层理和斜层理，腐殖物明显减少，在与底部基岩块球体接触部位含泥质普遍较重,局部为粉质壤土。

底部为基岩和块球体,块球体粒径较大,多具不规则次棱状,中径在1.20m左右,空隙间充填有含泥较重的细砂或砂壤土,块球体多被泥沙包裹,并呈黄褐色风化色。而北岸受其工程开挖影响,残余泥沙层只在两个区域可见:主要出露在49.00~68.00m高程范围内为主,顶部均有厚约1.80~3.00m的花岗岩全风化颗粒,其粒径较粗,不均匀,黄褐色为主,混杂有少量含云母碎片较多的灰褐色中细砂,并偶见有小的花岗岩岩块;中部多以细砂为主,但局部仍含花岗岩全风化颗粒较多,并夹有粉质壤土和砂壤土夹层;底部也以中细砂为主,夹有砂壤土,在E-3、E-4、E-5底部均未遇到基岩,在E-3中下部以砂壤土为主,含细砂夹层,在E-4的3.00~4.20m段为粉质黏土层,见图6-31。沙土层多分布在高程较高处,且左岸高于右岸,左岸分布高程主要在49.00~68.00m,而右岸则主要分布在41.00~56.00m。左岸由于靠近岸边山体,上部沉积层受边坎滑落入江冲积物影响明显,深部含泥质较重,而且层厚较大,说明沉积环境好于右岸。右岸属中堡岛史经滩,靠近主泓,沉积环境差于左岸,而且上、中部斜层理、纹层理、腐殖物均较多,且砂中泥质含量极不稳定。两岸所堆积沙土层从纵向看:右岸纵向连续性稍好,而左岸沿E—E′剖面看,在同一高程横向分布连续性很差,也说明了串沟式冲淤的变化虽然频繁,但总体上为不断淤长的过程。

2. 河床深槽沉积特征和岩性分析

河床深槽地质剖面描述随着工程施工开挖断续进行,每次取样点都进行了定位、测高与分析。由于每次取样点平面位置不尽一致,根据相近取样点并结合高程进行综合分析,列出综合剖面5个,各剖面点所代表的顶面和底面高程是其附近地层的综合情况。

从围堰范围内深槽地形剖面图可见,河床地面地形线高程在17.00~28.00m之间,为中间高,上下游低,而河床底部基岩面也基本上与床面线相对应,向下游有第四系沉积厚度增加的趋势。见图6-32。

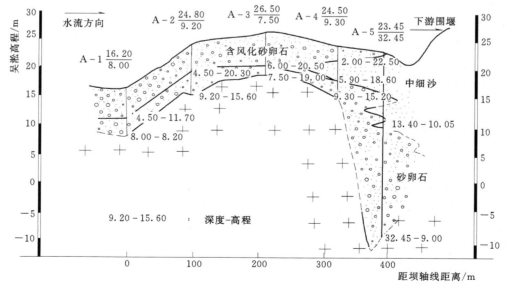

图6-32 A-A′断面纵向地质图

（1）A-1处。上部有厚4.50m的含风化砂的砂卵石，卵石普遍较小，岩性较为复杂，以灰岩为主，石英砂岩、石英岩次之，含红色花岗岩，含灰白色花岗岩小岩块，该层明显受修二期上围堰时抛投石料的影响。4.50m以下有砂卵石和卵石层，卵石粒径明显增大，其中4.50～5.05m段砂卵石，含泥质较重，5.05～5.50m段卵石层，卵石含量高，以灰岩、石英砂岩、石英岩为主，未见岩浆岩成分，5.50～8.00m段砂卵石，岩性复杂，该三层为早期长江河床的原始堆积残积层。8.00m以下为基岩，灰白色花岗岩，表面高低不平，部分弧状磨蚀明显，多具风化色。

（2）A-2处。上部0.00～4.50m段为风化砂和砂卵石，顶部有厚0.40m的黏性土层，砂卵石以灰岩为主，石英岩和石英砂岩次之，并见有灰白色次棱角状花岗岩等，未见其他岩浆岩成分，该段受到围堰填筑和工程施工影响；4.50～9.20m段为砂卵石，其中4.50～6.20m段卵石粒径普遍较大，最大达250～200mm，以100～25mm者居多，以石英砂岩和石英岩为主，灰岩次之，另见及闪长岩、红花岗、灰白色花岗岩等，6.20～9.20m段以灰白色花岗岩为主，花岗闪长、闪长岩次之，并含红花岗、石英，而灰岩含量则较少，并见有火山岩、紫红色砂岩等，卵石粒径亦明显增大，以250～200mm者居多，可见4.50～9.20m段明显与上部不同，差异明显，堆积时代较早。9.20m以下为基岩（灰白色花岗岩），基岩面不规则，部分具黄褐风化色。

（3）A-3处。0.00～6.00m段为风化砂和砂卵石，砂卵石粒径以50～25mm为主，并含风化砂，卵石岩性以石英砂岩、石英岩为主，灰岩次之，红花岗、火山岩类较少，灰白色花岗岩稍多。6.00～7.50m段，砂卵石、卵石粒径较为粗大，以100～50mm为主，最大250～200mm，50mm以下者较少，含少量含泥质的风化砂和中细砂，卵石岩性中杂色花岗岩为主，石英砂岩次之，灰岩少量，并见有灰白色花岗、火山岩等。该剖面明显分成上下两层，上层受工程施工影响较大，下部受工程影响则较小，以卵石粒径大、杂色花岗岩含量较多为特点。

（4）A-4处。0.00～2.00m砂卵石，含较多风化砂，卵石岩性以灰岩为主，含有石英岩、石英砂岩，见有少量火成岩；2.00～5.90m中细砂，黄褐色，并见有风化砂层理出现；5.90～9.30m砂卵石，其中5.90～7.85m卵石以50mm以上者为主，最大300～250mm，并且150mm以上者以石英砂岩、石英岩为主，150mm以下者以灰岩为主。7.85～9.30m粒径普遍较小，以50mm以下者为主，卵石含量不稳定，往深部渐少，卵石岩性以灰岩为主，砂岩和紫红色砂岩次之，含灰白色花岗岩，并含少量石英砂岩、石英岩、石英、火山岩等；9.30m以下基岩，灰白色花岗岩不甚平整，表面具风化色。该部位5.90m以上明显受工程施工影响，5.90m以下受其影响降低，并以5.90m为界划分为上下两层。

（5）A-5处。0.00～13.40m以中细沙为主，其中顶部3～5m含风化砂较重，砂粒较粗，往深部风化砂减少，其中下部见有砂卵石，夹层呈透镜体状，卵石粒径以25～50mm组为主，大粒径以灰岩为主，且随粒径减小而减少，中等粒径以石英岩和石英砂岩为主，含有少量砂岩、火山岩、燧石、红色花岗岩、变质岩等。2～5mm粒径组以灰白色花岗岩为主，石英岩、石英砂岩次之，灰岩、红色和杂色花岗岩少量，并见有石英、玄武岩、砂岩、燧石等。13.40～21.30m砂卵石，略呈层状，其中上下段粒径较小，而中段粒径较大，岩性以灰岩和石英岩、石英砂岩为主，其中灰岩随粒径变小而减少，而后者则有随粒径变小而增多的趋势。75mm以下粒径组岩性稍杂，见有变质岩、白色花岗岩、燧石、红色和杂色花岗、砂岩少量等，并见有火山岩、玄武岩等。21.30～32.45m砂卵石，卵石大小极不均匀，往深部粒径加大，局部呈似层状，部分地段沙含量较重，100mm以上粒径以石英砂岩、石英岩和红、杂色花岗岩为主，次为灰白色花岗岩。100mm以下粒径以石英岩、石英砂岩和灰岩为主，并且岩性较为复杂，火山岩、砂岩、燧石、红杂色花岗岩、石英、角岩、玄武岩、变质岩均有，但含量不多，5～10mm粒径组中灰白色花岗岩突然增多。32.45m以下为基岩、灰白色花岗岩，呈不规则锅底状，最低－9.00m高程，弧状基岩沟槽较多，高低起伏明显，岩性较为新鲜。

从整个A－A″剖面垂向上看，均有明显的二元结构，上部砂卵石含风化砂明显，卵石含量不稳定，卵石普遍较少而小，而顶部部分含沙量较高，且其中斜层理、纹层理丰富，并且含有碎木屑、化纤编织袋等生活垃圾。下部砂卵石层中卵石粒径明显粗大，含量高，风化砂含量减少，沙质则较纯。

从垂直剖面看，砂卵石的分布在A－1、A－2、A－3的下部有一定的规律性，具有较好的稳定性和连续性，为耐冲的老河床物质，但在高度上不尽一致，在A－4规律性和连续性较差，A－5部位正处于一冲刷深槽范围内，堆积砂卵石层较为深厚。

在卵石岩性变化上从上至下，在横、纵向上的规律性不强，多以灰岩为主，石英砂岩、石英岩次之，含少量岩浆岩分；较为特殊的是在A－2下部以灰白色花岗岩为主，花岗闪长、闪长岩、红花岗次之，灰岩含量却较少；在A－3处下部也以杂色花岗岩为主，石英砂岩、石英岩次之，灰岩稍少，反映下部物质有一定的逐段推移现象。在A－5下部灰白色花岗岩含量高、粒径大，则反映河床形成初期近源物质丰富、块径大、搬动距离不长的沉积特点。

底部基岩均为较为稳定的灰白色花岗岩，多具风化色，岩面高低不平，部分具有磨蚀弧沟槽，并见有壶穴。

3. 卵石岩性分析

综合主槽最底层卵石岩性鉴定成果，其中小于100mm的为探坑资料（以重量计），大于100mm的为调查成果（以颗数计），见表6－19。

表6－19　　　　　　　　　　大江基坑卵石岩性百分数　　　　　　　　　　　%

粒径组	灰岩	砂岩	火山岩	燧石	灰白色花岗岩	红色花岗岩	石英岩石英砂岩	石英	其他
＞100mm	15.4	13.9		0.5	47.6	4.8	8.7		9.1
100～75mm	28	3.94	2.06	0.56	17.39	2.72	42.26	0	3.07
75～50mm	45.81	1.56	1.53	2.37	10.76	4.23	29.6	0.25	3.89
50～25mm	41.74	1.74	1.61	1.56	6.67	2.78	38.49	0.88	4.53
25～10mm	35.91	1.85	0.85	4.11	7	1.1	45.54	1.3	2.34

粗颗粒最大粒径为 1290mm×710mm×260mm，岩性为本地出产的灰白色花岗岩，经过上游长距离输移而来的粗颗粒最大粒径为 465mm×360mm×165mm，岩性为红色花岗岩。

从分组岩性看，粒径越粗，本地出产的花岗岩、灰岩、砂岩所占比重越高。以 50～75mm 粒径组为例，灰白色花岗岩占 10.7%、灰岩占 45.8%、砂岩占 1.6%、石英岩和石英砂占 29.6%、红花岗占 4.2%、板岩、玄武岩及变质岩占 3.9%。说明主槽卵石大部分来源于三峡区间，少部分来源于上游。该结论与其下游葛洲坝—江口河段的卵石岩性有较大差异，说明三峡河段输移卵石的能力强，使三峡区间以上的卵石推移质极少在本河段沉积。

6.3.4　导流明渠基坑河床组成勘测

6.3.4.1　导流明渠区

三峡工程导流明渠区原为西陵峡三斗坪分汊河段的右泓，系支汊；中间为中堡岛；左泓为主泓，即三峡工程的大江。右支汊在大江建坝期间（二期工程）辟为导流明渠，故名导流明渠。天然水流条件下，右汊的基岩面高程较左泓高出 20m 左右，且泥沙堆积覆盖层较厚，使河床覆盖层顶面一般高出左汊 25m 以上，此外，深泓点高程高于左汊 39m，故右汊在高水期方能通流。

右汊上段右岸有支流茅坪溪汇入，由于右汊河床底面较高，当长江中枯水位时，茅坪溪来水只能横切右汊河床堆积层并冲刷形成一条横沟后注入左泓——大江。高水期右汊通流后，往往受大江水流顶托影响而形成缓流，特别是在右边坡的凹窝部位还出现回流，加上高水期含沙量较大，故右汊在一般高水期间，通常发生淤积。但在较大、特大洪峰过程期间，洪流主泓右移，右汊流速显著加大，又会导致右汊河床中部的活动层产生一定幅度的冲刷。这种水沙条件及其冲淤变化，造成了右汊堆积层床沙种类较多、颗粒级配较宽的组成特点。

6.3.4.2　导流明渠布置

导流明渠位于右岸中堡岛右侧长江后河内。进口始于茅坪镇东北侧长江漫滩，干渠基本上沿后河布置，出口位于高家溪口的长江漫滩。右岸边线全长 4039.0m，轴线全长 3410.3m，明渠断面为高低渠相结合的复式断面，最小底宽 350m。进口段渠底高程为 58.00～59.00m；堰内段，明渠为复式断面，高渠底宽 100m，渠底高程 58.00m；左侧低渠宽度不小于 250m，渠底高程沿水流方向分为四级，从上至下分别为 58.00m、50.00m、45.00m、53.00m，自高程 50.00～58.00m 以 1:10 坡相连，高程 45.00～50.00m 为陡坎相接，高程 45.00～53.00m 为 1:10 反坡相接。明渠左岸为混凝土纵向围堰，其轴线长 1217.7m。明渠渠底保护坝轴线上 255m 至坝轴线下 200m，采用 1m 厚混凝土板或混凝土块柔性排进行防护。

6.3.4.3　河床组成分布

1. 导流明渠沿线

一期工程前，天然水流条件下，导流明渠沿线第四系覆盖层，按成因类型可分为冲积

225

层、残积层、坡积层、人工堆积层，其中以冲积层为主。

（1）冲积层。

葛洲坝水库淤积层是黄褐色至暗褐色，稍松至中密状细砂，偶夹厚5～8cm的黏土透镜体，一般厚4～10m，最厚18m。明渠沿线高程70.00m以下均有分布。原茅坪溪地段尚夹有茅坪溪新近冲洪积层——灰白色中粗砂及灰黑色淤泥质黏土。

葛洲坝水库蓄水前原河床及漫滩堆积物主要有细沙层、砂卵石层及胶结砾石层。细沙层为灰白色至黄褐色中密状沙，具斜层理，沿斜层理面常有厚1cm左右的泥质条带分布，厚2～8m，明渠沿线漫滩地层均有分布。砂卵石层呈灰色、灰白色及杂色，粒径50～150mm，含沙量一般不小于30％，砂粒以中粗砂为主，一般厚0.5～3.0m，最厚6.37m，主要分布在上弯段内的茅坪溪两侧及后河内。胶结砾石层呈灰白色至杂色，砾石粒径一般50～100mm，大者达200多毫米，骨架颗粒间为砂质充填、钙质胶结，呈半坚硬状，厚0.5m左右，零星分布于后河两侧漫滩后缘地带，以右岸漫滩较为集中。

Ⅰ级阶地堆积物分布于茅坪、后河及三斗坪Ⅰ级阶地上。一般厚8～10m，最厚14.2m。其上部为壤土，中部为砂壤土与细砂互层，底部为砂卵石层。

Ⅱ级阶地堆积物分布于进口段右侧茅坪Ⅱ级阶地内。上部为壤土，中部为细砂至极细砂，下部为砂壤土与细砂互层，底部为砂卵石层，此层层位不稳定，局部地段缺失。Ⅱ级阶地堆积物总厚度为5.5～26.7m。

冲积残积物为块球体夹砂或细砂夹块球体，块球体直径500～800mm，厚度一般2～5m。分布于明渠沿线的河漫滩内。

（2）残积层。为叠置或可散落型架空块球体，葛洲坝水库蓄水后，其间充填细砂。块球体一般呈弱、微风化状，直径1500～2000mm，最大可达5700mm。块球体一般叠置厚度3～6m，局部可达8～10m。分布于明渠沿线的河漫滩内，其中以出口段分布面积最广，厚度最大。

（3）坡积层。黄褐色砂壤土夹岩石风化碎屑及碎块，呈疏松状。分布于明渠右侧山体斜坡及沟谷表面，一般厚度0.5～5.0m，局部可达10m。

（4）人工堆积层。进口段内的茅坪Ⅰ级阶地表层，分布有黄褐色松散壤土夹少量碎块石及建筑、生活垃圾，厚度一般2～4m。后河右岸公路开挖路基填方，为风化砂夹岩石碎块，厚10余米。

2. 基岩

（1）岩性。导流明渠地质基岩为前震旦系结晶岩体，岩性主要为闪云斜长花岗岩，右岸山体部分为闪长岩包裹体。其中含有小型花岗岩体以及酸性至基性的各种岩脉，包括花岗岩脉、伟晶岩脉、辉绿岩脉和闪斜煌斑岩脉等。

（2）断裂构造。明渠沿线以干渠段后河部位断层较发育，进出口段不甚发育。裂隙以陡倾角为主，占裂隙总数的65％，中等倾角的裂隙约占27％，缓倾角的裂隙约占8％。

（3）岩体风化。风化岩体自上而下分为全、强、弱、微风化带。由于各类岩石中所含矿物成分及结构、构造的差异，抗风化能力由弱至强的顺序大体为：闪云斜长花岗岩→闪长岩包裹体→细粒花岗岩（伟晶岩）脉→辉绿岩脉（闪斜煌斑岩脉）→石英脉。从地形地貌的角度看，风化壳厚度由山脊→山坡→Ⅰ级阶地→沟谷→漫滩→河床，依次逐渐由厚变薄。

3. 导流明渠基坑区

通过对实地勘探与多方收集获得的水文泥沙、地质地貌、地形测绘等多门类、多测次资料进行综合性整理分析，反映了明渠基岩面与覆盖层的组成分布及其演变动态。三峡工程导流明渠基坑河床组成勘探布置，见图6-33。

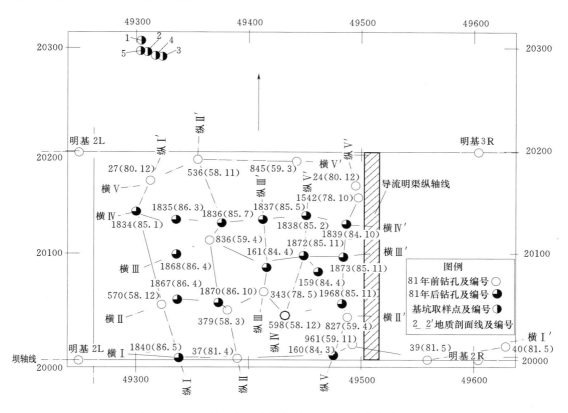

图6-33　三峡工程导流明渠基坑河床组成勘探布置图

（1）基岩面。基岩是河床的骨架，也是河床组成中极难变化的基础物质。基岩的分布对河道的水流结构、泥沙运动（含输移和堆积）具有极为强烈的制约作用。三峡工程导流明渠基坑的基岩面具有下列特点：

1）形态：通过众多钻孔资料揭示，中堡岛与右岸山坡之间岩面中部显著凹陷，在总体上形成了一条基岩河槽（河槽深泓略偏右侧），且整个基岩河床表面凸凹不平，呈不规则的起伏变化，并有散乱的、小型的包包凸凸、窝窝凼凼等崎岖微地貌。基坑内3个横剖面上（图6-31、图6-32）的岩槽深度（槽的最深点与槽床两侧高程之差）相差较大，一般槽深为9～10m，最大槽深可达15m，而最小槽深仅为3m；反映在不同的纵剖面上的河槽深度也有较大起伏变化，变化小的纵剖面只有2～3m，最大的起伏可达10m，一般为6m左右。三峡工程导流明渠基坑基岩面高程等值线图见图6-34。初步分析认为：造成基岩表面凸凹不平的原因，除了地质构造运动因素，还有岩体抗蚀强度差异与侵蚀风化作用强弱不同等因素的影响。

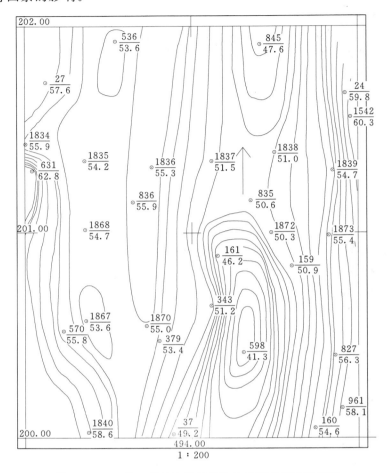

图 6-34　三峡工程导流明渠基坑基岩面高程等值线图

2）岩性：据地质界查明，三峡枢纽坝址及其基坑的基岩为前震旦系的闪云斜长花岗岩。

3）岩体风化：地质钻探成果表明，基坑内基岩风化达到了强风化与全风化的程度。其中裸露的基岩，尤其是裸露于高坡陡坎上的岩体，风化极为严重，结构十分松散；但也有少量砂土层覆盖较厚的基岩和抗风化较强的坚硬岩体为弱风化。

（2）覆盖层。所谓覆盖层是指覆盖在基岩面的堆积层，地质界惯称为第四系堆积。处于河床上的覆盖层，统称为河床组成（物质），在河床组成中，受水流及其挟带泥沙影响而经常发生一定冲淤变化的一层，又称为活动层。

1）基坑覆盖层组成物质及其来源。基坑覆盖层厚度一般为 20m 左右，最厚可达 30m，最小仅 12m。通过对覆盖层进行地质钻探与床沙取样，获得覆盖层组成物质从黏粒到卵砾石均有，颗粒级配较宽。主要有黏土（淤泥）、砂粒、卵砾石、碎石等四种，其中主要成分是砂质，约占整个覆盖层的 85％以上，黏土质次之，卵砾石很少，碎石偶见。

基坑覆盖层泥沙，主要由长江干流洪汛高水期大流量、高含沙量水流输移而来，在大江（左汊）主流的顶托下，大量沉积在右汊河床内；右岸支流茅坪溪也有一定数量泥沙出来落淤在右汊明渠沿线中。两河来沙均以中细砂为主体，大面积、成层地沉积在河床内，并伴有黏粒泥沙在右侧局部缓流区落淤；其次是长江的大洪水，高洪峰期间有卵砾石输入堆积，茅坪溪山洪暴发时，则有人类活动和风化作用形成碎块石冲泻出溪，在基坑区沉积，但数量很少。

2）基坑覆盖层堆积分布特征。竖向堆积总体上呈层状分布；上下两个大层，上细下粗。基坑内有两个大的堆积层，即1981年葛洲坝水利枢纽蓄水运行前、后形成的两大堆积层：1981年前天然水流条件下经常发生冲淤变化的累积堆积层；1981年葛洲坝水库蓄水运行后至三峡水利枢纽一期工程开工时的1993年为止，产生水库泥沙淤积而形成的、基本没有冲淤变化的单向堆积层。前者为下层，后者为上层。1981年以前基本是细砂夹少量中砂，其砂质粒径普遍大于0.05mm，少量大于0.25mm；而1981年葛洲坝水利枢纽建成蓄水运行后，基坑区流速大幅减少所产生的单向淤积物中，小于0.05mm的粉粒泥沙大幅增加，泥沙粒度显著变小，堆积物粒径由细砂演变为粉细砂。故形成上细下粗两个大的堆积层。

3）导流明渠截流后（三期工程）河床组成。由于明渠为1m厚的混凝土床面，平坦光滑，又因为过水面积小，各级水位均保持着较大流速。为保证截流效果，首先以加糙为目的，在光滑的床面上抛投了大量的岔块石，一般中径为500～800mm，在整个基坑内形成了1m左右厚度的岔块石层；接着在截流阶段，主要是上围堰形成过程中，又有大块石、卵砾石冲入基坑内；此外，还有基坑积水悬移质泥沙落淤、右岸降雨泥水、施工泥水等汇入基坑中。故在基坑积水抽干后，发现渠底的大块石缝隙中填满了卵砾石，并在其顶面盖上了0.2m左右的淤泥层。在坝轴线下游约300m处、紧贴左岸纵向混凝土围堰，有一处范围很小（堆积体底宽约80m、厚约2～5m）的卵砾石夹砂边滩。当截流后的积水抽干时，立即对该边滩泥沙组成开展了坑测和散点取样，以求得泥沙颗粒级配成果。边滩堆积物其组成为卵砾石夹砂，D_{max}为200mm，D_{50}为60mm左右，小于100mm的高达75%，小于2mm的占11%左右。与大江基坑卵石床沙（10～200mm）分组级配对照，其趋势和相对比例是一致的，见图6-35。淤积泥沙的绝大部分为上游输移而来，但小砾石、粗砂中有较多的花岗岩风化砂，则是附近产的沙。其中混杂有三期截流的人工抛填物，如岔块石、风化砂。

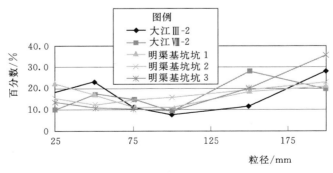

图6-35　明渠与大江卵石级配（10～200mm）对照

6.4 坝下游宜昌—湖口河床组成勘测调查

6.4.1 概述

三峡坝下游宜昌—鄱阳湖口为长江中游，长955km，沿江两岸汇入的支流主要有清江、洞庭湖水系、汉江、倒水、举水、巴河、浠水、鄱阳湖水系等。荆江南岸有松滋、太平、藕池、调弦四口分流入洞庭湖（调弦口于1959年建闸封堵），河势图见图6－36。

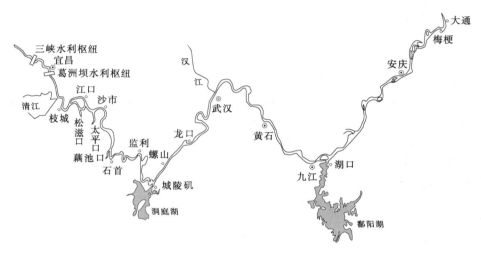

图6－36　长江中游干流宜昌—大通河段河道形势图

长江宜昌—城陵矶河段干流全长约408km，分为宜昌—枝城河段和荆江河段。其中宜昌—枝城河段长度为60.8km，是长江出三峡以后由山区河流转变为平原性河流的过渡段，红花套以上河段基本顺直，红花套—枝城有宜都与白洋两个弯道相连，河段下连关洲汊道及芦家河浅滩，在宜都有清江入汇。河道沿程有胭脂坝、虎牙滩、宜都、白洋及枝城等基岩节点控制。

荆江河段（枝城—城陵矶河段），长约347.2km。南岸有松滋河、虎渡河、藕池河、华容河分别自松滋口、太平口、藕池口和调弦口（1959年建闸控制）分流至洞庭湖，与湘、资、沅、澧四水汇合后，于城陵矶复注长江。枝城以上9km有支流清江入汇，枝江有玛瑙河入汇，沙市以上14.5km有沮漳河入汇。荆江以藕池口为界分为上、下荆江。其中上荆江长约171.7km，属微弯曲分汊型河道，枝城—江口段为卵石夹沙河床，河床中分布卵砾石洲滩，主流线平面摆幅较小；江口—藕池口段为沙质河床，具有二元结构特征，大部分河岸边界由厚层黏土组成，主流线平面摆幅较大；下荆江长约175.5km，属蜿蜒型河道，除监利河段和熊家洲河段为分汊形态外，其余均为单一河道。河床均为沙质河床，河岸大多由疏松沉积物组成，河床、河岸稳定性较差，局部岸线崩塌较为频繁。

230

城陵矶—武汉河段长 275km，主要有白螺矶、嘉鱼、簰洲和武汉河段组成。河段左岸有府环河、汉江、倒水入汇，右岸有陆水汇入。河段床沙组成以细沙为主。近 100 年来，河道演变的主要特点是深泓左右摆动，河岸崩坍，江心洲的形成或冲淤，以及分汊河段主、支汊的交替等。

武汉—湖口河段全长 272km，为宽窄相间的分汊型河道，主要有叶家洲、团风、黄州、戴家洲、黄石、蕲洲、龙坪、九江和张家洲河段组成。本河段左岸有举水、巴河、浠水入汇；右岸主要有富水和鄱阳湖水系汇入。其中黄石西塞山至武穴段，两岸受山体、阶地控制，河宽较小，江心洲滩发育受到一定限制，呈现单一型河型。近百年来，河段河势基本稳定，但分汊河段主流线有所摆动，江心洲滩冲淤变化较为剧烈，如叶家洲河段已由分汊河段向单一河段转化。

为在三峡水库蓄水运行前，完整而有效地收集三峡坝下游天然水流状态下河床组成的本底资料，全面准确地取得河床平面范围内可动层一定深度的物质组成分布及其相应的颗粒级配等原型成果，为分析预测坝下游河道泥沙冲刷、淤积及其河床演变趋势等提供实际依据，受长江三峡开发总公司委托，长江水利委员会水文局 2002 年汛末至 2003 年汛前承担了长江宜昌—城陵矶河段长约 400km 河段河床组成勘测调查项目。

2002—2003 年宜昌—杨家脑河段完成洲滩钻孔 10 个，累计进尺 148m，卵石级配和岩性鉴定 20 组。洲滩坑探完成特深坑 3 个深坑 13 个，11 个浅坑以及 22 个散点进行床沙坑探取样。河床组成勘测调查 120km。杨家脑—城陵矶河段完成洲滩钻孔 41 个，结合以往钻孔 13 个进行分析。洲滩坑探完成了特深坑 7 个，深坑 43 个，浅坑 7 个以及散点 52 个。河床组成勘测调查河段长约 280km。钻孔位置布设见图 6-37 和图 6-38。钻孔基本情况见表 6-20。

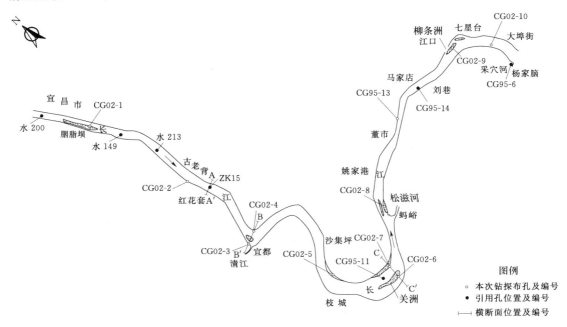

图 6-37　宜昌—杨家脑河段钻孔布置

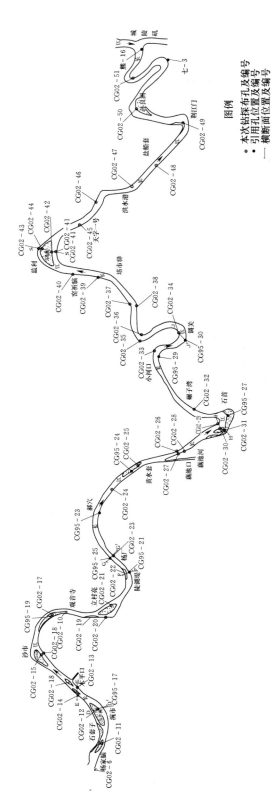

图 6-38 杨家脑—城陵矶河段钻孔布置图

232

表 6 - 20　　　　　宜昌—城陵矶河段洲滩勘探钻孔基本情况表

钻孔编号	钻孔位置	坐标（北京系统）/m		钻孔口高程/m	附近深泓高程/m	实钻孔深/m	颗粒分析样/个	卵石分析/组	备　注
		X	Y						
CG02-1	宜昌胭脂坝	3391542	37531762	41.75	25.3	13.7		3	钻具断后停钻
CG02-2	红花套边滩	3377905	37538900	40.50	23.8	11.0		2	底部遇胶结层
CG02-3	宜都清江河口	3364600	37542950	41.10	27.0	15.8	3	2	
CG02-4	宜都沙湾	3366260	37573610	39.10	27.0	14.7	1	2	
CG02-5	枝城沙集坪	3355930	37548540	39.40	10.7	14.9	4	2	底部遇胶结层
CG02-6	关洲（主泓左边滩）	3349800	37556370	39.60	20.0	20.7	8	1	
CG02-7	关洲（汉道左边滩）	3351270	37556380	38.50	20.0	14.10	2	2	底部遇胶结层
CG02-8	芦家河右边滩	3358300	37561000	37.03	29.0	11.4	1	2	
CG02-9	江口柳条洲	3367040	37580530	34.78	21.5	14.9	5	2	
CG02-10	八亩洲边滩	3363790	37586410	34.73	23.8	16.8	4	2	
CG02-11	火箭洲尾	3355450	37592250	34.26	19.40	15.50	6	1	
CG02-12	马羊洲尾部	3351810	37579440	33.60	15.40	18.40	8	1	
CG02-13	杨家尖边坎	3352650	37606590	33.38	17.60	16.50	9	1	
CG02-14	毛家渡边坎	3353890	37605720	35.73	24.00	17.80	9		
CG02-15	沙市三八滩	3354600	37617450	34.08	7.80	27.20	12	2	
CG02-16	窖金洲边滩	3353010	37617390	32.38	7.80	27.00	15		
CG02-17	金成洲	3347710	37623260	32.25	9.90	23.80	10	1	
CG02-18	金成洲尾	3344870	37621790	32.45	16.40	23.50	13	1	
CG02-19	雷家洲边滩	3341210	37618030	32.40	14.00	25.40	16		
CG02-20	马家嘴边滩	3338570	37614300	32.30	13.00	20.50	12	1	
CG02-21	南新洲左	3334850	37616010	33.20	12.00	23.40	14	1	
CG02-22	公安县对岸边滩	3328160	37620210	30.70	8.80	26.40	14	1	
CG02-23	杨厂边坎	3328420	37624190	30.80	3.60	12.60	5	1	
CG02-24	颜家台闸对岸边坎	3320250	37635840	29.90	19.00	32.00	18		
CG02-25	蛟子渊洲滩	3311200	37636860	30.00	17.60	31.50	16		
CG02-26	藕池口边滩	3304220	37633970	28.70	5.70	31.70	18		
CG02-27	藕池口边滩	3305810	37634520	29.20	15.30	30.10	17		
CG02-28	茅林口边坎	3306280	37635490	31.10	6.30	35.10	15		
CG02-29	石首对岸边坎	3293740	37634450	29.00	0.70	39.00	20		
CG02-30	石首上洲滩	3293800	37633900	30.60	0.70	34.80	18		
CG02-31	石首永湖边坎	3292970	37631970	31.00	6.50	32.60	20		
CG02-32	碾子湾右边滩	3295820	37639890	29.40	1.80	32.60	20		
CG02-33	小河口边坎	3293800	38365690	30.80	1.20	34.80	17		
CG02-34	调关对岸边滩	3286110	38366090	28.80	-17.00	51.20	26		
CG02-35	南河口边滩	3294630	38369000	27.90	-6.00	38.00	20		
CG02-36	长工垸弯顶	3293450	38369640	27.10	-6.00	38.80	21		
CG02-37	朱家湾左边滩	3291630	38376330	26.80	-3.00	36.10	21		

钻孔编号	钻孔位置	坐标（北京系统）/m		钻孔孔口高程/m	附近深泓高程/m	实钻孔深/m	颗粒分析样/个	卵石分析/组	备　注
		X	Y						
CG02-38	朱家湾右边滩	3290810	38375920	27.40	-3.00	30.50	17		底部遇抛石
CG02-39	塔市驿斜下对岸	3293260	38384610	25.70	0.10	35.30	20		
CG02-40	篮利姚祈脑边坎	3296690	38388100	24.80	13.60	30.50	16		
CG02-41	渊右新心滩	3296670	38393830	25.70	8.30	30.50	18		
CG02-42	监利乌龟洲右	3296930	38394120	34.10	8.30	40.20	24		
CG02-43	监利左边坎	3298580	38395670	32.60	8.30	34.70	19		
CG02-44	监利乌龟洲左边滩	3298300	38395410	25.50	8.30	29.70	17		
CG02-45	天字一号对岸边滩	3284580	38396650	25.40	6.60	29.00	18		
CG02-46	三支角右边滩	3289650	38395220	24.30	-13.00	41.40	22		底部遇硬质层
CG02-47	洪水港对岸边滩	3277520	38394200	24.30	-9.50	33.30	18		底部遇硬质层
CG02-48	盐船套心滩	3270090	38395820	23.20	12.30	30.50	18		
CG02-49	荆江门弯顶处边滩	3262210	38399280	22.70	-9.20	38.50	20		
CG02-50	孙良洲边坎	3267820	38406550	23.55	-13.10	41.60	22		
CG02-51	七姓洲边坎	3263320	38411790	22.40	-3.10	30.00	17		底部遇硬质层

城陵矶—湖口河段完成洲滩钻孔 31 个，总进尺深度 1092.6m，试样颗分 582 个，岩性分析 249 个，取特殊试样 7 个。洲滩床沙取样完成探坑 107 个，共取沙样 366 点。水下取样断面完成 117 个，共取垂线床沙样 749 点。河床组成及河势勘测调查河段约 550km。

6.4.2　地质地貌特征

6.4.2.1　宜昌—城陵矶河段

宜昌—松滋口河段为长江穿流白垩第三系中，其中宜都以上为顺直微弯型河段，宜都以下为弯曲型河段，如宜都弯曲段、白洋弯曲段、枝城洋溪弯曲段等。沿岸地貌以丘陵为主，且受地质构造与岩性控制明显，河谷走向与岩层倾向基本一致，谷坡比较缓和，边滩较发育，江心洲滩仅有南阳碛和关洲。洲滩主要由卵砾石组成，关洲中部和尾部存在小范围黏土覆盖。

松滋口—杨家脑河段，河谷呈八字形展开，两岸谷坡的距离迅速加大，高度也迅速降低，发育为低矮的冲积平原。谷坡上有阶地分布，南侧有松滋河分流。

杨家脑—藕池口河段，为发育在古洪冲积扇沙市扇形平原上的冲积性河道，由涴市、沙市、公安和郝穴等四个弯曲段及它们之间的顺直段组合而成，由于河段内江心洲滩较多，故为分汊型微弯河道，河弯较平缓，河弯半径较大。部分河床切入晚更新世砾石层中。在枯水面以上为全新统的黏性土层，河床底部物质组成为砂卵石层，砂卵石层多为砂质覆盖，但有一部分深泓河冲刷坑切入卵石层内。冲翻起来的卵砾石不断向下游输移，形成卵石推移质，并在流速较小床面沉积，而成为卵砾床沙。

藕池口—城陵矶河段属于典型的蜿蜒性河道。河弯曲折率大，河弯半径远小于荆江上段。河床发育于全新世冲积层中，除了南岸少数几处由基岩或阶地砾石层和黏性土层构成节点和人工护岸外,河岸均为下部中细砂层与上部黏性土层组成的二元结构。河底均由比较均匀的细砂及更细的泥质沉积物组成。

6.4.2.2 城陵矶—湖口河段

城陵矶—湖口河段长约 512km,流经湖北、湖南、江西和安徽等四省,为上接洞庭下抵鄱阳两湖湖口之间的长江中下游河段。由于地处大地构造濮阳地盾与江南古陆之间而纵贯杨子准地台东流,沿程受燕山运动形成的 NW 和 NE 两组断裂所控制,于城陵矶沿沙湖—湘阴断裂折转 NE,流至团凤后又沿襄—广断裂转为 SE,过湖口后复转 NE 流向下游,因后期受到喜山运动 NNE 与 NWW 两组断裂影响,局部河段得到改造,如牛关嘴等形成扭曲不顺的河床平面形态。

城武河段主要由基岩,黏性土和砂层组合,基岩主要是前第四纪沉积岩和变质岩,成为岸坡节点,如左岸自螺矶、杨林矶、螺山、大小军山和象山右岸城陵矶、赤壁山、金口、蛇山、青山等。硬土主要是第四系更新统黏土层,结构紧密黏重也形成岸坡节点,如左岸沌口、阳罗等和右岸边入矶边家矶、鸭拦矶、石头矶、石嘴等。这些节点以外一般是土—砂两层结构的岸坡。局部河段较为深厚如洪湖永贴渊以黏土层为主夹极细砂层,底部有砾砂层,下伏基岩。

本河段由于受构造所控,河床两岸节点甚多,主要节点达 35 个,其中左岸 11 个、右岸 24 个。河床平面形态宽窄相间,窄段多扭曲,宽段多分汊,沿程宽窄相间藕节状河床,从城陵矶—家洲八里江共 24 个,其规模较大的有陆溪口的中洲、牌洲弯的团洲、汉口天兴洲、团凤李家洲、巴河口戴家洲、广济下游有龙坪新洲、单家洲和张家洲等宽段,其间含西塞山、牯牛洲的下游和牛关嘴—半壁山、广济等四个长窄段和一个牌洲弯道等。该段河床纵剖面表现出显著波折,局部河床深切形成大深槽,其中有白浒镇、道士伏、西塞山、牛关咀和半壁山等,床面高程分别为 -40.60m、-57.80m、-57.10m、-90.80m、-46.60m,均比一般床面低达 20m 以上,其中牛关嘴大深槽为长江中下游之最。

6.4.3 宜昌—城陵矶河段洲滩深层组成特征

6.4.3.1 宜昌—杨家脑河段

1. 黏性土层分布

(1) 人工填土。见于孔 CG02-3 的孔深 0.0~2.0m,以素填土为主,含砖渣、石灰块的部分;粉质黏土分布于 CG02-3 孔的 2.0~8.6m,为灰褐、棕褐色,一般黏质较重,含水量较高,可塑至软塑态,部分含砂粉质较重。

(2) 粉质壤土。也常见于多孔。其中孔 CG02-5 的孔深 1.5~7.2m 以粉质壤土为主,孔 CG02-6 的孔深 3.5~9.5m 为粉质壤土和砂壤土互层,孔 CG02-9 的孔深 0.0~4.3m 为粉质壤土和细砂互层。

2. 中细砂层分布

该河段河床表层多为中细砂层覆盖,孔 CG02-1、CG02-4~CG02-8、CG02-10 孔口以下 0.0~5.0m 深度基本为中细砂,砂粒 D_{50} 一般在 0.1~0.2mm。宜都沙湾孔 CG02-4 地质钻探钻孔报表见表 6-21。

表 6－21　　　　宜都沙湾孔 CG02－4 地质钻探钻孔报表

钻孔位置：宜都　沙湾　施钻时间：2002 年 11 月－2003 年 2 月
钻孔编号：CC02－4
孔口高程：30.10 m　　钻孔坐标：x 3366260　y 37573610 m（北京系统）
钻孔深度：14.70 m

层次	地质时间及成因	深度/m	钻孔柱状图	采样位置	岩土名称	层面深度/m	层面标高/m	岩面厚度/m	岩性描述（含土的结构、构造、密度稠度及软硬程度等）	卵砾粒径级配/% 150~100mm	100~75mm	75~50mm	50~25mm	25~10mm	10~5mm	5~2mm	2~0.5mm	砂土粒径级配/% 0.5~0.25mm	0.25~0.05mm	0.05~0.0075mm	<0.0075mm	D_{50}/mm	钻孔深度/m
1	Q_{4-3}^{al}	2 4		●1	中细砂	2.10	37.00	2.10	0.00~2.10m 为中细砂；灰褐色，砂质较纯，泥质含量少，均匀，砂中含铁质较重。								1	69	30	0	0	0.28	1~2.0
		4 6		●2	含卵石中细砂	6.50	32.00	4.40	2.10~6.50 为含卵中细砂；卵石含量较少，卵石岩性复杂，粒径多不大，偶有大于 75mm，以石英砂岩、石英岩为主，火山岩较多，粒径最大 75~50mm，第三为紫红色花岗岩、玄武岩等；第四为灰岩、燧石、见有少量卵角砾岩，砂质有胶结痕迹，6.00~6.50m 段含卵砾较少，中粗砂为主。			5.5	7.8	7.0	2.7		77.0						2~2.10, 2.10~6.50
2	Q_4^{al}	8 10 12 14		●3	砂卵石	14.70	24.40		6.50~14.70 为砂卵石；砂卵粒径以 10~20mm 为主，最大 150~100mm，岩性同上段基本一样，磨圆度均较高，炭岩减少，未见角砾岩，少量卵石也有胶结痕迹。	13.4	20.1	32.8	26.8	6.9									3~6.50, 6.50~14.70
		16 18 20 22 24																					

钻孔位置略图　宜都

236

3. 含卵石砂层

在多孔中常见。如孔 CG02-1 的孔深 0.9～6.2m 厚 5.3m，为含卵中粗砂，卵石最大粒径达 75mm；孔 CG02-4 的孔深 2.1～6.5m 厚 4.4m，为含中细砂，卵石含量较小，偶见有大于 75mm，底部以中粗砂为主；孔 CG02-6 的孔深 4.9～8.0m 和 12.3～16.8m 为含卵中细砂，含卵量下层大于上层，而粒径上层大于下层，见表 6-22。

表 6-22　　　　　　　宜昌—杨家脑河段含卵石砂层中卵石级配特征值

钻孔编号		最大粒径组		主体粒径组	
		粒径/mm	含量/%	粒径/mm	含量/%
CG02-1		50～75	5.9	10～25	23.1
CG02-4		50～75	5.5	0.5～2	77.0
CG02-6		50～75	26.2	25～50	65.6
CG02-9		100～150	5.5	25～50	43.4
CG02-10	上层	75～100	2.8	25～50	44.7
	下层	50～75	5.3	25～50	34.3

4. 砂卵石层

除孔 CG02-6、CG02-9 和 CG02-10 下部为含卵中粗砂外，其他各孔均见砂卵石层，揭露厚度 2.0～8.2m。卵石级配沿深度变化趋势不明显。砂卵石层卵石粒径级配特征值见表 6-23。卵石岩性一般以石英岩、石英砂岩为主，依次为紫红色石英岩、杂色火山岩、杂色花岗岩、灰岩和硅质岩等少量。

表 6-23　　　　　　　宜昌—杨家脑河段砂卵石层卵石粒径级配特征值

钻孔编号		最大粒径组		主体粒径组	
		粒径/mm	含量/%	粒径/mm	含量/%
CG02-1	上层	100～150	26.3	75～100	27.4
	下层	75～100	17.3	5～10	21.4
CG02-2		75～100	15.3	10～25	24.8
CG02-4		100～150	13.4	50～75	32.8
CG02-5		100～150	34.8	100～150	34.8
CG02-7		100～150	41.0	100～150	41.0
CG02-8		100～150	8.0	50～75	44.3

5. 胶结卵石层

在本河段发现较多，主要分布在红花套 CG02-2 的孔深 2.0～11.0m，枝城沙集坪 CG02-5 的孔深 9.2～14.9m、关洲 CG02-7 的孔深 7.6～14.0m、芦家河石泓 CG02-8 的孔深 8.5～11.4m、江口柳条洲 CG02-9 的孔深 11.0～14.9m 等。其岩性复杂，卵石粒径大小不均，钙化胶结程度不一。卵石粒径最大达 100～150mm。孔 CG02-3、CG02-4 卵砾石粒径组成及岩性百分数统计见表 6-24。胶结卵石层卵石粒径级配特征值见表 6-25。

表 6 - 24 孔 CG02 - 3、CG02 - 4 卵砾石粒径组成及岩性百分数统计

钻孔编号	取样深度/m	粒径分组/mm	分组百分数/%	砾卵石重量百分数/%															
				石英砂岩石英岩	紫红色石英砂岩	砂岩	花岗岩	红色花岗岩	流纹岩	闪长岩	玄武岩	火山岩	石英	硅质岩	燧石	灰岩	角岩	板岩	其他
CG02 - 3 宜都清江口江口	8.60~10.00	100~75	7.8													100			
		75~50	6.9													100			
		50~25	24.2	53.6												14.3			32.1
		25~10	22.1	27.3												10.2			62.5
		10~5	18.1	100															
		5~1	11.4																
		<1	9.5																
	10.00~15.00	150~100	16.8	100															
		100~75	9.7	88.5	11.5														
		75~50	27.4	72.2	8.1										8.7	11.0			
		50~20	44.2	87.6	1.8						0.7				4.0	5.9			
		20~10	1.6	38.0	10.0										10.0	40.0	2.0		
		<10	0.3																
CG02 - 4 宜都沙湾	2.00~6.50	75~50	5.5	99.0	1.0														
		50~20	7.8	78.8	3.9		2.0	5.1				5.3	1.0		3.9				
		20~10	7.0	75.6								9.9			10.2	3.9	0.4		
		10~5	2.7	79.7	1.0							1.0				10.6			5.3
		<1	77.0																
	6.50~14.70	150~100	13.4	80.6								19.4							
		100~75	20.1	70.1	5.0			5.7				14.2	5.0						
		75~50	32.8	61.5	12.8		3.1	6.6			1.3	14.3	1.4		1.2	0.9	0.3		
		50~20	26.8	68.7	5.9							17.9			4.1		0.3		
		20~10	6.9	86.9	2.9		1.2					5.2	2.3		1.2	1.0			0.4

表6-25　　　　　　　　　宜昌—杨家脑河段胶结卵石层卵石粒径级配特征值

钻孔编号		最大粒径组		主体粒径组	
		粒径/mm	含量/%	粒径/mm	含量/%
CG02-2	上层	100～150	34.3	100～150	34.3
	下层	100～150	21.4	50～75	31.4
CG02-5		100～150	48.7	100～150	48.7
CG02-7		100～150	16.1	50～75	35.1
CG02-8		100～150	16.2	75～100	38.2
CG02-9		75～100	17.8	25～75	35.8

6．河床地质纵剖面组成特征

宜昌—红花套河段河床深泓多冲至接近基岩面的砂卵石层中，进一步冲刷的余地有限。红花套—杨家脑河段，深泓线则躲在砂卵石层，并沿程有胶结卵石层零星分布，使深泓平面摆动受控。河床地质纵剖面见图6-39。

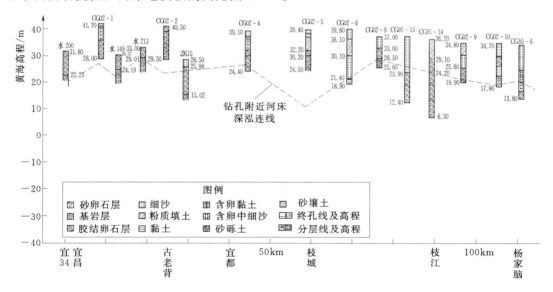

图6-39　宜昌—杨家脑河段河床地质纵剖面

6.4.3.2　杨家脑—石首河段

1．土层组成与特征

本河段洲滩上部河漫滩相黏性土厚度一般为4.0～13.4m，并以粉质黏土为主，多呈灰褐色，黏粉质不稳定。但在郝穴颜家台、石首对岸等河岸及边滩钻孔中，分别于孔深27.5～31.5m和30.2～35.0m（未钻穿）发现蓝灰及灰褐色湖沼相粉质黏土和黏土等。

位于太平口杨家尖边滩的孔CG02-13的孔深0.0～11.3m段为粉质黏土，呈灰褐、蓝灰色，上部粉质较重，可塑，下部黏性强，可塑较硬—近硬塑，局部含砂粉质较重，毛家渡边坎孔CG02-14的孔深0.0～13.4m为粉质黏土，灰褐色，其上部粉质重，含水量较高，可塑较软，下部黏性强，含水量低，可塑较硬。位于马家嘴边滩孔CG02-20的孔深0.0～4.5m为粉质黏土，黏性较强，其他部位砂粉质渐重，灰褐色，可塑为主。

杨厂边坎的孔 CG02-23 的孔深 0.0～4.0m 为粉质壤土，灰褐色，可塑，层状，上部含砂粉质较重，郝穴颜家台对岸边坎的孔 CG02-24 的孔深 0.00～4.2m 为粉质黏土，灰褐色，顶部含水量较低，可塑较硬，2.0m 以下砂粉质增重，含水量增高。茅林口边坎的孔 CG02-28 孔深 0.0～6.0m 为粉质黏土，灰褐色，可塑，层状，上部砂粉质较重，下部黏性较强。石首对岸边坎孔 CG02-29，上部为砂，底部 30.2～39.0m 为粉质黏土，呈蓝灰及灰褐等色，其中上部蓝灰土，黏性强，下部粉质稍重，黏性下降，均为可塑。

2. 砂层组成与特征

全河段除毛家渡 CG02-14 孔砂层缺失外，各孔均有分布，最厚的为藕池口孔 CG02-26 孔揭露厚度为 31.7m（未钻穿），最薄的为杨家尖孔 CG02-13 仅 1.8m。除在孔 CG02-24 细砂中含多层粉质黏土夹层外，其余各孔均仅含少量粉质壤土夹层，并含泥质不均。本河段砂层粒径特征值见表 6-26。

表 6-26   杨家脑—城陵矶河段砂层粒径特征值表

钻孔编号	D_{50}	D_{max}	颗粒级配特征
CG02-11	$\dfrac{0.14\sim0.23^{①}}{4\quad0.175}$	$\dfrac{0.5\sim1.0}{4\quad0.625}$	普遍较细，在 8.00m 左右较粗
CG02-12	$\dfrac{0.09\sim0.29}{7\quad0.161}$	$\dfrac{0.25\sim1.0}{7\quad0.514}$	下部较粗，部分中粗砂
CG02-13	$\dfrac{0.16\sim0.17}{2\quad0.165}$	$\dfrac{0.5\sim0.5}{2\quad0.5}$	土层较厚，细砂较少且较细
CG02-14	$\dfrac{0.095}{1}$	$\dfrac{0.25}{1}$	土层厚，砂层少
CG02-15	$\dfrac{0.11\sim0.24}{12\quad0.173}$	$\dfrac{0.25\sim1.0}{12\quad0.56}$	上部、下部较细，中部较粗
CG02-16	$\dfrac{0.11\sim0.27}{16\quad0.167}$	$\dfrac{0.25\sim1.0}{16\quad0.544}$	上部较粗，在 7.0～12.0m 最粗，在 23.0～27.0m 粗，其余较细
CG02-17	$\dfrac{0.12\sim0.26}{7\quad0.191}$	$\dfrac{0.30\sim1.0}{7\quad0.528}$	顶部砂壤土，整个较粗，上部砂粒粗
CG02-18	$\dfrac{0.10\sim0.24}{13\quad0.157}$	$\dfrac{0.35\sim2.0}{13\quad0.623}$	往深部有渐粗趋势；部分中细砂
CG02-19	$\dfrac{0.12\sim0.25}{15\quad0.1827}$	$\dfrac{0.35\sim2.0}{15\quad0.546}$	同孔 CG02-18，中部较细
CG02-20	$\dfrac{0.15\sim0.23}{7\quad0.195}$	$\dfrac{0.21\sim0.5}{7\quad0.458}$	上部为土层，整个较粗，均匀
CG02-21	$\dfrac{0.17\sim0.25}{11\quad0.19}$	$\dfrac{0.35\sim1.0}{11\quad0.645}$	上部砂土混合，粗细明显，下部砂粒普遍较粗，大部分为中细砂
CG02-22	$\dfrac{0.14\sim0.28}{17\quad0.175}$	$\dfrac{0.2\sim1.0}{17\quad0.492}$	砂粒较均匀，稳定，在 6.00～10.00m 段普遍较粗，部分中细砂
CG02-23	$\dfrac{0.16\sim0.22}{3\quad0.196}$	$\dfrac{0.35\sim0.5}{3\quad0.40}$	砂较薄，中等偏粗
CG02-24	$\dfrac{0.11\sim0.26}{12\quad0.161}$	$\dfrac{0.35\sim1.0}{12\quad0.603}$	含土夹层较多，有往深部渐粗之趋
CG02-25	$\dfrac{0.11\sim0.26}{16\quad0.178}$	$\dfrac{0.35\sim2.0}{16\quad0.603}$	顶部略粗，中部较细，底部最粗，粗细呈层状明显
CG02-26	$\dfrac{0.12\sim0.22}{18\quad0.19}$	$\dfrac{0.5\sim0.5}{18\quad0.5}$	顶部较粗，中部稍细，中下部多较粗

240

钻孔编号	D_{50}	D_{max}	颗粒级配特征
CG02－27	$\dfrac{0.15\sim0.25}{17\quad0.182}$	$\dfrac{0.35\sim1.0}{17\quad0.584}$	中上部粗细成层明显，中下部较细，较稳定
CG02－28	$\dfrac{0.12\sim0.21}{8\quad0.172}$	$\dfrac{0.35\sim0.5}{8\quad0.462}$	上部土层较薄，砂质不纯，下部粗细不稳定
CG02－29	$\dfrac{0.11\sim0.23}{16\quad0.157}$	$\dfrac{0.35\sim1.0}{16\quad0.483}$	砂粒多较细，较均匀，稳定
CG02－30	$\dfrac{0.085\sim0.2}{16\quad0.141}$	$\dfrac{0.35\sim0.5}{16\quad0.434}$	上部较细，中下部略粗，具成段性
CG02－31	$\dfrac{0.11\sim0.22}{13\quad0.172}$	$\dfrac{0.25\sim0.5}{13\quad0.411}$	砂层上部略粗，中部略细，底部偏粗

① 意义为 $\dfrac{范围值}{组数\quad均值}$

3. 含卵中细砂组成与特征

三八滩孔 CG02－15 的孔深 20.2～22.4mm 为含卵细砂，卵石粒径以 20～50mm 为主，岩性复杂，卵石含量约 10%。窑金洲孔 CG02－16 的孔深 22.0～27.0m 含卵百分数低于 10%，粒径以 20mm 为主，金城洲孔 CG02－18 的孔深 20.0～23.3m 为含卵中细砂，含部分粗砂。突起洲孔 CG02－21 的孔深 18.5～21.5m 为含卵中细砂，卵石多以 20～50mm 组为主，含 0.5mm 左右砾石增多，岩性以石英砂岩、石英岩为主，紫红色石英砂岩、杂色火山岩次之，并有少量燧石、玄武岩等，偶见灰岩等。

含卵中细砂层，卵石含量约在 10% 左右，粒径以 20～50mm 为主，最大 50～75mm，岩性较为复杂；砂层以中细砂为主，部分钻孔见有粗砂。含卵石砂层中的卵石粒径特征值见表 6－27。

表 6－27　　　　　　　杨家脑—城陵矶河段含卵石砂层中的卵石粒径特征值

钻孔编号	最大粒径组		主体粒径组	
	粒径/mm	含量/%	粒径/mm	含量/%
CG02－15	50～75	5.5	25～50	64.4
CG02－18	50～75	11.1	25～50	51.9
CG02－21	50～75	24.2	25～50	70.9

4. 砂卵石层组成与特征

在钻孔深度内，除蛟子渊下游河段孔 CG02－25～CG02－31 等 7 个钻孔外，其余上段钻孔均钻及砂卵石层。揭露厚度最大为 6.2m，最小为 1.9m，除孔 CG02－12 最大粒径有 100～150mm、孔 CG02－22 有 75～100mm 组外，其余均以 50～75mm 及 20～50mm 粒径组为主，卵石磨圆度较高。岩性以石英岩、石英砂岩为主，次为紫红色石英砂岩及火山岩等，并含少量燧石、石英、杂色花岗岩，偶见灰岩、流纹岩等。砂卵石中卵石粒径特征值见表 6－28。

5. 河床地质横剖特征

从钻孔纵向剖面图看，杨家脑—沙市河段河床深泓多已至含卵中细砂和砂卵石中，河

表 6-28 杨家脑—城陵矶河段砂卵石中卵石粒径特征值

钻孔编号	最大粒径组		主体粒径组	
	粒径/mm	含量/%	粒径/mm	含量/%
CG02-11	75~100	14.3	25~50	31.3
CG02-12	100~150	8.4	25~50	49.1
CG02-13	50~75	30.3	25~50	69.7
CG02-14	50~75	23.9	25~50	64.6
CG02-15	50~75	49.6	25~50	50.6
CG02-17	50~75	7.0	25~50	85.4
CG02-20	50~75	79.1	25~75	79.1
CG02-21	50~75	24.2	25~50	70.9
CG02-22	75~100	13.6	25~50	45.7
CG02-23	50~75	33.2	25~50	63.9

床向深部的冲刷幅度不会太大。砂卵石等粗粒物质将会逐渐下移。沙市—石首河段砂卵石顶板出露多较低，河床深泓至砂卵石层的较少，多在砂层中，故沙市—石首河段还应有较大的冲刷切深的空间。

砂卵石层顶板呈不规则向下游降低，在杨家脑—太平口一带降幅较缓，在太平口—杨厂波幅较大，至郝穴以下向下斜度加大，卵石粒径较宜昌—杨家脑河段明显变小，除灰岩含量部分仅属偶含外，卵石岩性无明显的增减，见图 6-40。

典型横断面地质剖面图如下：

（1）浣市河床 D-D′ 地质横剖面。浣市一岸土层较厚，左岸新淤边滩，砂层较为深厚，卵石顶板较高，河床向下切深的幅度较小，见图 6-41。

（2）太平口河床 E-E′ 地质横剖面。左岸黏性土层厚于右岸，左右两岸均略有崩塌。底部砂卵石层顶板相对较为平整，河床中的洲滩呈淤长趋势，深泓下切深度不大，见图 6-42。

6.4.3.3　石首—城陵矶河段

1. 土层组成与特征

本河段黏性土层一般分布于洲滩上部，中部少量，且以夹层出现，个别钻孔底部有较厚层黏性土埋藏，黏质较重，属古云梦泽的冲湖相和湖沼相沉积。黏性土层岩性以粉质壤土为主，并有部分钻孔由粉质壤土和砂壤土组成互层状，如朱家湾孔 CG02-38 的孔深 0.0~5.5m，监利左边坎孔 CG02-43 的孔深 5.5~8.5m 和塔市驿孔 CG02-39 的孔深 0.0~8.5m 等。

本河段粉质黏土常见洲滩较深层，如调关对岸边滩孔 CG02-34 底部的 26.0~46.0m，朱家湾孔 CG02-37 中下部的 22.0~27.0m、孔 CG02-47 中部 23.0~25.0mm 等。

2. 砂层组成与特征

本河段洲滩各孔均见砂层，揭露厚度最厚达 41.4m（孔 CG02-46），最薄为 23.0m，

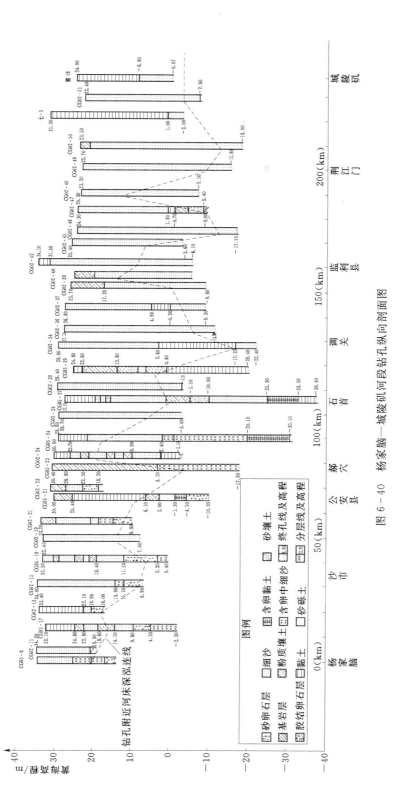

图 6—40 杨家脑—城陵矶河段钻孔纵向剖面图

243

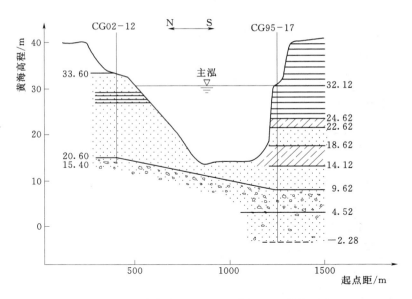

图 6-41　浣市孔 CG02-12 横断面地质剖面图

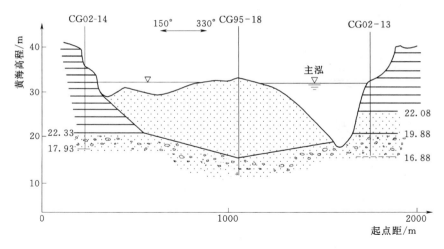

图 6-42　太平口孔 CG02-14 横断面地质剖面图

一般在 25.0～35.0m。纵向各孔泥沙 D_{50} 均值在小河口一带较低，在洪水港一带稍高，而后渐再降的小波状起伏，而 D_{max} 值沿程显示有大部分相对较小，河段首尾相对较大，尾部急升的趋势，见表 6-29。

表 6-29　　　　　　　　　　　　石首—城陵矶河段砂层粒径粒配特征值

钻孔编号	D_{50}	D_{max}	钻孔孔内粒配一般特征
CG02-32	$\dfrac{0.11\sim0.25}{21\quad0.178}$	$\dfrac{0.35\sim2.0}{21\quad0.71}$	整个较粗，中下局部 D_{50} 值 0.25mm
CG02-33	$\dfrac{0.08\sim0.19}{10\quad0.123}$	$\dfrac{0.25\sim0.5}{10\quad0.339}$	均较细，底部略粗

钻孔编号	D_{50}	D_{max}	钻孔孔内粒配一般特征
CG02-34	$\dfrac{0.013\sim0.258}{14\quad0.162}$	$\dfrac{0.5\sim0.5}{14\quad0.5}$	砂夹层，砂与粉黏互层，中部砂粒细
CG02-35	$\dfrac{0.10\sim0.21}{12\quad0.165}$	$\dfrac{0.25\sim0.5}{12\quad0.455}$	上部砂壤土14.3m以下细砂趋势不明，稍有增粗
CG02-36	$\dfrac{0.11\sim0.28}{21\quad0.19}$	$\dfrac{0.35\sim1.0}{21\quad0.517}$	中下部较粗，最粗在12.70m处
CG02-37	$\dfrac{0.11\sim0.17}{18\quad0.146}$	$\dfrac{0.355\sim0.5}{18\quad0.452}$	整体D_{50}值在0.15左右，间含部分较小值
CG02-38	$\dfrac{0.072\sim0.165}{12\quad0.134}$	$\dfrac{0.25\sim0.5}{12\quad0.345}$	局部略粗，但整体较细
CG02-39	$\dfrac{0.09\sim0.222}{13\quad0.167}$	$\dfrac{0.25\sim0.5}{13\quad0.439}$	砂上部粗，中部细，下部又粗
CG02-40	$\dfrac{0.07\sim0.189}{14\quad0.155}$	$\dfrac{0.25\sim0.5}{9\quad0.44}$	局部略粗整体略含粗粒
CG02-41	$\dfrac{0.138\sim0.218}{14\quad0.176}$	$\dfrac{0.25\sim0.5}{14\quad0.468}$	在10.0m以上上粗下细，整体略含粗粒
CG02-42	$\dfrac{0.098\sim0.221}{20\quad0.153}$	$\dfrac{0.104\sim0.223}{14\quad0.434}$	中间较粗，上下较细，中部灰粗粒较重
CG02-43	$\dfrac{0.053\sim0.187}{12\quad0.123}$	$\dfrac{0.25\sim0.5}{12\quad0.402}$	上部较细，中下部较粗
CG02-44	$\dfrac{0.09\sim0.227}{15\quad0.176}$	$\dfrac{0.25\sim0.5}{15\quad0.444}$	上部较细，中下部多较粗，中部粗粒含量较高，D_{50}值稳定
CG02-45	$\dfrac{0.11\sim0.203}{14\quad0.169}$	$\dfrac{0.25\sim1.0}{14\quad0.525}$	中部较细，上部中等，底部较粗
CG02-46	$\dfrac{0.112\sim0.227}{21\quad0.163}$	$\dfrac{0.35\sim1.0}{21\quad0.482}$	普遍较细，中间夹稍粗，底部粗
CG02-47	$\dfrac{0.16\sim0.22}{14\quad0.202}$	$\dfrac{0.5\sim0.5}{14\quad0.5}$	普遍较粗，少量稍细
CG02-48	$\dfrac{0.134\sim0.211}{18\quad0.181}$	$\dfrac{0.355\sim0.5}{18\quad0.484}$	粗细间杂，普遍较粗，D_{max}稳定
CG02-49	$\dfrac{0.09\sim0.214}{20\quad0.166}$	$\dfrac{0.355\sim0.5}{20\quad0.471}$	顶部略小，中部最粗，底部较细
CG02-50	$\dfrac{0.075\sim0.223}{22\quad0.17}$	$\dfrac{0.25\sim0.5}{22\quad0.457}$	上部较细，中下部较粗，底部粗
CG02-51	$\dfrac{0.103\sim0.282}{17\quad0.167}$	$\dfrac{0.355\sim5.0}{17\quad1.31}$	整个较细，中部较粗含砾，底部较粗

3. 河床地质剖面特征

本河段深泓附近多以细砂层为主，虽然沿程在调关、小河口附近河床深部见有黏性土层，荆江门河床深部、塔市驿等处见有花岗岩，洪水港和七姓洲附近河床深部有硬质砂砾土，河床下切深度应有一定空间，河床深泓左右摆动都将可能。

典型横断面地质剖面如下：

（1）调关附近河床Ⅰ-Ⅰ′地质横剖面。因正处于调关河湾的弯顶，且下卧厚层黏土，河势受控，河槽窄，岸坡较陡，河床断面以窄深为特点，两岸上部地层悬殊，右岸为砂土互层，左岸为弯道凸岸边滩，上部砂层较厚，见图6-43。

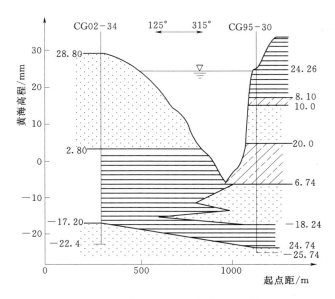

图 6-43 调关孔 CG02-34 横断面地质剖面图

（2）监利乌龟洲河床 J-J′地质剖面。地处弯顶分汊河段，河床宽浅，江心洲淤长，上覆河漫滩相黏性土层单薄，细砂层深厚，河床抗冲性差，主泓摆动多变，见图 6-44。

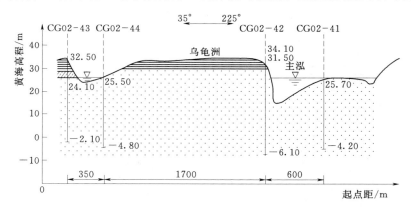

图 6-44 监利乌龟洲孔 CG02-44 横断面地质剖面图

6.4.3.4 洲滩分布及表层物质组成

1. 宜昌—城陵矶河段

枝城以上几乎全部为不发育的边滩，主要有张家嘴、大石坝等，南阳碛为零散的卵石堆出露水面。枝城—杨家脑河段以心滩为主，有关洲、芦家河浅滩、董市洲、柳条洲，枝城以下的边滩有偏洲边滩、张家桃园边滩、吴家渡边滩、采穴河口边滩等。杨家脑—藕池口河段，以江心洲和心滩为主；藕池口以下以边滩为主，仅有乌龟洲为江心洲和心滩两部分，其他全部为砂质边滩。

根据河床洲滩组成不同，本河段洲滩可以分为：

（1）卵砾质洲滩。整个滩面为卵砾石，如张家嘴边滩、南阳碛、大石坝边滩、芦家河浅滩。

（2）卵砾土洲滩。一般洲头为卵石、中部为砾石和粗砂、尾部为土，如胭脂坝、关洲、董市洲、柳条洲等。

（3）纯砂质心滩。整个洲滩由中细砂组成，滩顶汛期淹没，枯季立于江中，如太平口心滩、三八滩、蛟子渊心滩、天星洲石首心滩等。

（4）砂土质江心洲。多发育在河床弯曲段，一般洲头为砂，中、尾部为土。如火箭洲、马羊洲、金城洲、突起洲、乌龟洲等。

（5）砂土质边滩。整个滩面由中细砂组成，一般发育在老洲的边缘。如太平口边滩、马家寨边滩、鱼尾洲边滩、新沙洲等。

整个河段表层不同组成洲滩见表 6-30 和表 6-31。

表 6-30　　　　　典型卵砾夹砂洲滩表层不同组成面积统计表（2002 年）

洲滩名称	总面积/km²	卵石面积/km²	胶结卵石面积/km²	砂面积/km²	土面积/km²	卵砾石百分数/%	砂土百分数/%	等高线/m
胭脂坝	2.45	1.70		0.64	0.11	69.0	31.0	38
张家嘴	1.40	0.7	0.39	0.22	0.09	77.9	22.1	36
南阳碛	0.02	0.01		0.01		50.0	50.0	36
大石坝	1.28	0.64		0.64		50.0	50.0	36
关洲	5.14	2.03	0.09	2.72	0.3	41.2	58.8	33.5
芦家河	4.47	1.5		2.97		33.6	66.4	33
董市洲	1.27	0.96			0.31			33
柳条洲	1.93	0.4		0.35	1.18	20.7	79.3	32

表 6-31　　　　　　　典型砂质洲滩表层不同组成面积统计表（2002 年）

洲滩名称	洲滩类型	总面积/km²	土		砂		等高线/m
			面积/km²	百分比/%	面积/km²	百分比/%	
火箭洲	边滩	3.47	1.37	39.5	2.10	60.5	31
马羊洲	边滩	9.39	7.66	81.6	1.73	18.4	31
太平口边滩	边滩	1.04			1.04	100.0	28
三八滩	心滩	2.04			2.04	100.0	
金城洲	江心洲	5.39	0.05	0.1	5.34	99.9	29
突起洲	江心洲	7.48	2.10	28.1	5.38	71.9	29
马家寨边滩	边滩	1.75			1.75	100.0	27
蛟子渊	心滩 边滩	0.86 3.60	0.01	1.2	0.85 3.60	98.8 100.0	27 27
天星洲	心滩	2.50			2.5	100.0	27

洲滩名称	洲滩类型	总面积/km²	土		砂		等高线/m
			面积/km²	百分比/%	面积/km²	百分比/%	
藕池口边滩	边滩	2.74			2.74	100.0	27
五虎朝阳	边滩	7.57	4.23	55.9	3.34	44.1	27
鱼尾洲	边滩	1.65			1.65	100.0	27
三合垸边滩	边滩	0.45			0.45	100.0	27
季家嘴	边滩	0.37			0.37	100.0	26
乌龟洲	江心洲	5.63	4.79	85.1	0.84	14.9	23
新沙洲	边滩	1.71			1.71	100.0	23
八姓洲边	边滩	0.48			0.48	100.0	23
观音洲边	边滩	0.41			0.41	100.0	22

2. 城陵矶—湖口河段

城陵矶—湖口河段分汊型河道较为发育，主要是江心洲（滩）。非汊道河段的洲滩，主要是边滩，分布在顺直微弯河道的展宽段和弯道的凸岸。

本河段洲滩从上至下游，主要有南洋洲、儒矶滩、界牌新淤洲、南门洲、示壁白沙洲边滩、中洲、护县洲、嘉鱼白沙洲、复新洲边滩、永贴洲喧滩、肖家洲边滩、新谷洲、北洲边滩、团洲、新洲边滩、刘家尖子、四合垸边滩、铁板洲、汉阳白沙洲、天兴洲、青山王家洲边滩、沐鹅洲、李家洲、江嘴边滩、黄冈边滩、鄂城边滩、戴家洲、黄石上边滩、散花洲边滩、蕲春上边滩、蕲春右岸之李家洲边滩、垅坪、团洲边滩、永安洲边滩、单家洲、小池口边滩、张家洲、张家新洲和邓洲边滩、官洲、梅家洲边滩等大小洲滩41个，其中边滩20个，一般呈长条状的镶边式分布，规模较小，江心洲（滩）21个，一般规模较大，其中大洲有南洋洲、中洲、天兴洲、沐鹅洲、团凤李家洲、戴家洲、垅坪新洲、单家洲、张家洲、官洲等，尤以张家洲为最大，长17.4km，宽5.4km，总面积约达69.0km²。

从平面形态看，在顺直河段多为长条形，江心洲则呈枣核状，微弯或弯道凸岸的边滩近似弓月形或为圆弧状；鹅头形汊道的洲滩也颇似鹅头形，面积较大，长宽比较小。从纵剖面看，一般洲滩的头部略微低平，中下部稍高，稳定的老江心洲则多以尾端较高为特征。从横剖面来看，江心洲一般是两侧低，中间高，呈对称或近对称状，边滩则有外缘（主泓一侧）低，滩根高（但高水期洲滩根部有切滩水流者例外）的特点。

河段内除鄂城市江中尼姑庵、蕲春城下首的钓鱼台为裸露基岩（石英砂岩）外，其余均为砂质洲滩，其中部分含有粗砂、砾石和小卵石等，本次勘测调查中发现的有：团洲的上洲头可见到成片的砾石、粗砂，并有大于10mm的小卵石等，表层以下也可见；东槽洲下3km的黄冈边滩偶见黄砂（粗砂）；黄石对岸田家洲中部外侧发现有黄砂与小砾石；蕲春城下钓鱼台右边滩面上有少许粗黄砂散布；新洲靠主泓一侧边缘发现黄砂、砾石；张家洲上中部右主泓一侧和官洲洲头、洲中均有黄砂、砾石可见。但洲滩的基本组成仍为细砂，内含少量中砂，偶有粗砂及卵砾。

6.4.3.5　洲滩表层床沙颗粒级配组成

1. 沿程分布特征

（1）宜昌—杨家脑河段。主要洲滩为卵砾石或卵砾石夹砂，河床物质组成沿程分布总体表现为：

1）河床物质成分具有由多类到单一，床沙级配范围由宽变窄的分布特征。

2）以松滋口为界，关洲及其以上各卵砾石洲滩床沙中值粒径 D_{50} 大于 50mm。

3）关洲以下卵砾石洲滩床沙中值粒径 D_{50} 小于 50mm，见表 6-32。河段内卵砾洲滩砂质泥沙比例沿程增大。

表 6-32　　　　　卵砾石洲滩特征粒径沿程变化（2002 年）

洲滩名称	距葛洲坝距离 /km	洲体 D_{max} /mm	表层 D_{50} /mm	洲体 D_{50} /mm
胭脂坝	12.7	267	176.6	87.1
大石坝	46.8	265	90.7	79.8
关洲	71.6	211	83.5	66.2
芦家河	85.9	113	50.0	23.5
董市洲	92.7	151	36.6	20.2
柳条洲	107.0	133	60.8	33.0

砂质部分小于或等于 2mm 所占比例沿程变化为：胭脂坝为 12.7%，南阳碛为 15.3%，大石坝为 9.9%，关洲为 20.8%，芦家河为 27.7%，董市洲为 19.6%，柳条洲为 22.9%。其中，中值粒径变化范围在 0.167～0.428mm 之间，见表 6-33。

表 6-33　　　沿程卵砾石洲滩砂质（<2mm）比例及其中值粒径变化（2002 年）

洲滩名称	距葛洲坝轴线距离/km	砂质比例/%	中值粒径/mm
胭脂坝	12.7	12.7	0.257
南阳碛	41.4	15.3	0.167
大石坝	46.8	9.9	0.310
关洲	71.6	20.8	0.428
芦家河	85.9	27.7	0.251
董市洲	92.7	19.6	0.268
柳条洲	107	22.9	0.269

（2）杨家脑—城陵矶河段。洲滩基本由砂质组成。该河段洲滩床沙粒径沿程呈不规格的缓慢变细趋势，但变幅较小。无论是洲体组成，还是表层组成，D_{50} 值均沿 0.2mm 粒径线呈锯齿状波动。杨家脑—藕池口河段波动变幅大；藕池口—调关河段波动变幅小；调关以下河段全在 0.2mm 粒径线以下，见表 6-34。河段小于 2mm 床沙级配特征值沿程变化见图 6-45。

表 6 - 34　　　　　　　　典型洲滩砂质床沙特征粒径沿程变化统计表（2002 年）

洲滩名称	距葛洲坝轴线距离 /km	洲体 D_{50}/mm	表层 D_{50} /mm	洲体 D_{max}/mm
火箭洲	128.4	0.186	0.206	0.5
太平口心滩	145.1	0.217	0.242	0.5
三八滩	153.2	0.213	0.197	0.5
金城洲	161.2	0.221	0.198	1.0
突起洲	178.4	0.155	0.221	1.0
蛟子渊	219.1	0.199	0.196	0.5
藕池口心滩	227.5	0.212	0.225	0.5
五虎朝阳	233.9	0.153	0.167	0.5
鱼尾洲	245.7	0.192	0.183	0.5
季家嘴	272.2	0.226	0.239	0.5
乌龟洲心滩	308	0.120	0.127	0.5
老乌龟洲	309.4	0.047	0.030	0.5
新沙洲	314.5	0.172	0.180	0.5
洪山头边滩	324.8	0.0357	0.024	0.35
反嘴边滩	347.8	0.146	0.148	0.36
八姓洲	378.2	0.199	0.211	0.5
观音洲边滩	379.5	0.213	0.290	25

注：洲体 D_{50} 取洲滩各坑坑平均之算术平均值，表层 D_{50} 取洲滩各坑表层中值粒径之算术平均值。

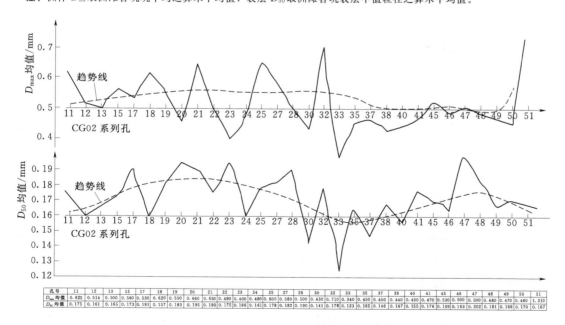

孔号	11	12	13	15	17	18	19	20	21	22	23	24	25	27	28	30	32	33	35	37	39	40	41	45	46	47	48	49	50	51
D_{max} 均值	0.625	0.514	0.500	0.560	0.530	0.620	0.550	0.460	0.650	0.490	0.400	0.470	0.600	0.580	0.500	0.340	0.700	0.450	0.450	0.440	0.450	0.500	0.500	0.470	0.480	0.470	0.460	1.310		
D_{50} 均值	0.175	0.161	0.165	0.173	0.191	0.157	0.183	0.190	0.175	0.190	0.161	0.178	0.182	0.190	0.141	0.178	0.123	0.165	0.146	0.167	0.169	0.163	0.202	0.181	0.166	0.170	0.167			

图 6 - 45　杨家脑—城陵矶河段小于 2mm 床沙级配特征值沿程变化图

250

砂质洲滩沿程细颗粒比例逐渐增大，粗颗粒比例逐渐减小，呈现沿程变细的趋势，见表6-35。

表6-35　　　　　　　　　砂质洲滩床沙平均级配分段统计表（2002年）

河段名称	小于某粒径砂重百分数/%									
	0.016mm	0.031mm	0.063mm	0.09mm	0.125mm	0.18mm	0.25mm	0.355mm	0.5mm	1.0mm
杨家脑—沙市			0.6	2.1	8.6	36.2	82.0	99.3	100	
沙市—藕池口			0.8	2	10.4	46.2	84	99.7	100	
藕池口—调关			0.9	3.7	17.6	70.2	95.4	99.7	100	
调关—荆江门			1.6	2.4	6.2	53.8	95.7	99.5	100	
荆江门—城陵矶			2.4	5.0	32.1	91.6	99.9	100		

（3）城陵矶—湖口河段。

1）以金口（铁板洲）为界，上下河段床沙粒径沿程分布变化迥异，上段变化频率高，起伏度大，沿程呈不规则锯齿状；下段沿程粒径变化平缓，没有上段那种忽大忽小的跳跃式变化，但有颗粒较粗的较长河段与颗粒较细的较长河段相间分布的特点，即金口以下由三个较粗段与两个较细段相间组成：铁板洲以下至牧鹅洲段颗粒较粗，牧鹅洲以下至李家洲段颗粒较细，李家洲以下至蕲春钓鱼台右滩段粒径转粗；钓鱼台右滩以下至单家洲段粒径变细；以下张家洲、官洲段颗粒显著增粗，见图6-46。

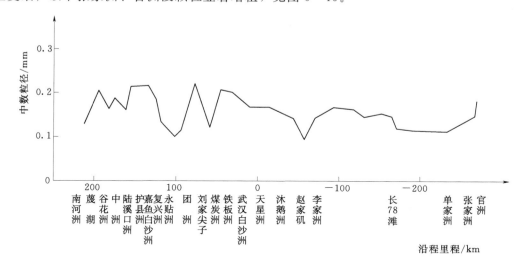

图6-46　城陵矶—湖口河段洲滩床沙粒径沿程分布图（1996年12月）

2）除去永贴洲上下、刘家尖子、赵家矶滩等几处淤积较大的细粒洲滩与尾端张家洲、官洲等两个颗粒显著偏粗的洲滩外，全河段洲滩床沙粒径有自上而下逐渐变小的总趋势。

3）城陵矶—牌洲河段洲滩床沙粒径居中，为0.162mm；牌洲—武汉段最粗，达到0.182mm；武汉—蕲洲段，粒径回落至居中偏细，为0.156mm；蕲洲—九江粒径最细，仅为0.129mm；九江—湖口段粒径转粗，达到居中偏粗，计0.170mm，见表6-36。

表 6-36   城陵矶—湖口河段洲滩床沙特征粒径分段统计表（1996 年 12 月）

范　　围	起止洲滩	全坑 D_{50} 平均值 /mm	面层 D_{50} 平均值 /mm	D_{max} /mm
城陵矶—洪湖	南河洲—南门洲	0.169	0.188	0.34
洪湖—牌洲	中洲—新滩口	0.156	0.167	0.35
牌洲—武汉	团洲—武汉白沙洲	0.182	0.187	1.52
武汉—巴河	天兴洲—长 60 下滩	0.157	0.165	0.44
巴河—蕲洲	代家洲—牯牛洲	0.156	0.192	1.22
蕲洲—九江	钓鱼台右滩—单家洲	0.129	0.150	0.731
九江—湖口	张家洲—官洲	0.170	0.165	8.05

2. 竖向分布特征

（1）宜昌—杨家脑河段。河床为砂卵石河床。砂卵石洲滩床沙 D_{50} 沿深度分布规律为：粒径表层最大，次表层最小，次表层以下则逐渐变粗，并在一定区域（粒径变幅较小）内趋于稳定。砂卵石洲滩床沙 D_{max} 沿深度分布规律为：对于某一特定的坑，其最大粒径一般隐藏在深层，而非表层抗冲粗化层，见表 6-37。

表 6-37   卵砾洲滩床沙特征粒径沿深度分布统计表（2002 年）

探坑名称	坑　深/m							
	D_{50}				D_{max}			
	0～ 0.2mm	0.2～ 0.5mm	0.5～ 1.0mm	1.0～ 1.5mm	0～ 0.2mm	0.2～ 0.5mm	0.5～ 1.0mm	1.0～ 1.5mm
胭脂坝深 1	176.6	83.1	84		230	267	243	
胭脂坝深 2	78.2	15.7	5		90	120	140	
大石坝深 1	112.7	92.5	61.3		165	225	240	
大石坝深 2	90.7	80	75.8		135	267	264	
大石坝深 3	98.8	21.8	28.5		130	145	140	
关洲特深	77.6	45.9	55.1	49.6	140	170	211	138
关洲深 3	86.8	61.4	67.3		211	171	165	
董市洲深 1	69	28.3	17.8		115	151	94	
董市洲深 2	36.6	21.2	20.5	18.5	135	95	98	90
董市洲深 3	79.9	17.9	20.7		132	140	110	
柳条洲深 1	71.7	18.8	16.8		110	153	75	
柳条洲深 2	60.8	32.9	29.6		113	133	110	

（2）杨家脑—城陵矶河段。洲滩表层总体相对较粗；表层以下相对较细，深层则多数趋于稳定，部分起伏变化较大。这种起伏变化较大说明：不同水文年或同一水文年不同时期，随着来水来沙条件变化，引起河道发生冲淤变化，进而导致床沙发生粗细化，而形成床沙竖向组成粒径分布的大幅变化，见表 6-38。

表 6-38 　　　　　　洲滩床沙分层 D_{50} 沿坑测深度分布变化统计表（2002 年）

洲滩名称	D_{50}/mm			
	深度 0.0m	深度 0.5m	深度 1.0m	深度 1.5m
三八滩	0.164	0.196	0.203	0.199
金城洲	0.241	0.241	0.227	0.230
突起洲	0.148	0.153	0.185	0.190
蛟子渊	0.202	0.190	0.197	·0.188
藕池口心滩	0.210	0.209	0.161	0.183
五虎朝阳	0.191	0.191	0.171	0.157
乌龟心滩	0.154	0.144	0.137	0.149
新沙洲	0.185	0.189	0.177	0.173
观音洲	0.209	0.232	0.233	0.226

（3）城陵矶—湖口河段。

1）一般洪水位可以淹没的洲滩，洲顶较低，洲面通常没有植被，容易发生冲淤变化，其床沙粒径沿深度变化有四种组成分布形式。①表层泥沙粒径稍粗，表层以下较细，即整个活动层的颗粒级配基本一致，只是表层泥沙在水流或风力作用下形成粗化表面层。所测 105 个试坑中，有 70 个坑为表层粗，表层以下细，占 66.7%。②表层细，表层以下粗，105 个试坑中有 33 个坑表层细，表层以下略粗，占 31.4%。③表层与表层下粒径一致，是洲滩堆积泥沙颗粒级配沿深度分布近同，仅有 2 个坑，计 1.9%。④面层以下有某一层粒径突然显著变小的现象，则是洲滩堆积过程中，淤积的一层细泥沙夹层。以上四种粒径组成类型反映了滩面的冲刷、淤积、稳定和活动层堆积过程变化等基本特征。床沙沿深度分布的粒径范围，砂质多在 0.14~0.23mm，泥粒多为 0.010~0.090mm。

2）一般洪水位、较高洪水位不能淹没的高滩，洲表面为植被所覆盖较为稳定。如大堤外的高岸滩，稳定江心洲的尾端或大江心洲的中下段等。这些高滩床沙沿竖向的组成分布与低矮洲滩有很大的不同。①亚黏土、砂壤土互层或夹层结构，也包括上层为较厚的亚黏土下层为细砂的，沿程多处岸滩可见，心滩有洪湖的南门洲、较湖洲和武穴的新洲等。②以砂壤土为主，或上盖薄层亚黏土，或中夹亚黏土和粉砂，或下层分布较厚的粉细砂，如中洲和嘉鱼白沙洲。③全部或大部为粉细砂组成，仅局部覆盖薄层亚黏土，较多心滩、边滩属此类组成，如陆溪口的新洲、复兴洲、天兴洲、代家洲等。总的说来，两岸岸滩多以亚黏土和砂壤土为主，而较高洲滩则以粉细砂，砂壤土为主，亚黏土为辅的互层或夹层分布。

6.4.4　浅层剖面仪河床组成水下探测试验

6.4.4.1　荆江大堤观音矶区域

2003 年 4 月，长江委水文局荆江局联合中国科学院声学所采用其研制的底质探测声呐和浅层剖面声呐设备在荆江河段观音矶、荆州长江大桥区域和清江隔河岩库区开展了水下河床组成探测实验。

在荆江大堤观音矶带探测记录见图 6-47。该河段左岸 30～50m 水域存在着大量的抛石，抛石区里，其抛石大小不等，石块与石块之间存在许多空隙，空隙里夹有泥沙与水存在。当声波辐射此地区时，会出现：石块之间相互发生无规则的声波散射、部分声波被石块表面阻断反射至换能器、一部分能量经石块的空隙向下透射等 3 种情形。鉴于上述 3

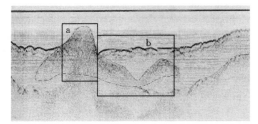

图 6-47　荆江大堤观音矶水下探测记录

种情形，反映在记录仪上的图像为不清晰、无明显的界面（图 6-47 区域 a）状态。用打印机械向河底打印时，显示出有大块石头的印记。在此，继续由左向右探测时，出现见图 6-47 区域 b 的图形，界面 1 为河床沉积的泥沙物质，经过一段时间的淤积，泥沙渐渐沉积，其水底表层密度增大，反射面积也增大，声波反射的信号较强，回波信号清晰。同时，声波的部分能量穿过水底表层泥沙继续向下辐射，至另外一层不同密度的物质时，其辐射的声波被这一物质的表面反射、散射、吸收和透射，能量大大被削弱，见图 6-47 区域 b 界面 2，图像轮廓较为清晰，但无深灰度的反射界面。属于抛石体之间相互散射而形成的记录图形。

6.4.4.2　隔河岩清江水库库底探测试验

由于清江梯级电站拦蓄，导致大量的泥沙淤积，随着时间增加，水库底形成了多层的泥沙淤积层面。最深的一层为蓄水前河床本身的河底形态，其底质沉积物密度较大，阻断了部分滤波能量向下透射，其反射界面较为清晰，记录图像呈浓黑色，这是反射能量较强的反映（图 6-48 区域 c）。中间一层见图 6-48 区域 b，为蓄水后第一次泥沙淤积的河床界面，经过长时间的淤积，此界面密度较高，且界面平滑，当声波透射此界面上时，反射、散射、吸收能量较多，信号被反射至换能器时，信号较强，其记录图像较为清晰。但与第三层界面中间介质密度分布不均匀，层与层之间有散射回波出现。第一层回波（图 6-48 区域 a）为近期泥沙沉积的物质，由于它沉积时间较短，密度较小，回波清晰，但与第二、第三层界面回波相比，灰度较淡，且与第二层之间的界面介质密度等同。第一层淤泥厚度约为 4m 左右。

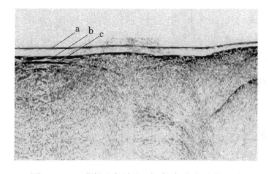

图 6-48　隔河岩清江水库库底探测记录

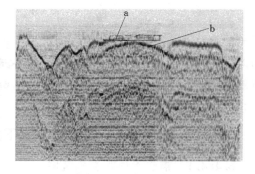

图 6-49　荆州长江大桥区域水下探测记录

6.4.4.3　荆州长江大桥区域水下探测试验

图 6-49 为荆州长江大桥第一桥墩处的浅层剖面声呐探测记录图像，图 6-49 区域 a

为淤积时间较短的泥沙沉积物，沉积物中相对水分较多，介质密度较小，声波能量辐射此区域时，少部分能量被阻断，反射至换能器，其回波层的灰度较淡，大部分声波能量继续向河底地层透射，碰到地层密度较大，有良好的反射界面层时，能量的大部分被此界面层阻断反射至换能器，表现在记录仪上的图像轨迹灰度较浓黑，使人很清楚地看见地层的一个层面，见图 6-49 区域 b。该层密度大，物质沉积时间较长。且剩余少部分声段能量向下继续透射时，被地层深处的物质散射、吸收，能量衰减加速，使之判读层面困难。

6.4.4.4　荆州学堂洲近岸段水下探测试验

2006 年 4 月，长江委水文局荆江局采用 ODOM ECHOTRAC CV 浅地层剖面仪在荆州学堂洲近岸段开展了水下河床组成探测试验。沮漳河故道出口位于学堂洲下段。测量结束后对实验数据用 SILAS 软件（数据采集和后处理软件）进行了初步处理，部分记录图件见图 6-50～图 6-52。

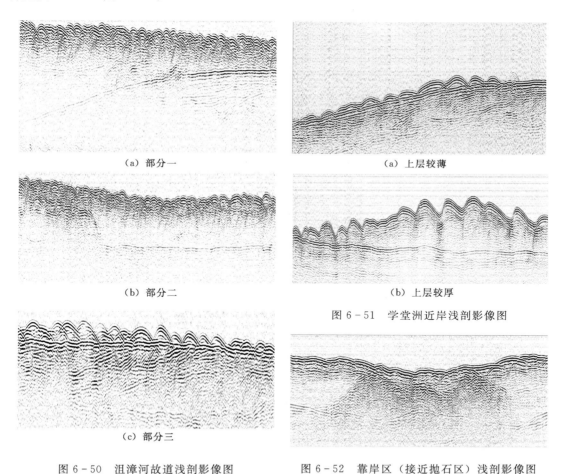

（a）部分一

（a）上层较薄

（b）部分二

（b）上层较厚

图 6-51　学堂洲近岸浅剖影像图

（c）部分三

图 6-50　沮漳河故道浅剖影像图

图 6-52　靠岸区（接近抛石区）浅剖影像图

沮漳河浅剖图见图 6-50 是连续剖面中的几个部分。均反映了河道在不同时期的淤积层结构。

图 6-50（a），左侧为均匀的结构为同一时期的沉积物，其他部分有明显的分层现

象。底部为河道的前期沉积，层之上为新的沉积。

图6-50（b），同样为不同时期的河道沉积物，但是沉积物的厚度有所不同，左侧新时期沉积物较少，随即加厚，并一直延伸，表明在该地区冲刷作用有所差别；在主要分层之下存在细微的分层，为不同沉积物类型造成。

图6-50（c），仍然具有明显的分层，但是在主层之上的沉积物非常薄，而且逐渐变为不明显，说明该处冲刷比较严重，存在的仍然为较老的河道沉积物。同样的下面具有较小的分层，可能为不同沉积物类型造成的分层。

图6-51（a），该区域存在明显的分层，上层较薄，为不同沉积物造成；但是在主层面以下存在细小的分层，在较老沉积中，可能存在不同的沉积物类型，而且其走向不统一，为不同时期内的沉积。

图6-51（b），该区域分层明显，上层沉积较厚，底部不平坦，可能为冲刷造成的沙波。上部沉积中无明显分层，沉积物类型比较单一；下部沉积中存在与主界面平行延伸的细小分层，该部分为同一时期的沉积，或者水动力条件相近。

该区域靠岸接近抛石区，图6-52为整个剖面的一部分，其中的主层一直延伸在整个剖面中，且起伏比较平缓，为不同时期沉积物的分界面，在主层上部可以观察到有细小分层，可能为较短时期内的沉积物，水底起伏不大。在主层下部无明显分层，该部分沉积物的组成比较单一，物性接近。在水底和主层之间可以观察到有块状物体，并部分掩盖主层，但无法准确判读其性质。

6.4.4.5 探测试验初步结论

浅层剖面声呐在荆江河段和隔河岩水库的初步探测试验结果表明，浅层剖面声呐，把现代科学技术和大发射功率，低工作频率超声探测技术组合为一体，成为新型声遥感探测系统，能揭示并处理分析长江、水库水底浅地层的地理信息特征，无疑是声波探测领域的创新与突破。

1. 浅层剖面声呐的开发与应用

（1）可对长江堤防隐蔽工程进行适时动态监测，探测堤防险段地层分层结构，抛石厚度，以及冲刷、淤积形态特征，为长江堤防的分析与决策提供科学的依据，可获得巨大的社会效益与经济效益。

（2）可用于水库、内河的动态监测，探测河床地层的结构关系、淤积状况等，为有关部门的科研、分析给予较为直接的监测数据。

2. 存在的问题

（1）浅层剖面声呐受到发射功率与频率的制约，从河床底质界面物质的粗糙度与穿透的关系来说，在工作频率、仪器发射功率、地层密度都为定值时，界面越平滑，反射强度越大，穿透深度越小，因为在平滑的界面上，增大了散射信号，那么只有增大发射功率或者降低发射频率，来提高声波的穿透能量。但受到换能器的体积制造工艺难度增加的制约，如何增加仪器的发射能量有待进一步探索与研究。

（2）为了保证良好的声波穿透地层的能力，仪器必须有较大的输出功率与较低的工作频率，使之浅水区探测地层目标十分困难，因为工作频率愈低，发射声波单位时间较长，导致了浅水混响和噪声的增加，使记录图像不能直观反映回波地层层面特征。同时二次回波也可能覆盖回波层，那么，仪器必须改善信噪比，增加多次波抑制电路，提高浅水区的回波层接收质量。

（3）地层层面深度（厚度）的量化，由于声波在水、泥、沙或沙砾、卵石中的传播速度不一致，对地层各层厚度的界定较为困难，需研究建立经验估算法。

参考文献

[1]　段光磊，等. 三峡库尾上游河段河床边界组成 [J]. 人民长江，2000（9）.

[2]　高志斌，段光磊. 边界条件对三峡坝下游河床演变影响 [J]. 人民长江，2006（12）.

第 7 章　清江流域河床组成勘测调查

清江水能资源十分丰富，仅干流中下游三十年前规划建设的隔河岩、高坝洲、水布垭等三大枢纽就有装机 300 万 kW 的电能，而且开发条件相当优越；清江洪水是荆江洪水不可忽视的组成部分，控制清水洪水，可在关键时刻缓解荆江的防洪形势。河流泥沙是影响水库效益和寿命的关键因素和核心问题。清江原属少沙河流，但随着人口增长和经济开发带来的负面影响，导致河流泥沙迅速增加，泥沙问题日趋暴露。

由于清江的水文工作基础十分薄弱，特别是泥沙资料严重缺失，首要工作是尽快补充和扩展基本泥沙资料。在 20 世纪 90 年代初清江开发公司就积极支持并资助长江水利委员会开展清江流域泥沙勘测调查和分析研究的任务。1991—1994 年开展了清江泥沙勘测调查分析工作。采取多种勘测调查手段，大力收集流域水沙资料。首先开展了全流域性的侵蚀产沙勘测调查，获得了清江流域侵蚀产沙数量与重点产沙区分布区域范围，分析了地质、地貌、气候、植被、农垦、经济开发等自然、人为因素对侵蚀产沙的影响；继而开拓性地运用勘测性水文测验新方法，测到了隔河岩、水布垭两枢纽干流入库卵砾石推移质输移量成果与渔峡口悬移质泥沙输移量资料；大规规应用精密岩性分析法获得了恩施—巴山峡河段主要产沙的 11 条大支流卵砾石推移质泥沙入汇干流百分比成果；通过前后三次全程的和多次局部短程的河床组成勘测调查，终于获得了全流域完整的河床组成分布资料；同时广泛收集了流域内与泥沙相关的气象、地理、地质、地貌、测绘、灾害与农林等多学科、多方面资料。使流域基本泥沙资料得到较大的补充，且大多数是弥补清江空白。

1998 年在前几年工作的基础上，由武汉大学牵头，长江委水文局参与，开展清江泥沙规律研究工作。工作的重点仍然是针对流域泥沙资料缺少的状况，继续深入开展勘测调查与理论分析，目的是进一步摸清流域侵蚀产沙现状，泥沙输移与堆积变化，以扩展并订正泥沙成果，从而深刻认识和掌握清江泥沙运动规律、特征、机理及其演变趋势。此次野外勘测调查自 1998 年初开始，至 1999 年 6 月基本结束。

该项工作在尚未实测水库库容地形的条件下，经多方勘测、深入调查、反复分析论证，分别求得了水库自 1988 年截流、1993 年蓄水运行以来，各类泥沙淤积数量，截至 1999 年年底止，水库淤积总量为 1.27 亿 m³，折合重量值为 1.827 亿 t，剩下库容为 30.53 亿 m³，若考虑测算误差，隔河岩水库进入 2000 年新世纪时，总库容在 30.2 亿～30.8 亿 m³ 之间。同时，本次较为详细准确地测到了隔河岩水库运行 7 年来变动回水区与常年回水区淤积泥沙的不同组成分布成果及其相应的容重值和不同容重分布规律等。

7.1 流域概况

清江是长江中游右岸的大支流，横贯湖北省西南部，地理坐标在东经 108°35′～111°35′、北纬 29°33′～30°50′的区域。整个流域介于两湖盆地与四川盆地之间，位于我国西部高原隆起边缘云贵高原的东北端，巫山山脉南部。河流为西东走向，流域地势自西向东倾斜。东邻江汉平原边缘，故清江出口段海拔较低，均在 200m 以下；南部武陵山余脉海拔1000～1500m，是清江与澧水的分水岭，马宗岭主峰海拔 2393m，为流域内高峰之一；西端齐岳山为河源区，海拔 1500～2000m，是清江与乌江的分水界；流域西南部恩施、成丰一带，因受断层陷落影响，海拔偏低，仅 500～1000m，构成鄂黔之间的天然通道；北侧属巫山山脉，乃清江与长江三峡间的分水岭，其高度为 1000～1900m。

清江发源于恩施土家族苗族自治州（以下简称恩施州）利川市齐岳山与佛宝山连接的凹陷部位——凉风垭（当地人又称姚家垭），即龙洞沟上十庙溶洞上约 3km 的地下水出口处。自西向东流经利川、恩施、成丰、宣恩、建始、巴东、鹤峰、长阳、五峰、宜都等十县市，在宜都市陆城镇汇入长江，干流全长 440km，总落差 1430m，流域面积 16700km²。

清江为山区性河流，具有普遍的和典型的山区河流特性。上游与中游河段年内水位变幅约 20 余米，且陡涨陡落。一般每年 4—9 月为汛期，10 月至次年 3 月通常为枯水期。磨市以下至河口约 21km 河段汛期受到长江的顶托影响。干流按河床形态与河道特性，分为上、中、下游三个河段。

河源至恩施巴公河口长约 169km 为上游，属高山—盆地河型，包括利川、恩施等两个小盆地及连接两盆地的伏流段与陡峻的峡谷段。自河源至落水洞，河流流经利川盆地低山丘陵区，河谷较为开阔，水势平稳，落差较小。自落水洞至黑洞，长 11.8km 为伏流，此段落差为 140.6km，比降 11.9‰；出黑洞后至车坝，河道行经于高山峡谷中，谷坡陡峻，落差为 423.9m，比降 11‰；车坝至恩施，河流进入恩施盆地，除大龙潭峡谷外，两岸山势均较开阔，坡降平缓，水势亦趋平稳，落差 79.3m，比降 2.3‰；全段落差为1070m，平均比降 6.3‰，一般枯水面宽约 50～70m，此段共有滩险 48 处。

恩施巴公河口至资丘长约 160km 为中游，河道绝大部分流经在深山峡谷中。两岸陡坡达 600～800m，有的则峭壁直立，水低岸高。除中间坪、中渡口、南潭河、白沙坪等处，略有较缓的窄长山坡地带外，绝大部分山峦重叠，属山地河型。河道两岸一般为裸露基岩组成，河床内覆盖层多为卵砾。隔河岩枢纽未蓄水前，枯水期河宽一般为 40～60m，水深一般 1.5m 左右，滩险处多小于 1.0m，最浅者约 0.4m。洪水期河宽一般为 100m 左右，个别河段上可达 200mm 左右。河岸山崖、崩石、石嘴卡口等约制水流，常形成各种不规则水流，流态紊乱。由于滩险壅水，水面线呈阶梯状，"滩""沱"相间，属"沱"的河段，中枯水期流速 1.0m/s 左右，滩险处流速一般在 3m/s 以上，水流湍急汹涌。此段落差 80m，平均比降 1.8‰，有滩险 129 处（非常险恶的有 23 处），滩险总长度约 43km，占全河段长度的 27%。隔河岩枢纽蓄水后，河段状况已有明显变化。当隔河岩水库水位160～175m 时，坝前至茅坪段已成为库区航道，浅滩全部淹没，水面宽在数百米。茅坪以上河段（至恩施）则仍处于天然状态，枯水期水面宽约 20～40m，最小水深仅 0.3m，

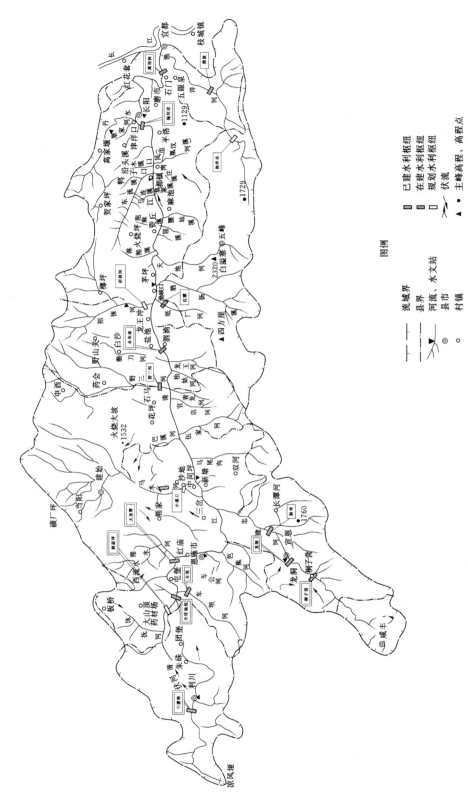

图 7-1 清江流域水系分布图

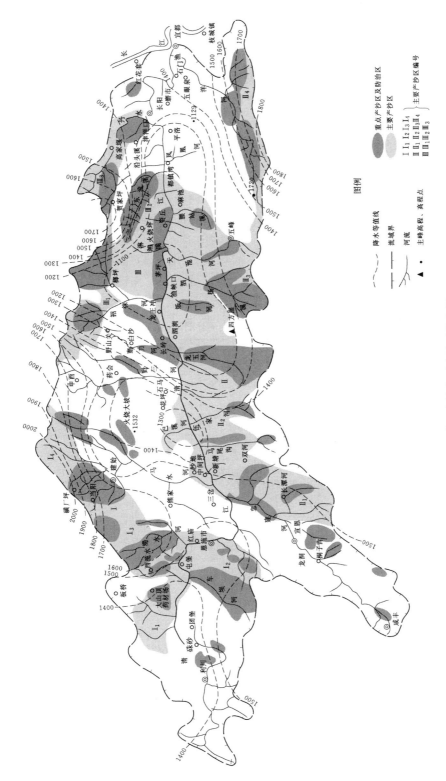

图 7 - 2　清江流域主要产沙区分布图

主要滩险 4 处，滩险长度大大缩短；当蓄水至 200m 高度时，则水布垭以下皆可通航。

资丘至出口宜都市陆城镇，长约 110km 为下游，河道流淌在低山和丘陵区。资丘至鄂家沱段为低山区，河道内狭谷、险滩较多。在隔河岩枢纽蓄水后，资丘至隔河岩 50km 河道已为常年深水库区，库区宽段成为宽阔优美的千岛湖。隔河岩以两岸逐渐开阔，流经鄂家沱附近渐入丘陵区。整个下游段属半山地河型。洲滩多，堆积厚层卵砾石。枯水水面一般为 80～100m，部分河段宽达 250m 以上。该段亦有不少滩险，民间曾流传"七滩八淤兼九州，七十二滩上资丘"。部分滩险经治理，情况有所改善，但仍有主要滩险 39 处。高坝洲水库于 1999 年建成蓄水后绝大部分浅滩潜入库底，仅剩下高坝洲以下的七个洲滩，由于出口段近年大量挖砂，所弃粗卵石在河道内任意堆放，故造成出口河道堵塞，水流分散紊乱。此段河流天然落差约 40m，平均比降 0.6‰，流速较缓，长滩以下一般在 1.0m/s 以下。此段河道曲率一般较大，仅长滩至高坝洲有约 6km 的马蹄形弯段，局部弯道半径仅440m 左右。高坝洲以下河段汛期受到长江顶托影响较大。

清江支流较多，一级支流有 25 条，流域面积在 500km² 以上的有 7 条：左岸有马水河、野三河、招徕河、丹水等 4 条；右岸有忠建河、龙王河、渔洋河等 3 条。清江流域水系分布见图 7-1。清江流域主要产沙区分布见图 7-2。主要支流水文要素统计见表 7-1。

表 7-1 清江主要支流水文要素统计表

序号	支流名称	岸别	发源地	长度/m	面积/km²	落差/m	比降/‰	平均流量/(m³·s⁻¹)	最大流量/(m³·s⁻¹)	最小流量/(m³·s⁻¹)	径流深/mm
1	车坝	右		48.9	24.7	910	18.6	6.70			
2	忠建河	右	成丰南部出水洞	117	1881	424	3.6	48.80	2320	1.14	1135
3	马水河	左		102	1693	1569	15.4	35.20			
4	伍家河	右	建始官店水井岩	33.1	230	1698	51.3	5.90			835.8
5	栗阳河	右	建始官店卞京坪	19.3	83.5						
6	青龙河	右	建始官店盐闭井	16.8	67.1						
7	板桥沟	右									
8	野三河	左	巴东飞锅山	63.0	1092	1527	24.0	28.40			
9	龙王河	右	鹤峰北部芹草坪	54	624	1620	30.0				
10	枝柘坪	右	巴东河沟东南麓东支长阳贺家坪碑坳	16.5	62.9	530	32.1	0.90			900
11	招徕河	左	西麓栗树坡，西支巴东娃娃寨	51	792	1652	28.0	16.70	2880	1.69	586
12	石板溪	右	巴东长河坪	25.85	129.70	1447.1	55.98	3.18			900
13	泗洋河	右	五峰湾潭分水岭	45.05	419.59	1233.6	27.0	8.80			831
14	天池河	右	五峰落风垭北麓	45.45	385.14	1450	31.9	10.14			900
15	淋湘溪	左	长阳火烧坪九堰湾	22.3	78.5	1600	71.7	1.75			900
16	泡麻溪	左	长阳火烧坪乡关口	12.7	55.3	1320	103.9	1.48			900
17	曲溪河	右	长阳黄柏山、麻池交界票子坪	17.3	73.0	1673.6	96.7	1.87			900

序号	支流名称	岸别	发源地	长度/m	面积/km²	落差/m	比降/‰	平均流量/(m³·s⁻¹)	最大流量/(m³·s⁻¹)	最小流量/(m³·s⁻¹)	径流深/mm
18	腰站溪	右	长阳、玉峰交界的四方洞	20.7	149.1	1265.4	61.0	3.91			900
19	东流溪	左	火烧坪独树坡	37.15	222.14	1380.2	37.0	6.74			1000
20	南汉溪	右	长阳龙潭凤竹园西南	37.15	238.76	971.6	26.0	4.04			961
21	平洛河	右	长阳肖家窝北麓	21.0	94.0	319.3		2.70			1000
22	沿头溪	左	长阳戴家湾后峰溪	23.9	108.9	1010	42.0	3.32			1000
23	丹水	左	长阳贺家坪镇西7km跌马坡	71.75	548	881.4	15.0	14.90	1350 (75.8)	0.92 (66.9)	900
24	白氏溪	左	长阳刘家坳村的园头观	11.0	38.0	295.4	27.0	0.54			900
25	中溪河	右	长阳鏖市鹰峰脑凉水片	16.7	64.68	230	14.0	1.75			850
26	渔洋河	右	五峰长乐坪	98	1190	1982	20.2	38.00	2690	1.71	

7.2　清江河床物质组成分布

7.2.1　河床物质组成

清江河床物质组成以卵石为主，在上游、中游的峡谷河段局部有基岩裸露，纯沙（小于2mm粒径的泥沙）体很少。全流域河床覆盖着大面积卵石（含漂石），洲滩的绝大部分为卵石或卵石夹砂组成，细粒泥沙比例甚小，裸露的基岩在上游伏流出口黑洞—车坝段、中游罗家洞—马尾沟段出露较多，如雪照河上下河段、罗家洞以下庙耳岩、滚波浪、三簸箕等河段，均有较短的或成片的基岩裸露，并有巨石散落其间，中下游河段基岩裸露很少，仅偶尔有突出的岩脉与岩质碛坝外露；纯沙体，除汛期壅水河段两岸岸坡洪水线上下的凹窝部位有很小的纯沙体外，还可在洲滩的下尾段见到，即成稀疏的星点状分布。

7.2.2　洲滩分布特征

干流上游车坝—大龙潭有大小洲滩15个，其中边滩12个，溪口滩3个，没有心滩，洲滩长度占河段长度的38.97%；大龙潭—恩施市南大桥，分布洲滩15个，计有边滩12个，心滩2个，溪口滩1个，洲滩长度为河段长度的63.26%，见表7-2。洲滩组成物质竖向分布，一般以基岩为底；中部为卵、砂混合层，并以卵石为主；上为粗化的卵石层。

中游恩施巴公河口—水布垭为较长峡谷河段，泥沙堆积条件差，洲滩分布少。据统计该段115km仅37个洲滩，其中边滩31个，心滩2个，溪口滩4个，洲滩长度只有河段长度的9.63%，但其中鸭溪渡—罗家洞口段为长峡谷河道中的相对展宽河段，洲滩相对为多，如鸭溪渡、大脉垄、长沙河、倒拐子（罗家洞）有连续多个洲滩。

表 7-2 清江（车坝—清江口）主要卵石洲滩河段长度统计表

序号	河段名称	河段长度/km	洲滩长度/km	洲滩长度占河段百分数/%	洲滩分类 边滩数	心滩数	溪口滩数	洲滩总数
1	车坝—大龙潭	14.5	5.65	38.97	12	—	3	15
2	大龙潭—恩施南大桥	13.5	8.54	63.26	12	2	1	15
	（车坝—恩施）	(28.0)	(14.19)	(50.68)	(24)	(2)	(4)	(30)
3	恩施—水布垭	115.5	11.12	9.63	31	2	4	37
4	水布垭—半峡	9.0	3.10	34.40	4	—	—	4
5	半峡—渔峡口	55	2.60	47.27	3	—	2	5
6	渔峡口—隔河岩	91.0	10.10	11.10	15	4	4	23
	（水布垭—隔河岩）	(105.5)	(15.80)	(14.98)	(22)	(4)	(6)	(32)
7	隔河岩—高坝洲	49.5	43.29	87.45	28	5	2	35
8	高坝洲—河口	12.5	3.80	30.40	5	1	—	6

下游隔河岩—高坝洲 49.5km 的河段上，分布洲滩 35 个，其中边滩 28 个，心滩 5 个，溪口滩 2 个，洲滩长度占河段长度的 87.45%，而成为清江洲滩分布率最高与泥沙堆积量最大的河段；高坝洲—河口段有大的洲滩 6 个，5 个边滩，1 个心滩，边滩长度为河段长度的 30.4%；整个隔河岩—清江河口河段，共计洲滩 41 个，洲滩长度为河段长度的 75.9%，其洲滩长度百分数分别为恩施—水布垭、水布垭—隔河岩的 7.87 倍和 5.06 倍。故下游河道泥沙堆积量较上游、中游大得多，见表 7-3。

表 7-3 清江河口段高坝洲下游河床冲淤计算表

断面号	断面间距/m	40.00m高程以下 1983年 面积/m²	河宽/m	1994年 面积/m²	河宽/m	两年差值 面积/m²	河宽/m	两断面之间冲淤量/m³	河段平均冲淤厚度/m	45.00m高程以下 1983年 面积/m²	河宽/m	1994年 面积/m²	河宽/m	两年差值 面积/m²	河宽/m	两断面之间冲淤量/m³	河段平均冲淤厚度/m
高下 1		57	72	82	86	−25	−14			899	253	1027	255	−138	−2		
高下 2	827	10	41	35	66	−25	−25	−20675		1011	250	1027	258	−16	−8	−63679	
高下 3	660	9	36	5	17	4	19	−6930		1148	293	1159	294	−11	−1	−8910	
高下 4	620	137	101	38	34	99	67	−31930		1095	224	974	249	−278	−25	−34100	
高下 5	540	46	100	364	199	−316	−99	−58590		1197	249	1475	264	−268	−15	−42390	
高下 6	755	195	194	456	206	−261	−12	−217818		1385	244	1653	255	−326	−11	−206115	
高下 7	820	226	215	566	230	−340	−15	−246410		1489	259	1815	265	−385	−6	−243540	
高下 8	1160	327	215	749	244	−422	−29	−441960		1695	297	2080	304	−248	−6	−412380	
高下 9	920	225	122	403	210	−178	−88	−276000		1844	357	2092	360	−385	−3	−291180	
高下 10	1150	555	178	797	213	−242	−35	−241500		1715	263	1964	269	−249	6	−285775	
高下 11	958	647	251	880	272	−233	−21	−227525		2067	295	2443	310	−376	−15	−299375	
高下 12	917	608	241	1300	255	−692	−14	−424112		1896	264	2679	287	−783	−23	−531402	
高下 13	1260	747	247	1180	280	−433	−33	−708750		2168	321	2529	340	−361	−19	−720720	
高下 14	760	849	182	1059	206	−210	−24	−244310		1877	224	2120	238	−243	−14	−229520	
合计	11347							2886650								3300886	
平均									−1.41								−1.03

7.2.3　床沙颗粒级配组成分布特征

清江床沙粒径范围较宽。大块巨石可达几十米见方，稀疏地散落在上游、中游河床上；大于 500mm 的峦石沿程均有分布；200～500mm 粒径的漂石，在洲滩与床面上均占有一定比例；清江洲滩与河床堆积物的基本组成部分为小于 200mm 的卵、砾、砂，这级泥沙也是推移质泥沙的主体部分。在大于 200mm 的粗颗粒泥沙中，只对 200～500mm 粒径的漂石集中区进行简易量测，用于岩性鉴定和对洲滩坑测取样级配资料的补充。

7.3　沿程洲滩床沙粒径组成分布特征

以特征粒径 D_{50} 和 D_{max} 为代表粒径，绘制为图 7-3，沿程分布特征主要有：

（1）沿程洲滩 D_{50} 和 D_{max} 粒径呈跳跃状变化，没有一般河流泥沙粒径自上而下逐渐变小的总趋势。

（2）从分段情况看，上游大龙潭—中游马水河口、中游泗扬溪口—隔河岩等两个河段的泥沙粒径相对粗一些，大多数坑测样品的 D_{50} 粒径大于 60mm；马水河口—泗扬溪口、隔河岩—河口的两河段粒径比较小一点，即大多数坑测 D_{50} 粒径小于 60mm。以上分布基本没有显示出河床冲淤变化引起床沙粗细化的一般规律，如马水河口—水布垭河道处于冲刷状态，其床沙粒径反而小于水布垭以下的淤积段。经分析认为清江干流洲滩泥沙粒径大小组成与沿程两岸支流补充泥沙的粒径组成有关。如恩施盆地泥沙主要来源于干流大龙潭以上和支流滞水河，来沙粒径较粗，滞水河口门徐家坝坑测 D_{50} 为 63mm；泗扬溪口以下的天池河口内 D_{50} 粒径高达 98mm，东流溪口门内 D_{50} 为 65mm 等，这就分别影响恩施盆地与泗扬溪—隔河岩段床沙颗粒偏粗。而马水河口—泗扬溪段补充来沙的支流中，马水河忸门段（老渡口以下）坑测平均粒径只 47.5mm，马尾沟、伍家河、野三河、龙王河等支流口门床沙粒径依次分别为 50mm、35mm、32mm、58mm，其粒径均在 60mm 以下，故该段床沙粒径偏细；隔河岩—河口段沿程汇入支流的床沙粒径为：丹水河口门坑测平均粒径为 52.5mm，白氏溪、白岩溪、渔洋河分别为 52mm、41mm、29mm，所以该河段洲滩床沙粒径也偏小。

（3）隔河岩水库蓄水前后洲滩床沙粒径变化。隔河岩水库蓄水前后的 1992 年汛后至 1993 年汛前和 1998 年汛后至 1999 年汛前，分别对清江沿程洲滩床沙组成作了两度全面勘测，两次成果有一定差异，见图 7-3。主要表现在 1998 年大洪水补充来沙后出现了床沙总体细化趋势。

1）恩施盆地河段及中游恩施—景阳河段，床沙颗粒明显细化。原因是 1996 年、1998 年两大洪水期间，该区域有较多较细卵砾泥沙补充所致。

2）景阳—半峡河段，D_{max} 稍微变细，D_{50} 略有增粗。原因是该河段在 1996 年和 1998 年大洪水补充泥沙中，粗大颗粒与细小颗粒都较少。

3）半峡—茅坪河段粒度进一步变小，原因是 1998 年隔河岩水库变动回水区的高库水位时间长，大量细卵粗砂在此段沉积，故明显细化。

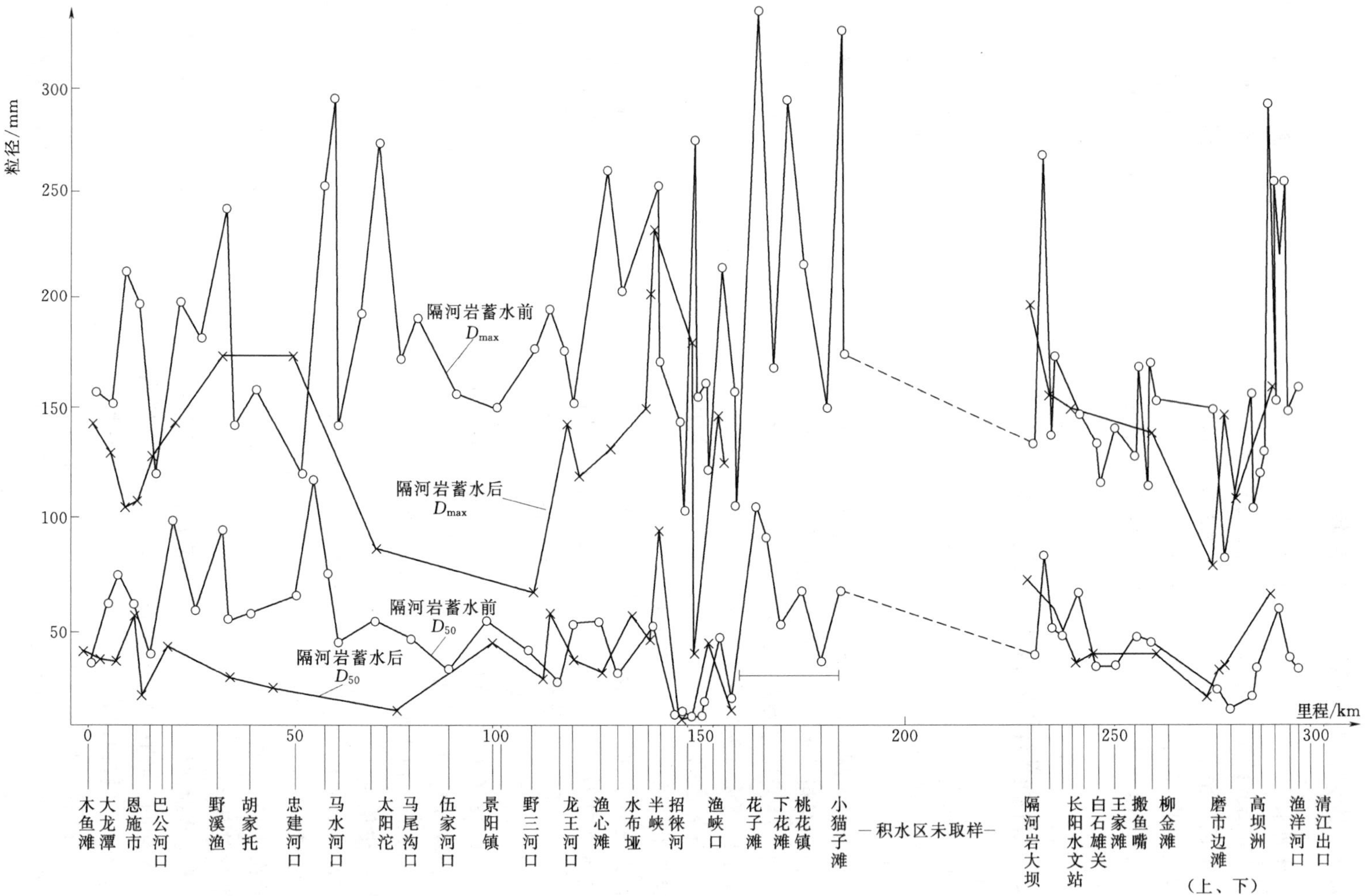

图 7 - 3　清江洲滩滩床沙特征粒径沿程分布图

4）隔河岩下游河段。隔河岩—鄢沱段，虽处于坝下游，却没有粗化，也未细化。特点是滩面床沙颗粒大小变化的幅度显著减小，即原来相对较大或较小颗粒泥沙所占比例有所减少。因上游隔河岩蓄水后，下泄流量受到控制，除泄洪外，终年都为中小流量，因而缺乏冲刷粗化的功能；其次，两岸补充来沙中，粗颗粒较少，而较多较小的砾砂，又可为水流带走，故无明显粗细化，并使床沙颗粒大小差异缩小。

鄢沱以下河段，D_{max}略细。主要因为大洪水期两岸补充来沙中，粗颗粒泥沙少，造成D_{max}相对变细；而中小颗粒泥沙虽多，但小粒泥沙多被人工采掘或为水流带走，故形成中粗砂粒沉积量相对增多。

（4）大洪水作用下堆积量大，床沙细化。1998年大洪水带来大量泥沙堆积在河道和水库中，新堆积泥沙颗粒普遍细化，但随着以后中小洪水的冲刷，较细颗粒陆续冲走，床沙粒径复又转粗。唯上游黑洞—车坝河段，1998年大洪水前后基本没有变化，堆积仍然集中在姚家坝至天楼地枕段，粒径也无变化，普遍粗大，大于200mm粒径的达90%以上，其中大于500mm的峦石和特大巨石占54%，且小于200mm的较小颗粒多受粗化层保护。因颗粒粗大，对清江泥沙输移与堆积变化影响较小。

7.4 床沙粒径沿深度组成分布特征

7.4.1 中值粒径D_{50}沿深度的变化

各取样点活动层D_{50}值以表层最大，次表层最小，深层一部分略大于次表层，一部分稍小于次表层，即除表层受床面粗化影响偏粗外，从次表层起沿深度的粒径变化微弱，见图7-4。

7.4.2 最大粒径D_{max}沿深度分布频率

经统计清江45个取样点最大粒径出现在各层的次数为：表次11次、次表层7次、深层27次，各占百分数依次分别为24.5%、15.5%、60%。统计结果表明最大粒径出现在深层的频率较

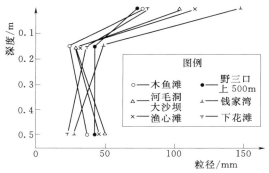

图7-4 清江洲滩床沙粒径D_{50}沿深度分布

高。这主要是水流和泥沙相互作用、冲淤分选效应长期积累的结果。当滩面受到水流冲刷时，细颗粒泥沙依次被冲走，滩面降低，随着冲刷加强，滩面继续降低，粗颗粒泥沙逐渐向底层沉降，当下次水沙过程发生淤积时，粗大颗粒被覆盖在下层。因此，冲淤分选累积效应总是使床面上难于冲动的粗颗粒向下层位移。这就决定了在冲淤深度变幅范围内D_{max}出现在深层的几率大一些。

7.4.3 卵砾洲滩活动层沙泥含量分布

（1）沿程洲滩砂泥含量百分比呈跳跃式变化，见图7-5。形成原因有自然与人为两

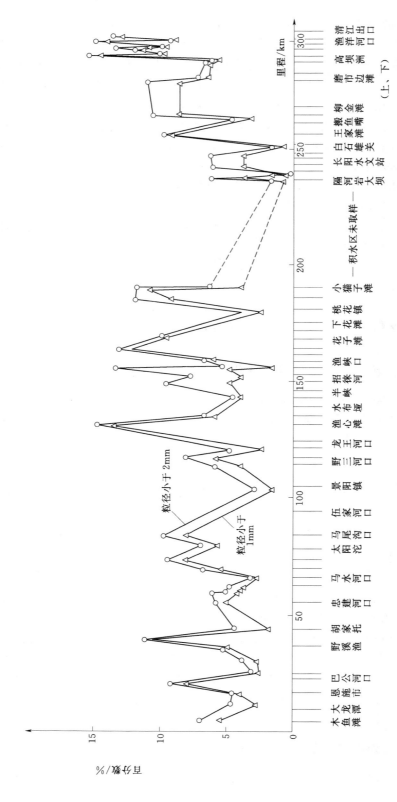

图 7 - 5　清江洲滩滩床沙中沙泥含量百分比沿沿程分布

268

方面因素的影响，沿程洲滩由于泥沙堆积条件的差异，其砂、泥含量百分比必有差异；人工取样点位置选择存在非同一性，取样深度也不尽相同，从而加剧了沙、泥含量百分比的差异。

（2）卵砾洲滩活动层沙、泥含量以占其活动层组成物重量百分数计，小于 2mm、1mm 粒径的沙泥，恩施盆地为 6.3％、5.2％；恩施—水布垭为 6.2％、5.5％；水布垭—巴山峡为 9.1％、5.8％；巴山峡—隔河岩未取样；隔河岩至高坝洲为 5.5％、3.8％；高坝洲—河口为 12.4％、11.70％；恩施盆地及盆地边缘虽泥沙大量落淤，但沙泥含量却比较小，主要是人工大量挖砂的结果；恩施—水布垭系长峡谷段，流速较大，一般处于冲刷状态，沙泥含量也较小；水布垭—巴山峡段洲滩多，处于淤积状态，沙泥含量比较大；（巴山峡—隔河岩未取到样）；隔河岩以下河段沙泥含量自上而下呈阶梯状增高，一种解释是隔河岩水库蓄水后坝下游的冲刷效应，该段取样为隔河岩水库蓄水运行一年以后进行的，隔河岩坝下—白氏雄关段受冲刷影响大，小于 2mm、1mm 的坑测平均沙泥含量最少，分别为 3.28％、1.88％；白氏雄关—高坝洲段冲刷影响减弱，沙泥含量分别回升到 7.77％、6.81％；高坝洲—河口段冲刷影响更小，且有上游冲刷泥沙在此段大量落淤，尽管受挖砂的影响，其沙泥含量比仍然最高，分别达到 11.4％、11.7％；但从蓄水运行后坝下游河道的长期演变中，却呈淤积萎缩状态。

以上分析分析表明，清江床沙物质组成以卵石（含漂石、峦石）为主，辅以小段块裸露的基岩与星点状纯沙体；颗粒级配组成沿程分布呈跳跃状变化，1998 年大洪水补充了较多中小颗粒泥沙，总体上稍微细化；粒径沿竖向分布具有表层最粗、次表层较细，深层与次表层接近，最大粒径泥沙较多地出现在深层的规律；全流域洲滩沙、泥含量一般在 10％以下，其沙泥含量百分比大小基本反映河床冲淤变化的影响。

7.5　水库塌岸崩坡调查

突发性泥沙现象的另一种表现形式是水库库岸的崩塌、滑坡。通过长江委地质专家多年对清江三大水库库岸稳定性的调查分析，已查明：库区分布有崩塌体、滑坡体、危岩体共 169 处，总方量为 17.9 亿 m³，其中正在滑动的或不稳定、欠稳定的计有 35 处，方量为 2.15 亿 m³。各水库数量见表 7-4。

表 7-4　　　　　　　　　　清江三大水库滑坡崩岩体统计表

水库名称	崩滑危体总个数	体积/亿 m³	不稳定体个数	不稳定体体积/亿 m³	主　要　特　征
水布垭	131	16.3219	23	1.1474	崩滑点分布集中，主要在坝下 1.9～坝上 9.5km、距坝 32.0～38.6km 和距坝 59.6～70.0km 等三段总计 28.4km 的库段上，共有滑崩点 62 处，多数滑体体积较大，超过亿 m³ 的有两处
隔河岩	36	1.5544	10	0.9930	少数不稳定的崩滑体分布在水库中上段断面较小的库区，一旦滑坡必影响航道，个别危岩体多为人居集中处
高坝洲	4	0.0300	2	0.0100	库岸平缓，滑体方量小
小计	171	17.9063	35	2.1504	

以上崩塌体、滑坡体和危岩体中不稳定体积高达 2.15 亿 m³。这些崩滑体无疑是突发性泥沙的重要潜在源体，一旦在地质构造运动、暴雨山洪或水库效应（长期浸泡、浪蚀、蓄水降低库岸地下水外渗等）等作用下，随时失稳而崩滑，如本次查勘发现隔河岩库区长岩屋岩体破裂加剧，1998 年大洪水后，新增宽 30m 和 50m 的两个新滑坡体。而此处库面较窄，若发生大崩，将出现阻流、碍航等恶果。直接威胁水库两岸居民，特别是滑坡体上的居民地、工矿企业、学校、交通、通信设施及农田的安全，并阻塞航道，还可能产生一些次生灾害。这些滑坡体的存在与不稳定性，必将影响到整个库区的发展规划，直接影响到水库移民的数量与安排。

7.6 清江推移质泥沙来源及主要支流汇入量比例估算

7.6.1 清江推移质泥沙来源分析

7.6.1.1 漂石（粒径 200mm）来源分析

漂石在清江干流均有分布，经查勘获知：干流中的漂石主要来自两岸支流沟谷及岸坡等处，多为崩岩、滑坡等重力侵蚀的产物；而 500～1000mm 的巨大漂石则是特大暴雨山洪及泥石流产生，其搬运距离更短，可见沿岸及沿岸附近地带是漂石主要产地。

7.6.1.2 卵石来源分析

粒径组 10～200mm 是清江推移质与床沙的主要组成部分，清江全流域干、支流均有分布。自 1991—1994 年上起恩施大龙潭以上的木鱼滩，下讫河口区的王家坝滩止，系统地进行了床沙取样，同时对沿岸大支流忠建河、马水河、野三河、龙王河、招徕河等也在代表性河段进行了挖坑取样，获得了床沙级配、岩性、形态等系列资料；1998—1999 年度再度进行了全程取样。

通过岩性分析计算和产沙环境的对比分析得出，清江自支流龙王河口—支流丹水河口段，支流密集，主要产沙支流均集中分布于此段。因此，该段是卵石汇入的主要地段，其中包括三个分段：龙王河—磨刀河段、招徕河—天池河段和东流溪—丹水河段。重点产沙支流从上至下依次为龙王河、招徕河、天池河及东流溪、丹水河等。

7.6.2 支流卵石推移质汇入清江干流比例

7.6.2.1 卵砾石岩性勘测鉴定

1. 清江流域的岩性勘探河段范围

岩性分析规模较大，包括了流域内主要的产沙支流和干流卵石推移质输移、堆积最集中的长距离河段，即恩施—巴山峡段，长度为 1170.5km。

2. 勘测技术与要求

取样试坑布置，原则是汇流前的各河流布设同等数量的试坑，通常为 2～4 个，汇流后的试坑数量则是依据河流沙量平衡原理的需要，为汇流前试坑总数之和。各试坑采样体积一致，一般为 1～2m³，颗分、岩分方法及规格也一致。试坑点位经过现场反复比较、仔细推敲后勘定。既要选设在未受到人为因素和不正常自然因素干扰的卵石堆积区域，又要求岩性与颗粒级配的组成分布具有较高代表性的部位。

3. 岩矿分析鉴定

主要在现场确定，不易辨别时，则以锤击破石或化学试剂判别，少数难辨卵石样品则送地质科研院所切片定论。由于清江流域大面积岩性组成接近，故对卵砾石的矿物岩性成分的划分特别细，在按碳酸盐、碎屑岩、岩浆岩、变质岩等大类区分的基础上，再区分地质年代、颗粒级配，接下来鉴别单颗卵石组成质微颗粒的相对粗细，而提出新的岩性物类。

4. 量测精度

长度精确到毫米，质量精确到半刃（25g），分重与总重之差小于 1：2000。

7.6.2.2　计算原理与方法

设某流域由 A、B、…、R、S 等 m 个小流域组成，而流域内某一粒径组的输移泥沙含 1、2、3、…、n 种岩矿组成。从 A 流域输出的泥沙岩矿百分数为 a_1、a_2、…、a_n，从 B、…、R、S 流域输出的泥沙岩矿百分数为 b_1、b_2、…、b_n 同理类推。它们在下游 W 断面汇合后岩性百分数为 W_1、W_2、…、W_n。从各小流域汇入的泥沙占 W 断面输移泥沙的百分数，A 流域为 x_1，B 流域为 x_2，S 流域为 x_m，根据沙量平衡原理对某粒径组，可建立关系方程为

$$a_1 x_1 + b_2 x_2 + \cdots + s_1 x_m = W_1$$
$$a_2 x_1 + b_2 x_2 + \cdots + s_2 x_m = W_2$$
$$\vdots$$
$$a_n x_1 + b_2 x_2 + \cdots + s_n x_m = W_n$$

同一粒径内各岩性种类卵石上下游输移量均应平衡。根据最小二乘法原理，每一支流来沙占汇合断面输沙量的百分数 x_1、x_2、…、x_m 的最或是值解为

$$[aa]x_1 + [ab]x_2 + \cdots + [as]x_m = [aw]$$
$$[ba]x_1 + [bb]x_2 + \cdots + [bs]x_m = [bw]$$
$$\vdots$$
$$[sa]x_1 + [sb]x_2 + \cdots + [ss]x_m = [sw]$$

其中 $[aa] = \sum_{i=1}^{n} a_i a_i$，$[ab] = \sum_{i=1}^{n} a_i b_i$，依此类推。

7.6.2.3　入汇比例计算结果

1. 支流汇入百分数

支流汇入百分数系指某支流与对应干流的汇入百分数。恩施—长阳巴山峡河段主要入汇支流—忠建河、马水河、马尾沟、野三河、龙王河、磨刀河、招徕河、石板溪、泗扬溪、天池河、腰站溪等 11 条主要产沙支流进行了汇入百分数计算。

2. 河段汇入比计算

根据河段支流分布与来沙情况，将恩施—长阳巴山峡河段分作上下两段计算。上段以招徕河口定心滩和狗儿滩为汇合点（段），计算出恩施—招徕河口段的分段汇入比；下段以腰站溪口下游的猫子滩为汇合点（段）计算出招徕河口—腰站溪段的分段汇入比。以上支流汇入百分数及河段汇入比例计算结果见表 7-5。

汇入干支流	招徕河口下游狗儿滩汇入区								巴山峡上猫子滩汇入区				
	清江忠建河口上游汇入量	忠建河	马水河	马尾沟	野三河	龙王河	磨刀河	招徕河	清江石板溪口上游汇入量	石板（纸厂河）	泗扬溪	天池河	腰站溪
支流汇入百分数	74.84	25.16	34.10	8.90	4.74	50.45	26.79	40.75	77.59	22.41	18.50	36.24	20.09
河段汇入百分数	3.58	8.30			9.62	37.75		40.75	32.22	9.30	9.43	28.96	20.09

表 7-5　　　　　　　　　　清江主要支流推移质汇入比例估算结果　　　　　　　　　　　%

注：1. 支流汇入百分数系指单支流汇入量。

2. 河段汇入百分数系指单支或多支汇入某河段的百分数。

以招徕河口为汇合点，上游各分段汇入百分数为：清江干流忠建河口上游为 3.58%，忠建河—马尾沟（含忠建河、马水河、马尾沟）为 8.30%，马尾沟—野三河为 9.62%，野三河—招徕河（含龙王河、磨刀河）为 37.75%，招徕河占 40.75%。以野三河为界，其上游河段卵石汇入比仅占招徕河汇合点的 21.50%，而下游河段有龙王河、磨刀河和招徕河汇入，其汇入比高达汇合点的 78.50%；以巴山峡上游的猫子滩为汇合点，招徕河下游各分段汇入百分数分别为：清江干流石板溪上游来量占 32.22%，石板溪—鲢鱼滩（含石板溪、泗扬溪等）汇入 18.73%，鲢鱼滩—资丘段（含天池河）为 28.96%，资丘—猫子滩段（含腰站溪）为 20.09%。

此外，运用岩性分析法还获得上游支流滞水河入汇干流的比值为 39%，干流大龙潭则为 61%，汇口下首恰有恩施站，推算得出滞水河卵砾石推移量在小水、中水、大水年分别为 1.8 万 t/年、3.7 万 t/年、7.7 万 t/年；大龙潭水库坝址的小水、中水、大水年则分别为 2.8 万 t/年、5.9 万 t/年、12.0 万 t/年。

7.7　综合取样对比试验

7.7.1　洲滩取样方法试验

7.7.1.1　取样试验布置

长江委水文局荆江局于 20 世纪 80 年代末期开展了洲滩取样方法试验。试验的取样方法见图 7-6。

图 7-6　卵石取样方法

样兼作面块样品。

点位布设见图 7-7。

7.7.1.2　技术要求

（1）试坑取样依次采用揭面法和体积法分层取样。图 7-7 中，中心纵断面线上的 1、3、6、9、11 等五孔为三层（揭面、揭面以下两层），其他 2、4、5、7、8、10 等六孔为两层（揭面、揭面以下一层），面层取

（2）布设中心纵断面 1 个，采用步格法、线格法各取样两次，用筛析颗分。

（3）布设上段纵断面 4 个，步格法 1 次，线格法 1 次，逐个量测三径、称重。

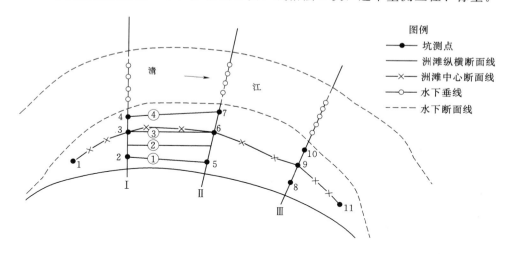

图 7-7 搬鱼嘴河段卵石河床质取样试验布置图

（4）布设横断面 3 个，其中步格法和线格法各 2 次，定网格法 1 次，焗面法 1 次。除定网格法中线作逐个量的三径外，其余均为筛析法颗分。

7.7.1.3 取样操作要点

1. 试坑取样

（1）面块取样：分别作 0.8m×0.8m 和 1.0m×1.0m 面块取样。

（2）面层以下作 1～2 层体积法取样。

2. 面上取样

在断面线上拉 1～2 根直线，相距 0.2m，为面上取样之标志。具体方法如下：

（1）线格法在直线的固定间距上拾样。

（2）步格法沿直线旁边走步，每走一步，大脚趾所点之石，即为样品。

（3）断面法在断面线上，沿线逐颗拾起卵石作为样品。

（4）定网格法将网格中心线重合于断面线上，逐格取样，于网格中纵横格各距 0.2m 的交点上拾取卵石作为样品，每个网格取样 25 颗。

7.7.1.4 试验成果及比较

1. 试坑取样成果

表层分块（0.8m×0.8m 与 1.0m×1.0m）特征粒径 D_{50}，最大相对误差为 6%，比较接近。表层粒径偏粗，详见图 7-8 中 a 组，而二层、三层粒配相差较小，见图 7-8 中 b 组。面块取样即试坑的表层样品与坑平均值之比的情况同上。

2. 网格法的成果比较

（1）以中间 6 个坑（2、3、4、5、6、7）的面层（1.0m×1.0m）粒配作为比较标准。其中，步格法用重量计，步格法以颗数计的粒配曲线见图 7-9 中 a 组，颗数计的曲

273

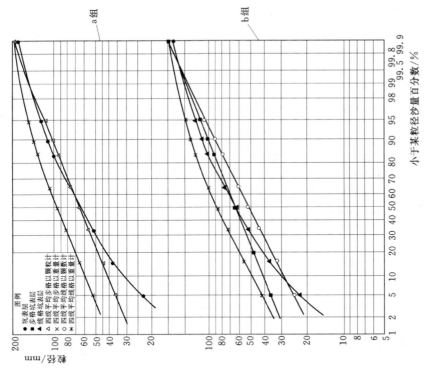

图 7−9　网格法泥沙不同计量方法颗粒级配曲线

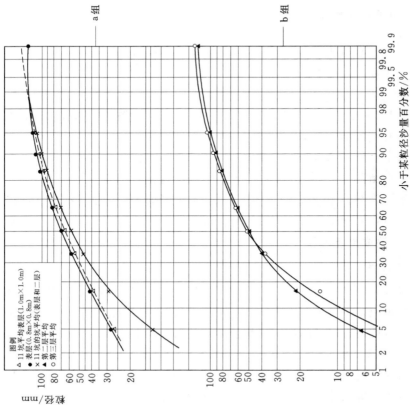

图 7−8　坑测法各层泥沙颗粒级配曲线

线与6坑平均级配较接近。

（2）线格法与6个坑面层平均粒配比较，以颗数计粒配接近坑平均，重量计粒配较粗，见图7-9中b组。

（3）步格法与线格法以颗数计泥沙级配曲线线型基本一致，且均接近对数正态分布，且步格法粒径比线格法粗，见图7-10。

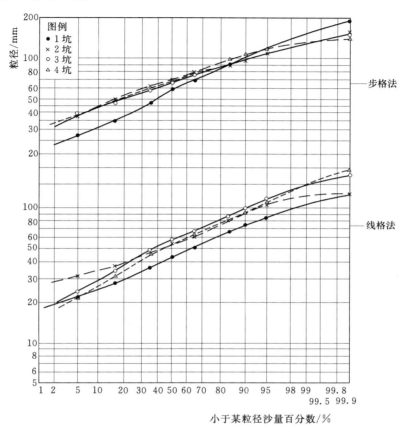

图7-10　步格法与线格法以颗粒计泥沙颗粒级配曲线

（4）横断面取样。以一个横断面上9个坑（2、3、4、5、6、7、8、9、10）的1.0m×1.0m面层平均值作为标准值。上、中、下3个横断面取样平均值与9坑表面层平均值比较，见图7-11中a组。两线较为接近，横断面法略微偏粗，D_{15}以下偏粗稍微大一点。

（5）不同取样方法比较。在上、中、下3个横断面上用步格、线格、定网格、取样后分别合成一个样品以重量计求级配，这三种方法也是一种横断面取样法，为区别起见，定名为简易步格、线格、定网格法。与9个坑面层平均比较，网格法（简）粒径偏粗；步格法（简）与线格法（简）粒径D_{80}以下偏粗，D_{80}以上偏细，见图7-12。几种方法与坑平均比较，误差较正规横断面法为大，单线和双线很接近。

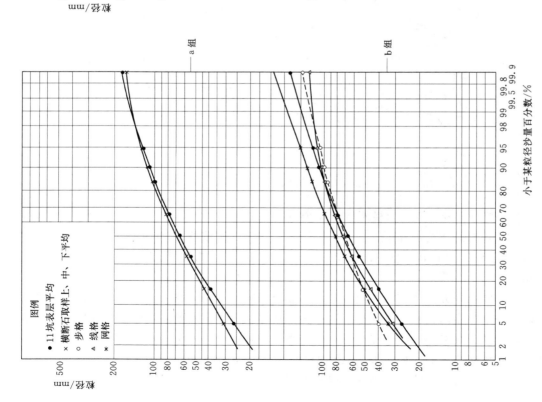

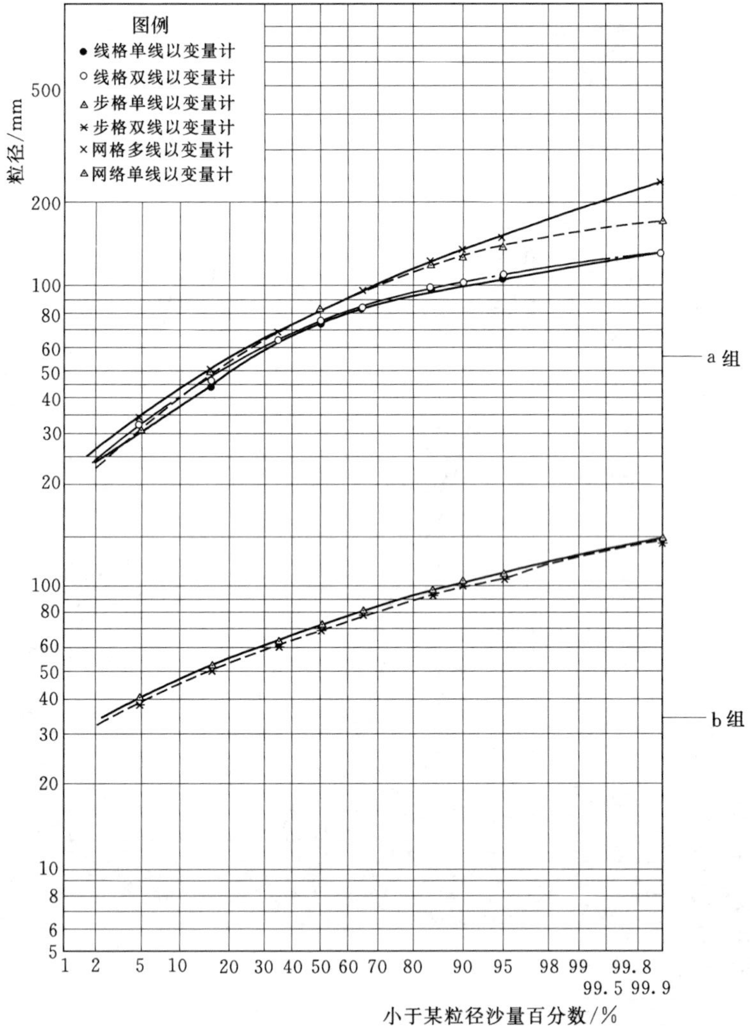

图 7 - 12　网格法单线和双线取样泥沙颗粒级配曲线

图 7 - 11　横断面取样泥沙颗粒级配曲线

276

7.7.2　打印法和挖斗法水下综合取样试验

7.7.2.1　试验方法

长江委水文局荆江局于 20 世纪 80 年代末期开展了打印法和挖斗法综合取样试验。选取清江搬鱼嘴为试验河段，开展打印法和挖斗法泥沙取样进行比较分析。

7.7.2.2　两种方法取样成果比较

（1）从上、中、下 3 个断面垂线平均粒径看，第一线布置在卵石滩边，流速较小，床沙粒径居中；第二线在主泓上，流速较大，床沙粒径偏粗；第三、第四线下断面因故障，挖斗停测，在水深较大的缓流区，流速小，床面有淤沙，腐殖物等，床沙粒径偏小。两种方法的趋势是一致的。成果见表 7-6。

（2）单点比较。同一垂线两法垂线最大粒径相差较大。如上断面 1 线，打印粒径为113mm，挖斗粒径为 58mm，打印为挖斗的 1.95 倍。也有个别挖斗最大粒径大于打印最大粒径的。如中断面 2 线，挖斗取得 116mm 的大卵石，而打印最大粒径只有 78mm，挖斗为打印的 1.49 倍。就平均粒径来看，上断面 1 线打印法垂线平均粒径为 53.9mm，挖斗为 35.1mm，相差 18.8mm，挖斗粒径相对偏小 35％。

表 7-6　　　　　　　　　搬鱼嘴河段床沙单点颗粒级配实测成果表

断面	取样/分析方法	沙重百分数/%							D_{max}	D_{50}	D_{pj}
		<10mm	10~20mm	0~40mm	40~60mm	60~80mm	80~100mm	100mm以上			
上断面	挖斗/筛分		13.0	58.0	100				58	36	35.1
			5.0	38.0	77.8	100			76	46	46.4
		2.7	47.0	100					35	18.5	20.5
		34.9	86.6	100					38	10.6	14.1
中断面	挖斗/筛分		14.2	55.2	96.5	100			65	38	36.1
			4.2	16.0	16.4	74.0	91.8	100	116	62	45.7
		15.0	53.8	100					39	19	20.7
下断面	挖斗/筛分		3.0	41.5	100				56	43	40.4
			9.7	34.9	80.0	100			65	49	45.9
上断面	打印器/量测面积法		7.8	36.7	48.9	100			113	85	53.9
			11.1	50.0	91.0	100			63	39	39.9
			22.0	59.0	90.0	100			65	32	35.9
		1.8	60.0	100					27		

（3）多线平均对比。多线最大粒径打印法平均为 68.2mm，挖斗法为 60.9mm，挖斗法相对偏小 10.7％。多线平均粒径：打印法为 42.5mm，挖斗法为 33.9mm，挖斗法相对偏小 20.3％。

7.7.3　长江浅水滩打印法，挖斗及人工挖样试验

选取水深适中、流速较小的长江宜昌河段四个浅水滩做试验。表 7-7～表 7-10 反映

277

了打印、挖斗、人工级配百分数的显著差异。大于 60mm 的颗粒沙重百分数挖斗平均为 49.4%，打印平均为 21.4%，人工平均为 33.9%；小于 60mm 颗粒的沙重百分数，挖斗平均 50.6%，打印平均 78.6%，坑测平均 66.1%。

尽管打印法在卵石夹砂床面打印效果差，但平均最大粒径仍比挖斗样品的最大粒径要大。说明了床面较大突出颗粒的打印成果，具有较高的可靠性。

表 7-7　　　　　　　　　四个浅滩区不同取样方法所获样品粒径范围

取样地点	打印法	挖斗式	人工挖样	备注
沙集坪（一）	77～8mm	80.5～0.15mm	93～0.07mm	以最大、最小粒径统计
沙集坪（二）	60～1mm	80～0.15mm	107～0.1mm	
老林洲	85～1mm	84～0.07mm	92～0.07mm	
梅子溪	96～4mm	70～0.07mm	83～0.07mm	

注：1. 打印、挖斗式的上限粒径一般小于人挖法上限粒径。
　　2. 打印法收集不到 1mm 以下泥沙，其打印小粒径资料不能作为正式成果。

表 7-8　　　　　　　　四个浅水滩不同取样方法所获样品级配百分数统计表

试验地点	取样方法	粒径级配百分数/%						
		10mm 以下	10～20mm	20～40mm	40～60mm	60～80mm	80～100mm	100mm
沙集坪（一）	打印	0.2	3.0	34.9	21.9	40.0		
	挖斗		1.2	13.9	11.7	45.2	26.0	
	人挖	3.4	0.3	19.7	26.6	38.3	12.2	
沙集坪（二）	打印	3.8	17.2	43.6	35.4			
	挖斗	4.5	12.1	25.8	11.4	46.2		
	人挖	3.8	8.6	27.5	36.9	14.3		8.9
老林洲	打印	8.4	15.6	33.5	16.1	10.4	16.0	
	挖斗	3.8	10.2	11.8	20.9	15.1	38.3	
	人挖	7.7	21.0	15.5	14.1	23.3	18.4	
梅子溪	打印	2.2	16.7	37.2	24.6		19.3	
	挖斗	2.8	9.3	24.5	33.5	29.4		
	人挖	14.0	9.6	29.8	25.9	14.5	6.2	

表 7-9　　　　　　　四个浅水滩不同取样方法的平均粒径统计表　　　　　单位：mm

取样地点	打印法	挖斗式	人工挖样
沙集坪（一）	49.5	65.0	56.6
沙集坪（二）	33.3	52.4	50.6
老林洲	39.3	45.3	47.3
梅子溪	39.3	44.2	39.5
四滩平均	42.1	51.7	48.5

浅水滩挖斗式样品粒径显著偏大，不仅大于打印法粒径，也大于人工挖样的粒径。

表7-10进一步反映了级配百分数的情况，由于挖斗样品中较粗粒径泥沙的百分数大，平均粒径也大。

表 7-10　　　　　　　长江沙集坪等浅水滩不同取样方法泥沙粒径统计　　　　　单位：mm

取样地点	打印法	挖斗式	人工挖样
沙集坪（一）	77	80.5	88
沙集坪（二）	60	80	107
老林洲	85	84	92
梅子溪	96	70	83
四滩平均	79.5	78.6	92.5

资料表明，小于10mm的细粒泥沙在清江样品中少，而长江浅水滩却较多，在实验中也观察到，长江浅水滩的卵石缝隙间与表层多有细沙充填和覆盖，使打印器打印不到粗径泥沙，而这种组成与粒配（小于60mm的占80%以上），正适合挖斗式采样。在清江，10mm以下粒小径泥沙少，卵石在床面暴露较为充分，有利于打印器取样。因此在长江浅水滩打印粒径偏小，而清江打印粒径则有较好的代表性，其粒径也比挖斗粒径相对偏大。

试验采用的挖斗口门仅为108mm，当卵石中径大于80mm时就不易取到，大于100mm时，就很难取到，而滩而较大突出颗粒的打印粒径代表性较高。因此，打印法与挖斗式可以互相取长补短，采取打印、挖斗结合取样是可能的。

挖斗式适用于中小卵石和卵石夹砂河床采样，卵石粒径在40mm以下的样品代表性较强，60mm以上粒径的，有一定代表性，需要增加取样次数，提高效果。

打印法不适宜于卵、砾、沙相间床面取样；对于60mm以下粒径的打印样品代表性较好，60mm～100mm粒径的应打印3次以上，以提高打印效果；大于100mm的要加大打印面，加厚塑泥凸突出层；适用于卵石紧贴固结的床面和60mm以上卵石取样。

第8章　其他典型流域工程河段实例

8.1　汉江中下游河段河床组成勘测调查

8.1.1　概述

8.1.1.1　项目自然及水文特征

汉江是长江中游最大支流，发源于秦岭南麓，干流流经陕西、湖北两省，支流延展于甘肃、四川、重庆、河南四省市，于武汉市汇入长江，全长 1506km。汉江干流丹江口以上为上游，河段位于秦岭、大巴山之间，长 890km，控制流域面积 95200km^2。上游主要为中低山，占 79%，丘陵占 18%，河谷盆地仅占 3%。上游干流河段已建梯级大坝三个，分别为石泉、安康和丹江口。

丹江口至皇庄为中游，全长 240km，控制流域面积 142000km^2。河段流经丘陵及河谷盆地，平均比降 0.19‰。中游以平原为主，占 51.6%，山地占 25.4%，丘陵占 23%。汇入的主要支流左岸有唐白河，右岸有北河、南河、蛮河。该河段中的老河口市王甫洲水利枢纽已于 1999 年建成。襄樊市崔家营水利枢纽已于 2009 年 10 月 23 日蓄水运用。皇庄以下为下游，长 376km，增加集水面积 17000km^2。河床坡降小，平均比降为 0.09‰。河道弯曲，洲滩较多，两岸均设有堤防。下游平原占 51%，主要为江汉平原，丘陵占 27%，山地占 22%，汇入的主要支流有左岸的汉北河。

老河口—沙洋河段对水流起制约作用的天然和人工节点有 24 处之多，节点分布情况见表 8-1。它们对河床演变的影响表现在两个方面：一是限制河势发展、约束河槽摆动带的宽度；二是节点间纵距控制。上下节点间距较长的河段通常呈明显的游荡性。

表 8-1　　　　　　　　　　老河口—沙洋河段节点分布情况表

序号	节点位置	岸别	节点类型	序号	节点位置	岸别	节点类型
1	黄家港	两岸	山丘及阶地	8	茨河	右	山丘及阶地堤防
2	尖角	右	基座阶地	9	牛首	左	人工护岸
3	老河口	左	人工护岸	10	万山	右	山丘及阶地
4	仙人渡	左	人工护岸及阶地	11	襄樊市	两岸	人工护岸卡口
5	格垒嘴	右	山丘及阶地	12	观音阁	右	山丘及阶地
6	回流湾	右	山丘及阶地	13	印山	左	山丘及阶地
7	太平店	左	人工护岸	14	小河	右	堆积阶地

序号	节点位置	岸别	节点类型	序号	节点位置	岸别	节点类型
15	雅口	左	山丘及阶地	20	利河口	右	山丘及阶地
16	郭海营	右	堆积阶地	21	碾盘山	左	山丘及阶地
17	流水沟	左	山丘及阶地	22	沿山头	右	山丘
18	关山	右	堆积阶地	23	钟祥	两岸	山丘及阶地
19	丰山嘴	左	山丘及阶地	24	马良	右	山丘及阶地

流域内多年平均降雨量约 700～1100mm，呈上游向下游递增趋势。暴雨经常发生在 7—10 月，主要暴雨区在白河以下的堵河、南河、丹江和唐白河。秋季暴雨发生在白河以上的米仓山、大巴山一带。河段上游有黄家港水文站，河段中部有襄阳水文站，下游有皇庄水文站。支流唐白河在襄阳水文站下游约 5km 入汇汉江，唐白河口上分别设有新店铺（白河）、郭滩（唐河）水文站。以上各站水文泥沙特征值及年内分配见表 8-2～表 8-5。

表 8-2   汉江中下游各站多年流量特征值统计表

站名	时期	多年平均流量 /(m³·s⁻¹)	多年平均径流量 /亿 m³	历年最高 流量 /(m³·s⁻¹)	历年最高 出现日期	历年最低 流量 /(m³·s⁻¹)	历年最低 日期	统计年份
黄家港	建库前	1310	413	27500	1958-07-07	124	1958-03-12	1954—1959
	滞洪期	1310	413	26500	1960-09-07	44.2	1967-11-18	1960—1967
	蓄水期	1070	338	20900	1975-10-03	41	1969-07-02	1968—2008
襄阳	建库前	1380	435	52400	1935-07-07	145	1958-03-12	1933—1938 1947—1959
	蓄水期	1190	374	21200	1984-10-07	220	1979-03-08	1974—2008
碾盘山	建库前	1690	533	29100	1958-07-19	172	1958-03-15	1951—1959
	滞洪期	1670	527	29100	1964-10-06	180	1967-01-21	1960—1967
	蓄水期	1390	438	11400	1970-09-30	297	1968-03-08	1968—1972
皇庄	蓄水期	1400	441	26100	1983-10-08	189	2000-05-17	1974—2008
新城	建库前	1690	533	18000	1958-07-20	167	1958-03-19	1951—1959
	滞洪期	1660	524	20300	1964-10-07	188	1967-01-31	1960—1967
	蓄水期	1370	433	19500	1975-10-05	240	1979-01-29	1968—1980
沙洋	蓄水期	1440	455	21600	1983-10-08	260	1998-02-04	1980—2008

表 8-3 汉江中下游各站多年水位特征值统计表

站名	时间	多年平均水位/m	历年最高		历年最低		最大年变幅		统计年份
			水位/m	日期	水位/m	日期	变幅/m	年份	
黄家港	建库前	90.10	96.05	1958-07-07	88.32	1956-03-13	7.52	1958	1954—1959
	滞洪期	89.19	96.45	1964-10-05	87.18	1967-11-18	8.79	1964	1960—1967
	蓄水期	88.74	96.14	1975-10-03	86.90	1969-07-02	8.18	1975	1968—2008
襄阳	建库前	62.78	71.60	1935-07-08	60.45	1941-07-06	9.52	1935	1930—1959
	滞洪期	62.80	69.92	1964-10-06	61.20	1960-06-12	8.40	1960	1960—1967
	蓄水期	61.68	68.49	1975-08-09	60.00	1999-12-20	7.88	1983	1968—2008
碾盘山	建库前	44.62	51.46	1958-07-20	42.72	1958-03-15	8.74	1958	1950—1959
	滞洪期	44.58	52.30	1964-10-06	42.48	1967-01-28	9.15	1960	1960—1967
	蓄水期	44.70	51.10	1974-10-06	42.58	1973-03-25	7.23	1974	1968—1974
皇庄	蓄水期	42.29	50.62	1983-10-08	40.40	2003-01-11	9.23	1983	1974—2008
新城	建库前	34.96	43.93	1958-07-21	31.90	1958-03-19	12.03	1958	1952—1959
	滞洪期	35.09	44.28	1964-10-09	32.27	1960-02-16	10.75	1964	1960—1967
	蓄水期	35.40	43.75	1975-10-05	32.56	1979-03-23	8.38	1974	1968—1981
沙洋	蓄水期	35.11	44.50	1983-10-10	32.43	2000-05-18	10.15	1983	1980—2008

表 8-4 汉江中下游各站悬移质泥沙特征统计表

站名	多年平均含沙量/(kg·m⁻³)	历年最大		历年最小		多年平均输沙率/(kg·s⁻¹)	多年平均输沙量/万t	历年最大		历年最小		统计年份
		含沙量/(kg·m⁻³)	日期	含沙量/(kg·m⁻³)	日期			年输沙量/万t	年份	年输沙量/万t	年份	
黄家港	3.24	31.1	1959-09-16	0.013	1958-02-21	4030	12700	29600	1958	3530	1959	1955—1959
	1.76	22.5	1963-08-18	0.007	1967-11-14	2300	7260	15000	1964	2420	1966	1960—1967
	0.028	1.32	1968-09-15	0		30.5	96.3	609	1968	12.4	2000	1968—2007
襄阳	2.59	24.1	1959-09-18	0	1951-10-03	3570	11300	24200	1958	4260	1959	1950—1959
	0.122	10.4	1975-08-10	0.001	1999-10-25	145	464	2020	1975	22.3	2006	1974—2008
碾盘山	2.50	16.9	1953-06-23	0.028	1959-07-17	4220	13300	24800	1958	3540	1959	1951—1959
	2.14	11.1	1965-07-11	0.053	1960-02-24	3570	11300	26300	1964	2230	1966	1960—1967
	0.768	5.97	1970-08-01	0.038	1969-06-30	1070	3370	6250	1968	1660	1969	1968—1972
皇庄	0.340	6.29	1975-08-10	0.009	2003-02-06	478	1510	5890	1975	72.1	1999	1974—2008
沙洋	0.330	3.63	1982-07-31	0.004	2002-12-07	478	1510	6100	1983	212	1999	1980—2008

由于丹江口水库以防洪为主,削峰调洪是它的主要特征和任务。建库前,中下游流量峰值大,全年水量分配极不均匀,7—9月的水量约占全年的55%左右。

丹江口水库建库后,来沙过程得到了全面的调蓄控制,输沙情况有了很大的改变。主要表现为大量泥沙被拦在库内,坝下基本是清水下泄。经统计,建库前黄家港、襄阳、皇庄站多年平均含沙量分别为 3.24kg/m³、2.59kg/m³、2.50kg/m³，蓄水后则分别减小为 0.028kg/m³、0.122kg/m³、0.340kg/m³。

表 8-5　　　　　　　　　　　　唐白河来水来沙年内分配

项目	1	2	3	4	5	6	7	8	9	10	11	12
流量/(m³·s⁻¹)	46.5	43.3	50	74.3	109	175	456	448	219	160	91.7	54.9
含沙量/(kg·m⁻³)	0.018	0.024	0.063	0.481	0.482	1.45	2.55	1.48	0.635	0.228	0.094	0.021

8.1.1.2　梯级电站工程介绍

丹江口水利枢纽（图 8-1）位于中国湖北省丹江口市、汉江与丹江汇口以下 800m
处，是开发汉江的第一个控制性大型骨干工程，具有防洪、发电、引水、灌溉、航运、养殖等综合效益。枢纽分两期开发，第一期正常蓄水位 157.0m，相应总库容 174.5 亿 m³，装机容量 90 万 kW，多年平均发电量 38.3 亿 kW·h。河床宽缝重力坝，最大坝高 97m。第一期工程于 1958 年 9 月 1 日动工兴建，1959 年 12 月截流，经过 8 年的滞洪，于 1967 年 11 月正式蓄水，1968 年以后进入蓄水运用期。第二期工程

图 8-1　丹江口水利枢纽

正常蓄水位 170.00m，总库容 290.5 亿 m³。多年平均可向华北调水 145 亿 m³ 以上。

汉江王甫洲水利枢纽工程（图 8-2、图 8-3）位于湖北省老河口市境内汉江干流上，上距丹江口水利枢纽约 30km，总库容 3.095 亿 m³，是汉江中下游衔接丹江口水利枢纽的第一个发电航运梯级。该枢纽以发电为主，兼有航运、灌溉、养殖、旅游等综合效益。整个工程由混凝土重力坝、土石坝、泄水闸、电站厂房、300t 级船闸等建筑物组成。建筑物布置在汉江弯道分汊形成的江心洲的左侧首、尾端部，泄水闸、土石坝布置于新老河道分汊首端，泄流入主河道，电站厂房、船闸等布置于左侧老河道末端。其首、末端建筑物

图 8-2　王甫洲水利枢纽电厂

图 8-3　王甫洲水利枢纽泄水闸

相距约 6km，用围堤相连。混凝土重力坝长 64.4m，最大坝高 33.9m；土石坝及围堤全长 17.3km；电站形式为河床式，总装机容量为 10.9 万 kW，为 4 台单机容量 2.725 万 kW 的贯流式灯泡水轮机组，成套水轮发电机组均为奥地利伊林电气公司生产制造。电站年平均利用小时 5330h，多年平均年发电量 5.81 亿 kW·h。1998 年上半年第一台机组投产发电，工程于 1999 年竣工。

图 8-4　崔家营航电枢纽

汉江崔家营航电枢纽工程（图 8-4）位于湖北省襄樊市城区下游 17km 处，建设项目包括泄洪闸 35 孔，挡水坝 1242m，1000t 级船闸 1 座，发电机组 5 台，装机容量 8.8 万 kW，年均发电量 4.78 亿 kW·h，正常蓄水位 62.73m，相应库容 2.42 亿 m³。汉江崔家营航电枢纽工程 2005 年 11 月 22 日工程正式开工；2006 年 5 月底导流明渠开挖与防护工程和左岸土石副坝工程完工；2006 年 10 月排水涵及临时工程完工；2006 年 10 月 1 日主体土建工程正式开工，11 月 30 日实现了大江截流；2009 年 2 月 20 日基坑破堰进水；2009 年 3 月 12 日导流明渠截流成功；2009 年 3 月 16 日船闸试通航成功；2009 年 10 月 23 日蓄水运用。汉江崔家营航电枢纽工程是以航运为主，兼有发电、灌溉、供水、旅游等综合效益的项目。

8.1.2　坝下游坑测法勘测成果

8.1.2.1　取样点平面布置

汉江中、下游老河口—沙洋河段的河床组成勘测调查取样方法主要有坑测法、剖面法、挖沙船取样、旱采场取样、水下人工取样。其中，坑测法主要反映较低矮的洲滩级配，剖面法主要反映较高大的洲滩级配，挖沙船取样、水下人工取样主要反映枯水期河道的水下床沙级配，汉江老河口—沙洋床沙取样坑点统计见表 8-6。

表 8-6　　　　　　　　汉江老河口—沙洋床沙取样坑点统计表　　　　　　　单位：个

河段范围	坑测法	剖面法	挖沙船取样	旱采场取样	水下人工取样	小计
老河口、谷城付家寨—牛首	4		6	2		12
襄樊牛首—章家嘴	3	1	19	1		24
宜城章家嘴—蛮河口	5	9	10			24
钟祥蛮河口—马良	13	4	5			22
沙洋马良—多宝	13	1			4	18
小计	36	15	40	3	4	100

对所有标准坑、散点使用手持 GPS 进行了平面定位。

8.1.2.2　床沙级配成果

汉江中、下游老河口—沙洋河段的河床组成级配成果分为三种类型：枯水期河道的水下床沙级配、较低矮的洲滩级配、较高大的洲滩级配。

1. 枯水期河道的水下床沙级配

枯水期河道的水下床沙级配成果主要采用挖沙船取样、水下人工取样。水下床沙级配成果参见表 8-7。

表 8-7　　　　　　　　　汉江老河口—沙洋水下取样床沙特征值

序号	坑点名称	距丹江口坝址/km	D_{50}/mm	D_{max}/mm	尾沙样D_{50}/mm	洲滩砂砾含量/%		
						$D<2$mm	$D<5$mm	$D<10$mm
1	王甫洲库区付家寨对河边滩挖沙船	13.3	1.16	112	0.320	86.1	86.1	86.1
2	王甫洲库区太山庙左水边挖沙船	18.4	33.1	120	0.439	20.9	22.8	25.0
3	王甫洲库区张家营挖沙船	22.1	35.7	106	0.303	2.1	4.4	9.7
4	谷城谯家村猪圈洲右汉中段挖沙船	51.8	24.6	95.0	0.420	6.4	8.4	15.2
5	谷城龚家洲右汉尾挖沙船	64.4	20.8	85.0	0.511	22.7	25.1	30.5
6	谷城庙岗村挖沙船	69.2	42.3	153				0.3
7	襄阳牛首镇新集村左边滩淘金船	83.2	49.6	125	0.357	5.6	7.4	14.9
8	襄阳牛首镇上游江心滩尾挖沙船	88.3	21.0	98.0	0.368	9.7	14.3	24.9
9	襄阳张王岗村挖沙船	93.1	29.0	166	0.343	9.3	13.5	20.7
10	襄阳熊营挖沙船	94.3	27.9	105				3.4
11	襄阳马家洲尾挖沙船	98.1	20.8	98.0	0.354	8.1	11.6	23.2
12	襄阳马棚江心洲洲头挖沙船	101.5	11.8	93.0	0.274	25.8	32.2	45.7
13	襄樊热电厂挖沙船1	103.8	1.96	69.0	0.356	50.9	53.8	58.5
14	襄樊热电厂挖沙船2	105	10.5	108	0.308	30.2	36.1	48.8
15	襄樊鱼梁州头挖沙船	110.6	7.10	83.0	0.327	34.2	47.4	52.6
16	襄樊鱼梁州右汉中段挖沙船	112.5	12.4	88.0	0.266	36.8	40.6	46.6
17	襄樊鱼梁州右汉下段挖沙船	114.2	18.0	78.0	0.674	16.7	21.1	31.3
18	襄樊鱼梁州左汉唐白河口挖沙船	117		2.00	0.385	100.0		
19	襄樊鱼梁州左汉上段挖沙船	118.5	1.16	90.0	0.321	86.1	91.4	96.2
20	襄樊鱼梁州左汉中段挖沙船	124.4	30.5	108	0.350	10.7	13.4	17.9
21	襄樊鱼梁州左汉下段挖沙船	125.1		2.00	0.275	100.0		
22	襄阳杨家河挖沙船	118.5	1.34	56.0	0.364	74.9	81.5	87.6
23	襄阳观音阁挖沙船	120.6	19.0	129	0.339	17.3	25.7	34.9
24	襄阳崔家营坝下2km挖沙船	125.6	27.5	124	0.395	16.8	20.7	25.9
25	宜城小河镇荣河泵站挖沙船	149.2	1.11	30.0	0.310	89.8	94.2	98.1
26	宜城小河镇明正店挖沙船	150.4	1.13	56.0	0.183	88.8	90.6	92.9
27	宜城迎水洲洲头挖沙船	153.8	15.0	105	0.339	35.1	38.1	43.1

序号	坑 点 名 称	距丹江口坝址/km	D_{50}/mm	D_{max}/mm	尾沙样D_{50}/mm	洲滩沙砾含量/%		
						$D<2mm$	$D<5mm$	$D<10mm$
28	宜城大桥上 800m 挖沙船	159.7	26.6	105	0.397	4.9	7.3	13.9
29	宜城大桥下 500m 挖沙船	160.9	20.4	94.0	0.355	20.7	25.2	33.6
30	宜城大桥下 2km 挖沙船	162	25.7	109	0.347	12.7	19.7	28.2
31	宜城郑集镇郝集村挖沙船	176	20.6	81.0	0.339	10.8	15.3	25.0
32	宜城郑集镇郭海村挖沙船	177.6	1.02	21.0		98.4	98.4	98.9
33	宜城郭海洲尾挖沙船 1	183.1	16.2	87.0	0.301	18.5	23.2	35.2
34	宜城郭海洲尾挖沙船 2	184	16.3	111	0.316	29.3	32.6	38.6
35	钟祥胡集镇转斗湾挖沙船	197.6		1.00	0.293	100.0		
36	钟祥磷矿镇利河口挖沙船	218.9		1.00	0.298	100.0		
37	钟祥磷矿镇联合村挖沙船	227	22.1	76.0	0.306	10.9	13.3	21.5
38	钟祥公路桥下 3km 挖沙船	244.4		2.00	0.163	100.0		
39	钟祥文集镇东建村挖沙船	250.3		1.00	0.181	100.0		
40	沙洋马良镇张集村左汊水下取样	309.6		2.00	0.273	100.0		
41	沙洋大桥下游右汊水下取样	319.7		1.00	0.218	100.0		
42	沙洋蔡家嘴村右汊水下取样	331.6		2.00	0.202	100.0		
43	沙洋蔡家嘴弯顶下游水下取样	338.7		1.00	0.229	100.0		

2. 河段的水下床沙级配

（1）从床沙级配的沿程变化看，D_{50}、D_{max} 呈锯齿状递减，见图 8-5。根据床沙中的卵石和沙的含量不同，测区范围内的枯水期河道可分为三段：老河口付家寨—宜城雅口河段为卵石夹沙河床，宜城雅口—钟祥磷矿镇联合村河段为沙夹卵石河床，钟祥磷矿镇联合村—沙洋蔡家嘴弯道河段为沙质河床。

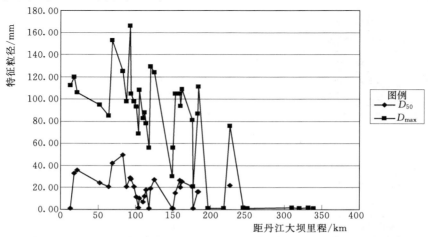

图 8-5　水下取样特征粒径沿程变化图

老河口付家寨—宜城雅口河段 D_{50} 的变化范围为 $15\sim49.6$mm，D_{max} 为 166mm。中小颗粒所占比重较大，通常达 75% 左右。王甫洲库区付家寨对河边滩挖沙船实际上是挖的老边滩，故其级配为沙夹卵石。

宜城雅口—钟祥磷矿镇联合村河段 D_{50} 的变化范围为 $0.293\sim22.1$mm，D_{max} 为 76mm。中小颗粒所占比重较大，通常达 90% 左右。

钟祥磷矿镇联合村—沙洋蔡家嘴弯道河段 D_{50} 的变化范围为 $0.163\sim0.229$mm，D_{max} 为 2mm。

（2）老河口付家寨—宜城雅口河段小于 2mm 的尾沙样 D_{50} 的变化范围一般为 $0.3\sim0.5$mm。宜城雅口—沙洋蔡家嘴弯道河段 D_{50} 的变化范围为 $0.103\sim0.306$mm。很明显，上段的细颗粒较粗，下段的细颗粒较细，最细的河段为钟祥皇庄—狮子口，见图 8-6。谷城庙岗村挖沙船、襄阳熊营挖沙船所在位置为纯卵石河床，不含小于 2mm 的尾沙样，视为特列。

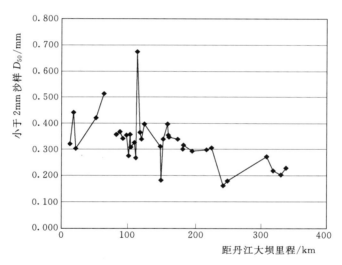

图 8-6　水下取样小于 2mm 沙样特征粒径沿程变化图

（3）卵石夹沙河床小于 2mm 的尾沙百分数一般在 10%~20%，沙夹卵石河床小于 2mm 的尾沙百分数一般在 10%~90%，沙质河床小于 2mm 的尾沙百分数为 100%。

（4）卵石夹沙河床 $2\sim10$mm 的砂砾含量一般在 8%~15%。沙夹卵石河床 $2\sim10$mm 的砂砾含量一般在 8%~13%。

3. 河段的洲滩坑测床沙级配

（1）较低矮的洲滩级配是指滩高一般小于 2m，其表层活动层随水沙条件及河势变化而变化，对于沙质心滩，其平面位置也会发生变化。床沙级配成果主要采用洲滩坑测取样。洲滩坑测床沙级配成果参见表 8-8。

1）从床沙级配的沿程变化看，D_{50}、D_{max} 呈锯齿状递减。根据床沙中的卵石和沙的含量不同，测区范围内的河道可分为三段：老河口付家寨—襄阳牛首河段为卵石夹沙河床（图 8-7），襄阳牛首—襄阳欧庙康田村边滩（印山）河段为沙夹卵石河床（图 8-8），襄阳欧庙康田村边滩（印山）—沙洋蔡家嘴弯道河段为沙质河床（图 8-9）。床沙级配变化见图 8-10。①老河

表 8 - 8　　　　　　　　　　　　汉江老河口—沙洋洲滩坑测取样床沙特征值

序号	坑 点 名 称	距丹江口坝址/km	D_{50}/mm	D_{max}/mm	尾沙样D_{50}/mm	洲滩砂砾含量/%		
						$D<2mm$	$D<5mm$	$D<10mm$
1	老河口王甫洲右汊晨光左边滩	30.2	33.3	112	0.443	10.0	12.4	16.8
2	谷城安岗村尚家埠口边滩	38.9	20.7	125	0.425	16.3	21.6	30.0
3	老河口王家洲江心滩	41.9	22.1	145	0.449	26.3	29.5	34.2
4	老河口仙人渡钟家寨江心滩	43.9	20.4	98.0	0.441	22.5	24.4	28.2
5	谷城南河口门右边滩	45.9	35.7	143	0.391	6.2	8.1	14.2
6	谷城庙滩镇李家洲右边滩	58.7	16.1	168	0.483	21.9	26.0	36.2
7	襄阳马家洲边滩头部	91.9		2.00	0.306	100.0		
8	襄阳白家湾左边滩	99	11.9	85.0	0.447	37.4	41.4	47.4
9	襄阳余家湖对河边滩	128.2	17.4	70.0	0.384	18.5	20.7	28.5
10	襄阳欧庙康田村边滩	134.2	13.5	125	0.339	26.4	32.3	43.2
11	宜城迎水洲尾左侧江心滩	157.7		1.00	0.284	100.0		
12	宜城何骆大洲下段江心滩	171.7		1.00	0.230	100.0		
13	宜城雅口渡口江心滩	173.8		2.00	0.235	100.0		
14	宜城郭海洲左侧江心滩	181		2.00	0.291	100.0		
15	宜城流水镇罗家台江心滩	189.7		2.00	0.303	100.0		
16	钟祥胡集镇转斗湾江心滩	199		1.00	0.242	100.0		
17	钟祥潞市镇上湖稍江心滩	212.8		1.00	0.220	100.0		
18	钟祥磷矿镇江心滩中段	217.1	1.20	20.0	0.276	83.6	87.3	94.4
19	钟祥洋梓镇中山村江心滩	225		2.00	0.176	100.0		
20	钟祥洋梓镇蒋滩村左边滩	228.4		1.00	0.193	100.0		
21	钟祥铁路桥上游2km江心滩洲头	239.3		1.00	0.151	100.0		
22	钟祥公路桥下1km江心滩	243.2		2.00	0.213	100.0		
23	钟祥公路桥下游江心滩尾	248.3		1.00	0.153	100.0		
24	钟祥文集镇东建村江心滩	250.6		1.00	0.170	100.0		
25	钟祥南湖下游江心滩	253.7		1.00	0.159	100.0		
26	钟祥文集镇刘港村右边滩	261.8		1.00	0.166	100.0		
27	钟祥石牌镇王集村江心滩	268.7		2.00	0.206	100.0		
28	钟祥柴胡镇大同江心滩	276.2		1.00	0.184	100.0		
29	沙洋马良镇北港江心滩	282.7		1.00	0.206	100.0		
30	沙洋马良镇北港下江心滩	285.1		1.00	0.189	100.0		
31	沙洋马良镇江心滩	286.9		2.00	0.211	100.0		
32	沙洋马良镇童元村江心滩	291		1.00	0.145	100.0		
33	沙洋马良镇马台村右边滩	294.7		2.00	0.181	100.0		

序号	坑 点 名 称	距丹江口坝址/km	D_{50}/mm	D_{max}/mm	尾沙样D_{50}/mm	洲滩砂砾含量/%		
						$D<2mm$	$D<5mm$	$D<10mm$
34	沙洋马良镇杨脑村江心滩	299.7		1.00	0.243	100.0		
35	沙洋马良镇张集村江心滩	309.7		2.00	0.222	100.0		
36	沙洋马良镇沙包村江心滩	312.7		2.00	0.187	100.0		
37	沙洋大桥下游江心滩	319.6		1.00	0.137	100.0		
38	沙洋赵家堤江心滩	321.4		1.00	0.165	100.0		
39	沙洋沿河村江心滩	327.3		2.00	0.204	100.0		
40	沙洋蔡家嘴村江心滩	331.8		2.00	0.159	100.0		
41	沙洋蔡家嘴弯道江心滩	335.4		1.00	0.165	100.0		

图 8-7 仙人渡钟家寨江心滩为卵石夹沙河床

图 8-8 欧庙康田村边滩（印山）为沙夹卵石河床

图 8-9 沙洋沿河村江心滩为沙质河床

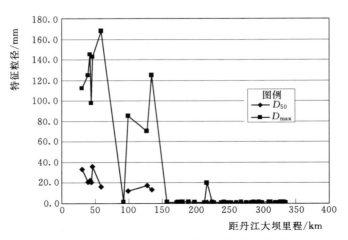

图 8-10　洲滩坑测法取样特征粒径沿程变化图

口付家寨—襄阳牛首河段 D_{50} 的变化范围为 $16.1\sim33.1$mm，D_{max} 为 168mm。中小颗粒所占比重较大，通常达 80％左右。②襄阳牛首—襄阳欧庙康田村边滩（印山）河段 D_{50} 的变化范围为 $11.9\sim17.4$mm，D_{max} 为 125mm。中小颗粒所占比重较大，通常达 90％左右。③襄阳欧庙康田村边滩（印山）—沙洋蔡家嘴弯道河段 D_{50} 的变化范围为 $0.137\sim0.303$mm，D_{max} 为 2mm。有一个特殊现象需要说明，钟祥磷矿镇江心滩中段，本来是沙质洲滩，表面却有一小片小卵砾，D_{max} 为 20mm，这些小卵砾是因上游冲刷坑而翻上来的。

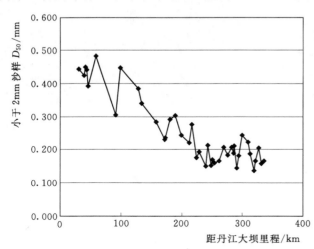

图 8-11　洲滩坑测法取样小于 2mm
特征粒径沿程变化图

2）老河口付家寨—襄阳欧庙康田村边滩（印山）河段小于 2mm 的尾沙样 D_{50} 的变化范围一般为 $0.306\sim0.449$mm。襄阳欧庙康田村边滩（印山）—沙洋蔡家嘴弯道河段 D_{50} 的变化范围为 $0.137\sim0.303$mm。很明显，上段的细颗粒较粗，下段的细颗粒较细，最细的河段为沙洋大桥下游江心滩，见图 8-11。

3）卵石夹沙河床小于 2mm 的尾沙百分数一般在 $6.2％\sim26.3％$，沙夹卵石河床小于 2mm 的尾沙百分数一般在 $18.5％\sim37.4％$，沙质河床小于 2mm 的尾沙百分数为 100％。

4）卵石夹沙河床 $2\sim10$mm 的砂砾含量一般在 $6％\sim14％$。沙夹卵石河床 $2\sim10$mm 的砂砾含量一般在 $10％\sim17％$。

（2）较高大的洲滩级配。所谓较高大的洲滩是指滩高一般大于 3m，洲滩形成年代久远，其平面位置相对固定。这些老洲滩几乎全部被人们开发利用，较高大的老洲滩住有居民和农田（图 8-12），如王甫洲、猪圈洲、鱼梁洲、南营大洲、郭海洲、郭安洲、沙洋杨脑村、沙洋蔡家嘴村等。其余的老洲滩或种田，或植树。老洲滩在枯水位以上的滩体大多是沙土二元结构，个别特例如宜城孔湾镇刘家洲右边滩剖面，有一个沙夹小卵石的夹层。

图 8-12 汉江堤外滩农田

D_{50} 的沿程变化特点是以碾盘山为分界，上段的细颗粒较粗，上段 D_{50} 一般为 0.23mm 左右；下段的细颗粒较细，D_{50} 一般为 0.15mm 左右，见表 8-9、图 8-13。

表 8-9　　　　　　　　　汉江老河口—沙洋洲滩剖面取样床沙特征值

序号	坑　点　名　称	距丹江口坝址 /km	D_{max} /mm	尾沙样 D_{50} /mm
1	襄阳东津镇下洲村边滩尾剖面	130.5	2.00	0.219
2	宜城王集镇章家嘴江心洲中汊右侧剖面	142.4	2.00	0.230
3	宜城小河镇右边滩尾剖面	146.3	2.00	0.259
4	宜城南营大洲中段剖面	154.6	2.00	0.201
5	宜城迎水洲尾剖面	157.3	2.00	0.224
6	宜城安家脑左边滩剖面	164.5	2.00	0.150
7	宜城何骆大洲中段剖面	169.2	2.00	0.216
8	宜城雅口下游左边滩剖面	174.4	2.00	0.202
9	宜城流水镇余家棚左边滩剖面	178.2	2.00	0.169
10	宜城孔湾镇刘家洲右边滩剖面	194.8	19.2	0.224
11	钟祥胡集镇关山右边滩剖面	205.3	2.00	0.259
12	钟祥磷矿镇下游右边滩剖面	223.7	1.00	0.204
13	钟祥直河口左边滩剖面	238.1	1.00	0.175
14	钟祥文集镇横堤村弯道对河边滩剖面	256.1	2.00	0.153
15	沙洋马良镇杨脑右边滩剖面	301.3	2.00	0.115

8.1.3　河床组成调查成果

8.1.3.1　典型洲滩剖面取样分析

为了弄清楚老洲滩的垂向组成，利用崩坎，进行了典型洲滩剖面取样分析，成果见表 8-10、图 8-14。由此可见，老洲滩在枯水位以上的滩体大多是沙土二元结构。

由图 8-15～图 8-17 可以看出，典型洲滩剖面中，沙层厚度最大，约占 80%～90%，黏土和沙土混合物约占 10%。沙层大多数为黑沙，来源于上游干流；少数沙层为黄沙,来源于区间支流。

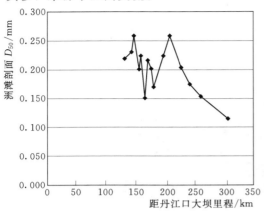

图 8-13 洲滩剖面法取样小于 2mm
特征粒径沿程变化图

图 8-14 典型洲滩剖面图

表 8-10   典型洲滩剖面统计表

洲 滩 名 称	取样日期	分层厚度/ m	累计深度/ m	成分
襄阳东津镇下洲村边滩尾剖面	2009-11-17	0.20	0.20	沙土
		0.13	0.33	黏土
		0.17	0.50	中粗沙
		0.04	0.54	黏土
		0.30	0.84	沙
		0.04	0.88	黏土
		1.20	2.08	沙
		0.50	2.58	黏土
		1.00	3.58	沙
宜城王集镇章家嘴江心洲中汊右侧剖面	2009-11-17	0.35	0.35	沙土
		0.45	0.80	沙
		0.20	1.00	黏土
		0.10	1.10	沙
		0.10	1.20	黏土
		1.00	2.20	沙
宜城小河镇右边滩尾剖面	2009-11-17	0.20	0.20	沙土
		0.25	0.45	沙
		0.10	0.55	沙土
		0.20	0.75	沙
		0.08	0.83	沙土
		0.45	1.28	沙
		0.15	1.43	黏土
		1.00	2.43	沙

292

洲滩名称	取样日期	分层厚度/ m	累计深度/ m	成分
宜城南营大洲中段剖面	2009-11-18	0.30	0.30	沙土
		0.60	0.90	沙
		0.90	1.80	黄沙土
		0.10	1.90	黏土
		0.25	2.15	沙土
		0.05	2.20	黑淤泥
		0.20	2.40	沙土
		0.30	2.70	黄沙
		1.40	4.10	黑沙
宜城迎水洲尾剖面	2009-11-18	0.30	0.30	沙土
		2.00	2.30	粗沙夹小卵石
		1.00	3.30	黑沙
宜城安家脑左边滩剖面	2009-11-18	0.50	0.50	沙土
		0.60	1.10	粗沙夹小卵石
		1.60	2.70	黑沙
宜城何骆大洲中段剖面	2009-11-18	0.10	0.10	沙土
		0.80	0.90	沙
		0.20	1.10	粗沙
		1.40	2.50	沙
宜城雅口下游左边滩剖面	2009-11-18	0.10	0.10	沙土
		0.50	0.60	黑沙
		0.04	0.64	沙土
		1.10	1.74	黑沙
		0.10	1.84	黄沙
		1.80	3.64	黑沙
宜城流水镇余家棚左边滩剖面	2009-11-19	0.20	0.20	沙土
		1.70	1.90	黑沙
		0.10	2.00	沙土
		0.30	2.30	黏土
		0.20	2.50	沙土
		0.50	3.00	黑沙
		0.40	3.40	黏土
		0.25	3.65	沙土
		0.25	3.90	黏土
		0.40	4.30	黄沙
		0.25	4.55	黑淤泥
		0.30	4.85	黄沙

洲 滩 名 称	取样日期	分层厚度/ m	累计深度/ m	成分
宜城孔湾镇刘家洲右边滩剖面	2009 - 11 - 19	0.45	0.45	沙土
		0.07	0.52	黏土
		0.30	0.82	黄沙
		0.20	1.02	黏土
		0.30	1.32	沙夹小卵
		1.60	2.92	黑沙
钟祥胡集镇关山右边滩剖面	2009 - 11 - 20	0.10	0.10	沙土
		0.50	0.60	黑沙
		0.08	0.68	黏土
		0.20	0.88	沙土
		1.60	2.48	黑沙
钟祥直河口左边滩剖面	2009 - 11 - 20	1.90	1.90	浅黄沙
		0.50	2.40	黑沙
钟祥文集镇横堤村弯道对河边滩剖面	2009 - 11 - 21	0.20	0.20	沙土
		0.40	0.60	细沙
		0.10	0.70	黏土
		0.18	0.88	黄沙
		0.40	1.28	黑沙
		0.10	1.38	深黑沙
		1.40	2.78	黑黄混合沙

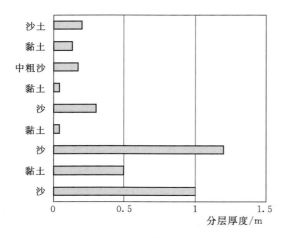

图 8 - 15　2009 年 11 月 17 日
襄阳东津镇下洲村边滩尾剖面

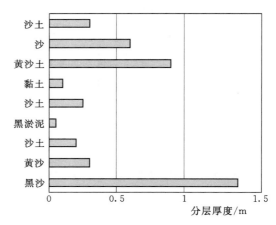

图 8 - 16　2009 年 11 月 18 日
宜城南营大洲中段剖面

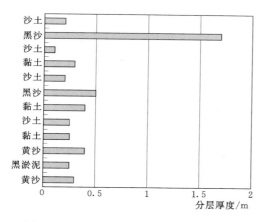

图 8-17 2009 年 11 月 19 日宜城流水镇
余家棚左边滩剖面

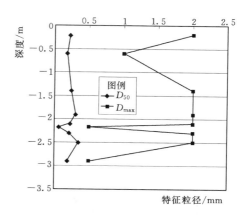

图 8-18 宜城南营大洲中段剖面特征粒径沿
垂向变化图

由图 8-18、图 8-19 可以看出，典型洲滩剖面中，黄沙沙层粒径最粗，D_{50} 的变化范围一般为 $0.31\sim0.35mm$，D_{max} 一般为 2mm。黑沙沙层粒径次之，D_{50} 的变化范围一般为 $0.16\sim0.19mm$，D_{max} 一般为 $1\sim2mm$。黏土和淤泥层粒径最细，D_{50} 的变化范围一般为 $0.05\sim0.07mm$，D_{max} 一般为 0.5mm。

8.1.3.2 砂石料开采

（1）通过对老河口—沙洋河段采砂现状调查（图 8-20~图 8-23），归纳其特点如下：

1）根据所采砂石料的用途不同，可分为建筑骨料和铁砂（炼钢铁的原料）。老河口付家寨

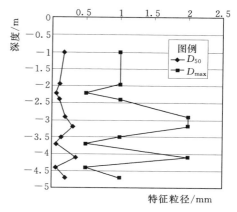

图 8-19 宜城流水镇余家棚左边滩剖面
特征粒径沿垂向变化图

—宜城雅口河段为卵石夹沙河床，该河段是建筑骨料开采的主战场。钟祥磷矿镇联合村—沙洋蔡家嘴弯道河段为沙质河床，以开采铁砂为主。

图 8-20 谷城铁路桥下挖沙船

图 8-21 牛首镇挖沙船

295

图 8-22　钟祥磷矿镇采铁沙船　　　　　　　图 8-23　沙洋沿河村采铁沙船

2）由于房地产业及基础设施建设对砂卵石的需求很大，因此，沿程开采砂卵石的规模大、数量多，几乎全部是机械化作业。

3）作业方式以水下挖沙船、泵沙船为主，旱采为辅。

4）采砂点大多靠近城市，以减少运输成本。

（2）对采砂的认识如下：

1）砂卵石建筑骨料和铁砂是宝贵的矿产资源，而资源有限，因此加强河道采砂管理，科学、合理、有序地利用这些宝贵的资源。

2）河道采砂与河道整治相结合，在河势控制需要疏浚的地方安排采砂，可以达到事半功倍的效果。

3）充分考虑采砂对防洪的影响。个别挖沙船的采砂点靠近堤外无滩的岸脚，严重危害防洪安全。

4）充分考虑采砂对航运的影响。本次调查发现，牛首一带主航道内，有许多采砂弃石堆，严重危害航运安全。

5）开发梯级电站有利于采砂业的发展。从王甫洲、崔家营电站运行情况看，其库区的可开采的范围和开采量较建库前大大增加。

8.1.3.3　结论和建议

1. 结论

通过对该河段的勘测调查，取得了地质、床沙、建筑骨料开采等大量的第一手观测资料，对床沙组成分布规律进行了分析，取得了一些规律性的研究成果。该勘测调查成果可供汉江中下游采砂规划研究参考。

（1）河道基本特征。丹江口—皇庄为中游，全长 240km，河型为游荡性分汊型。皇庄—沙洋蔡家嘴弯道河段处于汉江下游，全长 96.6 km，河型为微弯分汊型。水文泥沙特性以皇庄（碾盘山）站为例，其 1974—2008 年期间水文泥沙特征值为：历年平均流量为 1400m³/s，历年最大流量为 26100m³/s（1983 年 10 月 8 日），历年最小流量为 189m³/s（1979 年 1 月 29 日），历年平均输沙量为 1510 万 t，最大年输沙量为 5890 万 t（1975 年），最小年输沙量为 72.1 万 t（1999 年），历年平均含沙量为 0.34kg/m³。

（2）河床组成特点。

1）枯水期河道的水下床沙级配。

a. 从床沙级配的沿程变化看，D_{50}、D_{max}呈锯齿状递减。根据床沙中的卵石和沙的含量不同，测区范围内的枯水期河道可分为三段：老河口付家寨—宜城雅口河段为卵石夹沙河床，D_{50}的变化范围为$15\sim49.6$mm，D_{max}为166mm；宜城雅口—钟祥磷矿镇联合村河段为沙夹卵石河床，D_{50}的变化范围为$0.293\sim22.1$mm，D_{max}为76mm；钟祥磷矿镇联合村—沙洋蔡家嘴弯道河段为沙质河床，D_{50}的变化范围为$0.163\sim0.229$mm，D_{max}为2mm。

b. 老河口付家寨—宜城雅口河段小于2mm的尾沙样D_{50}的变化范围一般为$0.3\sim0.5$mm。宜城雅口—沙洋蔡家嘴弯道河段D_{50}的变化范围为$0.103\sim0.306$mm。很明显，上段的细颗粒较粗，下段的细颗粒较细，最细的河段为钟祥皇庄—狮子口。

2）较低矮的洲滩级配。

a. 从床沙级配的沿程变化看，D_{50}、D_{max}呈锯齿状递减。根据床沙中的卵石和沙的含量不同，测区范围内的河道可分为三段：老河口付家寨—襄阳牛首河段为卵石夹沙河床，D_{50}的变化范围为$16.1\sim33.1$mm，D_{max}为168mm；襄阳牛首—襄阳欧庙康田村边滩（印山）河段为沙夹卵石河床，D_{50}的变化范围为$11.9\sim17.4$mm，D_{max}为125mm；襄阳欧庙康田村边滩（印山）—沙洋蔡家嘴弯道河段为沙质河床，D_{50}的变化范围为$0.137\sim0.303$mm，D_{max}为2mm。

b. 老河口付家寨—襄阳欧庙康田村边滩（印山）河段小于2mm的尾沙样D_{50}的变化范围一般为$0.306\sim0.449$mm。襄阳欧庙康田村边滩（印山）—沙洋蔡家嘴弯道河段D_{50}的变化范围为$0.137\sim0.303$mm。很明显，上段的细颗粒较粗，下段的细颗粒较细，最细的河段为沙洋大桥下游江心滩。

c. 较高大的洲滩级配：老洲滩在枯水位以上的滩体大多是沙土二元结构，个别特例如宜城孔湾镇刘家洲右边滩剖面，有一个沙夹小卵石的夹层。D_{50}的沿程变化特点：以碾盘山为分界，上段的细颗粒较粗，上段D_{50}一般为0.23mm左右；下段的细颗粒较细，D_{50}一般为0.15mm左右。

（3）砂石料开采。

1）老河口—沙洋河段采砂现状特点如下：

a. 根据所采砂石料的用途不同，可分为建筑骨料和铁砂（炼钢铁的原料）。老河口付家寨—宜城雅口河段为卵石夹沙河床，该河段是建筑骨料开采的主战场。钟祥磷矿镇联合村—沙洋蔡家嘴弯道河段为沙质河床，以开采铁砂为主。

b. 由于房地产业及基础设施建设对砂卵石的需求很大，因此，沿程开采砂卵石的规模大、数量多，几乎全部是机械化作业。

c. 作业方式以水下挖沙船、泵沙船为主，旱采为辅。

d. 采砂点大多靠近城市，以减少运输成本。

2）对采砂的认识如下：

a. 砂卵石建筑骨料和铁砂是宝贵的矿产资源，而资源有限，随着汉江梯级电站的开发，汉江干流的沙、卵石推移质将越来越少，因此应加强河道采砂管理，合理地利用这些宝贵的资源。

b. 河道采砂与河道整治相结合，在河势控制需要疏浚的地方安排采砂，可以达到事半功倍的效果。

c. 充分考虑采砂对防洪的影响。个别挖沙船的采砂点靠近堤外无滩的岸脚，严重危害防洪安全。

d. 充分考虑采砂对航运的影响。本次调查发现，牛首一带主航道内，有许多采砂弃石堆，严重危害航运安全。

e. 开发梯级电站有利于采砂业的发展。从王甫洲、崔家营电站运行情况看，其库区的可开采的范围和开采量较建库前大大增加。

2. 建议

（1）加强泥沙勘测调查与分析研究。由于本河段河道特性十分复杂，人类活动对河床演变的影响也越来越大，势必会不断出现新的情况和问题。因此，建议加强河道原型观测和泥沙勘测调查与分析研究，以寻求科学解决问题的举措。

（2）加强河道采砂管理。随着社会经济发展，建筑市场的繁荣，对沙、卵石等建筑骨料的需求也在不断增长。因此，必须合理、有序地进行人工开采建筑骨料。需要研究的问题有开采的部位、数量、时机及如何有效管理等。

8.2 贵州毕节夹岩水利枢纽工程

8.2.1 工程介绍

夹岩水利枢纽工程是一座以城乡供水和灌溉为主要任务并兼顾发电的综合性大型水利枢纽工程。工程规划总投资 173 亿元，水库总库容 15.58 亿 m³，工程供水区范围主要涉及黔西北的毕节市和遵义市西南部地区，由毕节新城区、大方片区、黔西片区、金沙片区、金遵片区、织纳片区、毕纳赫片区等组成，可覆盖毕节市除威宁县外的 6 县 1 区和遵义市中心城区、仁怀市、遵义县效益区，年供水量 7.37 亿 m³，供水人口 260 万人，灌溉面积 104 万亩❶，发电装机 7 万 kW。夹岩水利枢纽工程是贵州省有史以来规模和投入最大的水利工程，它的建成将构建起以大型水利枢纽为支撑的安全有效的水资源保障体系，有效支撑黔西北地区经济社会的跨越式发展。

8.2.2 七星关水文站悬移质级配分析

根据七星关站实测泥沙资料计算，其多年平均含沙量为 1.76 kg/m³，多年平均输沙量为 224.7 万 t，多年平均输沙模数为 749 t/km²。

悬移质输沙年际变化的特点是：悬移质输沙量在年际间变化很大，最大值为 933 万 t（1983 年），最小值为 11 万 t（2011 年），悬移质输沙量的大小与来水量的丰枯关系密切，一般丰水年输沙量大，枯水年输沙量小，见图 8-24。

---

❶ 1 亩＝666.67m²。

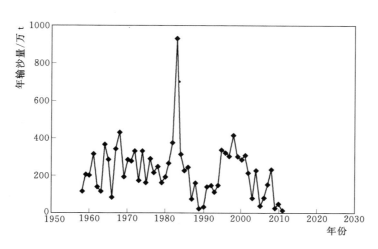

图 8-24　七星关水文站悬移质输沙量过程线

悬移质输沙年内变化的特点是：来沙主要集中在汛期，其中 5—10 月的来沙占全年的 96.5%；悬移质输沙颗粒级配的特点是：级配年内变化的特点是流量越大，输沙量越大，相应的颗粒级配越粗；悬移质颗粒以小于 0.062mm 的粉土和黏土为主，其中，小于 0.004mm 的黏土占 22.7%；从测流断面的横向分布看，颗粒级配横向变化不大。七星关站实测流量为 28.7～767m³/s 时，悬移质 D_{50} 变化范围为 0.01～0.018mm，D_{max} 变化范围为 0.189～0.645mm。见表 8-11、表 8-12，图 8-25。

表 8-11　　　　　2012 年七星关站悬移质输沙颗粒级配成果表

日期	不同粒径级下小于某粒径沙重百分数/%											中数粒径/mm	平均粒径/mm	最大粒径/mm
	0.002/mm	0.004/mm	0.008/mm	0.016/mm	0.031/mm	0.062/mm	0.125/mm	0.25/mm	0.35/mm	0.5/mm	1/mm			
2012-06-03	12.3	24.1	40.8	65.3	87.7	97.6	99.9	100				0.011	0.015	0.189
2012-06-22	11.2	21.7	35.9	57.3	82.1	95.9	98.9	99.5	99.9	100		0.013	0.02	0.516
2012-06-30	13.9	26.7	44.4	67.6	87.2	96.3	98.5	99.5	99.8	100		0.01	0.018	0.542
2012-07-13	14.1	26.5	43.0	64.4	82.4	92.5	97.0	98.9	99.5	99.9	100	0.01	0.024	0.645
2012-07-17	13.2	25.1	41.3	63.6	84.7	95.0	98.3	99.7	99.9	100		0.011	0.019	0.589
2012-07-22	11.4	21.4	35.6	56.6	78.0	91.7	97.6	99.2	99.6	100		0.013	0.025	0.566
2012-07-25	9.6	18.1	29.6	47.4	65.7	79.9	90.1	96.5	98.7	99.9	100	0.018	0.046	0.609
平均	12.2	23.4	38.7	60.3	81.1	92.7	97.2	99.0	99.6	100.0		0.012	0.024	0.645

表 8-12　　2012 年七星关水文站悬移质输沙测次布置及相应水位、流量成果表

流量测次	输沙测次	时 间			实测水位/m	实测流量/(m³·s⁻¹)
		月	日	时		
15	1	6	3		1267.77	28.7
17	3	6	22		1268.46	88.6
19	5	6	30		1269.18	177

流量测次	输沙测次	时 间			实测水位/m	实测流量/(m³·s⁻¹)
		月	日	时		
21	6	7	12	7：00—7：50	1269.05	154
24	8	7	13		1269.40	217
27	9	7	16		1268.89	138
28	10	7	17		1269.25	182
31	11	7	22	9：30—14：50	1269.64	225
33	12	7	22	15：00—18：50	1273.44	738
34	13	7	22	18：50—19：30	1273.95	767
42	14	7	25	11：50—12：30	1270.58	331
43	15	7	25	15：50—16：20	1271.53	477
44	16	7	25	20：00—20：40	1271.74	467

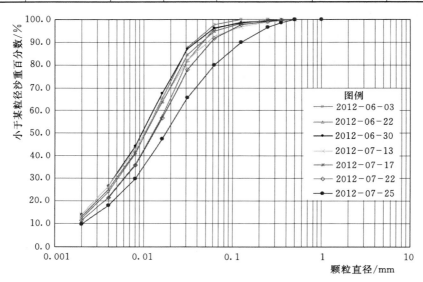

图 8-25 2012 年七星关站悬移质输沙颗粒级配

8.2.3 夹岩水利枢纽工程河床组成勘测调查

（1）夹岩水利枢纽工程洲滩床沙的范围。范围包括坝上游河段大河汇合口—坝址，坝下游河段为坝址—纳雍县猴桥村，洲滩床沙取样点平面分布示意图见图 8-26。

（2）本河段床沙级配沿程分布特点。总体上看，除七星关水文站—刹界河渡口河段粒径较粗外，其余河段粒径较细，粒径以小于 75mm 中小卵石为主。本测区有大河、毕底河、引底河三条大支流入汇，三条大支流的出口河段床沙粒径均较细，粒径以小于 75mm 中小卵石为主，见图 8-27。

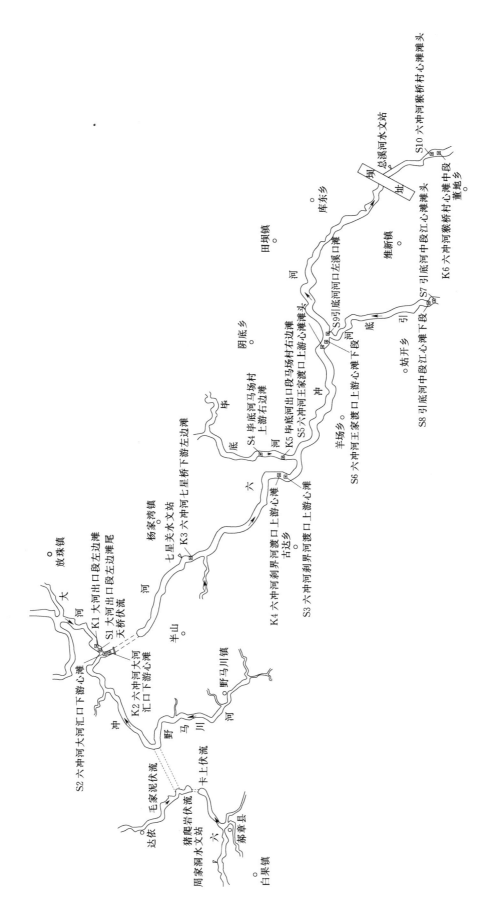

图 8-26 夹岩水利枢纽工程洲滩床沙取样点平面分布示意图

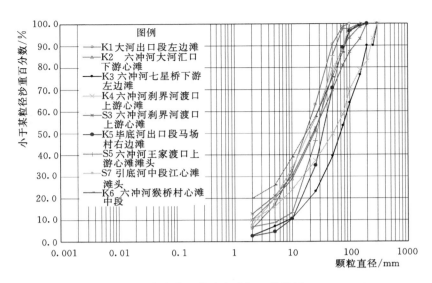

图 8-27　夹岩水库典型洲滩床沙级配曲线图（D>2mm）

（3）小于2mm的细颗粒床沙级配沿程分布特点。主要特点有除七星关水文站—刹界河渡口河段粒径较细外，其余河段粒径较粗，其 D_{50} 的变化范围为 0.332~0.941mm，见图 8-28。

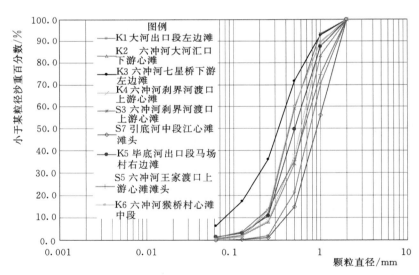

图 8-28　夹岩水库典型洲滩床沙级配曲线图（D<2mm）

（4）本河段床沙级配沿垂向分布特点。主要特点有表层普遍存在粗化层；表层不含小于2mm的细颗粒泥沙；深层大多无明显分层，次表层以下细颗粒中普遍含黄泥，因此，在本河段未发现人工或机械开采建筑骨料，见图 8-29、图 8-30。

（5）本河段床沙级配与一般山区性河流的差异。由于库区河段地处喀斯特发育地区，有多段暗河，这些暗河在大水时产生壅水，因此，本河段床沙级配以中小卵石为主；由于河谷总体上为窄深河床，河段内洲滩不太发育，洲滩的规模较小，单个洲滩的床沙级配平

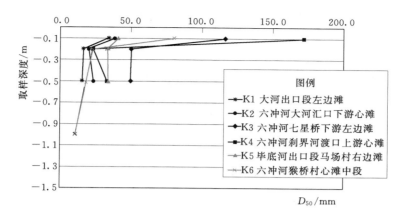

图 8-29　夹岩水库典型洲滩床沙 D_{50} 垂向分布图

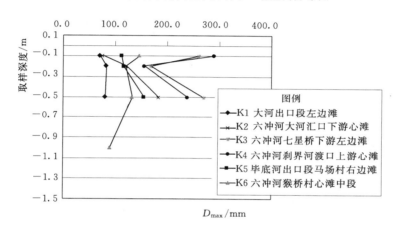

图 8-30　夹岩水库典型洲滩床沙 D_{max} 垂向分布图

面分布较为均匀，洲滩尾部无沙土质滩体；全河段未见及纯沙质洲滩。

（6）本河段推移质级配估计。由于推移质与床沙的交换频繁，两者的级配应有较密切的关系。从本河段床沙勘测的级配成果看，本河段床沙级配以中小卵石为主，卵石粒径一般小于 75mm，最大值一般在 100mm 左右，虽然在七星关水文站—刹界河渡口河段床沙最大粒径为 270～290mm，但是，从磨圆度看，这些大颗粒均为棱角状的大块石或条石，未经长距离搬运。三条大支流的出口河段床沙粒径均较干流的级配略细。综上所述，推测本河段推移质级配以中小卵石为主，最大值在 100mm 左右。

8.2.4　结论和建议

1. 结论

（1）河床边界条件。六冲河是乌江一级支流，夹岩水利枢纽工程位于六冲河的上游段，全为石灰岩分布地区，岩溶较发育，溶洞、暗河、封闭式盆地、海子较多。干流河谷束放相间，除部分河段河谷开阔有河谷小盆地外，其余均为深切峡谷，沿河崩石林立，险滩栉比，河床陡峻，河谷最窄段仅宽 30～40m（七星关站）。

（2）水沙条件。以七星关水文站为例，多年平均流量为 $37.2\,\mathrm{m}^3/\mathrm{s}$，其中 5—10 月的来水占全年的 78.1%；多年平均含沙量为 $1.76\,\mathrm{kg}/\mathrm{m}^3$，多年平均输沙量为 224.7 万 t，其中 5—10 月的来沙占全年的 96.5%；多年平均输沙模数为 $749\,\mathrm{t}/\mathrm{km}^2$。

（3）悬移质级配。级配年内变化的特点是流量越大，输沙量越大，相应的颗粒级配越粗；悬移质颗粒以小于 0.062mm 的粉土和黏土为主，其中，小于 0.004mm 的黏土占 22.7%；从测流断面的横向分布看，颗粒级配横向变化不大。七星关站实测流量为 28.7～767m^3/s 时，悬移质 D_{50} 变化范围为 0.01～0.018mm，$D_{\max}$ 变化范围为 0.189～0.645mm。

（4）床沙级配。总体上看，除七星关水文站—刹界河渡口河段粒径较粗外，其余河段粒径较细，粒径以小于 75mm 中小卵石为主。本测区有大河、毕底河、引底河三条大支流入汇，三条大支流的出口河段床沙粒径均较细，粒径以小于 75mm 中小卵石为主。单个洲滩的床沙级配平面分布较为均匀，洲滩尾部无沙土质滩体；全河段未见及纯沙质洲滩。小于 2mm 的细颗粒床沙 D_{50} 的变化范围为 0.332～0.941mm。

依据床沙级配推测本河段推移质级配以中小卵石为主，最大值在 100mm 左右。

2. 建议

毕节至威宁的高速公路正在建设中，沿线的路渣可能会在近几年内汇入本库段，需要密切关注。库尾段有几段地下暗河，是夹岩水利枢纽工程安全运营的潜在隐患，因此，在工程的建设和运营期间，应加强水文、泥沙的观测研究。

8.3 安徽下浒山水库推移质调查

8.3.1 工程及自然概况

下浒山水库坝址位置在安徽省安庆市潜山县源谭镇。该工程由拦河大坝、溢洪道、引水隧洞等建筑物组成。总库容 2.02 亿 m^3，电站装机容量 1.5 万 kW。

下浒山水库坝址悬移质输沙量采用沙河埠水文站实测泥沙资料计算。推移质输沙量根据实地调查，采用公式估算求得。

大沙河为安徽省菜子湖的一条支流，菜子湖水系位于安庆市东北部，南临长江，北接巢湖水系，西连皖河流域，东与白荡湖流域毗邻，全流域总面积 3234km^2。流域内主要河流有 4 条，分别为大沙河、挂车河、龙眠河、孔城河。大沙河为最大的一条支流，流域面积 1396 km^2，河道长度 90.8km，平均比降 2.4‰。

大沙河发源于大别山东南鹿，主源发源于岳西县海拔 1350.00m（黄海高程）同安寨，次源发源于岳西县和潜山县交界的猪头尖，分水岭猪头尖最高高程 1538.60m。流域地势西北高东南低，在下浒山坝址处河底高程仅 56m。坝址以上流域形状呈扇形。河道自西北流向东南。

拟建的下浒山水库位于大沙河中游，控制流域面积 422km^2，为大（2）型水库。上游为山区，属大别山暴雨区。

在下浒山水库上下坝址之间设有沙河埠水文站，沙河埠水文站上距上坝址 3.8km，下距下坝址 0.7km。坝址以上流域内设有 5 个雨量站。

沙河埠水文站位于潜山县双峰乡金塝村，控制流域面积 $460km^2$。1954 年 4 月由安徽省水利厅设立为水位站，初始位置在钓鱼寺，1967 年 1 月改为水文站，测验断面迁至原基本断面上游约 1000m 处，改名为沙河埠（二），观测至今。断面呈 U 形，河床为砂质，较不稳定。测验方法，中低水为流速仪，高水为浮标，测验项目有水位、流量、含沙量、降水量。上坝址多年平均径流量为 3.39 亿 m^3，多年平均流量为 $10.7m^3/s$。径流量最大年份为 1991 年，年径流量达 8.02 亿 m^3，径流量最小年份为 1978 年，年径流量仅 1.41 亿 m^3。多年平均悬移质输沙量为 19.9 万 t，多年平均含沙量 $0.534kg/m^3$，多年平均输沙模数为 $432t/(km^2 \cdot a)$。

8.3.2 推移质泥沙

主要的技术途径是通过对相关河段的洲滩床沙进行取样分析，获取本河段推移质泥沙的级配成果；通过调查本河段的水力、泥沙因子、地形资料等数据，采用公式估算本河段推移质输沙量，并用邻近小河流已建水库的淤积情况，对计算成果的合理性进行评估。

8.3.2.1 推移质泥沙级配

（1）下浒山水库洲滩床沙的范围。范围包括坝上游河段为黄柏镇—坝址，坝下游河段为坝址—沙河埠水文站下游 2km，洲滩床沙取样点平面分布示意图参见图 8-31。

（2）本河段床沙级配沿程分布特点：总体上看，上游河段粒径较粗，下游河段粒径较细，粒径沿流程呈锯齿状下降。大支流入汇的河段粒径较粗，如大水河河口溪口滩、东河出口溪口滩。具体见表 8-13。

表 8-13　　大沙河下浒山水库坝上游河段活动层特征值级砂砾含量统计表

序号	洲滩名称	距坝址 km	D_{50} /mm	D_{max} /mm	尾沙样 D_{50} /mm	洲滩砂砾含量/%		
						$D<2mm$	$D<5mm$	$D<10mm$
1	S1 黄柏河黄柏镇心滩	17.30	2.95	104	0.725	35.4	64.4	72.3
2	S3 黄柏河出口段左边滩	13.77	18.5	108	0.462	21.4	37.4	44.5
3	S6 大水河河口左溪口滩	13.50	80.0	221	0.867	5.4	14.4	17.1
4	S8 西河陆河村左边滩	12.30	68.8	265	0.747	13.2	24.2	26.9
5	S10 西河出口段右边滩	6.90	29.4	168	0.873	15.8	34.5	39.4
6	S12 西河口门右边滩	5.75	14.1	147	0.902	17.5	38.6	46.0
7	S14 东河出口段右溪口滩	5.70	21.9	112	0.598	22.3	35.5	39.5
8	K1 大沙河田墩村张屋组右边滩	3.50	21.7	205	1.010	12.9	29.5	37.5
9	S16 田墩村张屋组心滩	3.20	8.12	110	0.700	18.8	40.2	53.6
10	K2 大沙河田墩太星组右边滩	1.50	7.10	292	1.010	14.3	43.5	54.1
11	S18 大沙河田墩村太星组右边滩	1.30	5.29	102	0.790	25.6	48.8	61.7
12	K3 大沙河田墩村太星组右边滩	1.20	15.0	287	0.853	13.9	32.1	42.9

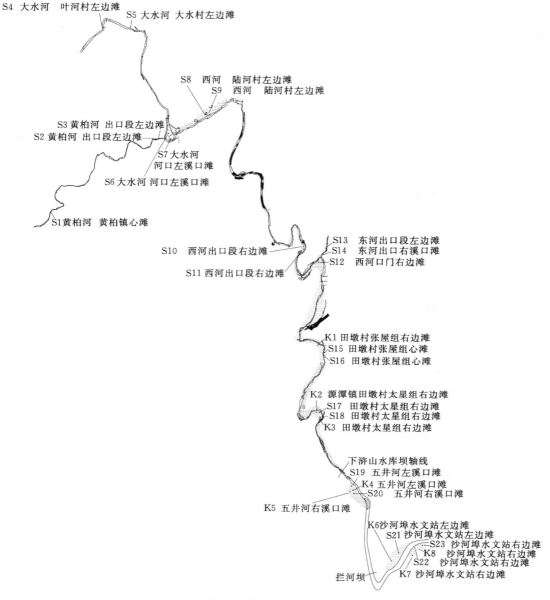

图8-31 下浒山水库床沙取样点平面分布示意图

（3）本河段床沙级配沿垂向分布特点。主要特点有表层普遍存在粗化层；深层大多无明显分层；表层普遍含有细颗粒泥沙。

（4）本河段床沙级配与一般山区性河流的差异。差异有在河床上很少见到基岩出露；洲滩表层多为沙夹卵石或纯沙质；2～10mm的砾石含量高，一般占总量的15%～40%；小于2mm的细颗粒部分，沙粒较粗，其D_{50}一般为0.7～1.0mm。

（5）人类活动对本河段床沙级配的影响如下：

1）采砂。采砂区主要集中在东河出口以下河段，采用机械化作业，大规模开采始于

2004年。采砂活动对本河段床沙的影响：致使洲滩高程普遍下降 3.00～8.00m；由于采砂是取细留粗，造成采砂河段卵石部分的含量增大；由于采砂后，河床低平，因此，在宽谷段的主流线年际间摆幅较大。

2）石料开采。近几年，该地区石料开采的数量呈直线上升趋势。其作业方式分为两类：一类是毛石开采，另一类是成品石材加工。毛石开采场地一般在半山腰，剥去山体表层的松散覆盖层和风化层，然后切割新鲜基岩，制成毛石。成品石材加工场地一般在小河边，其边角废料弃之河边。

3）拦河坝。由于灌溉的需要，在沙河埠水文站上游 900m，下浒山水库坝址下游 3km 处，2009 年建成了一座拦河坝。从运行情况看，上游五井河口—拦河坝河段普遍淤积；下游拦河坝—沙河埠水文站河段普遍冲刷，沙河埠水文站断面深槽平均冲深 4.5m。见图 8-32。

图 8-32　拦河坝

综上所述，下浒山水库洲滩床沙主要为沙夹中、小卵石，因此，推荐本河段推移质泥沙级配为田墩村张屋组心滩、田墩村太星组右边滩等几个典型坑点的平均级配，见图 8-33、图 8-34。

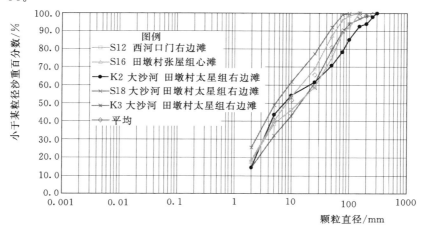

图 8-33　下浒山水库典型洲滩床沙级配曲线图（$D>2mm$）

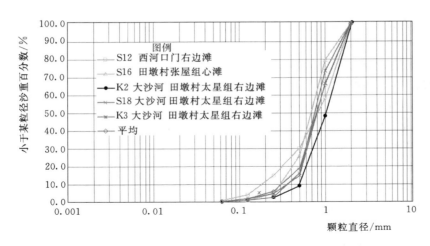

图 8 - 34   下浒山水库典型洲滩床沙级配曲线图（$D<2mm$）

8.3.2.2　推移质多年平均输沙量

根据计算推移质输沙率公式，不但立论的基础很不一样，公式的结构及形式更是千差万别，据不完全统计，目前各种推移质输沙率公式已超过 50 个。推移质输沙率公式种类繁多，公式结构和形式均有一定差异，有些公式未明确其使用条件及适用范围。由于大沙河现有沙河埠水文站观测的项目只有水位、流量、悬移质输沙，且其砂卵石推移质有其自身的运动规律，所选用的非均匀沙推移质输沙率计算公式首先应能适应大沙河砂卵石推移质级配较宽的特性，其次其计算参数能够通过观测和测量手段获得，同时公式结构尽量简单，易于计算。通过对现有推移质输沙率公式的初步分析，选择了不同的立论基础且在工程实践中广为应用的沙莫夫公式、武汉水电学院公式及梅叶-彼德公式等公式进行计算。

1. 沙莫夫公式

均匀沙的推移质输沙率公式为

$$g_b = 0.95d^{\frac{1}{2}}(U-U_c')\left(\frac{U}{U_c'}\right)^3\left(\frac{d}{h}\right)^{\frac{1}{4}} \tag{8-1}$$

非均匀沙的推移质输沙率公式为

$$U_c' = \frac{1}{1.2}U_c = 3.83d^{\frac{1}{3}}h^{\frac{1}{6}} \tag{8-2}$$

$$g_b = \partial D^{\frac{2}{3}}(U-U_c')\left(\frac{U}{U_c'}\right)^3\left(\frac{d}{h}\right)^{\frac{1}{4}} \tag{8-3}$$

式中：U_c' 为止动流速，m/s；g_b 为推移质单宽输沙率；U_c 为泥沙运行速度为 0 时的水流平均流速，相当于起动流速；h 为水深，m；d 为泥沙粒径，mm。

沙莫夫指出，对于平均粒径小于 0.2mm 的泥沙，不能用上述公式计算推移质输沙率。资料范围为 d 取值 0.2～0.73mm，13～65mm；h 取值 1.02～3.94m，0.18～2.16m；$U=0.40\sim4.02$m/s，0.80～2.95m/s。D 为非均匀沙中最粗一组的平均粒径，如这一组占总沙样的 40%～70%，则 ∂ 等于 3，如占 20%～40%，或 70%～80%，则 ∂ 等于 2.5，如占 10%～20%，或 80%～90%，则 ∂ 等于 1.5。

2. 武汉水电学院公式

武汉水电学院（现武汉大学）公式为

$$g_{\mathrm{b}}=0.00124\frac{\alpha\gamma'U^4}{g^{\frac{3}{2}}h^{\frac{1}{4}}d^{\frac{1}{4}}} \tag{8-4}$$

式中：体积系数 α 约为 0.4～0.5；γ' 为沙波的干容重，由于沙波处于运动状态，对于同样的泥沙组成来说，沙波的干容重 γ' 应较静止状态泥沙的干容重稍小；g_{b} 为推移质单宽输沙率；U 为断面平均流速，m/s；h 为水深，m；d 为泥沙粒径，mm。

该公式所根据的资料，一部分来自实验室，一部分来自天然河流，计算结果的精度，得到武汉水利电力学院水槽试验结果初步验证。所根据的粒径范围为0.039mm～2.16mm。

3. 梅叶-彼德公式

梅叶-彼德公式为

$$g_{\mathrm{b}}=8\frac{\gamma_{\mathrm{s}}}{\gamma_{\mathrm{s}}-\gamma}\left(\frac{\gamma}{g}\right)^{-\frac{1}{2}}\left[\left(\frac{n'}{n_{\mathrm{t}}}\right)^{\frac{3}{2}}\gamma hJ-0.047(\gamma_{\mathrm{s}}-\gamma)d\right]^{\frac{3}{2}} \tag{8-5}$$

其中

$$n_{\mathrm{t}}=\frac{J^{\frac{1}{2}}R^{\frac{1}{2}}}{U}$$

$$n'=\frac{d_{90}^{\frac{1}{6}}}{26}$$

式中：n_{t} 为曼宁糙率系数；n' 为河床平整情况下的沙粒曼宁糙率系数；J 为河床比降；R 为水里半径，m；U 为断面平均流速，m/s；h 为水深，m。

本公式是梅叶-彼德公式的修正形式，梅叶-彼德公式是在均匀沙，非均匀沙及轻质沙试验资料的基础上得出的。水槽试验的粒径范围为 0.4～30mm，水深 1～120cm，能坡 J 为 0.0004～0.02，流量 0.0002～4m³/s，泥沙密度 1.25～4.2t/m³。该公式粒径范围广，且包括中值粒径达 28.65mm 的卵石试验数据，在应用于粗沙及卵石河床上时，把握比其他公式更大。

为了与水文站的已有水沙资料配套，在计算推移质输沙量时采用沙河埠水文站大断面成果，见图 8-35，计算结果见表 8-14。

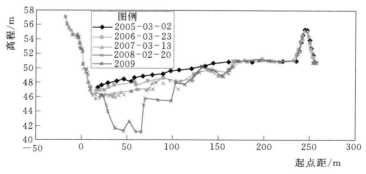

图 8-35　沙河埠水文站大断面

表 8 - 14　　　　　　　　　　大沙河推移质输沙量计算表

序号	公　式	多年平均输沙量/万 t		
		4.7mm	1.44mm	0.8mm
1	沙莫夫公式	23.8	48.7	45.3
2	武汉水电学院公式	24.8	33.3	38.6
3	梅叶-彼德公式	30.4	36.4	37.7

从计算结果看，各家公式对应不同特征粒径的推移质输沙量的变化范围为 23.8 万～48.7 万 t，折中取值，大沙河推移质多年平均输沙量为 36.4 万 t。

成果合理性对比分析：以红旗水库为例，红旗水库建在鲁坦河上，于 1973 年建成，其控制流域面积为 64km²，1984 年、1994 年、2006 年曾三次空库排沙，每次排沙约 20 万～30 万 m³，2007 年利用挖沙船在库区采砂 50 万 m³，多年平均淤积量约 5 万 m³，折合重量为 7.5 万 t，泥沙输沙模数为 1172t/(km²·a)，参考沙河埠水文站悬移质输沙模数为 432t/(km²·a)，则得到鲁坦河推移质输沙模数为 740t/(km²·a)，推悬比为 1：72。考虑到红旗水库、下浒山水库所控制的流域，降水条件、下垫面因素基本一致，而沙河埠水文站推移质、悬移质多年平均输沙量分别为 36.4 万 t、19.9 万 t，推悬比为 1：82；另外，沙河埠水文站其控制流域面积为 460km²，是红旗水库的 7.18 倍，红旗水库的推移质多年平均输沙量为 4.8 万 t，两者的比值为 7.58。因此，沙河埠水文站推移质多年平均输沙量为 36.4 万 t，其结果是合理的。

勘测调查图片见图 8-36、图 8-37。

图 8-36　沙河埠水文站右边滩上段，
沙夹中、小卵石

图 8-37　沙河埠水文站右边滩中段，
沙夹中、小卵石，深层为纯沙

附　　录

附录一　分析筛检查和校正

1. 镜鉴法检查

（1）仪器设备。用于镜鉴法的仪器有显微镜或台式投影仪，对于粗筛网孔还可用普通放大镜。

1）显微镜由机械部分的镜脚、镜臂、镜筒、载物台及光学部分的目镜、物镜、照明装置等组成。

2）台式投影仪的结构包括光源，不同倍数的聚光镜、物镜、反射镜、投影屏、纵向测微轮、测微尺等。

3）普通放大镜由放大镜（30 倍），镜座、平移螺杆、刻度尺等组成。

（2）操作步骤。以台式投影仪为例，其他类似。

1）根据筛标孔径，选用所需物镜，将筛子平整放在工作台上，旋转变阻器手轮至电阻最大处，然后将电源打开。

2）对准鉴定方位和区号，一般每个筛面检定 13 处，这些区域应包括目测到的最大网孔，其分布见图 1。

3）调整镜头光源、焦距和电阻器，以能清晰地看到筛孔和丝径为度。

4）调整工作台位置，使孔、丝径的边缘与影屏上垂直线平行并重合，读纵向测微手轮读数 a_1；转动纵向测微手轮使孔、丝径另一端边缘与影屏垂直重合，读纵向测微手轮读数 a_2，则被测孔、丝径为：$a = |a_1 - a_2|$。

5）读数时按区号由小到大的顺序进行。

6）粗筛孔（$D > 0.1mm$）每区观读 10 个孔径、5 个丝径 z 细筛孔（$D < 0.1mm$）每个区观读 20 个孔径、10 个丝径，每区观读孔、丝径的方向，其数目应纵横各半。

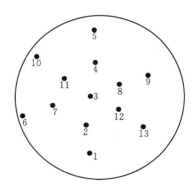

图 1　筛面检定点位分布示意图

7）观读过程中发现异常情况，如明显的损坏点、丝径生锈、筛网松弛等情况，应在记录中注明。

（3）记录及计算。

1）将鉴定筛子的手轮微尺读数记入记录表中，计算观测的孔、丝径值。

2）计算所测网孔与筛标网孔尺寸的差值，计算实际网孔的平均尺寸，丝径平均尺寸等。

（4）质量标准。

1）金属丝表面应该光滑，不得有裂纹、起皮和氧化皮，网面应平整、清洁，不得有断丝、跳丝、并丝、松丝、折痕、锈蚀及机械损伤。

2）任意网孔的最大尺寸不应大于（$W+X$）。

$$X = \frac{2W^{0.75}}{3} + 4W^{0.25}$$

3）网孔平均尺寸不应超过（$W+Y$）。

$$Y = \frac{2W^{0.98}}{27} + 1.6（Y\text{取正、负值}）$$

式中：W 为网孔基本尺寸，mm；X、Y 为偏差值，mm。

使用中的筛孔，在（$W+Y$）范围内的孔径数目应占测孔总数的 60% 以上。

4）筛网丝径尺寸及容许偏差值见表 1。

表 1 筛网孔径、丝径及容许偏差值表

筛标孔径/mm	筛标丝径/mm	容许偏差/mm
5.0	1.6	±0.02
2.0	0.9	±0.014
1.0	0.56	±0.01
0.5	0.315	±0.008
0.25	0.16	±0.005
0.1	0.071	±0.004
0.05	0.036	±0.003

筛子经检查符合以上各项标准，继续按筛标尺寸使用，否则，应停止使用。

2. 标准沙法校正

（1）仪器设备。仪器设备包括：标准筛 1 套；天平，分度值 0.1mg；烘箱、振筛机、玻璃皿、毛刷等。

（2）标准沙样的配制。选取坚硬不易分裂，不具黏性，级配均匀的沙子约 30g，分批（每次约 50～100g）倒入按孔径大小依次排列好的标准筛上，盖好盖子，放在振筛机上，振动 15min，取下来，把留在各筛上的沙粒，按孔径大小，分别扫入有编号的玻璃皿中，待全部沙子过筛完毕后，从各杯中称取等量的沙子混合，混合后的沙重约为 100g，此混合样品即为标准沙样。

（3）操作步骤。具体步骤如下：

1）将标准沙样在 100～110℃ 温度下的烘箱内烘干，冷至室温后，倒入按孔径大小顺序排列好的标准筛中，按筛分析的方法步骤进行过筛，过筛后，精确称量各级筛上沙重，准确至 0.001g。然后，再将沙样混合在一起，进行第二次过筛。计算各筛上两次沙重的相对误差，如不大于 2%，即取两次的算术平均值作为该次的分析结果。否则应重新过筛，直至符合要求为止。

2）用标准筛分析过的沙样，再烘干，冷却至室温后倒入按孔径大小顺序排列的被校正的筛中，按上述方法步骤进行过筛。

（4）筛孔校正。

1）按筛分析的计算方法，分别计算标准筛和被校正筛分析同一样品的小于某粒径沙重百分数。

2）以颗粒直径为纵坐标，小于某粒径沙重百分数为横坐标，将标准筛和被校正筛分析同一样品的两条级配曲线绘在一张图纸上。

3）同一百分数标准筛级配曲线对应的纵坐标值，即为被校正筛的孔径校正值。

附录二 报告编写格式

1. 河床组成技术总结（大纲）

1.1　概述

1.1.1　任务来源及目的

1.1.2　项目内容与要求

1.1.3　任务分工

1.2　项目执行情况

1.2.1　测区概况

1.2.2　利用已有资料情况

1.3　依据的技术文件

1.4　观测及实施

1.4.1　观测方案

1.4.2　技术要求执行情况

1.4.3　主要技术问题处理

1.5　质量保证措施执行情况

1.5.1　组织管理

1.5.2　资源保证

1.5.3　质量控制

1.5.4　数据安全

1.5.5　新技术应用与效果

1.5.6　经验、教训与建议

1.6　成果评价

1.6.1　精度统计与分析

1.6.2　成果评述与结论

1.6.3　质量检查报告

1.7　提交成果

1.7.1　归档成果

1.7.2　上交成果

1.7.3　提交成果份数

1.7.4　资料清单

1.7.5　附图、附表

2. 地质报告提纲及编写要求

地质报告是勘察工作的最终成果，应根据委托方和有关规范要求编写，文字叙述做到用词规范，简练，提供的各类参数准确无误，分析结论正确可靠。

2.1　前言

包含内容有二，其一为任务来源，工作范围，工作量，勘探目的与要求等；其二为勘测时段，基本设备配备，施钻及取样方法，完成工作量等。

2.2 地质地貌概况与河床形态特征

勘测区域所在地理位置和所处大地地质构造、河段沿程地质地貌和地形条件，洲滩分布，干支流及江湖水系来水来沙等基本条件，各种因素对河段的环境影响等。

2.3 土层分布

包含岸滩组成和河床的土层分布，采用重点纵、横剖面图加分层叙述其卵、砾、砂、粉、黏土含量变化，对沿程洲滩纵、横向和沿直（垂向）深度的分布特征。

2.4 洲滩床沙的粒径组成特征

2.4.1 洲滩床沙的沿直深度分布的 D_{50} 与 D_{max}，一般分布特征，并选用不同类型的典型特征建立曲线图，另加文字分析。

2.4.2 洲滩床沙的 D_{50} 与 D_{max} 横向分布，根据断面钻孔列表并分析叙述。

2.4.3 河床洲滩 D_{50} 与 D_{max} 纵向分布的床沙，根据河床分段统计列表加分述。

2.5 河床组成与床沙分布特征

分析河段河床组成与床沙的沿程纵、横、垂向上的变化特征等，必要时可附分析图表。

2.6 小结与建议

总结以上主要特征，得出结论性意见，提出不足之处与下一步工作建议。

3. 干容重技术总结（大纲）

3.1 概述

3.1.1 任务来源及目的

3.1.2 项目内容与要求

3.1.3 任务分工

3.1.4 项目执行情况

3.1.5 测区概况

3.2 利用已有资料情况

3.3 作业依据的技术性文件

3.4 观测实施及质量控制

3.4.1 观测方案

3.4.2 技术要求执行情况

3.4.3 主要技术问题的处理

3.4.4 质量保证措施及执行情况

3.5 成果评价

3.5.1 精度统计与分析

3.5.2 质量评价

4. 分析报告编写格式

前言

1 河段基本概况

1.1 概况

1.2 河段地质边界条件

1.3 气象特征

1.4 河段来水来沙情况

2 河段枯水位以上河床洲滩组成分布规律与特征

2.1 河段洲滩分布特征

2.2 洲滩物质组成分布规律

3 河段枯水位以下河床组成分布

3.1 水下河床组成基本结构

3.2 泥沙堆积规律

3.3 泥沙颗粒级配组成分布特征

4 河段沿程泥沙来源

4.1 河流泥沙主要来自上游和两岸支流

4.2 边坡重力侵蚀泥沙汇入

4.3 人类活动对河流泥沙的影响

5 结论及建议

参考文献